高等院校园林专业系列教材

园林工程管理

主编　田建林　陈永贵

中国建材工业出版社

图书在版编目(CIP)数据

园林工程管理/田建林,陈永贵主编.—北京:中国建材工业出版社,2010.1
(高等院校园林专业系列教材)
ISBN 978-7-80227-625-3

Ⅰ.园… Ⅱ.①田…②陈… Ⅲ.园林—工程施工—施工管理—高等学校—教材 Ⅳ.TU986.3

中国版本图书馆 CIP 数据核字(2009)第192449号

内 容 提 要

本教材按照高等院校园林专业教学大纲编写,涉及内容全面丰富,为学生综合掌握园林管理方面的知识提供了一本较为完善的教材。本书主要内容包括以下几方面:绪论、园林工程招标投标与合同管理、园林工程概预算、园林工程施工组织设计、园林工程施工管理、园林建设工程施工监理、园林种植工程管理、园林工程竣工验收与养护期管理、园林经济管理。

本书可以作为高等院校园林专业的教材,也可供园林工程管理人员参考借鉴。

园林工程管理
主编　田建林　陈永贵

出版发行:中国建材工业出版社
地　　址:北京市西城区车公庄大街6号
邮　　编:100044
经　　销:全国各地新华书店
印　　刷:北京鑫正大印刷有限公司
开　　本:787mm×1092mm　1/16
印　　张:24
字　　数:594千字
版　　次:2010年1月第1版
印　　次:2010年1月第1次
书　　号:ISBN 978-7-80227-625-3
定　　价:43.00元

本社网址:www.jccbs.com.cn
本书如出现印装质量问题,由我社发行部负责调换。联系电话:(010)88386906

《园林工程管理》

编写人员

主　编　田建林　陈永贵

副主编　俞发鹏　陈英秀　高阳林　贺　诚

编　委(按姓氏笔画排序)

丁　文　龙自立　冯国禄　刘卫国

孙春荣　刘瑞峰　阳　艳　陈　璟

陈阳波　陈盛彬　杜亚填　李三华

李悦丰　吴吉林　杨海荣　张　静

卓儒洞　胡利珍　胥应龙　高建亮

聂　琴　徐一斐　秦江庭　唐纯翼

谢　云　蒋亚光　魏国良

前言

园林是人们生活环境的一部分。随着人类社会的不断发展,人们对生活质量的要求越来越高,环境质量已成为评价生活质量的重要标准;当前,建立人与自然相融合的和谐社会已成为人类的共识,园林建设日益为人们所重视,园林事业进入了一个蓬勃发展的新时期。

园林工程管理是园林建设中的重要工作,直接关系到园林建设的质量与效益。园林管理是一个复杂的系统工程,园林事业的发展对园林管理人员的管理方法和管理水平提出了更多、更高的要求:一方面,随着园林建设规模的加大,园林专业分工越来越细致,施工工艺、工序越来越复杂,对园林工程管理提出的要求也越来越高;另一方面,在资源有限的条件下,如何保障园林效益最有效地得到发挥,实现园林可持续发展也是园林管理的重要内容。园林管理人员既要懂该专业的工程技术管理,又要懂该专业的经济管理。为此,我们组织了一批工作在园林专业教学、实践、研究第一线的相关人员,编写了这本《园林工程管理》,以期为普及园林工程建设知识,提高园林建设队伍的管理技术水平"增砖添瓦"。为便于读者的系统学习和随时查阅,在其内容设置及表述方面我们注重了以下几个方面,并努力使之成为本书的特点:

一、强调内容的全面性、系统性。本书分为绪论、园林工程招投标与合同管理、园林工程概预算、园林工程施工组织设计、园林工程施工管理、园林建设工程施工监理、园林工程竣工验收与养护期管理、园林种植工程管理及园林经济管理九章,既包括园林工程技术管理的内容,又包括园林经济管理的内容。各章内容既前后呼应、相互联系,又自成体系、相对独立;既可供读者全面系统地学习,又便于读者有针对性地查阅与选学。

二、理论阐述力求深入浅出。园林管理工作涉及大量文件性甚至法令性的规定,一方面,要求编写严谨,另一方面,读者学习起来难免觉得生硬与枯燥。在编写过程中,我们力求文字尽量简洁明确、重点突出,图文并茂、通俗易懂。

三、强调实践性和可操作性。园林工程技术管理方面的实践性要求很高,针对这一部分内容,在相关章节给出了详细的图表、范本或样例,便于读者进一步理解与掌握相关知识。

本书可作为园林、园艺等相关专业的教材,也可以作为园林工程管理人员的参考书。

本书的编写和出版得到了许多专家和学者的大力支持。第一章由湖南省张家界市吉首大学张家界校区田建林老师编写,第二章由田建林和冯国禄老师编写,第三章由田建林、冯国禄、陈阳波和丁文老师编写,第四章由龙自立、吴吉林和陈阳波老师编写,第五章由龙自立、杨海荣、唐纯翼和聂琴老师编写,第六章由杨海荣、唐纯翼、卓儒洞、李悦丰和聂琴老师编写,第七章由杜亚填和卓儒洞老师编写,第八章由杜亚填和吴吉林老师编写,第九章由田建林、阳艳、李悦丰和刘卫国老师编写。感谢谢云、胡利珍、陈盛彬、陈璟、胥应龙、刘瑞峰、高建亮、徐一斐和李三华老师在资料收集、校对文稿等方面所做的大量工作。全书由田建林和陈永贵老师担任主审。

由于时间仓促及编者水平有限，虽经反复推敲，难免仍有不足之处。恳请广大读者提出宝贵意见，我们将认真听取，并及时改正和完善。

编者
2009 年 8 月

目　录

第一章　绪　　论

第一节　园林工程的概念

园林工程的概念有广义和狭义之分。从广义上讲，它是综合的景观建设工程，是自项目起始至设计、施工及后期养护的全过程。从狭义上理解，园林工程是指以工程手段和艺术方法，通过对园林各个设计要素的现场施工而使目标园地成为特定优美景观区域的过程，也就是在特定范围内，通过人工手段（艺术的或技艺的）将园林的多个设计要素（也称施工要素）进行工程处理，以使园地达到一定的审美要求和艺术氛围，这一工程实施的过程就是园林工程。

第二节　园林工程的特点与分类

一、园林工程的基本特点

园林工程实际上包含了一定的工程技术和艺术创造，是地形地物、石木花草、建筑小品、道路铺装等造园要素在特定地域内的艺术体现。因此，园林工程与其他工程相比具有其鲜明的特点。

(1)园林工程的艺术性

园林工程是一种综合景观工程，它虽然需要强大的技术支持，但又不同于一般的技术工程，而是一门艺术工程，涉及建筑艺术、雕塑艺术、造型艺术、语言艺术等多门艺术。

(2)园林工程的技术性

园林工程是一门技术性很强的综合性工程，它涉及土建施工技术、园路铺装技术、苗木种植技术、假山叠造技术及装饰装修、油漆彩绘等诸多技术。

(3)园林工程的综合性

园林作为一门综合艺术，在进行园林产品的创作时，所要求的技术无疑是复杂的。随着园林工程日趋大型化，协同作业、多方配合的特点日益突出；同时，随着新材料、新技术、新工艺、新方法的广泛应用，园林各要素的施工更注重技术的综合性。

(4)园林工程的时空性

园林实际上是一种五维艺术，除了其空间特性，还有时间性以及造园人的思想情感。园林工程在不同的地域，空间性的表现形式迥异。园林工程的时间性，则主要体现于植物景观上，即常说的生物性。

(5)园林工程的安全性

“安全第一，景观第二”是园林创作的基本原则。对园林景观建设中的景石假山、水景驳岸、供电防火、设备安装、大树移植、建筑结构、索道滑道等均需格外注意。

(6)园林工程的后续性

园林工程的后续性主要表现在两个方面:一是园林工程各施工要素有着极强的工序性;二是园林作品不是一朝一夕就可以完全体现景观设计最终理念的,必须经过较长时间才能显示其设计效果,因此项目施工结束并不等于作品已经完成。

(7)园林工程的体验性

提出园林工程的体验特点是时代要求,是欣赏主体——人的心理美感的要求,是现代园林工程以人为本最直接的体现。人的体验是一种特有的心理活动,实质上是将人融于园林作品之中,通过自身的体验得到全面的心理感受。园林工程正是给人们提供这种心理感受的场所,这种审美追求对园林工作者提出了很高的要求,即要求园林工程中的各个要素都做到完美无缺。

(8)园林工程的生态性与可持续性

园林工程与景观生态环境密切相关。如果项目能按照生态环境学理论和要求进行设计和施工,保证建成后各种设计要素对环境不造成破坏,能反映一定的生态景观,体现出可持续发展的理念,就是比较好的项目。

二、园林工程的分类

园林工程的分类多是按照工程技术要素进行的,方法也有很多,其中按园林工程概、预算定额的方法划分是比较合理的,也比较符合工程项目管理的要求。这一方法是将园林工程划分为3类工程:单项园林工程、单位园林工程和分部园林工程。

1)单项园林工程是根据园林工程建设的内容来划分的,主要定为3类:园林建筑工程、园林构筑工程和园林绿化工程。

① 园林建筑工程可分为亭、廊、榭、花架等建筑工程。

② 园林构筑工程可分为筑山、水体、道路、小品、花池等工程。

③ 园林绿化工程可分为道路绿化、行道树移植、庭园绿化、绿化养护等工程。

2)单位园林工程是在单项园林工程的基础上将园林的个体要素划归为相应的单项园林工程。

3)分部园林工程通过工程技术要素划分为土方工程、基础工程、砌筑工程、混凝土工程、装饰工程、栽植工程、绿化养护工程等。

第三节 园林工程项目的建设过程

园林工程项目的建设过程大致可以划分为4个阶段,即项目计划立项报批阶段、组织计划及设计阶段、工程建设实施阶段和工程竣工验收阶段。

1. 项目计划立项报批阶段

项目计划立项报批阶段又称准备阶段或立项计划阶段,是指对拟建项目通过勘察、调查、论证、决策后初步确定建设地点和规模,通过论证、研究、咨询等工作写出项目可行性报告,编制出项目建设计划任务书,报主管部门论证审核,送建设所在地的建设部门批准后再纳入正式的年度建设计划。工程项目建设计划任务书是工程项目建设的前提和重要的指导性文件。工程项目建设计划任务书要明确的主要内容包括工程建设单位、工程建设的性质、工程建设的类别、工程建设单位负责人、工程的建设地点、工程建设的依据、工程建设的规模、工程建设的内容、工程建设完成的期限、工程的投资概算、效益评估、与各方的协作关系以及文物保护、环境保护与生态建设、道路交通等方面问题的解决计划等。

2. 组织计划及设计阶段

组织计划及设计就是根据已经批准纳入计划的计划任务书内容，由园林工程建设组织、设计部门进行必要的组织和设计工作。园林工程建设的组织和设计一般实行两段设计制度：一是进行建设工程项目的具体勘察，初步设计并据此编制设计概算；二是在此基础上，进行施工图设计。在进行施工图设计时，不得改变计划任务书及初步设计中已确定的工程建设的性质、工程建设的规模和概算等。

3. 工程建设实施阶段

一旦设计完成并确定了施工企业后，施工单位应根据建设单位提供的相关资料和图样，以及调查掌握的施工现场条件，各种施工资源(人力、物资、材料、交通等)状况，结合本企业的特点，做好施工图预算和施工组织设计的编制等工作，并认真做好各项施工前的准备工作，严格按照施工图、工程合同，以及工程质量、进度、安全等要求做好施工生产的安排，科学组织施工，认真搞好施工现场的组织管理，确保工程质量、进度、安全，提高工程建设的综合效益。

4. 工程竣工验收阶段

园林工程建设完成后，立即进入工程竣工验收阶段。在现场实施阶段的后期就应当进行竣工验收的准备工作，并对完工的工程项目组织有关人员进行内部自检，发现问题及时纠正弥补，力求达到设计、合同的要求。工程竣工后，应尽快召集有关单位和部门，根据设计要求和工程施工技术验收规范，进行正式的竣工验收，对竣工验收中提出的一些问题及时纠正、弥补后即可办理竣工交工与交付使用等手续。

第四节　园林工程施工的概念、作用

一、园林工程施工的概念

园林工程建设与所有的建设工程一样，包括计划、设计和实施三大阶段。园林工程施工是对已经完成的计划、设计两个阶段的工程项目的具体实施；是园林工程施工企业在获取建设工程项目以后，按照工程计划、设计和建设单位的要求，根据工程实施过程的要求，并结合施工企业自身条件和以往建设的经验，采取规范的实施程序、先进科学的工程实施技术和现代科学的管理手段，进行组织设计，做好准备工作，进行现场施工，竣工之后验收交付使用并对园林植物进行修剪、造型及养护管理等一系列工作的总称。现阶段的园林工程施工已由过去的单一实施阶段的现场施工概念发展为对综合意义上的实施阶段所有活动的概括与总结。

二、园林工程施工的作用

园林工程建设主要通过新建、扩建、改建和重建一些工程项目，特别是新建和扩建，以及与其有关的工作来实现的。园林工程施工是完成园林工程建设的重要活动，其作用可以概括为以下几个方面。

(1)园林工程建设计划和设计得以实施的根本保证

任何理想的园林建设工程项目计划，任何先进科学的园林工程建设设计，均需通过现代园林工程施工企业的科学实施，才能得以实现。

(2)园林工程建设理论水平得以不断提高的坚实基础

一切理论都来自于实践，来自于最广泛的生产实践活动。园林工程建设的理论自然源于工程建设施工的实践过程。而园林工程施工的实践过程,就是发现施工中的问题并解决这些问题,从而总结和提高园林工程施工水平的过程。

(3)创造园林艺术精品的必经之途

园林艺术的产生、发展和提高的过程,就是园林工程建设水平不断发展和提高的过程。只有把经过学习、研究、发掘的历代园林艺匠的精湛施工技术及巧妙手工工艺,与现代科学技术和管理手段相结合,并在现代园林工程施工中充分发挥施工人员的智慧,才能创造出符合时代要求的现代园林艺术精品。

(4)锻炼、培养现代园林工程建设施工队伍的最好办法

无论是对理论人才的培养,还是对施工队伍的培养,都离不开园林工程建设施工的实践锻炼这一基础活动。只有通过实践锻炼,才能培养出作风过硬、技艺精湛的园林工程施工人才和能够达到走出国门要求的施工队伍。也只有力争走出国门,通过国外园林工程施工的实践,才能锻炼和培养出符合各国园林要求的园林工程建设施工队伍。

第五节　园林工程的施工管理及管理的作用

一、施工管理

工程开工之后,工程管理人员应与技术人员密切合作,共同搞好施工中的管理工作,即工程管理、质量管理、安全管理、成本管理及劳务管理。

(1)工程管理

开工后,工程现场行使自主的工程管理。工程速度是工程管理的重要指标,因而应在满足经济施工和质量要求的前提下,求得切实可行的最佳工期。为保证如期完成工程项目,应编制出符合上述要求的施工计划。

(2)质量管理

确定施工现场作业标准量,测定和分析这些数据,把相应的数据填入图表中并加以运用,即进行质量管理。有关管理人员及技术人员要正确掌握质量标准,根据质量管理图进行质量检查及生产管理,确保质量稳定。

(3)安全管理

在施工现场成立相关的安全管理组织,制定安全管理计划,以便有效地实施安全管理,严格按照各工程的操作规范进行操作,并应经常对工人进行安全教育。

(4)成本管理

城市园林绿地建设工程是公共事业,必须提高成本意识。成本管理不是追逐利润的手段,利润应是成本管理的结果。

(5)劳务管理

劳务管理应包括招聘合同手续、劳动伤害保险、支付工资能力、劳务人员的生活管理等。

二、管理的作用

园林工程的管理已由过去的单一实施阶段的现场管理发展为现阶段的综合意义上的对实施阶段所有管理活动的概括与总结。

随着社会的发展、科技的进步、经济实力的壮大,人们对园林艺术品的需求也日益增强,而园林艺术品的生产是靠园林工程建设完成的。园林工程施工组织与管理是完成园林工程建设

的重要活动,其作用可以概括如下。

1)园林工程施工组织与管理是园林工程建设计划、设计得以实施的根本保证。任何理想的园林工程项目计划,再先进科学的园林工程设计,其目标成果都必须通过现代园林工程施工组织的科学实施,才能最终得以实现,否则就是一纸空文。

2)园林工程施工组织与管理是园林工程施工建设水平得以不断提高的实践基础。理论来源于实践,园林工程建设的理论只能来自于工程建设实施的实践过程之中,而园林工程施工的管理过程,就是发现施工中存在的问题,解决存在的问题,总结、提高园林工程建设施工水平的过程。它是不断提高园林工程建设施工理论、技术的基础。

3)园林工程施工组织与管理是提高园林艺术水平和创造园林艺术精品的主要途径。园林艺术的产生、发展和提高的过程,实际上就是园林工程管理不断发展、提高的过程。只有把历代园林艺匠精湛的施工技术和巧妙的手工工艺与现代科学技术结合起来,并对现代园林工程建设施工过程进行有效的管理,才能创造出符合时代要求的现代园林艺术精品。

4)园林工程施工组织与管理是锻炼、培养现代园林工程建设施工队伍的基础。无论是我国园林工程施工队伍自身发展的要求,还是要为适应经济全球化,努力培养一支新型的能够走出国门、走向世界的现代园林工程建设施工队伍,都离不开园林工程施工的组织和管理。

第二章　园林工程招标投标与合同管理

第一节　园林工程招标

一、园林工程招标的分类及条件

1. 园林工程招标的分类

(1)按工程项目建设程序分类

根据园林工程项目建设程序,招标可分为3类,即园林工程项目开发招标、园林工程勘察设计招标和园林工程施工招标。

1)园林工程项目开发招标。

园林工程项目开发招标是指建设单位(业主)邀请工程咨询单位对建设项目进行可行性研究,其"标的物"是可行性研究报告。中标的工程咨询单位必须对自己提供的研究成果负责,可行性研究报告应得到建设单位的认可。

2)园林工程勘察设计招标。

园林工程勘察设计招标是指招标单位就拟建园林工程勘察和设计任务发布通告,以法定方式吸引勘察单位或设计单位参加竞争。经招标单位审查获得投标资格的勘察、设计单位,按照招标文件的要求,在规定的时间内向招标单位填报投标书,招标单位从中择优确定中标单位来完成工程勘察或设计任务。

3)园林工程施工招标。

园林工程施工招标是指针对园林工程施工阶段的全部工作开展的招标。根据园林工程施工范围大小及专业不同,园林工程施工招标可分为全部工程招标、单项工程招标和专业工程招标等。

(2)按工程承包的范围分类

1)园林项目总承包招标。

园林项目总承包招标可分为两种类型:一种是园林工程项目实施阶段的全过程招标;另一种是园林工程项目全过程招标。前者是在设计任务书已经审完,从项目勘察、设计到交付使用进行一次性招标;后者是从项目的可行性研究到交付使用进行一次性招标,建设单位提供项目投资和使用要求及竣工、交付使用期限。其可行性研究、勘察设计、材料和设备采购、施工安装、职工培训、生产准备和试生产直到交付使用都由一个总承包商负责承包,即所谓"交钥匙工程"。

2)园林专项工程承包招标。

在园林工程承包招标过程中,对其中某项比较复杂或专业性强,施工和制作要求特殊的单项工程,可以单独进行招标的,称为专项工程承包招标。

(3)按园林建设工程项目的构成分类

按照园林建设工程项目的构成划分,园林建设工程招标可分为全部园林工程招标、单项工程招标、单位工程招标、分部工程招标、分项工程招标。

2. 园林工程招标的条件

园林工程项目招标必须符合主管部门规定的条件。这些条件分为招标人即建设单位应具备的条件和招标的工程项目应具备的条件。

(1)建设单位招标应当具备的条件

1)招标单位是法人或依法成立的其他组织。

2)招标单位有与招标工程相适应的经济、技术、管理人员。

3)招标单位有组织招标文件的能力。

4)招标单位有审查投标单位资质的能力。

5)招标单位有组织开标、评标、定标的能力。

不具备上述2)~5)项条件的,需委托具有相应资质的咨询、监理等单位代理招标。上述5项条件中,1)、2)两条是对招标单位资格的规定,3)~5)条则是对招标人能力的要求。

(2)招标的工程项目应当具备的条件

1)概算已获批准。

2)建设项目已经正式列入国家、部门或地方的年度固定资产投资计划。

3)建设用地的征用工作已经完成。

4)有能够满足施工需要的施工图纸及技术资料。

5)建设资金和主要建筑材料、设备的来源已经落实。

6)建设项目已获得所在地规划部门批准,施工现场"三通一平"已经完成或一并列入施工招标范围。

二、园林工程招标的方式与方式的选择

1. 园林工程招标的方式

(1)公开招标

公开招标是指招标人在指定的报刊、电子网络或其他媒体上发布招标公告,吸引众多的投标人参加投标竞争,招标人从中择优选择中标单位的招标方式。公开招标是一种无限制的竞争方式,按竞争程度又可以分为国际竞争性招标和国内竞争性招标。

这种招标方式可为所有的承包商提供一个平等竞争的机会,建设单位有较大的选择余地,有利于降低工程造价、提高工程质量和缩短工期。但由于参与竞争的承包商很多,增加了资格预审和评标的工作量;甚至有可能出现故意压低投标报价的投机承包商,其会以低价挤掉对报价严肃认真而报价相对较高的承包商。因此,采用此种招标方式时,建设单位要加强资格预审,认真评标。

(2)邀请招标

邀请招标也称选择性招标或有限竞争投标,是指招标人以投标邀请书的方式邀请特定的法人或者其他组织投标,选择一定数目的法人或其他组织(不少于3家)。邀请招标的优点在于,经过选择的投标单位在施工经验、技术力量、经济能力和信誉上都比较可靠,因而一般能保证进度和质量的要求。此外,由于参加投标的承包商数量少,因而招标时间较短,招标费用也较少。

由于邀请招标在价格、竞争的公平性方面仍存在一些不足之处,因此《中华人民共和国招标投标法》(以下简称《招标投标法》)规定,国家重点项目和省、自治区、直辖市的地方重点项目不宜进行公开招标的,经过批准后可以进行邀请招标。

公开招标与邀请招标在招标程序上存在以下主要区别。

1）招标信息的发布方式不同。

公开招标是利用招标公告发布招标信息，而邀请招标则是采用向3家以上具备有实施能力的投标人发出投标邀请书，请他们参与投标竞争。

2）对投标人资格预审的时间不同。

公开招标由于投标响应者较多，为了保证投标人具备相应的实施能力，以及缩短评标时间，突出投标的竞争性，通常设置资格预审程序。而邀请招标由于竞争范围小，且招标人对邀请对象的能力有所了解，不需要再进行资格预审，但评标阶段还要对各投标人的资格和能力进行审查和比较，通常称为"资格后审"。

3）邀请的对象不同。

邀请招标邀请的是特定的法人或者其他组织，而公开招标则是向不特定的法人或者其他组织邀请投标。

（3）议标

议标（有的地方也称协商议标、邀请议标）又称非竞争性招标或谈判招标，是指由招标人选择两家以上的承包商，以议标文件或拟议合同草案为基础，分别与其直接协商谈判，选择自己满意的一家，达成协议后将工程任务委托给这家承包商承担。

1）基本要点。

议标是一种特殊的招标方式，是公开招标、邀请招标的例外情况。一个规范、完整的议标概念，在其适用范围和条件上，应当同时具备以下4个基本要点。

① 工程项目有保密性要求或者专业性、技术性较强等特殊情况。

② 不适宜采用公开招标和邀请招标的工程项目。

③ 必须经招标投标管理机构审查同意。

④ 参加投标者为一家，一家不中标再寻找下一家。

2）议标的程序。

① 招标人向有关招标投标管理机构提出议标申请。

② 招标投标管理机构对议标申请进行审批。

③ 议标文件的编制与审查。

④ 协商谈判。

⑤ 授标。

2. 园林工程招标方式的选择

为了符合市场经济要求和规范招标人的行为，《中华人民共和国建筑法》（以下简称《建筑法》）规定："依法必须进行施工招标的工程，全部使用国有资金投资或者国有资金投资占控股或主导地位的，应当公开招标"。《招标投标法》进一步明确规定："国务院发展计划部门确定的国家重点项目和省、自治区、直辖市人民政府确定的地方重点项目不适宜公开招标的，经国务院发展计划部门或者省、自治区、直辖市人民政府批准，可以进行邀请招标"。

公开招标与邀请招标相比，可以在较大的范围内优选中标人，有利于投标竞争，但招标花费的费用较高、时间较长。采用邀请招标的项目一般有以下几种情况。

1）涉及保密的工程项目。

2）专业性要求较强的工程，一般施工企业缺少技术、设备和经验，采用公开招标响应者较少。

3）工程量较小，合同额不高的施工项目，对实力较强的施工企业缺少吸引力。

4）地点分散且属于劳动密集型的施工项目，对本地域之外的施工企业缺少吸引力。

5）工期要求紧迫的施工项目，没有时间进行公开招标。

三、园林工程招标文件的组成及编制

园林工程招标文件是由一系列有关招标方面的说明性文件资料组成的，包括各种旨在阐释招标人意愿的书面文字、图表、电报、传真、电传等材料。一般来说，招标文件在形式上主要包括正式文本、对正式文本的解释和对正式文本的修改3个部分。

1. 招标文件正式文本

招标文件正式文本的形式结构通常分卷、章、条目，格式如下。

第一卷　投标须知、合同条件和合同格式

　　第一章　投标须知

　　　　一、总则

　　　　　1. 工程说明

　　　　　2. 资金来源

　　　　　3. 投标费用

　　　　二、招标文件

　　　　　4. 招标文件的组成

　　　　　5. 招标文件的解释

　　　　　6. 招标文件的修改

　　　　三、投标报价说明

　　　　　7. 投标价格

　　　　四、投标文件的编制

　　　　　8. 投标文件的语言

　　　　　9. 投标文件的组成

　　　　　10. 投标有效期

　　　　　11. 投标保证金

　　　　　12. 投标预备金

　　　　　13. 投标文件的份数和签署

　　　　五、投标文件的递交

　　　　　14. 投标文件的密封与标志

　　　　　15. 投标截止日期

　　　　　16. 投标文件的修改与撤回

　　　　六、开标

　　　　　17. 开标

　　　　七、评标

　　　　　18. 评标内容的保密

　　　　　19. 投标文件的澄清

　　　　　20. 投标文件的符合性鉴定

　　　　　21. 投标文件的评价与比较

　　　　八、授予合同

二、采用综合单价投标报价的说明

表7.2.1　报价汇总表

表7.2.2　工程量清单报价表

表7.2.3　设备清单及报价表

表7.2.4　现场因素、施工技术措施及赶工措施费用报价表

表7.2.5　材料清单及标准差价

第八章　辅助资料表

表8.1　项目经理简历表

表8.2　主要施工管理人员表

表8.3　主要施工机械设备表

表8.4　项目拟分包情况表

表8.5　项目经理简历表

表8.6　施工方案或施工组织设计

表8.7　计划开、竣工日期和施工进度表

表8.8　临时设备布置及临时用地表

第四卷　图纸

第九章　图纸

2. 对招标文件正式文本的解释(澄清)

对招标文件正式文本进行解释的形式主要是书面答复、投标预备会记录等。投标人如果认为招标文件有问题需要澄清,应在收到招标文件后以文字、电传、传真或电报等书面形式向招标人提出,招标人将以文字、电传、传真或电报等书面形式或以投标预备会的方式给予解答。解答包括对询问的解释,但不说明询问来源。解答意见经招标投标管理机构核准,由招标人送给所有获得招标文件的投标人。

3. 对招标文件正式文本的修改

对招标文件正式文本进行修改的形式主要是补充通知、修改书等。在投标截止日期前,招标人可以自己主动对招标文件进行修改,或为解答投标人要求澄清的问题而对招标文件进行修改。修改意见经招标投标管理机构核准,由招标人以文字、电传、传真或电报等书面形式发给所有获得招标文件的投标人。对招标文件的修改也是招标文件的组成部分,对投标人起约束作用。投标人收到修改意见以后应立即以书面形式(回执)通知招标人,确认已收到修改意见。为了给投标人一定的时间,使他们在编制投标文件时将修改意见考虑进去,招标人可以酌情延长递交文件的截止日期。

4. 园林建设工程招标文件的编审规则

园林建设工程招标文件由招标人或招标人委托的招标代理人负责编制,由建设工程招标管理机构负责审定。未经建设工程招标投标管理机构审定,建设工程招标人或招标代理人不得将招标文件分送给投标人。

编制和审定建设工程招标文件的原则和方法是一致的。从实践来看,编制和审定建设工程招标文件应当遵循以下规则。

1)遵守法律、法规、规章和有关方针、政策的规定,符合有关贷款组织的合法要求。保证招标文件的合法性是编制和审定招标文件必须遵循的一个根本原则。不合法的招标文件是无

效的,不受法律保护。

2)真实可靠、完整统一、具体明确、诚实信用。招标文件反映的情况和要求必须真实可靠,不能欺骗或误导投标人。招标人或招标代理人对招标文件的真实性负责。招标文件的内容应当全面系统、完整统一,各部分之间必须力求一致,避免相互矛盾或冲突。招标文件确定的目标和提出的要求必须具体明确,不能存有歧义、模棱两可。招标文件的形式要规范,要符合格式化要求,不能杂乱无章,使人看了不得要领。

3)适当分标。工程分标是指就建设工程项目全过程(总承包)中的勘察、设计、施工等阶段招标,分别编制招标文件,或者就建设工程项目全过程招标或勘察、设计、施工等阶段招标中的单位工程、特殊专业工程,分别编制招标文件。工程分标必须保证工程的完整性、专业性,正确选择分标方案,编制分标工程招标文件,不允许任意肢解工程,一般不能对单位工程再分部、分项招标以及编制分部、分项招标文件。属于对单位工程分部、分项单独编制的招标文件,建设工程招标管理机构不予审定认可。

4)兼顾招标人和投标人双方利益。招标文件的规定要公平合理,不能将招标人的风险转移给投标人。

四、园林工程招标的程序

1. 工程项目招标一般程序

工程项目招标一般程序可分为 3 个阶段:一是招标准备阶段,二是招标阶段,三是决标成交阶段,其每个阶段具体流程如图 2-1 所示。

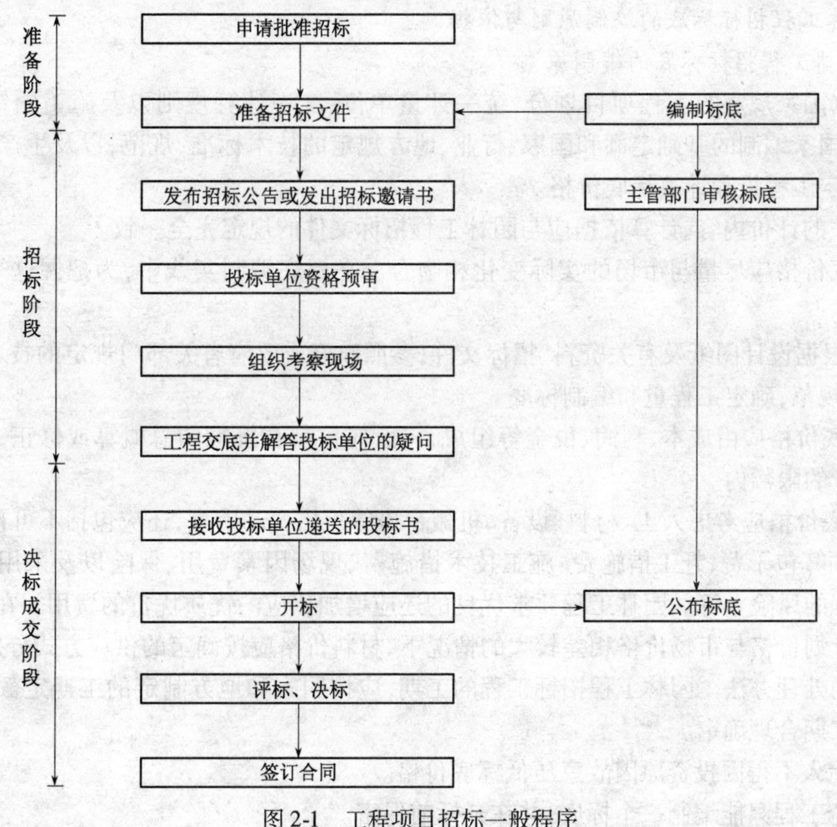

图 2-1　工程项目招标一般程序

我国现行《工程建设施工招标投标管理办法》规定，施工招标应按下列程序进行。

1）由建设单位组织一个符合要求的招标班子。

2）向招标投标办事机构提出招标申请书。

3）编制招标文件和标底，并报招标投标办事机构审定。

4）发布招标公告或发出招标邀请书。

5）投标单位申请投标。

6）对投标单位进行资质审查，并将审查结果通知各申请投标者。

7）向合格的投标单位分发招标文件及设计图样、技术资料等。

8）组织投标单位考察现场，并对招标文件答疑。

9）建立评标组织，制定评标文件办法。

10）召开开标会议，审查投标书。

11）组织评标，决定中标单位。

12）发出中标通知书。

13）建设单位与中标单位签订承发包合同。

2. 公开招标程序

建设工程项目公开招标程序也同工程项目招标一般程序一样分 3 个阶段，其具体流程如图 2-2 所示。

五、园林工程招标标底的编制与审定

1. 园林工程招标标底的编制原则与依据

（1）园林工程招标标底的编制原则

1）根据国家规定的工程项目划分、统一计量单位、统一计算规则以及施工图纸、招标文件，并参照国家编制的基础定额和国家、行业、地方规定的技术标准、规范，以及生产要素市场的价格，确定工程量和计算标底价格。

2）标底的计价内容、计算依据应与园林工程招标文件的规定完全一致。

3）标底价格应尽量与市场的实际变化相吻合。在标底编制实践中，为把握这一原则，需注意以下几点。

① 要根据设计图纸及有关资料、招标文件，参照政府或政府有关部门规定的技术、经济标准、定额及规范，确定工程量和编制标底。

② 标底价格应由成本、利润、税金等组成，一般应控制在批准的总概算或修正、调整概算及投资包干的限额内。

③ 标底价格应考虑人工、材料、设备、机械台班等价格变动因素，还应包括不可预见费（特殊情况）、预算包干费、赶工措施费、施工技术措施费、现场因素费用、保险以及采用固定价格的园林工程的风险金等。园林工程要求优良的还应增加相应的优质优价的费用。在主要材料和设备的计划价格与市场价格相差较大的情况下，材料价格应按确定的供应方式分别计算，并明确价差的处理办法。园林工程招标工程的工期，应按国家和地方制定的工期定额和计划投资安排的工期合理确定。

4）招标人不得因投资原因故意压低标底价格。

5）一个工程只能编制一个标底，并在开标前保密。

6）编审分离和回避。承接标底编制业务的单位及其标底编制人员，不得参与标底审定工作;负责审定标底的单位及其人员,也不得参与标底编制业务。受委托编制标底的单位,不得同时承接投标人的投标文件编制业务。

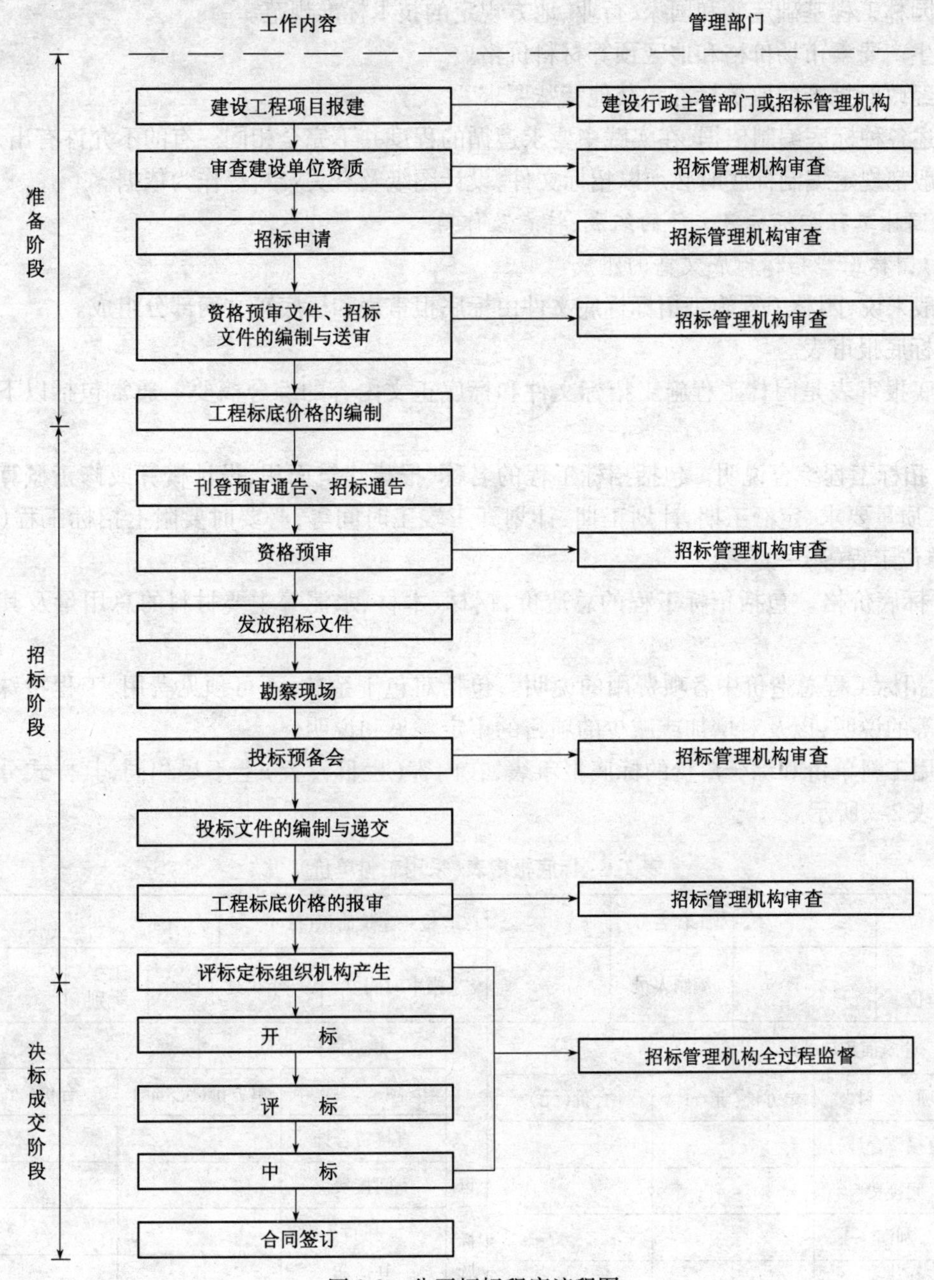

图 2-2　公开招标程序流程图

(2)园林工程招标标底的编制依据

园林工程招标标底编制的依据要综合考虑可能影响园林工程标底的各种因素,主要有以下几项。

1)国家公布的统一工程项目划分、统一计量单位、统一计算规则。

2)招标文件包括招标交底纪要。

3）招标人提供的由有相应资质的单位设计的施工图及相关说明。

4）有关技术资料。

5）园林工程基础定额和国家、行业、地方规定的技术标准规范。

6）生产要素市场价格和地区预算材料价格。

7）经政府批准的取费标准和其他特殊要求。

上述各种标底编制依据，在实践中要求遵循的程度并不完全相同。有的不允许有出入，如各地一般都规定编制标底时必须以招标文件、设计图纸及有关资料等作为依据。

2. 园林工程招标标底文件的组成、特点及作用

(1) 园林工程招标标底文件的组成

一般来说，园林工程施工招标标底文件由标底报审表和标底正文两部分组成。

1）标底报审表。

标底报审表是园林工程施工招标文件和标底正文内容的综合摘要。通常包括以下主要内容。

① 招标工程综合说明。包括招标工程的名称、报建建筑面积、设计概算或修正概算总金额、施工质量要求、定额工期、计划工期、计划开工竣工时间等，必要时要附上招标工程（单项工程、单位工程等）一览表。

② 标底价格。包括招标工程的总造价，钢材、木材、水泥等主要材料的总用量及其单方用量。

③ 招标工程总造价中各项费用的说明。包括对包干系数、不可预见费用、工程特殊技术措施费等的说明，以及对增加或减少的项目的审定意见和说明。

采用工料单价和综合单价的标底报审表，在内容（栏目设置）上不尽相同，其样式分别如表 2-1、表 2-2 所示。

表 2-1　标底报审表（采用工料单价）

<table>
<tr><td colspan="2">建设单位</td><td colspan="2"></td><td>工程名称</td><td></td><td colspan="2">报建建筑面积（m^2）</td><td colspan="2"></td></tr>
<tr><td colspan="2">标底价格编制单位</td><td colspan="2"></td><td>编制人员</td><td></td><td>报审时间</td><td>年　月　日</td><td>工程类别</td><td></td></tr>
<tr><td rowspan="10">报送标底价格</td><td colspan="4">建筑面积（m^2）</td><td rowspan="10">审定标底价格</td><td colspan="4">建筑面积（m^2）</td></tr>
<tr><td>项　目</td><td colspan="2">单方价（元/m^2）</td><td>合价（元）</td><td>项　目</td><td colspan="2">单方价（元/m^2）</td><td>合价（元）</td></tr>
<tr><td>直接费合计</td><td colspan="2"></td><td></td><td>直接费合计</td><td colspan="2"></td><td></td></tr>
<tr><td>间接费</td><td colspan="2"></td><td></td><td>间接费</td><td colspan="2"></td><td></td></tr>
<tr><td>利润</td><td colspan="2"></td><td></td><td>利润</td><td colspan="2"></td><td></td></tr>
<tr><td>其他费</td><td colspan="2"></td><td></td><td>其他费</td><td colspan="2"></td><td></td></tr>
<tr><td>税金</td><td colspan="2"></td><td></td><td>税金</td><td colspan="2"></td><td></td></tr>
<tr><td>标底价格总价</td><td colspan="2"></td><td></td><td>标底价格总价</td><td colspan="2"></td><td></td></tr>
<tr><td rowspan="2">主要材料总量</td><td>钢材（t）</td><td>木材（m^3）</td><td>水泥（t）</td><td rowspan="2">主要材料总量</td><td>钢材（t）</td><td>木材（m^3）</td><td>水泥（t）</td></tr>
<tr><td></td><td></td><td></td><td></td><td></td><td></td></tr>
<tr><td colspan="5">审　定　意　见</td><td colspan="5">审　定　说　明</td></tr>
</table>

续表

<table>
<tr><td colspan="2">增加项目

小计____元</td><td colspan="3">减少项目

小计____元</td><td colspan="3" rowspan="2"></td></tr>
<tr><td colspan="5">合计________元</td></tr>
<tr><td>审定人</td><td></td><td>复核人</td><td></td><td>审定单位盖章</td><td></td><td>审定时间</td><td>年 月 日</td></tr>
</table>

表 2-2 标底报审表(采用综合单价)

<table>
<tr><td>建设单位</td><td></td><td>工程名称</td><td></td><td colspan="2">报建建筑面积(m^2)</td><td colspan="2"></td></tr>
<tr><td>标底价格编制单位</td><td></td><td>编制人员</td><td></td><td>报审时间</td><td>年 月 日</td><td>工程类别</td><td></td></tr>
<tr><td rowspan="8">报送标底价格</td><td>建筑面积(m^2)</td><td colspan="2"></td><td rowspan="8">审定标底价格</td><td>建筑面积(m^2)</td><td colspan="2"></td></tr>
<tr><td>项 目</td><td>单方价(元/m^2)</td><td>合价(元)</td><td>项 目</td><td>单方价(元/m^2)</td><td>合价(元)</td></tr>
<tr><td>报送标底价格</td><td></td><td></td><td>审定标底价格</td><td></td><td></td></tr>
<tr><td>主要材料</td><td>单方用量</td><td>总用量</td><td>主要材料</td><td>单方用量</td><td>总用量</td></tr>
<tr><td>钢材(t)</td><td></td><td></td><td>钢材(t)</td><td></td><td></td></tr>
<tr><td>木材(m^3)</td><td></td><td></td><td>木材(m^3)</td><td></td><td></td></tr>
<tr><td>水泥(t)</td><td></td><td></td><td>水泥(t)</td><td></td><td></td></tr>
<tr><td colspan="3"></td><td colspan="3"></td></tr>
<tr><td colspan="4">审 定 意 见</td><td colspan="4">审 定 说 明</td></tr>
<tr><td colspan="2">增加项目

小计____元</td><td colspan="2">减少项目

小计____元</td><td colspan="4" rowspan="2"></td></tr>
<tr><td colspan="4">合计________元</td></tr>
<tr><td>审定人</td><td></td><td>复核人</td><td></td><td>审定单位盖章</td><td></td><td>审定时间</td><td>年 月 日</td></tr>
</table>

2)标底正文。

标底正文是详细反映招标人对园林工程价格、工期等的预期控制数据和具体要求的部分。一般包括以下内容。

① 总则。主要说明标底编制单位的名称、持有的标底编制资质等级证书,标底编制的人员及其执业资格证书,标底具备条件,编制标底的原则和方法,标底的审定机构,对标底的封存、保密要求等内容。

② 标底的要求及其编制说明。主要说明招标人在方案、质量、期限、价格、方法、措施等许多方面的综合性预期控制指标或要求,并要阐释其依据、包括和不包括的内容、各有关费用的计算方式等。

在标底的要求中,要注意明确各单项工程、单位工程的名称、建筑面积、方案要点、质量、工期、单方造价(或技术经济指标)以及总造价,明确钢材、木材、水泥等的总用量及单方用量,甲方供应的设备、构件与特殊材料的用量,明确分部、分项直接费、其他直接费、工资及主材的调价、企业经营费、利税取费等。

在标底编制说明中,要特别注意对标底价格的计算说明。

③ 标底价格计算用表。采用工料单价的标底价格计算用表和采用综合单价的标底价格计算用表有所不同。采用工料单价的标底价格计算用表,主要有标底价格汇总表,工程量清单汇总及取费表,工程量清单表,材料清单及材料差价,设备清单及价格,现场因素、施工技术措施及赶工措施费用表等。采用综合单价的标底价格计算用表,主要有标底价格汇总表,工程量清单表,设备清单及价格,现场因素、施工技术措施及赶工措施费用表,材料清单及材料差价,人工工日及人工费,机械台班及机械费等。

(2)园林工程招标标底文件的特点

园林建设工程招标标底,应当既有定性要求也有定量要求。但由于定性要求比较抽象、灵活,难以衡量,因此在园林工程招标实践中,通常主要用价格或费用等定量因素来反映和体现标底,而且一般只要求园林工程施工招标必须有标底,而不强求园林工程勘察设计招标、监理招标、材料设备采购招标等也要有标底。

园林施工招标的标底,从其形成和发展的沿革来看,曾出现过下列几种类型。

1)按发包工程总造价包干的标底。

2)按发包工程的工程量单位造价包干的标底。

3)按发包工程最初设计总概算包干的标底。

4)按发包工程施工图预算包干、包部分材料的标底。

5)按发包工程施工图预算加系数包干的标底。

6)按发包工程每平方米造价包干的标底。

目前,在园林招标标底编制实践中,常用的主要是以工料单价计价的标底和以综合单价计价的标底。

(3)园林工程招标标底文件的作用

1)标底是控制、核实预期投资的重要手段。在园林工程建设实践中,突破预期工程投资是一个具有一定普遍性的问题。招标人事先编制一个标底,就可以在选择承包商时减小盲目性,有效地控制工程投资或费用总额,也有利于在预期投资的范围内,促使承包商保证园林工程质量。

2)标底是衡量投标的主要尺度之一,是导致投标书无效的法定事由。在园林工程招标投标中,评标定标的依据是多方面的,但其中一个重要依据就是标底。标底可以作为评标时的一个依据,并且将各个投标文件与标底相比较,有助于招标人对园林工程交易进行可靠把握,选出较为理想的承包商。标底在评标定标中的作用,主要反映在评标定标规则中,以标底为依据,投标报价在最佳范围内的投标人可得满分,超过最佳浮动范围的则要酌情扣分,超过有效范围的则导致投标书无效。

3)标底也是承担法律责任的常见诱因。标底在开标前必须保密。对泄露标底,影响招标投标工作正常进行的招标人或招标代理人,要由招标投标监督管理部门给予一定的处罚。对用非法手段获取标底信息而中标的投标人,除了由招标投标监督管理部门给予一定的处罚外,还要同时取消其中标资格,责令其赔偿招标人的经济损失。

3. 园林工程招标标底编制的程序与内容

(1)园林工程招标标底编制的程序

1)编制标底需具备的条件。

① 招标文件的商务条款和其他相关条款。

② 园林工程施工图样、编制园林工程量清单的基础资料、编制园林工程标底所依据的施工方案、园林工程建设地点的现场地质、水文以及地上情况的有关资料。

③ 编制标底价格前的园林施工图纸设计交底。

④ 基础定额、地方定额和有关技术标准规范。

⑤ 人工、材料、设备、机械台班等要素的价格,以及市场间接费、利润、价格的一般水平。

2)招标标底编制程序和方法。

① 以园林施工图预算为基础的标底。

此法是当前我国园林工程施工招标较多采用的标底编制方法。其编制程序是根据施工详图和技术说明,按工程预算定额规定的分部分项工程子目,逐项计算工程量,套用定额单价(或单位估价表)确定直接费。再按规定的取费标准确定临时设施费、环境保护费、文明施工费、安全施工费、夜间施工增加费等费用以及利润,还要加上材料调价系数和适当的不可预见费,汇总后即为工程预算,也就是标底的基础。如果拆除旧建筑物,场地"三通一平"以及某些特殊器材采购也在招标范围之内,则需在园林工程预算之外再增加相应的费用才构成完整的标底。这种标底的编制程序和主要工作内容,可由表2-3来说明。

表2-3 标底的编制程序和主要工作内容

序号	工作步骤	主要工作内容
1	准备工作	研究施工图纸及说明;勘察施工现场;拟定施工方案和土方平衡方案;了解建设单位提供的器材落实情况;进行市场调查等
2	计算工程量	按图纸和工程量计算规则,计算分部分项工程量,编制工程量清单
3	确定单价	针对分部分项工程选定适用的定额单价,编制必要的补充单价
4	计算直接费	分部分项工程直接费,措施费(工程用水电费、二次搬运费、大型机械进出场费、高层建筑超高费等)
5	计算间接费	以直接费为基数,按规定费率计算
6	计算主要材料数量和差价	钢材、水泥、木材、玻璃、沥青等材料用量及统配价与议价或市场价之差额
7	确定不可预见费	
8	计算利润	按规定利润率计算
9	确定标底	汇总以上各项,并经主管部门审核批准

② 以园林工程概算为基础的标底。

此法的编制程序和以园林施工图预算为基础的标底大体相同,所不同的是采用园林工程概算定额,分部分项园林工程子目作了适当的归并与综合,使计算工作有所简化。采用这种方法编制的标底,通常适用于扩大初步设计或技术设计阶段,即进行招标的工程。在园林施工图阶段招标,也可按园林施工图计算工程量,按概算定额和单价计算直接费,既可提高计算结果的准确性，又能减少计算工作量，节省时间和人力。

③ 以扩大综合定额为基础的标底。

此法是由以园林工程概算为基础的标底发展而来的，其特点是在园林工程概算定额的基础上，将措施费、间接费以及法定利润都纳入扩大的分部分项单价内，可使编制工作进一步简化。

(2) 园林工程招标标底编制方法的具体应用

1)在园林工程招标标底编制实践中，对园林工程造价计价可以实行"控制量、指导价、竞争费"的办法。具体做法如下。

① 根据园林施工图预算准确计算工程量。

② 人工和机械费按定额计算。

③ 材料价格采用市场指导价。

2)编制高级装饰园林工程招标标底，可以采用"定额量、市场价、竞争费率"一次包定的方式，不执行季度竣工调价系数。具体做法如下。

① 按设计图纸概算定额确定主要材料用量、人工工日。

② 材料价格、工资单价均按市场价格计算，粘结层及辅料部分价格自行调整。

③ 机械费按定额的机械费及历次调整机械费乘以1.2计算。

④ 其他费用，可根据自身优势浮动。

⑤ 实行工程总包时，建设单位要求将其中的某分部工程分离出来发包给专业施工公司的，应按分包总造价2% ~5%的比例给总包单位增加计取现场施工管理费用，列入总包工程造价，并相应计取税金和政府规定的有关基金。

4. 园林工程招标标底的审定

(1) 园林工程招标标底审定的含义

园林工程招标标底的审定是指政府有关主管部门对招标人已编制完成的标底进行的审查认定。招标人编制完成标底后，应按有关规定将标底报送有关主管部门审定。标底审定是一项政府职能，是政府对招标投标活动进行监管的重要体现。能以自己名义行使标底审定职能的组织，即是标底的审定主体。

(2) 园林工程招标标底审定原则和内容

1)园林工程招标标底审定的原则。

园林工程标底的审定原则和标底的编制原则是一致的，园林工程标底的编制原则也就是园林工程标底的审定原则。这里需要特别强调的是编审分离原则。实践中，编制标底和审定标底必须严格分开，不准以编代审、编审合一。

2)园林工程招标标底审定的内容。

审定标底是政府主管部门一项重要的行政职能。招标投标管理机构审定标底时，主要审查以下内容。

① 园林工程范围是否符合招标文件规定的发包承包范围。

② 园林工程量计算是否符合计算规则，有无错算、漏算和重复计算。

③ 使用定额、选用单价是否准确，有无错选、错算和换算的错误。

④ 各项费用、费率使用及计算基础是否准确，有无使用错误，多算、漏算和计算错误。

⑤ 标底总价计算程序是否准确，有无计算错误。

⑥ 标底总价是否突破概算或批准的投资计划数。

⑦ 主要设备、材料和特种材料数量是否准确,有无多算或少算。

(3) 园林工程招标标底审定的程序

园林工程招标标底的审定,一般按以下程序进行。

1)标底送审。

① 送审时间。关于标底送审时间,在实践中有不同的做法。一种做法是在开始正式招标前,招标人应当将已编制完成的标底和招标文件等一起报送招标投标管理机构审查认定,经招标投标管理机构审查认定后方可组织招标。另一种做法是在投标截止日期后、开标之前,招标人应将标底报送招标投标管理机构审查认定,未经审定的标底一律无效。

② 送审时应提交的文件材料。招标人申报标底时应提交的有关文件材料,主要包括园林工程施工图纸、园林工程施工方案或施工组织设计、填有单价与合价的工程量清单、标底价格计算书、标底价格汇总表、标底价格审定书(报审表)、采用固定价格的工程风险系数测算明细,以及现场因素、各种施工措施测算明细、材料设备清单等。

2)进行标底审定交底。

招标投标管理机构在收到招标标底后应及时进行审查认定工作。一般来说,对不太复杂的中小型园林工程招标标底应在7d以内审定完毕,对结构复杂的大型园林工程招标标底应在14d以内审定完毕,并在上述时限内进行必要的标底审定交底。当然,在实际工作中,各种招标工程的情况是十分复杂的,在标底审定的实践中,可以根据园林工程规模大小和难易程度,确定合理的标底审定时限。一般的做法是划定几个时限档次,如3~5d,5~7d,7~10d,10~15d,20~25d等,最长不宜超过一个月(30d)。

3)对经审定的标底进行封存。

标底自编制之日起至公布之日止应严格保密。标底编制单位、审定机构必须严格按规定密封、保存,开标前不得泄露。经审定的标底即为工程招标的最终标底。未经招标投标管理机构同意,任何单位和个人无权变更标底。开标后,对标底有异议的,可以书面提出异议,由招标投标管理机构复审,并以复审的标底为准。标底允许调整的范围,一般只限于重大设计变更(指结构、规模、标准的变更)、地基处理(指基础垫层以下需要处理的部分),在这些情况下均按实际发生情况进行结算。

六、开标、评标、决标

1. 开标

开标由招标人主持,邀请所有的投标人和评标委员会的全体人员参加,招标投标管理机构负责监督,大中型项目也可以请公证机关进行公证。

(1)开标的时间和地点

开标时间应当为招标文件规定的投标截止时间的同一时间;开标地点通常为工程所在地的建设工程交易中心。开标的时间和地点应在招标文件中明确规定。

(2)开标会议程序

1)投标人签到。签到记录是投标人是否出席开标会议的证明。

2)招标人主持开标会议。主持人介绍参加开标会议的单位、人员及工程项目的有关情况;宣布开标人员名单、招标文件规定的评标定标办法和标底。

(3)开标工作

1)检验各标书的密封情况。由投标人或其推选的代表检查各标书的密封情况,也可以由公证人员检查并公证。

2)唱标。经检验确认各标书的密封无异常情况后,按投递标书的先后顺序,当众拆封投标文件,宣读投标人名称、投标价格和标书的其他主要内容。投标截止时间前收到的所有投标文件都应当当众予以拆封和宣读。

3)开标过程记录。开标过程应当做好记录,并存档备查。投标人也应做好记录,以收集竞争对手的信息资料。

开标时,发现有下列情形之一的投标文件时,应当当场宣布其为无效投标文件,不得进入评标。

① 投标文件未按照招标文件的要求予以密封或逾期送达的。

② 投标函未加盖投标人的公章及法定代表人印章或委托代理人印章的,或者法定代表人的委托代理人没有合法有效的委托书(原件)。

③ 投标文件的关键内容字迹模糊、无法辨认的。

④ 投标人未按照招标文件的要求提供投标担保或没有参加开标会议的。

⑤ 组成联合体投标,但投标文件未附联合体各方共同投标协议的。

2. 评标

(1)评标委员会

1)评标委员会的组成。评标委员会由招标人代表和技术、经济等方面的专家组成。成员数为5人以上的单数,其中招标人或招标代理机构以外的技术、经济等方面的专家不得少于成员总数的三分之二。

2)专家成员名单应从专家库中随机抽取确定。组成评标委员会的专家成员,由招标人从建设行政主管部门的专家名册或其他指定的专家库内的相关专家名单中随机抽取确定。技术特别复杂、专业性要求特别高或国家有特殊要求的招标项目,通过上述方式确定的专家成员难以胜任的,可以由招标人直接确定。

3)与投标人有利害关系的专家不得进入相关工程的评标委员会。

4)评标委员会的名单一般在开标前确定,定标前应当保密。

(2)评标活动应遵循的原则

1)评标活动应当遵循公平、公正的原则。

2)评标活动应当遵循科学、合理的原则。

3)评标活动应当遵循竞争、择优的原则。

(3)评标的准备工作

1)认真研究招标文件。通过认真研究,熟悉招标文件中的以下内容:招标的目标、招标项目的范围和性质、招标文件中规定的主要技术要求、标准和商务条款、招标文件规定的评标标准、评标方法和在评标过程中考虑的相关因素等。

2)招标人向评标委员会提供评标所需的重要信息和数据。

(4)初步评审

初步评审又称为投标文件的符合性鉴定。通过初评,将投标文件分为响应性投标和非响应性投标两大类。响应性投标是指投标文件的内容与招标文件所规定的要求、条件、合同协议条款和规范等相符,无显著差别或保留,并且按照招标文件的规定提交了投标担保的投标。非响应性投标是指投标文件的内容与招标文件的规定有重大偏差,或者未按招标文件的规定提交担保的投标。通过初步评审,响应性投标可以进入详细评标,而非响应性投标则淘汰出局。初步评审的主要内容如下。

1)投标文件排序。评标委员会应当按照投标报价的高低或者招标文件规定的其他方法对投标文件进行排序。

2)废标。下列情况作废标处理。

① 投标人以他人的名义投标、串通投标,以行贿手段或者以其他弄虚作假的方式谋取中标的投标。

② 投标人以低于成本的报价竞标的。投标人的报价明显低于其他投标报价或标底,使其报价有可能低于成本的,应当要求该投标人作出书面说明并提供相关证明的材料。投标人未能提供相关证明材料或不能作出合理解释的,按废标处理。

③ 投标人资格条件不符合国家规定或招标文件要求的。

④ 拒不按照要求对投标文件进行澄清、说明或补正的。

⑤ 未在实质上响应招标文件的投标。评标委员会应当审查每一投标文件是否对招标文件提出的所有实质性要求作了响应。非响应性投标将被拒绝,并且不允许修改或补充。

3)重大偏差。评标委员会应当根据招标文件,审查并逐项列出投标文件的全部投标偏差,并区分为重大偏差和细微偏差两大类。属于重大偏差的有以下几种情况。

① 没有按照招标文件要求提供投标担保或者所提供的投标担保有瑕疵。

② 投标文件没有投标人授权代表的签字和加盖公章。

③ 投标文件载明的招标项目完成期限超过招标文件规定的期限。

④ 明显不符合技术规范、技术标准的要求。

⑤ 投标文件附有招标人不能接受的条件。

⑥ 不符合招标文件中规定的其他实质性要求。

存在重大偏差的投标文件,属于非响应性投标。

4)细微偏差。细微偏差是指投标文件在实质上响应招标文件的要求,但在个别地方存在漏项或者提供了不完整的技术信息和数据等情况。

① 细微偏差不影响投标文件的有效性。

② 评标委员会应当书面要求存在细微偏差的投标人在评标结束前予以补正。

(5)详细评审

详细评审是指评标委员会根据招标文件规定的评标标准和办法,对经初步评审合格的投标文件的技术部分和商务部分作进一步的评审、比较。详细评审的方法有经评审的最低投标价法、综合评估法和法律法规规定的其他方法。

1)经评审的最低投标价法。采用经评审的最低投标价法时,评标委员会将推荐满足下述条件的投标人为中标候选人。

① 能够满足招标文件的实质性要求。即中标人的投标应当符合招标文件规定的技术要求和标准。

② 经评审的投标价最低的投标。评标委员会应当根据招标文件规定的评标价格调整方法,对所有投标人的投标报价以及投标文件的商务部分作必要的调整,确定每一投标文件经评审的投标价。但对技术标无须进行价格折算。

2)综合评估法。综合评估法适用于不宜采用经评审的最低投标价法进行评标的招标项目。

① 综合评估法推荐中标候选人的原则。综合评估法推荐能够最大限度地满足招标文件中规定的各项综合评价标准的投标作为中标候选人。

② 使各投标文件具有可比性。综合评估法是通过量化各投标文件对招标要求的满足程度,进行评标和选定中标候选人的。评标中需要量化的因素及其权重应当在招标文件中明确规定。

③ 衡量各投标满足招标要求的程度。综合评估法采用将技术指标折算为货币或者综合评分的方法,分别对技术部分和商务部分进行量化的评审,然后将每一投标文件中两部分的量化结果,按照招标文件明确规定的计权方法进行加权,算出每一投标的综合评估价或者综合评估分,并确定中标候选人名单。

④ 综合评估比较表。运用综合评估法完成评标后,评标委员会应当拟定一份综合评估比较表,连同书面的评标报告提交给招标人。综合评估比较表应当载明投标人的投标报价、所作的任何修正、对商务偏差的调整、对技术偏差的调整、对各评审因素的评估和对每一投标的最终评审结果。

⑤ 备选标的评审。招标文件允许投标人投备选标的,评标委员会可以对中标人的备选标进行评审,并决定是否采纳。不符合中标条件的投标人的备选标不予考虑。

⑥ 划分有多个单项合同的招标项目的评审。对于此类招标项目,招标文件允许投标人为获得整个项目合同而提出优惠的,评标委员会可以对投标人提出的优惠进行审查,并决定是否将招标项目作为一个整体合同授予中标人。整体合同中标人的投标应当是最有利于招标人的投标。

(6)评标报告

评标委员会完成评标后,应当向招标人提出书面评标报告。

1)评标报告的内容。评标报告应如实记载基本情况和数据表、评标委员会成员名单、开标记录、符合要求的投标一览表、废标情况说明、评标标准、评标方法或者评标因素一览表、经评审的价格或者评分比较一览表、经评审的投标人排序、推荐的中标候选人名单与签订合同前要处理的事宜,以及澄清、说明、补正事项纪要等内容。

2)中标候选人人数。评标委员会推荐的中标候选人应当限定在1~3人,并标明排列顺序。

3)评标报告由评标委员会全体成员签字。评标委员会应当对下列情况作出书面说明并记录在案。

① 对评标结论有异议的评标委员会成员,可以以书面方式阐述其不同意见和理由。

② 评标委员会成员拒绝在评标报告上签字且不陈述其不同意见和理由的,视为同意评标结论。

3. 决标

决标又称为定标,即在评标完成后确定中标人,是建设单位对满意的合同要约人作出承诺的法律行为。

(1)投标有效期

投标有效期是招标文件规定的从投标截止日起至中标人公布日止的期限。投标有效期一般不能延长，因为它是确定投标保证金有效期的依据。如有特殊情况确需延长的，应当办理或进行以下手续和工作：

1）报招标投标主管部门备案，延长投标有效期。

2）取得投标人的同意。招标人应当向投标人提出书面延长要求，投标人应作书面答复。投标人不同意延长投标有效期的，视为投标截止前的撤回投标，招标人应当退回其投标保证金。同意延长投标有效期的投标人，不得因此修改投标文件，而应相应延长投标保证金的有效期。

3）除不可抗力原因外，因延长投标有效期造成投标人损失的，招标人应当给予补偿。

(2)定标的方式

定标时应当由建设单位行使决策权。定标的方式有以下两种。

1）建设单位自己确定中标人。招标人根据评标委员会提出的书面评标报告，在中标候选人的推荐名单中确定中标人。

2）建设单位委托评标委员会确定中标人。招标人也可以通过授权委托评标委员会直接确定中标人。

(3)定标的原则

中标人的投标应当符合下列两个原则之一。

1）中标人的投标能够最大限度地满足招标文件规定的各项综合评价标准。

2）中标人的投标能够满足招标文件的实质性要求，并且经评审的投标价格最低，但是低于成本的投标价格除外。

(4)确定中标人

使用国有资金投资或者国家融资的项目，招标人应当确定排名第一的中标候选人为中标人。排名第一的中标候选人放弃中标，或者因不可抗力提出不能履行合同，或者招标文件规定应当提交履约保证金而在规定期限内未能提交的，招标人可以确定排名第二的中标候选人为中标人；排名第二的中标候选人因同类原因不能签订合同的，招标人可以确定排名第三的中标候选人为中标人。

(5)提交招标投标情况书面报告及发出中标通知书

招标人应当自确定中标人之日起15日内，向工程所在地县级以上建设行政主管部门提出招标投标情况的书面报告。招标投标情况书面报告的内容包括以下两个方面。

1）招标投标基本情况。包括招标范围、招标方式、资格审查、开标评标过程、定标方式及定标理由等。

2）相关的文件资料。包括招标公告或投标邀请书、投标报名表、资格预审文件、招标文件、评标报告、标底、中标人的投标文件等。委托代理招标的应附招标代理委托合同。

建设行政主管部门自收到书面报告之日起5日内未通知招标人在招标活动中有违法行为的，招标人可以向中标人发出中标通知书，并将中标结果通知所有未中标的投标人。

(6)退回招标文件的押金

公布中标结果后，未中标的投标人应当在公布中标通知书后的7日内退回招标文件和相关的图样资料，同时招标人应当退回未中标投标人的投标文件和发放招标文件时收取的押金。

第二节　园林工程投标

一、园林工程投标准备工作

1)熟悉招标文件。承包商在决定投标并通过资格预审获得投标资格后,要购买招标文件并研究招标文件的内容,在此过程中应特别注意对标价计算可能产生重大影响的问题。

2)招标前的调查与现场考察。

现场考察主要是指去工地进行考察。招标单位一般在招标文件中注明现场考察的时间和地点,在文件发出后就要安排投标者进行现场考察准备工作。现场考察既是投标者的权利又是其责任,因此,投标者在报价前必须认真进行施工现场考察,全面、仔细地调查了解工地及其周围的政治、经济、地理等情况。

现场考察均由投标者自费进行,进入考察现场应从以下 5 个方面进行调查了解。

① 工程的性质及其与其他工程之间的关系。

② 投标者投标的那一部分工程与其他承包商或分包商之间的关系。

③ 工地地貌、地质、气候、交通、电力、水源等情况,有无障碍物等。

④ 工地附近有无住宿条件,料场开采条件,其他加工条件,设备维修条件等。

⑤ 工地附近治安情况等。

3)分析招标文件、校核工程量、编制施工规划。

二、园林工程投标报价与文件编制

1. 园林工程投标报价

(1)园林工程投标报价的主要依据

1)设计图纸。

2)工程量清单。

3)合同条件,尤其是有关工期、支付条件、外汇比例的规定。

4)有关法规。

5)拟采用的施工方案、进度计划。

6)施工规范和施工说明书。

7)工程材料、设备的价格及运费。

8)劳务工资标准。

9)当地生活物资价格水平。

此外,还应考虑各种有关间接费用。

(2)园林工程投标报价的范围

报价范围为投标人在投标文件中提出要求支付的各项金额的总和。这个总金额应包括按投标须知所列在规定工期内完成的全部金额,招标工程不得以任何理由重复计算。除非招标人通过修改招标文件予以更正,投标人应按工程量清单中列出有园林工程项目和数量填报单价和合价。每一项目只允许有一个报价;招标人不接受有选择的报价、未填报单价或合价的工程项目。此类工程项目实施后,招标人将不予支付,并视为该项费用已包括在其他有价款的单价或合价之内。工程实施地点为投标须知前附表所列的建设地点。投标人应踏勘现场,充分了解工地位置、道路条件、储存空间、运输装卸限制以及可能影响报价的其他任何情况,而在报价中予以适当考虑。任何因忽视或误解工地情况而导致的索赔或延长工期的申请都将得不到批准。据此,投标人的报价包括工程量清单所列的单价和合价以及投标报价汇总表中的价格,均包括完成该工程项目的直接成本、间接成本、利润、税金、政策性文件规定的费用、技术措施费、大型机械进出场费、风险费等所有费用,但合同另有规定者除外。

(3)园林工程投标报价的内容

投标报价须先明确报价的内容。园林工程投标报价的内容就是园林工程建筑安装工程费的全部内容。规定园林工程建筑安装工程费包括下列项目。

1)直接费。

① 直接工程费。是指施工过程中耗费的构成工程实体的各项费用,包括人工费、材料费、施工机械使用费。

(a)人工费是指直接从事园林工程建筑安装工程施工的生产工人开支的各项费用。

(b)材料费是指施工过程中耗费的构成工程实体的原材料、辅助材料、构配件、零件、半成品的费用。

(c)施工机械使用费是指施工机械作业所发生的机械使用费以及机械安拆费和场外运费。施工机械台班单价应由下列七项费用组成。

Ⅰ. 折旧费:指施工机械在规定的使用年限内,陆续收回其原值及购置资金的时间价值。

Ⅱ. 大修理费:指施工机械按规定的大修理间隔台班进行必要的大修理,以恢复其正常功能所需的费用。

Ⅲ. 经常修理费:指施工机械除大修理以外的各级保养和临时故障排除所需的费用。包括为保障机械正常运转所需替换设备与随机配备工具附具的摊销和维护费用,机械运转中日常保养所需润滑与擦拭的材料费用及机械停滞期间的维护和保养费用等。

Ⅳ. 安拆费及场外运费:安拆费指施工机械在现场进行安装与拆卸所需的人工、材料、机械和试运转费用以及机械辅助设施的折旧、搭设、拆除等费用;场外运费指施工机械整体或分体自停放地点运至施工现场或由一施工地点运至另一施工地点的运输、装卸、辅助材料及架线等费用。

Ⅴ. 人工费:指机上司机(司炉)和其他操作人员的工作日人工费及上述人员在施工机械规定的年工作台班以外的人工费。

Ⅵ. 燃料动力费:指施工机械在动转作业中所消耗的固体燃料(煤、木柴)、液体燃料(汽油、柴油)及水、电等。

Ⅶ. 养路费及车船使用税:指施工机械按照国家规定和有关部门规定应缴纳的养路费、车船使用税、保险费及年检费等。

② 措施费。是指为完成工程项目施工,发生于该工程施工前和施工过程中非工程实体项目的费用。

2)间接费。

① 规费。是指政府和有关权利部门规定必须缴纳的费用。

② 企业管理费。是指建筑安装企业组织施工生产和经营管理所需的费用。

③ 利润。是指施工企业完成所承包工程获得的赢利。

④ 税金。是指国家税法规定的应计入建筑安装工程造价内的营业税、城市维护建设税及

教育费附加等。

凡是报价范围内的各项目的报价都应包括组成上述建筑安装工程费的各个项目,不可重复或遗漏。

2. 园林工程投标报价单价分析

单价是决定投标价格的重要因素,关系到投标的成败。在投标前对每个单项工程进行价格分析很有必要。

一个工程可以分为若干个单项工程,而每一个单项工程中又包含许多项目。单价分析也可称为单价分解,是指对工程量表中所列项目的单价如何进行分析、计算和确定。或者说是研究如何计算不同项目的直接费和分摊其间接费、上级企业管理费、利润和风险费之后得出项目的单价。

园林工程项目投标报价单价分析的步骤和方法,主要有以下几种。

(1)列出单价分析表

单价分析通常采用列表进行,将每个单项工程和每个单项工程中的所有项目分门别类,一一列出,制成表格。列表时要特别注意应包括施工设备、劳务、管理、材料、安装、维护、保险、利润、税金、政策性文件规定及合同包含的所有风险、责任等各项应有费用,不能遗漏或重复列项,投标人没有列出或填写的项目,招标人将不予支付,并认为此项费用已包括在其他项目之中了。

(2)对每项费用进行计算

按照投标报价的费用组成,分别对直接费 A、间接费 B、利润 C 和税金 D 的各项费用进行计算。

直接费 A 包括直接工程费 A_1、措施费 A_2。

$$A = A_1 + A_2$$

1)直接工程费 A_1 属不可变费用,是按定额套出来的。它具体包括:人工费 A_{1-1}、材料费 A_{1-2}、施工机械使用费 A_{1-3}。人工费 A_{1-1} 有时分为普工、技工和工长 3 项,有时也可不分。根据人工定额求出完成此项目工程量所需的总工时数,乘以每工时的单价即可得到人工费总计。材料费 A_{1-2},根据技术规范和施工要求,可以确定所需材料品种及材料消耗定额,再根据每一种材料的单价求出每种材料的总价及全部材料的总价。施工机械使用费 A_{1-3},列出所需的各种机械,并参照本公司的施工机械使用定额求出总的机械台时数;再分别乘以机械台时单价,得出每种机械的总价和全部施工机械的总价。

$$A_1 = A_{1-1} + A_{1-2} + A_{1-3}$$

2)措施费 A_2、间接费 B,属可变费用,它们的费用内容、开支水平因工程规模、技术难易、施工场地、工期长短及企业资质等级等条件而异,一般应由投标人根据工程情况自行确定报价,实践中也可由各地区、各部门依工程规模大小、技术难易程度、工期长短等划分不同工程类型,以编制年度市场价格水平,分别制定具有上下限幅度的指导性费率(即费用比率系数),供投标人编制投标报价时参考。

措施费、间接费的费用比率系数(费率)是一个很重要的数值。对国内招标工程,政府有关部门常常对此作了规定,投标人编制投标报价时可以直接以此作参考。而对国际招标工程,则通常没有规定,这就需要由承包商自己根据实际情况确定。

土建工程措施费的费用比率系数，通过一个工程全部措施费项目总和与所有单项工程直接工程费总和之比求得；间接费的费用比率系数，通过一个工程全部间接费项目总和与所有单项工程的直接费总和之比得出。安装工程措施费、间接费的费用比率系数，分别通过一个工程全部直接费、间接费的项目总和，与所有单项工程的人工费总和之比得出。比如土建工程措施、间接费比率系数分别为

$$措施费比率系数\ a=\frac{工程全部措施费用项目总和(A_2)}{所有单项工程直接工程费总和(A_1)}$$

$$间接费比率系数\ b=\frac{工程全部措施费用项目总和(I)}{所有单项工程直接费总和(A)}$$

$$措施费\ A_2=A_1a$$

$$间接费\ B=Ab$$

$$工程总成本\ W=A+B=(1+b)A$$

3）税金 D，包括营业税、城市维护建设税及教育费附加。按直接费、间接费、计划利润3项之和为基数计算。

$$每个项目的单价\ U=\frac{W+C+D}{该项目的工程量}$$

3. 园林工程投标报价决策分析

报价决策就是确定投标报价的总水平。这是投标胜负的关键环节，通常由投标工作小组的决策人在主要参谋人员的协助下作出决策。

园林工程报价决策的工作内容，首先，计算基础标价，即根据工程量清单和报价项目单价表，进行初步测算，其间可能对某些项目的单价作必要的调整，形成基础标价。其次，作风险预测和盈亏分析，即充分估计施工过程中的各种有关因素和可能出现的风险，预测对工程造价的影响程度。再次，测算可能的最高标价和最低标价，也就是测定基础标价可以上下浮动的界限，使决策人心中有数，避免凭主观愿望盲目压价或加大保险系数。最后，决策人就可以靠自己的经验和智慧，作出报价决策，然后方可编制正式报价单。

基础标价、可能的最低标价和最高标价的计算公式分别为：

$$基础标价=\sum 报价项目\times 单价$$

$$最低标价=基础标价-预期赢利\times 修正系数$$

$$最高标价=基础标价+风险损失\times 修正系数$$

考虑到在一般情况下，各种赢利因素或者风险损失，几乎不可能在一个工程上百分之百地出现，所以应加一修正系数，这个系数凭经验一般取0.5～0.7。

4. 园林工程投标报价宏观审核

投标承包工程中报价是投标的核心，报价正确与否直接关系到投标的成败。为了增强报价的准确性，提高中标率和经济效益，除重视投标策略，加强报价管理以外，还应善于认真总结经验教训，采取相应对策从宏观角度对承包工程总报价进行控制。

宏观审核的目的在于通过换角度的方式对报价进行审查，以增强报价的准确性，提高竞争能力。

园林工程可分为若干个单项工程，而每一个单项工程中又包含许多项目。总体报价是由各单项价格组成的，在考虑某一具体项目的价格水平时，因为所处的角度是面对具体的问题，所以认为其合情合理。但当组成整体价格时，从整体的角度去看则未必合理，这正是进行宏观审核的必要性。园林工程宏观审核通常所采取的观察角度有以下几种。

(1)单位工程造价

将投标报价折合成单位工程造价，并将该项目的单位工程造价与类似工程(或称参照对象)的单位工程造价进行比较，以判定报价水平的高低。

(2)全员劳动生产率

全员劳动生产率是指全体人员每工日的生产价值。一定时期内，由于受企业特定的生产力水平所决定，全员劳动生产率具有相对稳定性。因而企业在承揽同类工程或机械化水平相近的项目时应具有相近的全员劳动生产率水平。

(3)各分项工程价值的正常比例

一个园林工程项目是由土建、建筑、树种、水电、各种附属设备等分项工程构成的，它们在园林工程价值中都有一个合理的大体比例，承包商应将投标项目的各分项工程价值的比例与经验数值相比较。

(4)各类费用的正常比例

任何一个工程的费用都是由人工费、材料设备费、施工机械费、间接费等各类费用组成的，它们之间都应有一个合理的比例。

(5)预测成本比较

将一个国家或地区的同类工程报价项目和中标项目的预测工程成本资料整理汇总储存，作为下一轮投标报价的参考，可以衡量新项目报价的得失情况。

(6)个体分析，整体综合

将整体报价进行分解，分摊至各个体项目上，与原个体项目价格相比较，发现差异、分析原因、合理调整，再将个体项目价格进行综合，形成新的总体价格，与原报价进行比较。

(7)综合定额估算法

综合定额估算法是采用综合定额和扩大系数估算工程的工料数量及工程造价的一种方法，是在掌握工程实施经验和资料的基础上的一种估价方法。其程序如下。

1)选控项目。任何工程报价的工程细目都有几十或几百项。为便于采用综合定额进行工程估算，首先将这些项目有选择地归类，合并成几种或几十种综合性项目，称“可控项目”，其价值约占工程总价的75%~80%。有些工程细目，工程量小、价值不大、又难以合并归类的，可不合并，称“未控项目”，其价值约占工程总价的20%~25%。

2)编制综合定额。对上述选控项目编制相应的定额，能体现出选控项目用工用料的较实际的消耗量，这类定额称综合定额。综合定额应在平时编制完好，以备估价时使用。

3)根据“可控项目”的综合定额和工程量，计算出“可控项目”的用工总数及主要材料数量。

4)估测“未控项目”的用工总数及主要材料数量。该用工数量约占“可控项目”用工数量的20%~30%；用料数量约占“可控项目”用料数量的5%~20%。为选好这个比率，平时作工程报价详细计算时,应认真统计"未控项目"与"可控项目"价值的比率。

5)根据上述3)、4)两项的结果,将"可控项目"和"未控项目"的用工总数及主要材料数量相加,求出工程总用工数和主要材料总数量。

6)根据5)计算的主要材料数量及实际单价,求出主要材料总价。

7)根据5)计算的总用工数及劳务工资单价,求出工程总人工费。

8)计算工程材料总价。

工程材料总价 = 主要材料总价 × 扩大系数(约1.5~2.5)

选取扩大系数时,钢筋混凝土及钢结构等含钢量多、装饰贴面少的工程,应取低值;反之,应取高值。

9)计算工程总价。

工程总价 =(总人工费 + 材料总价)× 系数

该系数的取值,承包工程取1.4~1.5,经援项目取1.3~1.35。

上述办法及计算程序中所选用的各种系数,仅供参考,不可盲目套用。

综合定额估算法属宏观审核工程报价的一种手段,不能以此代替详细的报价资料,报价时仍应按招标文件的要求详细计算。

(8)企业内部定额估价法

根据企业的施工经验,确定企业在不同类型的工程项目施工中的工、料、机等的消耗水平,形成企业内部定额,并以此为基础计算工程估价。此方法不但是核查报价准确性的重要手段,也是企业内部承包管理、提高经营管理水平的重要方法。

综合运用上述方法与指标,就可以减少报价中的失误,不断提高报价水平。

5. 园林工程投标文件的编制

(1)园林工程投标文件的组成

园林工程投标文件是园林工程投标人单方面阐述自己响应招标文件要求,旨在向招标人提出愿意订立合同的意思表示,是投标人确定、修改和解释有关投标事项的各种书面表达形式的统称。

园林工程投标文件是由一系列有关投标方面的书面资料组成的。一般来说,投标文件由以下几个部分组成。

1)投标书。

2)投标书附录。

3)投标保证金。

4)法定代表人资格证明书。

5)授权委托书。

6)具有标价的工程量清单与报价表。

7)辅助资料表。

8)资格审查表(资格预审的不采用)。

9)对招标文件中的合同协议条款内容的确认和响应。

10)施工组织设计。

11)按招标文件规定提交的其他资料。

投标人必须使用招标文件提供的投标文件表格形式，但表格可以按同样格式扩展。招标文件中拟定的供投标人投标时填写的一套投标文件格式，主要有投标书及投标书附录、工程量清单与报价表、辅助资料表等。

(2) 编制园林工程投标文件的步骤

投标人在领取招标文件以后，就要进行投标文件的编制工作。编制投标文件的一般步骤如下。

1) 熟悉招标文件、图纸、资料，对图纸、资料有不清楚、不理解的地方，可以用书面或口头方式向招标人询问、澄清。

2) 参加招标人施工现场情况介绍和答疑会。

3) 调查当地材料供应和价格情况。

4) 了解交通运输条件和有关事项。

5) 编制施工组织设计，复查、计算图纸工程量。

6) 编制或套用投标单价。

7) 计算取费标准或确定采用取费标准。

8) 计算投标造价。

9) 核对调整投标造价。

10) 确定投标报价。

(3) 编制园林工程投标文件的注意事项

1) 编制投标文件时应注意以下事项。

① 投标人编制投标文件时必须使用招标文件提供的投标文件表格格式，但表格可以按同样格式扩展。

② 应当编制的投标文件"正本"仅一份，"副本"则按招标文件前附表所述的份数提供，同时要明确标明"投标文件正本"和"投标文件副本"字样。投标文件正本和副本如有不一致之处，以正本为准。

③ 投标文件正本和副本均应使用不能擦去的墨水打印或书写，各种投标文件的填写都要字迹清晰、端正，补充设计图纸要整洁、美观。

④ 所有投标文件均由投标人的法定代表人签署、加盖印鉴，并加盖法人单位公章。

⑤ 填报投标文件应反复校核，保证分项和汇总计算均无错误。全套投标文件均应反复校核，保证分项和汇总计算均无错误。全套投标文件均应无涂改和行间插字，除非这些删改是根据招标人的要求进行的，或者是投标人造成的必须修改的错误。修改处应由投标人签字证明并加盖印鉴。

⑥ 如招标文件规定投标保证金为合同总价的某百分比时，开投标保函不要太早，以防泄露乙方报价。但有的投标商提前开出并故意加大保函金额，以麻痹竞争对手的情况也是存在的。

⑦ 投标人应将投标文件的正本和每份副本分别密封在内层包封，再密封在一个外层包封中，并在内包封上正确标明"投标文件正本"和"投标文件副本"。内层和外层包封都应写明招标人的名称和地址、合同名称、工程名称、招标编号，并注明开标时间。在内层包封上还应写明投标人的名称与地址、邮政编码，以便投标出现逾期送达时能原封退回。

2) 投标文件有下列情形之一的，在开标时将被作为无效或作废的投标文件，不能参加评标。

① 投标文件未按规定标志、密封的。

② 未经法定代表人签署或未加盖投标人公章或未加盖法定代表人印鉴。

③ 未按规定的格式填写,内容不全或字迹模糊辨认不清的。

④ 投标截止时间以后送达的投标文件。

投标人在编制投标文件时应特别注意以上 4 种情形,以免被判为无效标而前功尽弃。

(4)园林工程投标文件的递交

投标人应在招标文件前附表规定的日期内将投标文件递交给招标人。招标人可以按招标文件中投标须知规定的方式,酌情延长递交投标文件的截止日期。招标人与投标人以前在投标截止期方面的全部权利、责任和义务,将适用于延长后新的投标截止日期。在投标截止日期以后送达的投标文件,招标人应当拒收,已经收下的也需原封退给投标人。

三、园林工程投标的决策与技巧

园林建设工程投标技巧是指园林建设工程承包商在投标过程中所形成的各种操作技能和诀窍。建设工程投标活动的核心和关键是报价问题,因此,建设工程投标报价的技巧至关重要。常见的投标报价技巧主要有以下几种。

(1)扩大标价法

扩大标价法是指除按正常的已知条件编制标价外,对工程中变化较大或没有把握的工作项目,采用增加不可预见费的方法,扩大标价,以减少风险。这种做法的优点是中标价即为结算价,减少了价格调整等麻烦,缺点是总价过高。

(2)不平衡报价法

不平衡报价法又称为前重后轻法,是指在总报价基本确定的前提下,调整内部各个分项的报价,以期既不影响总报价,又可在中标后满足资金周转的需要,获得较理想的经济效益。不平衡报价法的做法通常有以下几种。

1)对能早日结账收回工程款的土方、基础等前期工程项目,单价可适当报高些;而对水电设备安装、装饰等后期工程项目,单价可适当报低些。

2)对预计今后工程量可能会增加的项目,单价可适当报高些;而对工程量可能减少的项目,单价可适当报低些。

3)对设计图样内容不明确或有错误,估计修改后工程量要增加的项目,单价可适当报高些;而对工程内容明确的项目,单价可适当报低些。

4)对没有工程量只填单价的项目,或招标人要求采用包干报价的项目,单价宜报高些;对其余的项目,单价可适当报低些。

5)对暂定项目(任意项目或选择项目)中实施的可能性较大的项目,单价可报高些;预计不一定实施的项目,单价可适当报低些。

(3)多方案报价法

多方案报价法即对同一个招标项目除了按招标文件的要求编制一个投标报价以外,还编制一个或几个建议方案。多方案报价法有时是招标文件中规定采用的,有时是承包商根据需要决定采用的。

(4)突然降价法

突然降价法是指为迷惑竞争对手而采用的一种竞争方法。通常的做法是,在准备投标报价的过程中预先考虑好降价的幅度,然后有意散布一些假情报,如打算弃标,按一般情况报价或准备报高价等,等临近投标截止日期时,突然前往投标,并降低报价,以期战胜竞争对手。

第三节　园林工程施工合同

一、园林工程施工合同的基本内容

1. 园林工程施工合同的特点

(1)合同标的的特殊性

园林工程施工合同的标的是园林工程的各类产品。园林工程产品是不动产,建造过程中往往受到各种因素的影响。这就决定了每个施工合同的标的物不同于工厂批量生产的产品,具有单件性的特点。

(2)合同履行期限的长期性

由于园林工程产品施工周期均较长,施工工期一般都是几年甚至十几年,至少也要几个月。在合同实施过程中不确定因素多,受外界自然条件影响大,合同双方承担的风险高。当主观或客观情况变化时,都有可能造成施工合同的变化,因此施工合同的变更较为频繁,施工合同争议和纠纷也比较多。

(3)合同内容的多样性和复杂性

与大多数合同相比较,施工合同的履行期限长、标的额大,涉及的法律关系则包括了劳动关系、保险关系、运输关系、购销关系等,具有多样性和复杂性。这就要求施工合同的条款应当尽量详尽。

(4)合同管理的严格性

合同管理的严格性主要体现在以下几个方面:对合同签订管理的严格性;对合同履行管理的严格性;对合同主体管理的严格性。

上述施工合同的特点,使得施工合同无论在合同文本结构,还是合同内容上,都要反映与其特点相适应,符合工程项目建设客观规律的内在要求,以保护施工合同当事人的合法权益,促使当事人严格履行自己的义务和职责,提高工程项目的综合社会、经济效益。

2. 园林工程施工合同的作用

园林工程施工合同的作用主要体现在以下几个方面。

(1)明确建设单位和施工企业在园林工程施工中的权利和义务

园林工程施工合同一经签订,即具有法律效力,是合同双方在履行合同中的行为准则,双方都应以施工合同作为行为的依据。

(2)有利于对园林工程施工的管理

合同当事人对园林工程施工的管理应以合同为依据。有关的国家机关、金融机构对施工的监督和管理,也是以园林施工合同为重要依据的。

(3)有利于建筑市场的培育和发展

随着社会主义市场经济新体制的建立,建设单位和施工单位将逐渐成为建筑市场的合格主体,建设项目实行真正的建设单位负责制,施工企业参与市场公平竞争。在建筑商品交换过程中,双方都要利用合同这一法律形式,明确规定各自的权利和义务,以最大限度地实现自己的经济目的和经济效益。施工合同作为建筑商品交换的基本法律形式,贯穿于建筑交易的全过程。建设工程合同的依法签订和全面履行,是建立一个完善的建筑市场的最基本条件。

(4)是进行监理的依据和推行监理制的需要

在监理制度中,建设单位(业主)、施工企业(承包商)、监理单位三者的关系是通过园林工程建设监理合同和施工合同来确立的。国内外实践经验表明,园林工程建设监理的主要依据是合同。园林监理工程师在园林工程监理过程中要做到坚持按合同办事,坚持按规范办事,坚持按程序办事。园林监理工程师必须根据合同秉公办事,监督建设单位和施工企业都必须履行各自的合同义务。因此,承、发包双方签订一个内容合法,条款公平、完备,适应建设监理要求的施工合同是园林监理工程师实施公正监理的根本前提条件,也是推行建设监理制的内在要求。

3. 园林工程施工合同的内容

园林工程本身的特殊性和施工生产的复杂性,决定了施工合同中必定有很多条款。根据《建设工程施工合同管理办法》,施工合同通常应具备以下主要内容。

1)工程名称、地点、范围、内容,工程价款及开竣工日期。

2)双方的权利、义务和一般责任。

3)施工组织设计的编制要求和工期调整的处置办法。

4)工程质量要求、检验与验收方法。

5)合同价款调整与支付方式。

6)材料、设备的供应方式与质量标准。

7)设计变更。

8)竣工条件与结算方式。

9)违约责任与处置办法。

10)争议解决方式。

11)安全生产防护措施。

此外,关于索赔、专利技术使用、发现地下障碍和文物、工程分包、不可抗力、工程保险、工程停建或缓建、合同生效与终止等也是施工合同的重要内容。

二、园林工程施工合同的签订原则

1. 合同第一位原则

在市场经济中,合同是当事人双方经过协商达成一致的协议,签订合同是双方的民事行为。在合同所定义的经济活动中,合同是第一位的,作为双方的最高行为准则,合同限定和调节着双方的权利和义务。任何工程问题和争议首先都要按照合同解决,只有当法律判定合同无效,或争议超过合同范围时才通过法律解决。所以在工程建设过程中,合同具有法律上的最高优先地位。合同一经签订,则成为一个法律文件。双方按合同内容承担相应的法律责任,享有相应的法律权利。合同双方都必须用合同规范自己的行为,并用合同保护自己。在任何国家,法律均只确定经济活动的约束范围和行为准则,而经济活动的具体细节则由合同规定。

2. 合同自愿原则

合同自愿是市场经济运行的基本原则之一,也是一般国家的法律准则。合同自愿原则体现在以下两个方面。

1)合同签订时,双方当事人在平等自愿的条件下进行商讨,自由表达意见,自己决定签订与否,自己对自己的行为负责。任何人不得利用权利、暴力或其他手段胁迫对方当事人,以致签订违背当事人意愿的合同。

2)合同的自愿构成。合同的形式、内容、范围由双方商定。合同的签订、修改、变更、补充和解释,以及合同争议的解决等均由双方商定,只要双方一致同意即可,他人不得随便干预。

3. 合同的法律原则

建设工程合同都是在一定的法律背景条件下签订和实施的,合同的签订和实施必须符合合同的法律原则。它具体体现在以下3个方面。

1)合同不能违反法律,合同不能与法律抵触,否则合同无效。这是法律对合同有效性的控制。

2)合同自由原则受法律原则的限制,所以工程实施和合同管理必须在法律所限定的范围内进行。

3)法律保护合法合同的签订和实施。签订合同是一个法律行为,合同一经签订,合同以及双方的权益即受法律保护。如果合同一方不履行或不正确履行合同,致使对方利益受到损害,则不履行一方必须赔偿对方的经济损失。

4. 诚实信用原则

合同的签订和顺利实施应建立在施工企业、建设单位和监理单位紧密协作、互相配合、互相信任的基础上,合同各方应对自己的合作伙伴,对合同及工程的总目标充满信心,建设单位和施工企业才能圆满地执行合同,监理工程师才能正确地、公正地解释和进行合同管理。

5. 公平合理原则

建设工程合同调节双方的合同法律关系,应不偏不倚,维护合同双方在工程建设中公平合理的关系。

三、园林工程施工合同格式及文件组成

1. 园林工程施工合同格式

合同格式是指合同的形式文件,一般有条文式和表格式。建设工程施工合同常常综合以上两种形式,以条文格式为主,辅以表格,共同构成规范的施工合同书。

一份标准的园林工程施工合同由合同标题、合同序文、合同正文、合同结尾4部分组成。

(1)合同标题

合同标题应写明合同的名称,如××公园园林工程施工合同。

(2)合同序文

合同序文应包括主体双方(甲乙方)的名称、合同编号(序号)及简短说明签订本合同的法律依据。

(3)合同正文

合同正文是合同的重点部分,由以下内容组成。

1)工程概况:工程名称、地点、投资单位、建设目的、工程范围(工程量)。

2)工程造价(合同价)。

3)开、竣工日期及中间交工工程的开、竣工日期。

4)承包方式。

5)物资供应方式(供货地点)。

6)设计文件及概、预算和技术资料的提供日期。

7)工程变更和增减条款,经济责任。

8)定额依据及现场职责。

9)工程款支付方式与结算方法。

10)双方相互协作事项及合理化建议采纳。

11)保修期及保养条件(栽植工程以一个养护期为标准)。

12)工程竣工验收组织及标准。

13)违约责任(含罚则和奖励)。

14)不可预见事件的有关规定。

15)合同纠纷及仲裁条款。

16)合同保险条文。

(4)合同结尾

合同结尾应注明合同份数、存留和生效方式、签订日期、地点、法人代表签章,合同公证单位、合同未尽事项或补充的条款,最后附上合同应有的附件:工程项目一览表,甲方供应材料、设备一览表,施工图样及技术资料交付时间表。

2. 施工合同文件的组成

1)施工合同协议书。

2)中标通知书。

3)投标书及其附件。

4)施工合同专用条款。

5)施工合同通用条款。

6)标准、规范及有关技术文件。

7)图样。

8)工程量清单。

9)工程报价单或预算书。

四、园林工程施工合同的争议处理

1. 园林工程施工合同常见的争议

(1)园林工程进度款支付、竣工结算及审价争议

尽管合同中已列明了工程量,约定了合同价款,但实际施工中会有很多变化,包括设计变更,现场工程师签发的变更指令,现场条件(如地质、地形等)发生变化,以及计量方法等引起的工程数量的增减。这种工程量的变化几乎每天都会发生,而且承包商通常在其每月申请工程进度付款报表中列出,希望得到(额外)付款,但常因与现场监理工程师有不同意见而遭拒绝或者拖延不决。

在整个施工过程中,发包人在按进度支付工程款时往往会根据监理工程师的意见,扣除那些监理工程师未予确认的工程量或存在质量问题的已完园林工程的应付款项,这种未付款项累积起来往往可能形成一笔很大的金额,使承包商感到无法承受而引起争议,而且这类争议在园林工程施工的中后期可能会越来越严重。

更主要的是,大量的发包人在资金尚未落实的情况下就开始园林工程的建设,致使发包人千方百计要求承包商垫资施工,不支付预付款,尽量拖延支付进度款,拖延工程结算及工程审价进程,导致承包商的权益得不到保障,最终引起争议。

(2)安全损害赔偿争议

安全损害赔偿争议包括相邻关系纠纷引发的损害赔偿,设备安全、施工人员安全、施工导致第三人安全、园林工程本身发生安全事故等方面的争议。其中,园林工程相邻关系纠纷发生的频率越来越高,其牵涉主体和财产价值也越来越多,已成为城市居民十分关心的问题。

(3)园林工程价款支付主体争议

施工企业被拖欠巨额工程款已成为整个建设领域中屡见不鲜的"正常事"。往往出现工程的发包人并非工程真正的建设单位或工程的权利人的情况。在该种情况下,发包人通常不具备工程价款的支付能力,施工企业该向谁主张权利,以维护其合法权益会成为争议的焦点。此时,施工企业应理顺关系,寻找突破口,向真正的发包方主张权利,以保证合法权利不受侵害。

(4)园林工程工期拖延争议

园林工程的工期延误造成的原因往往是错综复杂的。在许多合同条件中都约定了竣工逾期违约金。由于工期延误的原因可能是多方面的,要分清各方的责任往往十分困难。因此经常可以看到,发包人要求承包商承担工程竣工逾期的违约责任,而承包商则提出因诸多发包人的原因及不可抗力等工期应相应顺延的理由,有时承包商还就工期的延长要求发包人承担停工、窝工的费用。

(5)合同中止及终止争议

中止合同造成的争议有:承包商因这种中止造成的损失严重而得不到足够的补偿,发包人对承包商提出的就中止合同的补偿费用计算持有异议,承包商因设计错误或发包人拖欠应支付的工程款而造成困难提出中止合同,发包人不承认承包商提出的中止合同的理由,也不同意承包商的责难及其补偿要求等。

除非不可抗拒力外,任何终止合同的争议往往是由难以调和的矛盾造成的。终止合同一般都会给某一方或者双方造成严重的损害。如何合理处置终止合同后的双方的权利和义务,往往是这类争议的焦点。终止合同可能有以下几种情况。

1)属于承包商责任引起的终止合同。

2)属于发包人责任引起的终止合同。

3)不属于任何一方责任引起的终止合同。

4)任何一方由于自身需要而终止合同。

(6)园林工程质量及保修争议

质量方面的争议包括园林工程中所用材料不符合合同约定的技术标准要求,提供的设备性能和规格不符,或者不能生产出合同规定的合格产品,或者是通过性能试验不能达到规定的质量要求,施工和安装有严重缺陷等。这类质量争议在施工过程中主要表现为,工程师或发包人要求拆除和移走不合格材料,或者返工重做,或者修理后予以降价处置。对于设备质量问题,则常见于在调试和性能试验后,发包人不同意验收移交,要求更换设备或部件,甚至退货并赔偿经济损失。而承包商则认为缺陷是可以改正的,或者业已改正;对生产设备质量则认为是性能测试方法错误,或者制造产品所投入的原料不合格或者是操作方面的问题等,质量争议往往演变成为责任问题争议。

此外,在保修期内的缺陷修复问题往往是发包人和承包商争议的焦点,特别是发包人要求承包商修复工程缺陷而承包商拖延修复,或发包人未经通知承包商就自行委托第三方对工程缺陷进行修复。在此情况下，发包人要在预留的保修金扣除相应的修复费用，承包商则主张产生缺陷的原因不在承包商或发包人未履行通知义务，且其修复费用未经其确认而不予同意。

2. 园林工程施工合同争议的解决方式

(1)和解

和解是指争议的合同当事人，依据有关法律规定或合同约定，以合法、自愿、平等为原则，在互谅互让的基础上，经过谈判和磋商，自愿对争议事项达成协议，从而解决分歧和矛盾的一种方式。和解方式无须第三者介入，简便易行，能及时解决争议，避免当事人经济损失扩大，有利于双方的协作和合同的继续履行。

(2)调解

调解是指争议的合同当事人，在第三方的主持下，通过其劝说引导，以合法、自愿、平等为原则，在分清是非的基础上，自愿达成协议，以解决合同争议的一种方式。调解有民间调解、仲裁机构调解和法庭调解3种。调解协议书对当事人具有与合同一样的法律约束力。运用调解方式解决争议，双方不伤和气，有利于今后继续履行合同。

(3)仲裁

仲裁也称公断，是双方当事人通过协议自愿将争议提交第三者(仲裁机构)作出裁决，并负有履行裁决义务的一种解决争议的方式。仲裁包括国内仲裁和国际仲裁。仲裁须经双方同意并约定具体的仲裁委员会。仲裁可以不公开审理从而保守当事人的商业秘密，节省费用，一般不会影响双方日后的正常交往。

(4)诉讼

诉讼是指合同当事人相互间发生争议后，只要不存在有效的仲裁协议，任何一方向有管辖权的法院起诉并在其主持下，为维护自己的合法权益进行的活动。通过诉讼，当事人的权利可得到法律的严格保护。

(5)其他方式

除了上述4种主要的合同争议解决方式外，在国际工程承包中，又出现了一些新的有效的解决方式，正在被广泛应用。比如，FIDIC《土木工程施工合同条件》(红皮书)中有关“工程师的决定”的规定。建设单位和施工企业之间发生任何争端，均应首先提交工程师处理。工程师对争端的处理决定，通知双方后，在规定的期限内，双方均未发出仲裁意向通知，则工程师的决定即被视为最后的决定并对双方产生约束力。又如，FIDIC《设计—建筑与交钥匙工程合同条件》(橘皮书)中的规定。建设单位和施工企业之间发生任何争端，应首先以书面形式提交由合同双方共同任命的争端审议委员会(DRB)裁定。争端审议委员会对争端作出决定并通知双方后，在规定的期限内，如果任何一方未将其不满事宜通知对方，则该决定即被视为最终的决定并对双方产生约束力。无论是工程师的决定，还是争端审议委员会的决定，都与合同具有同等的约束力。任何一方不执行决定，另一方即可将其不执行决定的行为提交仲裁。这种方式不同于调解，因其决定不是争端双方达成的协议；也不同于仲裁，因工程师和争端审议委员会只能以专家的身份作出决定，不能以仲裁人的身份作出裁决，其决定的效力不同于仲裁裁决的效力。

当承包商与发包人(或分包商)在合同履行的过程中发生争议和纠纷时，应根据平等协商的原则先行和解，尽量取得一致意见。若双方和解不成，则可要求有关主管部门调解。

双方属于同一部门或行业，可由行业或部门的主管单位负责调解；不属于上述情况的可由工程所在地的建设主管部门负责调解。若调解无效，根据当事人的申请，在受到侵害之日起一年之内，可送交工程所在地工商行政管理部门的经济合同仲裁委员会进行仲裁，超过一年期限者，一般不予受理。仲裁是解决经济合同的一项行政措施，是维护合同法律效力的必要手段。仲裁是依据法律、法令及有关政策，处理合同纠纷，责令责任方赔偿、罚款，直至追究有关单位或人员的行政责任或法律责任。处理合同纠纷也可不经仲裁，而直接向人民法院起诉。

一旦合同争议进入仲裁或诉讼，项目经理应及时向企业领导汇报和请示。因为仲裁和诉讼必须以企业(具有法人资格)的名义进行，由企业作出决策。

在一般情况下，发生争议后，双方都应继续履行合同，保持施工连续，保护好已完工程。

只有发生下列情况时，当事人双方可停止履行施工合同：

1)单方违约导致合同确已无法履行，双方协议停止施工。

2)调解要求停止施工，且为双方接受。

3)仲裁机关要求停止施工。

4)法院要求停止施工。

3. 园林工程施工合同争议管理

(1)有理有礼有节，争取协商调解

施工企业面临着争议众多而且又必须设法解决的困惑，不少企业都参照国际惯例，设置并逐步完善了自己的内部法律机构或部门，专职实施对争议的管理，这是企业进入市场之必须。要注意破除解决争议找法院打官司的单一思维，通过诉讼解决争议未必是最有效的方法。由于园林工程施工合同争议情况复杂，专业问题多，有许多争议法律无法明确规定，往往造成主审法官难以判断、无所适从。因此，要深入研究案情和对策，处理争议要有理有礼有节，能采取协商、调解，甚至争议评审方式解决争议的，尽量不要采取诉讼或仲裁方式。因为通常情况下，园林工程合同纠纷案件经法院几个月的审理，由于解决困难，法庭只能采取反复调解的方式，以求调解结案。

(2)重视仲裁、诉讼时效，及时主张权利

通过仲裁、诉讼的方式解决园林工程合同纠纷的，应当特别注意有关仲裁时效与诉讼时效的法律规定，在法定仲裁时效或诉讼时效内主张权利。

所谓时效制度，是指一定的事实状态经过一定的期间之后即发生一定的法律后果的制度。民法上所称的时效，可分为取得时效和消灭时效，一定事实状态经过一定的期间之后即取得权利的，为取得时效；一定事实状态经过一定的期间之后即丧失权利的，为消灭时效。

法律确立时效制度的意义，首先是为了防止债权债务关系长期处于不稳定状态；其次是为了催促债权人尽快实现债权；再次是为了避免债权债务纠纷因年长日久而难以举证，不便于解决纠纷。

所谓仲裁时效，是指当事人在法定申请仲裁的期限内没有将其纠纷提交仲裁机构进行仲裁的，即丧失请求仲裁机构保护其权利的权利。在明文约定合同纠纷由仲裁机构仲裁的情况下，若合同当事人在法定提出仲裁申请的期限内没有依法申请仲裁的，则该权利人的民事权利不受法律保护，债务人可依法免于履行债务。

所谓诉讼时效，是指权利人在法定提起诉讼的期限内如不主张其权利，即丧失请求法院依诉讼程序强制债务人履行债务的权利。诉讼时效实质上就是消灭时效，诉讼时效期限届满后，债务人依法可免除其应负之义务。换言之，若权利人在诉讼时效期限届满后才主张权利的，则丧失了胜诉权，其权利不受司法保护。

1）关于仲裁时效期限和诉讼时效期限的计算问题。追索工程款、勘察费、设计费，仲裁时效期限和诉讼时效期限均为两年，从工程竣工之日起计算，双方对付款时间有约定的，从约定的付款期限届满之日起计算。

园林工程因建设单位的原因中途停工的，仲裁时效期限和诉讼时效期限应当从工程停工之日起计算。

园林工程竣工或工程中途停工，施工单位应当积极主张权利。实践中，施工单位提出工程竣工结算报告或对停工工程提出中间工程竣工结算报告，是施工单位主张权利的基本方式，可引起诉讼时效的中断。

追索材料款、劳务款，仲裁时效期限和诉讼时效期限均为两年，从双方约定的付款期限届满之日起计算；没有约定期限的，从购方验收之日起计算，或从劳务工作完成之日起计算。

出售质量不合格的商品未声明的，仲裁时效期限和诉讼时效期限均为一年，从商品售出之日起计算。

2）适用时效规定，及时主张自身权利的具体做法。根据《中华人民共和国民法通则》的规定，诉讼时效因提起诉讼、债权人提出要求或债务人同意履行债务而中断。从中断时起，诉讼时效期限重新计算。因此，对于债权，具备申请仲裁或提起诉讼条件的，应在诉讼时效的期限内提请仲裁或提起诉讼。尚不具备条件的，应设法引起诉讼时效中断，具体办法有以下两种。

① 园林工程竣工后或工程中间停工的，应尽早向建设单位或监理单位提出结算报告；对于其他债权，也应以书面形式主张债权；对于履行债务的请求，应争取到对方有关工作人员签名、盖章，并签署日期。

② 债务人不予接洽或拒绝签字盖章的，应及时将要求该单位履行债务的书面文件制作一式数份，自存至少一份备查后，将该文件以电报的形式或其他妥善的方式传送给对方，即将请求履行债务的要求通知对方。

3）主张债权已超过诉讼时效期限的补救办法。债权人主张债权超过诉讼时效期限的，除非债务人自愿履行，否则债权人依法不能通过仲裁或诉讼的途径使其履行。在这种情况下，应设法与债务人协商，并争取达成履行债务的协议。只要签订该协议，债权人仍可通过仲裁或诉讼途径使债务人履行债务。

（3）全面收集证据，确保客观充分

收集证据是一项十分重要的准备工作，根据法律规定和司法实践，收集证据应当遵守如下要求。

1）为了及时发现和收集到充分、确凿的证据，在收集证据之前应当认真研究已有材料，分析案情，并在此基础上制定收集证据的计划、确定收集证据的方向、调查的范围和对象、应当采取的步骤和方法，同时还应考虑到可能遇到的问题和困难，以及解决问题和克服困难的办法等。

2）收集证据的程序和方式必须符合法律规定。凡是收集证据的程序和方式违反法律规定的，如以贿赂的方式使证人作证的，或不经过被调查人同意擅自进行录音的等，所收集到的材料一律不能作为证据来使用。

3）收集证据必须客观、全面。收集证据必须尊重客观事实，按照证据的本来面目进行收集，不能弄虚作假、断章取义，制造假证据。全面收集证据就是要收集能够收集到的、能够证明案件真实情况的全部证据，不能只收集对自己有利的证据。

4）收集证据必须深入、细致。实践证明，只有深入、细致地收集证据，才能把握案件的真实情况。因此，收集证据必须杜绝粗枝大叶、马虎行事、不求甚解的做法。

5）收集证据必须积极主动、迅速。证据虽然是客观存在的事实，但可能由于外部环境或外部条件的变化而变化，如果不及时予以收集，就有可能灭失。

（4）摸清财务状况，做好财产保全

1）调查债务人的财产状况。对园林工程承包合同的当事人而言，提起诉讼的目的，大多数情况下是为了实现金钱债权，因此，必须在申请仲裁或者提起诉讼前调查债务人的财产状况，为申请财产保全做好充分准备。根据司法实践，调查债务人的财产范围如下。

① 固定资产，如房地产、机器设备等，尽可能查明其数量、质量、价值，是否抵押等具体情况。

② 开户行、账号、流动资金的数额等情况。

③ 有价证券的种类、数额等情况。

④ 债权情况，包括债权的种类、数额、到期日等。

⑤ 对外投资情况（如与他人合股、合伙创办经济实体），应了解其股权种类、数额等。

⑥ 债务情况，债务人是否对他人尚有债务未予清偿，以及债务数额、清偿期限等，都会影响到债权人实现债权的可能性。

⑦ 如果债务人是企业的，还应调查其注册资金与实际投入资金的具体情况，两者之间是否存在差额，以便确定是否请求该企业的开办人对该企业的债务在一定范围内承担清偿责任。

2）做好财产保全。《中华人民共和国民事诉讼法》中规定："人民法院对于可能因当事人一方的行为或者其他原因，使判决不能执行或者难以执行的案件，可以根据对方当事人的申请，作出财产保全的裁定；当事人没有提出申请的，人民法院在必要时也可以裁定采取财产保全措施"。同时又规定："利害关系人因情况紧急，不立即申请财产保全将会使其合法权益受到难以弥补的损害的，可以在起诉前向人民法院申请采取财产保全措施"。应当注意，申请财产保全，一般应当向人民法院提供担保，且起诉前申请财产保全的，必须提供担保。担保应当以金钱、实物或者人民法院同意的担保等形式实现，所提供的担保的数额应相当于请求保全的数额。

因此，申请财产保全的应当先做准备，了解保全财产的情况并缜密做好以上各项工作后，即可申请仲裁或提起诉讼。

（5）聘请专业律师，尽早介入争议处理

施工单位不论是否有自己的法律机构，当遇到案情复杂难以准确判断的争议，应当尽早聘请专业律师，避免走弯路。目前，不少施工单位的经理抱怨，官司打赢了，得到的却是一纸空文，判决无法执行，这往往和起诉时未确定真正的被告和未事先调查执行财产并及时采取诉讼保全有关。施工合同争议的解决不仅取决于对行业情况的熟悉，很大程度上取决于诉讼技巧和正确的策略，而这些都是专业律师的专长。

五、园林工程施工索赔

1. 园林工程施工索赔的定义与特点

索赔是指当事人在合同实施过程中,根据法律、合同规定及惯例,对不应由自己承担责任的情况造成的损失,向合同的另一方当事人提出给予赔偿或补偿要求的行为。

园林工程索赔通常是指在园林工程合同履行过程中,合同当事人一方因非自身因素或者对方不履行或未能正确履行合同而受到经济损失或权利损害时,通过一定的合法程序向对方提出经济或时间补偿的要求。索赔是一种正当的权利要求,它是发包方、监理工程师和承包方之间一项正常的、大量发生而且普遍存在的合同管理业务,是一种以法律和合同为依据的、合情合理的行为。

园林工程索赔有狭义和广义之分。

狭义的园林工程索赔即人们通常所说的园林工程索赔或园林施工索赔,是指园林工程承包商在由于发包人的原因或发生承包商和发包人不可控制的因素而遭受损失时,向发包人提出的补偿要求。这种补偿包括补偿损失费用和延长工期。

广义的园林工程索赔是指园林工程承包商由于合同对方的原因或合同双方不可控制的原因而遭受损失时,向对方提出的补偿要求。这种补偿可以是损失费用索赔,也可以是索赔实物。它不仅包括承包商向发包人提出的索赔,而且还包括承包商向保险公司、供货商、运输商、分包商等提出的索赔。

从索赔的基本含义,可以看出园林工程施工索赔具有以下基本特征。

1)园林工程施工索赔是双向的,不仅承包人可以向发包人索赔,发包人同样也可以向承包人索赔。由于实践中发包人向承包人索赔发生的频率相对较低,而且在索赔处理中,发包人始终处于主动和有利地位,对承包人的违约行为他可以直接从应付工程款中扣抵、扣留保留金或通过履约保函向银行索赔来实现自己的索赔要求,因此在园林工程实践中大量发生的、处理比较困难的索赔是承包人向发包人的索赔,这也是园林工程师进行合同管理的重点内容之一。

2)只有实际发生了经济损失或权利损害,一方才能向对方索赔。经济损失是指因对方因素造成合同外的额外支出,如人工费、材料费、机械费、管理费等额外开支;权利损害是指虽然没有经济上的损失,但造成了一方权利上的损害,如由于恶劣气候条件对工程进度的不利影响,承包人有权要求工期延长等。因此,发生了实际的经济损失或权利损害,应是一方提出索赔的基本前提条件。

3)园林工程施工索赔是一种未经对方确认的单方行为。它与通常所说的工程签证不同。在施工过程中签证是承发包双方就额外费用补偿或工期延长等达成一致的书面证明材料和补充协议,可以直接作为工程款结算或最终增减工程造价的依据;而索赔则是单方面行为,对对方尚未形成约束力,索赔要求必须要通过确认(如双方协商、谈判、调解或仲裁、诉讼)后才能实现。

归纳起来,园林工程施工索赔具有如下一些本质特征。

① 索赔是要求给予补偿(赔偿)的一种权利、主张。

② 索赔的依据是法律法规、合同文件及工程建设惯例,但主要是合同文件。

③ 索赔是因非自身原因导致的,要求索赔一方没有过错。

④ 与合同相比较,已经发生了额外的经济损失或权利损害。

⑤ 索赔必须有切实有效的证据。

⑥ 索赔是单方行为,双方没有达成协议。

2. 园林工程索赔的原因与分类

(1)园林工程索赔的原因

1)园林工程施工延期引起索赔。

园林工程施工延期是指由于非承包商的各种原因而造成工程的进度推迟,施工不能按原计划时间进行。大型的土木工程项目在施工过程中,由于工程规模大,技术复杂,既易受天气、水文地质条件等自然因素影响,又常常受到来自于社会的政治、经济等人为因素影响,因而发生施工进度延期是比较常见的。施工延期的原因有时是单一的,有时又是多种因素综合交错形成的。施工延期的事件发生后,会给承包商造成两个方面的损失:一方面是时间上的损失,另一方面是经济上的损失。因此,当出现施工延期的索赔事件时,往往在分清责任和损失补偿方面,合同双方容易发生争端。常见的园林工程施工延期索赔有由于发包人征地拆迁受阻,未能及时提交施工场地;以及气候条件恶劣,如连降暴雨,使大部分的土方工程无法开展等。

2)恶劣的现场自然条件引起索赔。

这种恶劣的现场自然条件是指一般有经验的承包商事先无法合理预料的,如地下水、未探明的地质断层、溶洞、沉陷等;另外还有地下的实物障碍,如经承包商现场考察无法发现的、发包人资料中未提供的地下人工建筑物,地下自来水管道、公共设施、坑井、隧道、废弃的建筑物混凝土基础等,这些障碍与干扰都需要承包商花费更多的时间和金钱去排除。因此,承包商有权据此向发包人提出索赔要求。

3)合同变更引起索赔。

合同变更的含义是很广泛的,包括园林工程设计变更、园林施工方法变更、园林工程量的增加与减少等。对于土木工程项目实施过程来说,变更是客观存在的,只是这种变更必须是指在原合同工程范围内的变更,若属超出工程范围的变更,承包商有权予以拒绝。特别是当工程量变化超出招标时工程量清单的20%以上时,可能导致承包商的施工现场人员不足,需另雇工人;也可能导致承包商的施工机械设备失调,工程量的增加,往往要求承包商增加新型号的施工机械设备,或增加机械设备数量等。人工和机械设备的需求增加,则会引起承包商额外的经济支出,扩大工程成本。反之,若一工程项目被取消或工程量大减,又势必会引起承包商原有人工和机械设备的窝工和闲置,造成资源浪费,导致承包商的亏损。因此,在合同变更时,承包商有权提出索赔。

4)合同矛盾和缺陷引起索赔。

合同矛盾和缺陷通常出现在合同文件规定不严谨,合同中有遗漏或错误,这些矛盾常反映为设计与施工规定相矛盾,技术规范和设计图纸不相符或相矛盾,以及一些商务和法律条款规定有缺陷等。在这种情况下,承包商应及时将这些矛盾和缺陷反映给监理工程师,由监理工程师作出解释。若承包商执行监理工程师的解释指令后,造成施工工期延长或工程成本增加,则承包商可提出索赔要求,监理工程师应予以证明,发包人应给予相应的补偿。因为发包人是工程承包合同的起草者,应该对合同中的缺陷负责;除非其中有非常明显的遗漏或缺陷,依据法律或合同可以推定承包商有义务在投标时发现并及时向发包人报告。

5)参与园林工程建设主体的多元性。

由于园林工程参与单位多,一个工程项目往往会涉及发包人、总包商、监理工程师、分包商、指定分包商、材料设备供应商等众多参加单位,各方面的技术、经济关系错综复杂,相互联系又相互影响，只要一方失误，不仅会造成自己的损失，而且会影响其他合作者，造成他人损失，从而导致索赔和争执。

以上各种问题会随着园林工程的逐步开展而不断暴露出来，必然会使园林工程项目受到影响，导致园林工程项目成本和工期的变化，这就是索赔形成的根源。因此，索赔的发生，不仅是一个索赔意识或合同观念的问题，从本质上讲，索赔也是一种客观存在。

现代建筑市场竞争激烈，承包商的利润水平逐步降低，大部分靠低标价甚至保本价中标，回旋余地较小。施工合同中往往承发包双方风险分担不公，主要风险落在承包商一方，在实践中稍遇条件变化，承包商即处于亏损的边缘，这必然迫使其寻找一切可能的索赔机会来减轻自己承担的风险。因此，索赔实质上是园林工程实施阶段承包商和发包人之间在承担工程风险比例上的合理再分配，这也是目前国内外建筑市场上，施工索赔无论在数量、款额上呈增长趋势的一个重要原因。

(2) 园林工程索赔的分类

园林工程索赔从不同的角度、按不同的方法和不同的标准，可以有多种分类的方法，见表2-4。

表2-4　索赔的分类

分类标准	索赔类别	说　　明
按索赔的目的分类	工期索赔	由于非承包人责任的原因而导致施工进程延误，要求批准顺延合同工期的索赔，称之为工期索赔。工期索赔形式上是对权利的要求，以避免在原定合同竣工日不能完工时，被发包人追究拖期违约责任。一旦获得批准合同工期顺延后，承包人不仅免除了承担拖期违约赔偿费的严重风险，而且可能提前工期得到奖励，最终仍反映在经济收益上
	费用索赔	费用索赔的目的是要求经济补偿。当施工的客观条件改变导致承包人增加开支，要求对超出计划成本的附加开支给予补偿，以挽回不应由他承担的经济损失
按索赔当事人分类	承包商与发包人间索赔	这类索赔大都是有关工程量计算、变更、工期、质量和价格方面的争议，也有中断或终止合同等其他违约行为的索赔
	承包商与分包商间索赔	其内容与前一种大致相似，但大多数是分包商向总包商索要付款和赔偿及承包商向分包商罚款或扣留支付款等
	承包商与供货商间索赔	其内容多系商贸方面的争议，如货品质量不符合技术要求、数量短缺、交货拖延、运输损坏等
按索赔的原因分类	工程延误索赔	因发包人未按合同要求提供施工条件，如未及时交付设计图纸、施工现场、道路等，或因发包人指令工程暂停或不可抗力事件等原因造成工期拖延的，承包商对此提出的索赔，称为工程延误索赔
	工程范围变更索赔	工程范围的变更索赔是指发包人和承包商对合同中规定工作理解的不同而引起的索赔。其责任和损失不如延误索赔那么容易确定，如某分项工程所包含的详细工作内容和技术要求，施工要求很难在合同文件中用语言描述清楚，设计图纸也很难对每一个施工细节的要求都说得清清楚楚。另外设计的错误和遗漏，或发包人和设计者主观意志的改变都会向承包商发布变更设计的命令 工程范围的变更索赔很少能独立于其他类型的索赔。例如，工作范围的变更索赔通常导致延期索赔。又如，设计变更引起的工作量和技术要求的变化都可能被认为是工作范围的变化，为完成此变更可能增加时间，并影响原计划工作的执行，从而可能导致延期索赔

续表

分类标准	索赔类别	说　　明
按索赔的原因分类	施工加速索赔	施工加速索赔经常是延期或工作范围索赔的结果，有时也被称为“赶工索赔”。而施工加速索赔与劳动生产率降低的关系极大，因此又可称为劳动生产率损失索赔 如果发包人要求承包商比合同规定的工期提前，或者因工程前段的承包商的工程拖期，要后一阶段工程的另一位承包商弥补已经损失的工期，使整个工程按期完工。这样，承包商可以因施工加速成本超过原计划的成本而提出索赔，其索赔的费用一般应考虑加班工资，雇用额外劳动力，采用额外设备，改变施工方法，提供额外监督管理人员和由于拥挤，干扰加班引起的疲劳造成的劳动生产率损失等所引起的费用的增加。在国外的许多索赔案例中对劳动生产率损失通常数量很大，但一般不易被发包人接受。这就要求承包商在提交施工加速索赔报告中提供施工加速对劳动生产率的消极影响的证据
	不利的现场条件索赔	不利的现场条件是指合同的图纸和技术规范中所描述的条件与实际情况有实质性的不同或虽合同中未作描述，而是一个有经验的承包商无法预料的。一般是地下的水文地质条件，但也包括某些隐藏着的不可知的地面条件 不利的现场条件索赔近似于工作范围索赔，然而又不像大多数工作范围索赔。不利的现场条件索赔应归咎于确实不易预知的某个事实。如现场的水文、地质条件在设计时全部弄得一清二楚几乎是不可能的，只能根据某些地质钻孔和土样试验资料来分析和判断。要对现场进行彻底全面的调查将会耗费大量的成本和时间，一般发包人不会这样做，承包商在短短投标报价的时间内更不可能做这种现场调查工作。这种不利现场条件的风险由发包人来承担是合理的
按索赔处理方式分类	单项索赔	单项索赔是针对某一干扰事件提出的，在影响原合同正常运行的干扰事件发生时或发生后，由合同管理人员立即处理，并在合同规定的索赔有效期内向发包人或监理工程师提交索赔要求和报告。单项索赔通常原因单一、责任单一，分析起来相对容易，由于涉及的金额一般较小，双方容易达成协议，处理起来也比较简单。因此合同双方应尽可能地用此种方式来处理索赔
	综合索赔	综合索赔又称一揽子索赔，一般在工程竣工前和工程移交前，承包商将工程实施过程中因各种原因未能及时解决的单项索赔集中起来进行综合考虑，提出一份综合索赔报告，由合同双方在工程交付前后进行最终谈判，以一揽子方案解决索赔问题。在合同实施过程中，有些单项索赔问题比较复杂，不能立即解决，为不影响工程进度，经双方协商同意后留待以后解决。有的是发包人或监理工程师对索赔采用拖延办法，迟迟不作答复，使索赔谈判旷日持久。还有的是承包商因自身原因，未能及时采用单项索赔方式等，都有可能出现一揽子索赔。由于在一揽子索赔中许多干扰事件交织在一起，影响因素比较复杂而且相互交叉，责任分析和索赔值计算都很困难，索赔涉及的金额往往又很大，双方都不愿或不容易作出让步，使索赔的谈判和处理都很困难。因此综合索赔的成功率比单项索赔要低得多
按索赔的合同依据分类	合同内索赔	此种索赔是以合同条款为依据，在合同中有明文规定的索赔，如工期延误、工程变更、工程师提供的放线数据有误、发包人不按合同规定支付进度款等。这种索赔由于在合同中有明文规定，往往容易成功
	合同外索赔	此种索赔在合同文件中没有明确的叙述，但可以根据合同文件的某些内容合理推断出可以进行此类索赔，而且此索赔并不违反合同文件的其他任何内容。例如在国际工程承包中，当地货币贬值可能给承包商造成损失，对于合同工期较短的，合同条件中可能没有规定如何处理。当由于发包人原因使工期拖延，而又出现汇率大幅度下跌时，承包商可以提出这方面的补偿要求
	道义索赔（又称额外支付）	道义索赔是指承包商在合同内或合同外都找不到可以索赔的合同依据或法律根据，因而没有提出索赔的条件和理由，但承包商认为自己有要求补偿的道义基础，而对其遭受的损失提出具有优惠性质的补偿要求，即道义索赔。道义索赔的主动权在发包人手中，发包人在下面 4 种情况下，可能会同意并接受这种索赔：第一，若另找其他承包商，费用会更大；第二，为了树立自己的形象；第三，出于对承包商的同情和信任；第四，谋求与承包商更长久的合作

3. 园林工程索赔的要求

在承包园林工程中,索赔要求通常有合同工期的延长和费用补偿两种。

(1)合同工期的延长

承包合同中都有关于工期(开始期和持续时间)和工程拖延的罚款条款。如果工程拖延是由承包商管理不善造成的,则其必须承担责任,接受合同规定的处罚。而对于外界干扰引起的工期拖延,承包商可以通过索赔,取得发包人对合同工期延长的认可,在这个范围内则可免去对他的合同处罚。

(2)费用补偿

由于非承包商自身责任造成工程成本增加,使承包商增加额外费用,蒙受经济损失,承包商可以根据合同规定提出费用赔偿要求。如果该要求得到发包人的认可,发包人应向他追加支付这笔费用以补偿损失。这样,实质上承包商通过索赔提高了合同价格,通常不仅可以弥补损失,而且能增加工程利润。

4. 园林工程索赔的作用与条件

(1)园林工程索赔的作用

索赔与园林工程施工合同同时存在,其主要作用有以下几点。

1)索赔是合同和法律赋予正确履行合同者免受意外损失的权利,索赔是当事人一种保护自己、避免损失、增加利润、提高效益的重要手段。

2)索赔是落实和调整合同双方经济责、权、利关系的手段,也是合同双方风险分担的又一次合理再分配。离开了索赔,合同责任就不能全面体现,合同双方的责、权、利关系就难以平衡。

3)索赔是合同实施的保证。索赔是合同法律效力的具体体现,对合同双方形成约束条件,特别能对违约者起到警戒作用,违约方必须考虑违约后的后果,从而尽量减少其违约行为的发生。

4)索赔对提高企业和园林工程项目管理水平起着重要的促进作用。我国承包商在许多项目上提不出或提不好索赔,与其企业管理松散混乱、计划实施不严、成本控制不力等有着直接关系;没有正确的工程进度网络计划就难以证明延误的发生及天数;没有完整翔实的记录,就缺乏索赔定量要求的基础。

承包商应正确地、辩证地对待索赔问题。在任何工程中,索赔是不可避免的,通过索赔能使损失得到补偿,增加收益。因此,承包商要保护自身利益,争取赢利,就不能不重视索赔问题。

但从根本上说,索赔是由于工程受干扰引起的。这些干扰事件对双方都可能造成损失,影响工程的正常施工,造成混乱和拖延。因此,从合同双方整体利益的角度出发,应极力避免干扰事件,避免索赔的产生。另外,对于某一具体的干扰事件,能否取得索赔的成功,能否及时地、如数地获得补偿,是很难预料、也很难把握的。因此,承包商不能以索赔作为取得利润的基本手段,尤其不应预先寄希望于索赔。例如,在投标中有意压低报价,获得工程,指望通过索赔弥补损失,是非常危险的。

(2)园林工程索赔的条件

索赔的根本目的在于保护自身利益,追回损失(报价低也是一种损失),避免亏本,因此是不得已而用之。要取得索赔的成功,索赔要求必须符合以下 3 个基本条件。

1)客观性。确实存在不符合合同或违反合同的干扰事件,它对承包商的工期和成本造成影响。这必须是事实,有确凿的证据证明。由于合同双方都在进行合同管理,都在对工程施工过程进行监督和跟踪,对索赔事件也都能清楚地了解。所以承包商提出的任何索赔,首先必须是真实的。

2)合法性。干扰事件由非承包商自身责任引起,按照合同条款对方应给予补(赔)偿。因而索赔要求必须符合本工程承包合同的规定。合同作为工程中的最高法律,具有判定干扰事件的责任由谁承担,承担什么样的责任,应赔偿多少等功能。因此,不同的合同条件,就有不同的合法性,对索赔要求就会产生不同的解决结果。

3)合理性。索赔要求必须合情合理,符合实际情况,真实反映由于干扰事件引起的实际损失,采用合理的计算方法和计算基础。承包商必须证明干扰事件与干扰事件的责任、与施工过程所受到的影响、与承包商所受到的损失、与所提出的索赔要求之间存在着因果关系。

第三章　园林工程概预算

第一节　园林工程概预算概述

一、园林工程概预算的概念、意义及作用

1. 园林工程概预算的概念

园林工程概预算是指在工程建设过程中，根据不同设计阶段的设计文件的具体内容和有关定额、指标及取费标准，预先计算和确定建设项目的全部工程费用的技术经济文件。

2. 园林工程概预算的意义

园林工程属于艺术范畴，它不同于一般的工业、民用建筑等工程。由于每项工程各具特色，风格各异，工艺要求不尽相同，且项目零星，地点分散，工程量小，工作面大，花样繁多，形式各异，又受气候条件的影响较大，因此不可能用简单、统一的价格对园林产品进行精确的核算，必须根据设计文件的要求和园林产品的特点，对园林工程事先从经济上加以计算，以便获得合理的工程造价，保证工程质量。

3. 园林工程概预算的作用

园林工程总概预算是指建设项目从筹建到竣工验收的全部费用，认真做好总概预算是关系到贯彻基本建设程序，合理组织施工，按时按质完成建设任务的重要环节，同时又是对建设工程进行财政监督、审计的重要依据。因此，做好概预算工作有着重要的作用。

1）园林工程概预算是确定园林建设工程造价的依据。

2）园林工程概预算是建设单位与施工企业进行工程投标的依据，也是双方签订施工合同、办理工程竣工结算的依据。

3）园林工程概预算是建设银行拨付工程款或贷款的依据。

4）园林工程概预算是施工企业组织生产、编制计划、统计工作量和实物量指标的依据。

5）园林工程概预算是施工企业考核工程成本的依据。

6）园林工程概预算是设计单位对设计方案进行技术经济分析比较的依据。

二、园林工程概预算的种类及其作用

园林工程概预算按不同的设计阶段和所起的作用及编制依据的不同，一般可分为设计概算、施工图预算、施工预算和竣工决算。

1. 设计概算

设计概算是初步设计文件的重要组成部分。它是由设计单位在初步设计阶段，根据初步设计图纸，按照有关工程概算定额（或概算指标）、各项费用定额（或取费标准）等有关资料，预先计算和确定工程费用的文件，其作用如下。

1）它是编制建设工程计划的依据。

2）它是控制工程建设投资的依据。

3）它是鉴别设计方案经济合理性、考核园林产品成本的依据。

4）它是控制工程建设拨款的依据。

5）它是进行建设投资包干的依据。

2. 施工图预算

施工图预算是指在施工图设计阶段，当工程设计完成后，在工程开工之前，由施工单位根据已批准的施工图纸，在既定的施工方案前提下，按照国家颁布的各类工程预算定额、单位估价表及各项费用的取费标准等有关资料，预先计算和确定工程造价的文件。其作用如下。

1）它是确定园林工程造价的依据。

2）它是办理工程竣工结算及工程招标投标的依据。

3）它是建设单位与施工企业签订施工合同的主要依据。

4）它是建设银行拨付工程款或贷款的依据。

5）它是施工企业考核工程成本的依据。

6）它是设计单位对设计方案进行技术经济分析比较的依据。

7）它是施工企业组织生产、编制计划、统计工作量和实物量指标的依据。

3. 施工预算

施工预算是施工单位内部编制的一种预算，是指施工阶段在施工图预算的控制下，施工企业根据施工图计算的工程量、施工定额、单位工程施工组织设计等资料，通过工料分析，预先计算和确定工程所需的人工、材料、机械台班消耗量及其相应费用的文件。施工预算数字，不应突破施工图预算数字。其作用如下。

1）它是施工企业编制施工作业计划的依据。

2）它是施工企业签发施工任务单、限额领料单的依据。

3）它是开展定额经济包干、实行按劳分配的依据。

4）它是劳动力、材料和机具调度管理的依据。

5）它是施工企业开展经济活动分析和进行施工预算与施工图预算对比的依据。

6）它是施工企业控制成本的依据。

4. 竣工决算

工程竣工决算分为施工企业竣工决算和建设单位的竣工决算两种。

施工企业内部的单位工程竣工决算是以单位工程为对象，以单位工程竣工结算为依据，核算一个单位工程的预算成本、实际成本和成本降低额，所以又称为单位工程竣工成本决算。它是由施工企业的财会部门进行编制的。通过决算，施工企业内部可以进行实际成本分析，反映经营效果，总结经验教训，以利于提高企业经营管理水平。

建设单位竣工决算是在新建、改建和扩建建设工程项目竣工验收移交后，由建设单位组织有关部门，以竣工结算等资料为基础编制的反映整个建设项目从筹建到全部竣工的建设费用的文件。它通常是建设单位财务支出情况，包括建筑工程费用，安装工程费用，设备、工器具购置费用和其他费用等。

竣工决算的主要作用如下。

1）用以核定新增固定资产价值，办理交付使用手续。

2）考核建设成本，分析投资效果。

3)总结经验,积累资料,促进深化改革,提高投资效果。

三、园林工程概预算编制的依据和程序

1. 园林工程概预算编制的依据

为了提高概预算的准确性,保证概预算的质量,在编制概预算时,主要依据下列技术资料和有关规定。

1)施工图纸。

施工图纸是指经过会审的施工图,包括所附的设计说明书、选用的通用图集和标准图集或施工手册、设计变更文件等,它们是确定尺寸规格、计算工程量的主要依据,是编制预算的基本资料。

园林工程设计图纸所含内容一般有园林建筑及小品、山石水体、园林绿化、道路桥梁、门架栏围等工程项目。

① 园林建筑及小品工程包括园林建筑及小品的平、立、剖面及局部构造图。

② 山石水体工程包括假山、石景、瀑布、河流、驳岸等的平、剖面及其局部构造图。

③ 园地绿化工程包括园地的地形整理和平整、花坛草坪和树木的栽植等的平面规划布置图。

④ 道路桥梁工程包括园林中的各种道路、卷桥、石、木和钢筋混凝土平桥的平、立、剖面和局部构造图。

⑤ 门架栏围工程包括门坊、门楼、花架、栏杆、围墙、挡墙和有关构筑物等的平、立、剖面和局部构造图。

以上是一般园林工程中所常用的工程项目的各类图纸,由于园林工程所处的景区情境各异,还会有其他一些特殊工程项目的图纸,但它们都不包括水电安装工程,水电安装工程应另行处理。

2)施工组织设计。

园林工程施工组织设计是有序进行施工管理的开始和基础,是园林工程建设单位在组织施工前必须完成的一项法定的技术性工作。

园林工程施工组织设计是以园林工程(整个工程或若干个单项工程)为对象编写的用来指导工程施工的技术性文件。其核心内容是如何科学合理地安排好劳动力、材料、设备、资金和施工方法5个主要施工因素。

施工组织设计也称施工方案,是确定单位工程进度计划、施工方法、主要技术措施、施工现场平面布局和其他有关准备工作的技术文件。

3)工程概预算定额。

概预算定额是确定工程造价的主要依据,是由国家或被授权单位统一组织编制和颁发的一种法令性指标,具有极大的权威性,是编制工程概预算所应遵循的基本执行标准。

4)基本建设材料概预算价格,人工工资标准,施工机械台班费用定额。

5)园林建设工程管理费及其他费用取费定额。

因地区和施工企业不同,工程管理费和其他费用的取费标准也不同,各省、市、地区、企业都有各自的取费定额。

6)建设单位和施工单位签订的合同或协议。

合同或协议中双方约定的标准也可成为编制工程预算的依据。

7)国家及地区颁发的有关文件。

国家或地区各有关主管部门,制订颁发的有关编制工程概预算的各种文件和规定,如某些材料调价、新增某种取费项目的文件等,都是编制工程预算时必须遵照执行的依据,是计算工程造价计费的执行文件。

8)工具书及其他有关手册。

以上依据都是编制概预算所不能缺少的基本内容,但其中使用时间最长、使用次数最多的是工程预算定额和施工设计图纸,它们也是编制工程概预算中应用难度最大的两项内容。

2. 园林工程概预算编制的程序

园林工程概预算编制的具体程序如下。

(1)收集各种编制概预算所需的依据资料

编制预算之前,要收集完整下列资料:施工图设计图纸、施工组织设计、预算定额、施工管理费和各项取费定额、材料预算价格表、地方预决算材料、预算调价文件和地方有关技术经济资料等。

(2)熟悉施工图纸和施工说明书,参加技术交底,解决疑难问题

设计图纸和施工说明书是编制工程概预算的重要基础资料。它为选择套用定额子目,取定尺寸和计算各项工程量提供了重要的依据,因此,在编制概预算之前,必须对设计图纸和施工说明书进行全面细致的熟悉和审查,并要参加技术交底,共同解决施工图中的疑难问题,从而掌握设计意图并了解工程全貌,以免在选用定额子目和工程量计算上发生错误。

(3)熟悉施工组织设计和了解现场情况

施工组织设计是由施工单位根据工程特点、施工现场的实际情况等各种有关条件编制的,它是编制预算的依据。因此,必须完全熟悉施工组织设计的全部内容,并深入现场,了解现场实际情况是否与设计一致才能准确编制预算。

(4)学习并掌握好工程概预算定额及其有关规定

为了提高工程概预算的编制水平,正确地运用概预算定额及其有关规定,必须熟悉现行概预算定额的全部内容,了解和掌握定额子目的工程内容,施工方法、材料规格、质量要求、计量单位及工程量计算规则等,以便能熟练地查找和正确地应用。

(5)确定工程项目、计算工程量

工程项目的划分及工程量计算必须根据设计图纸和施工说明书提供的工程构造、设计尺寸和做法要求,结合施工现场的施工条件,按照概预算定额的项目划分,工程量的计算规则和计量单位的规定,对每个分项工程的工程量进行具体计算。它是工程概预算编制工作中最繁重、最细致的重要环节,工程量计算的正确与否将直接影响概预算的编制质量和速度。

1)确定工程项目。

在熟悉施工图纸及施工组织设计的基础上要严格按定额的项目确定工程项目,这是计算工程量的关键。为了防止丢项、漏项的现象发生,在编排项目时应首先将工程分为若干分部工程,如基础工程、主体工程、门窗工程、园林建筑小品工程、水景工程、绿化工程等。

2)计算工程量。

正确地计算工程量对基本建设计划,统计施工作业计划工作,合理安排施工进度,组织劳

动力和物资的供应都是不可缺少的,同时也是进行基本建设财务管理与会计核算的重要依据,所以工程量计算不单纯是技术计算工作,它对工程建设效益分析具有重要作用。

在计算工程量时应注意以下几点。

① 在根据施工图纸和概预算定额确定工程项目的基础上,必须严格按照定额规定和工程量计算规则,以施工图所注位置与尺寸为依据进行计算,不能人为地加大或缩小构件尺寸。

② 计算单位必须与定额中的计算单位相一致,才能准确地套用预算定额中的预算单价。

③ 取定的建筑尺寸和苗木规格要准确,而且要便于核对。

④ 计算底稿要整齐,数字清楚,数值要准确,切忌草率凌乱,辨认不清。工程量数字精确到小数点后两位,钢材、木材及使用贵重材料的项目数字可精确到小数点后三位,余数四舍五入。

⑤ 要按照一定的计算顺序计算。为了便于计算和审核工程量,防止遗漏或重复计算,计算工程量时除了按照定额项目的顺序进行计算外,也可以采用先外后内或先横后竖等不同的顺序计算。

⑥ 利用基数,连续计算。有些"线"和"面"是计算许多分项工程的基数,在整个工程量计算中要反复多次地进行运算,在运算中找出共性因素,再根据概预算定额分项工程量的有关规定,找出计算过程中各分项工程量的内在联系,就可以把烦琐工程进行简化,从而迅速准确地完成大量的工程量计算工作。

(6)编制工程预算书

1)确定单位预算价值。

填写预算单价时要严格按照预算定额中的子目及有关规定进行,使用单价要正确,每一分项工程的定额编号,工程项目名称、规格、计量单位、单价均应与定额要求相符,要防止错套,以免影响预算的质量。

2)计算工程直接费。

单位工程直接费是各个分部、分项工程直接费的总和,分项工程直接费则是用分项工程量乘以预算定额工程预算单价而求得的。

3)计算其他各项费用。

单位工程直接费计算完毕,即可计算其他直接费、间接费、计划利润、税金等费用。

4)计算工程预算总造价。

汇总工程直接费、其他直接费、间接费、计划利润、税金等费用,最后即可求得工程预算总造价。

5)校核。

工程预算编制完毕后,应由有关人员对预算的各项内容进行逐项全面核对,消除差错,保证工程预算的准确性。

6)编写"工程预算书的编制说明",填写工程预算书的封面,装订成册。

编制说明一般包括以下内容。

① 工程概况。通常要写明工程编号、工程名称、建设规模等。

② 编制依据。编制预算时所采用的图纸名称、标准图集、材料做法以及设计变更文件;采用的预算定额、材料预算价格及各种费用定额等资料。

③ 其他有关说明。是指在预算表中无法表示且需要用文字做补充说明的内容。

工程预算封面通常需填写的内容有:工程编号、工程名称、建设单位名称、施工单位名称、建设规模、工程预算造价、编制单位及日期等。

(7)工料分析

工料分析是在编写预算时,根据分部、分项工程项目的数量和相应定额中的项目所列的用工及用料的数量,算出各工程项目所需的人工及用料数量,然后进行统计汇总,计算出整个工程的工料所需数量。

(8)复核、签章及审批

工程预算编制出来后,由本企业的有关人员对所编制预算的主要内容及计算情况进行一次全面检查核对,以便及时发现可能出现的差错并及时纠正,提高工程预算的准确性,审核无误后按规定上报,经上级机关批准后再送交建设单位和建设银行审批。

第二节　园林工程概预算定额

一、预算定额、概算定额和概算指标

1. 预算定额

(1)预算定额的概念

在正常的施工条件下,完成一定计量单位合格的分项工程或结构构件所需消耗的活劳动与物化劳动(即人工、材料和机械台班)的数量标准,称为预算定额。预算定额是由国家主管机关或被授权单位组织编制并颁发的一种法令性指标,是一项重要的经济法规。定额中的各项指标,反映了国家对完成单位产品基本构造要素(即每一单位分项工程或结构构件)所规定的人工、材料、机械台班等消耗的数量限额。它是一种综合性定额,不仅考虑了施工定额中未包括的多种因素(如材料在现场内的超运距、人工幅度差的用工等),而且还包括了为完成该分项工程或结构构件的全部工序的内容。

(2)预算定额的作用

预算定额是工程建设中一项重要的技术法规,它规定了施工企业和建设单位在完成施工任务时,所允许消耗的人工、材料和机械台班的数量限额,确定了国家、建设单位和施工企业之间的一种技术经济关系。它在我国建设工程中占有十分重要的地位和作用。

1)预算定额是编制地区单位估价表的依据。

2)预算定额是编制园林工程施工图预算,合理确定工程造价的依据。

3)预算定额是施工企业编制人工、材料、机械台班需要量计划,统计完成工程量,考核工程成本,实行经济核算的依据。

4)预算定额是建设工程招标、投标中确定标底和标价的主要依据。

5)预算定额是建设单位和建设银行拨付工程贷款、建设资金贷款和竣工结算的依据。

6)预算定额是编制概算定额和概算指标的基础资料。

7)预算定额是施工企业贯彻经济核算,进行经济活动分析的依据。

8)预算定额是设计部门对设计方案进行技术经济分析的工具。

(3)预算定额的内容

预算定额由以下3部分组成。

1)文字说明部分。

① 总说明。在总说明中,主要阐述预算定额的用途、编制依据、适用范围、定额中已考虑的因素和未考虑的因素、使用中应注意的事项和有关问题的说明。

② 分部工程说明。分部工程说明是定额手册的重要组成部分,主要阐述本分部工程所包括的主要项目、编制中有关问题的说明、定额应用时的具体规定和处理方法等。

③ 分节说明。分节说明是对本节所包含的工程内容及使用的有关说明。

上述文字说明是预算定额正确使用的重要依据和原则,应用前必须仔细阅读,不然就会错套、漏套及重套定额。

2)定额项目表。

定额项目表列出每一单位分项工程中人工、材料、机械台班消耗量及相应的各项费用,它是预算定额的核心内容。定额项目表由分项工程内容,定额计量单位,定额编号,预算单价,人工、材料消耗量及相应的费用,机械费,附注等组成。

3)附录。

附录列在定额手册的最后,其主要内容有建筑机械台班预算价格,材料名称规格表,混凝土、砂浆配合表,门窗五金用量表及钢筋用量参考表等。这些资料供定额换算之用,是定额应用的重要补充资料。

2. 概算定额

(1)概算定额的概念

确定完成合格的单位扩大分项工程或单位扩大结构构件所需消耗的人工、材料和机械台班的数量限额,叫做概算定额。概算定额又称做“扩大结构定额”或“综合预算定额”。概算定额是设计单位在初步设计阶段或扩大初步设计阶段确定工程造价,编制设计概算的依据。

(2)概算定额的作用

1)概算定额是编制设计概算的主要依据。

2)概算定额是对设计项目进行技术经济分析与比较的依据。

3)概算定额是编制建设工程主要材料计划的依据。

4)概算定额是编制概算指标的依据。

5)概算定额是控制施工图预算的依据。

6)概算定额是工程结束后,进行竣工决算的依据。

(3)概算定额的编制依据

概算定额是国家主管机关或授权机关编制的,编制时必须依据以下内容。

1)有关文件。

2)现行的设计规范和施工文献。

3)具有代表性的标准设计图纸和其他设计资料。

4)现行的人工工资标准,材料预算价格,机械台班预算价格及概算定额。

(4)概算定额手册的内容

现行的概算定额手册包括文字说明和定额项目表两部分。

1)文字说明部分。

文字说明部分有总说明和分章说明。总说明主要阐述概算定额的编制依据、原则、适用范围、目的、编纂形式、注意事项等。分章说明主要阐述本章包括的综合工作内容及工程量计算规则等。

2)定额项目表。

① 定额项目可按工程结构和工程部分划分。

② 定额项目表是概算定额手册的主要内容，由若干分节定额组成。各节定额由工程内容、定额表及附注说明组成。

3. 概算指标

(1)概算指标的概念

以每 $100m^2$ 建筑物面积或每 $1000m^3$ 建筑物体积(如是构筑物，则以座为单位)为对象，确定其所需消耗的活劳动与物化劳动的数量限额，称为概算指标。

(2)概算定额与概算指标的主要区别

1)确定各种消耗量指标的对象不同。

概算定额是以单位扩大分项工程或单位扩大结构构件为对象；而概算指标则是以整个建筑物(如 $100m^2$ 或 $1000m^3$ 建筑物)和构筑物(如座)为对象。因此，概算指标比概算定额范围更大，综合性更强。

2)确定各种消耗量指标的依据不同。

概算定额是以现行预算定额为基础，通过计算之后才综合确定出各种消耗量指标；而概算指标中各种消耗量指标的确定，则主要来自各种预算或结算资料。

(3)概算指标的表现形式

概算指标的表现形式分为综合概算指标和单项概算指标两种。

1)综合概算指标。是指按工业或民用建筑及其结构类型而制定的概算指标。综合概算指标的概括性较大，其准确性、针对性低于单项指标。

2)单项概算指标。是指为某种建筑物或构建物而编制的概算指标。单项概算指标的针对性强，故指标对工程结构形式要进行介绍。只要工程项目的结构形式及工程内容与单项指标中的工程概况相吻合，编制出的设计概算就比较准确。

二、一般园林工程预算定额

1. 预算定额项目的编排形式

预算定额手册根据园林结构及施工程序等按分部分项顺序排列。

分部工程为章，它是将单位工程中某些性质相近，材料大致相同的施工对象归在一起。

分部工程以下，又按工程性质、工程内容、施工方法及使用材料，分成许多分项工程。

分项工程以下，再按工程性质、规格、不同材料类别等分成若干项目子目。

在项目中还可以按其规格、不同材料等再细分成许多子项目。

为了查阅方便并正确使用定额，定额的章、分项、子目都应有统一的编号。定额手册通常采用两个符号方法编号。第一个号码表示分部工程编号，第二个号码表示具体工程项目即子目顺序号。如“1-52”，第一个号码“1”表示第1分部工程，即土石方、打桩、围堰、基础垫层工程；第二个号码“52”表示第52子目，即人工凿岩石地面开凿坚石。

另外，还有3个符号编号方法，即第一个号码表示分部工程编号，第二个号码表示分项工程顺序号，第三个号码表示子目顺序号。

2. 预算定额的编制原则

(1)技术先进,按社会发展要求制定定额

定额的编制过程实质上是一种立法工作。编制时应根据国家的经济政策要求,贯彻各项经济方针,既要结合历年定额水平,又应考虑发展趋势,制定出符合社会发展需要的定额,以适应建设需要。

技术先进是指定额的确定,以及施工方法和材料的选择等,应采用已经成熟并已推广的新结构、新材料、新技术和较先进的管理方式。

(2)经济合理,按社会平均必要劳动量确定定额水平

在市场经济条件下,确定预算定额的各项消耗量指标,应遵循价值规律的要求,按照产品生产中所消耗的社会平均必要劳动时间确定其水平。即在正常施工条件下,定额项目中的材料规格、质量要求、施工方法、劳动效率和施工机械台班等,既要遵循国家的统一规定,又要以平均的劳动强度、平均的劳动熟练程度、平均的技术装备来确定完成每一单位分项工程或结构构件所需的消耗,作为确定预算定额水平的主要原则。

(3)简明适用,严谨准确

预算定额的内容和形式,要满足各方面使用的需要(如编制预算,办理结算,编制各种计划和进行成本核算等),同时要简明扼要,层次结构清楚严谨,使用方便。这就要求定额项目的划分、计量单位的选择、定额工程量计算规则等,应保证在定额消耗指标相对准确的前提下,综合扩大,让定额粗细程度恰当并简单明了,以使定额在内容和形式上具有多方面的适应性。

预算定额的项目应尽量齐全完整,把已成熟和推广的新技术、新结构、新材料、新器具和新工艺项目编入定额。而定额项目的多少,与定额的步距有关。所谓步距,是指同类性质的一组定额在合并时所保留的间距。步距大时,项目减少,精确度随之降低;相反,步距小时,项目增多,精确度随之提高。因此,在确定步距时,对于主要的工种、项目、常用的项目,定额步距应小一些;对于次要工种、项目、不常用的项目,定额步距应适当放大一些。

预算定额中的各种说明要简明扼要,通俗易懂。贯彻简明适用的原则,还应注意定额项目计量单位的选择和简化工程量计算。如砖砌园林小摆设定额中用立方米就比用块作为定额计量单位方便些。

编制定额时,为了稳定定额水平,统一考核尺度,各种定额指标应尽量定死,避免争议。所谓活口,是指在定额中规定,当符合某种条件时,允许调整换算。在实际预算工作中,对特殊的情况变化较大并且对定额水平幅度影响大的项目,该留活口的,也应从实际出发进行考虑,尽量做到严谨准确。

(4)集中领导,分级管理

集中领导就是由中央主管部门(如住房和城乡建设部)归口管理,依照国家的方针、政策、法规和经济发展的要求,统一制定编制定额的方案、原则和办法,颁发统一的条例和规章制度。这样才能保证建筑产品具有统一的计价依据和标准。国家掌握这个统一的尺度,对不同地区设计和施工的经济效果进行有效的考核和监督,避免地区或部门之间缺乏可比性及不平等竞争的弊端。分级管理是在集中领导之下,各部门和各省、市、自治区主管部门在其管辖范围内,根据各自的特点,按照国家的编制原则、办法和条例细则,编制本部门或本地区的预算定额,颁发补充性的条例规定,并对预算定额实行经常性的管理。

3. 预算定额的编制依据

1)现行的预算定额,国家或地区过去颁发的预算定额和定额编制过程中的基础资料。

2)现行的全国统一劳动定额,施工机械台班定额及施工材料消耗定额。

3)现行的设计规范,施工及验收规范,质量评定标准和安全操作规程。

4)通用设计标准图集,定型设计图纸和有代表性的设计图纸或图集。

5)有关科学实验,技术测定和可靠的统计资料。

6)已推广的新技术、新材料、新结构、新工艺和先进的施工管理经验的资料。

7)现行的人工日工资标准,材料预算价格和机械台班预算价格。

4. 预算定额的编制步骤

预算定额的编制一般要通过以下3个阶段进行。

(1)准备阶段

准备阶段的任务是组织有关单位参加并成立编制机构,拟定编制方案、确定定额项目、全面收集各项依据资料。预算定额的编制工作不但工作量大,而且政策性强,组织工作复杂,因此在编制准备阶段要明确和做好以下几项工作。

1)确定编制机构的人员组成,安排编制工作的进度。

2)确定编制定额的指导思想和原则,明确定额的作用。

3)确定编制预算定额的基本要求。

4)确定预算定额的适用范围、用途和水平。

5)确定定额的编排形式、项目内容、计量单位及精确度应保留的小数位数。

6)确定人工、机械台班和材料消耗量的计算资料(如各种图集及典型工程施工图纸)等。

(2)编制初稿阶段

在定额编制的各种资料(规范、图纸和相关资料等)收集齐全之后,就可进行定额的测算和分析工作,并编制初稿。初稿要按编制方案中确定的定额项目和有代表性的施工图计算工程量,再分别测算人工、材料和机械台班消耗量指标,在此基础上编制定额项目表,并拟定出相应的文字说明,最后汇编预算定额初稿。编制初稿阶段应注意做好以下几项工作。

1)熟悉基础资料,并对这些资料反复测算、核实,保证所收集到的资料全面、准确与可靠,在此基础之上,对资料进行分类,使资料科学化和系统化。

2)划分工程项目,做到项目齐全,粗细适度,简明适用。

3)根据确定的项目和施工图纸计算工程量,计算人工、材料和机械台班的消耗量。

4)编制预算定额项目表。

5)拟定文字说明。

(3)审查定稿阶段

定额初稿编制完成后,应与原定额进行比较,测算定额水平,并组织有关建设管理部门讨论,听取意见,分析定额水平提高或降低的原因,然后对定额初稿进行修正。定额水平的测算有以下几种方法。

1)单项定额测算。即对主要定额项目,用新旧定额进行逐项比较,测算新定额水平提高或降低的程度。

2)预算造价水平测算。即对同一工程用新旧预算定额分别计算出预算造价后进行比较,从而达到测算新定额的目的。

3）同实际施工水平比较。即按新定额中的工料消耗数量同施工现场的实际消耗水平进行比较，分析定额水平达到何种程度。

定额水平的测算、分析和比较，其内容还应包括规范变更的影响，施工方法改变的影响，材料损耗率调整的影响，劳动定额水平变化的影响，机械台班定额单价及人工日工资标准、材料价差的影响，定额项目内容变更对工程量计算的影响等。

通过测算并修正定稿之后，呈报主管部门审批，颁发执行。

三、仿古建筑与园林工程预算定额

1. 仿古建筑及园林工程预算定额的作用

仿古建筑及园林工程预算定额是编制仿古建筑及园林工程单位估价表和施工图预算的依据；也是编制招标工程标底和编制概算定额、概算指标的基础。

2. 仿古建筑及园林工程预算定额的适用范围

仿古建筑及园林工程预算定额适用于新建、扩建的仿古建筑及园林绿化工程，不适用于修缮、改建和临时性工程。仿古建筑及园林工程的其他做法，各省、自治区、直辖市可根据当地情况自行补充。

3. 仿古建筑及园林工程预算定额的编制依据

仿古建筑及园林工程预算定额的编制依据是：国家和有关部门颁发的现行施工及验收规范、质量评定标准、安全技术操作规程；《清式营造则例》和《营造法源》；标准通用图集、典型设计图；其他有关资料。

4. 仿古建筑及园林工程预算定额的编制施工条件

仿古建筑及园林工程预算定额是按正常施工条件、合理施工组织设计及选用合格的建筑及园林材料、成品、半成品编制的。除另有规定外，不得因具体工程情况不同而变更定额。

5. 仿古建筑及园林工程预算定额的人工内容

仿古建筑及园林工程预算定额的人工由基本用工、其他用工和幅度差组成。

1）基本用工。根据仿古园林工程工程量小、耗工多、施工质量技术要求高，并且要反映我国传统民族风格和艺术特色等特点，参照各省市区的古建定额和各方面资料研究确定。

2）其他用工。包括筛砂、洗石、材料超运距用工。

3）幅度差。是指劳动定额内未包括而现场实际发生的用工，工种之间的工序搭接，交叉作业的间断时间；施工机械转移和临时水、电线路在施工过程中的移动所发生的工作间歇；操作地点转移所发生的间歇；配合专业部门检查质量和验收隐蔽工程对工人操作的影响；施工临时交通指挥、安全警戒等零星工作的用工。

6. 仿古建筑及园林工程预算定额材料的确定方法

仿古建筑及园林工程预算定额的材料由主要材料、次要材料和零星材料组成。

主要材料用量包括定额规定工作内容中必须使用的材料净用量或者摊销量，以及操作损耗和场内运输损耗；次要材料和零星材料用量包括在其他材料费中。

7. 仿古建筑及园林工程预算定额对机械的规定

考虑到仿古建筑一般使用的都是小型机械，用量也较少，所以不列台班数量，只列机械费用。机械费用由施工单位包干使用。无论使用何种机械或者不使用机械而代以人工操作，均不调整和换算。

8. 仿古建筑及园林工程预算定额中只按其面积的一半计算建筑面积的内容

两层或多层建筑构架柱外有围护装修或围栏的挑台部分，按构架柱外边线至挑台外围线间的水平投影面积的一半计算建筑面积。

坡地建筑、临水建筑或跨越水面建筑的首层构架，柱外有围栏的挑台部分，按构架柱外边线至挑台外围线间的水平投影面积的一半计算建筑面积。

9. 仿古建筑及园林工程预算定额的建筑物与构筑物区别

建筑物是指人们通过技术手段，按照一定的科学规律，把各种物质组合起来，创造适合人们需要的一种生产或生活环境。如亭、台、楼、阁等。

构筑物是指人们不直接在其内生产和生活的建筑物。如牌楼、城台、花架、实心或半实心的砖塔或石塔等。

四、园林工程项目的划分

园林建设产品种类丰富，但是经过层层分解后可以发现，它们具有许多共同的特征。例如，一般园林建筑都是由基础、墙体、门窗、屋面、地面等组成；仿古建筑通常也都是由台基、屋身、屋顶构成，构件的材料不外乎砖、木、石、钢材、混凝土等。工程做法虽不尽相同，但有统一的常用模式及方法；设备安装也可按专业及设备品种、型号、规格等加以区分。一般划分如下。

1. 建设工程总项目

工程总项目是指在一个场地上或数个场地上，按照一个总体设计进行施工的各个工程项目的总和。如一个公园、一个游乐园、一个动物园等就是一个工程总项目。

2. 单项工程

单项工程是指在一个工程项目中，具有独立的设计文件，竣工后可以独立发挥生产能力或工程效益的工程。它是工程项目的组成部分，一个工程项目中可以有几个单项工程，也可以只有一个单项工程。如一个公园里的码头、水榭、餐厅等。

3. 单位工程

单位工程是指具有单列的设计文件，可以进行独立施工，但不能单独发挥作用的工程。它是单项工程的组成部分。如餐厅工程中的给排水工程、照明工程等。

4. 分部工程

分部工程是指按单位工程的各个部位或是按照使用不同的工种、材料和施工机械而划分的工程项目。它是单位工程的组成部分。如一般土建工程可划分为：土石方、砖石、混凝土及钢筋混凝土、木结构及装修、屋面等分部工程。

5. 分项工程

分项工程是指分部工程中按照不同的施工方法、不同的材料、不同的规格等因素而进一步划分的最基本的工程项目。

一般园林工程可以划分为4个分部工程：园林绿化工程、堆砌假山及塑山工程、园路及园桥工程、园林小品工程。

(1)园林绿化工程中分有21个分项工程

21个分项工程为：整理绿化及起挖乔木（带土球）、栽植乔木（带土球）、起挖乔木（裸根）、栽植乔木（裸根）、起挖灌木（带土球）、栽植灌木（带土球）、起挖灌木（裸根）、栽植灌木（裸根)、起挖竹类(散生竹)、栽植竹类(散生竹)、起挖竹类(丛生竹)、栽植竹类(丛生竹)、栽植绿篱、露地花卉栽植、草皮铺种、栽植水生植物、树木支撑、草绳绕树干、栽种攀缘植物、假植、人工换土。

(2)堆砌假山及塑山工程有两个分项工程

两个分项工程为:堆砌石山、塑假石山。

(3)园路及园桥工程分有两个分项工程

两个分项工程为:园路、园桥。

(4)园林小品工程分有两个分项工程

两个分项工程为:堆塑装饰、小型设施。

五、园林工程工程量计算的原则及步骤

1. 规格标准的转换和计算

1)整理绿化用地,单位换算成 $10m^2$,如绿地用地 $1850m^2$,换算后为 185($10m^2$)。

2)起挖或栽植带土球乔木,一般设计规格为胸径,需要换算成土球直径方可计算。如栽植胸径为 10cm 的香樟,则土球直径应为 80cm。

3)起挖或栽植裸根乔木,一般计算规格为胸径,可直接套用计算。

4)起挖或栽植带土球灌木,一般计算规格为冠径,需要换算成土球直径方可计算。如栽植冠径为 1m 的海桐球,则土球直径为 30cm。

5)起挖或栽植散生竹类,一般设计规格为胸径,可直接套用计算。

6)起挖或栽植丛生竹类,一般设计规格为高度,需要换算成根盘丛径方可计算。如栽植高度 1m 的竹子,则根盘丛径应为 30cm。

7)栽植绿篱,一般设计规格为高度,可直接套用计算。

8)露地花卉栽植单位需换算成 $10m^2$。

9)草皮铺种单位需换算成 $10m^2$。

10)栽种水生植物单位需换算成 10 株。

11)栽种攀缘植物单位需换算成 100 株。

2. 工程量计算的一般原则

为了保证工程量计算的准确,通常要遵循以下原则。

(1)计算口径要一致,避免重复和遗漏

计算工程量时,根据施工图列出分项工程的口径(指分项工程包括的工作内容和范围),必须与预算定额中相应的分项工程口径相一致。

(2)工程量计算规则要一致,避免错算

工程量计算必须与预算定额中规定的工程量计算规则(或工程量计算方法)相一致,保证计算结果准确。

(3)计量单位要一致

各分项工程量的计量单位必须与预算定额中相应项目的计量单位一致。

(4)按顺序进行计算

计算工程量时要按着一定的顺序(自定)逐一进行,避免漏算和重算。

(5)计算精度要统一

为了计算方便,工程量的计算结果统一要求为:除钢材(以 t 为单位)、木材(以 m^3 为单位）取3位小数外，其余项目一般取2位小数，以下四舍五入。

3. 工程量计算步骤

（1）列出分项工程项目名称

根据施工图纸，并结合施工方案的有关内容，按照一定的计算顺序，逐一列出单位工程施工图预算的分项工程项目名称。所列的分项工程项目名称必须与预算定额中相应项目名称一致。

（2）列出工程量计算式

分项工程项目名称列出后，根据施工图纸所示的部位、尺寸和数量，按照工程量计算规则（各类工程的工程计量规则，见工程预算定额有关说明），分别列出工程量计算公式。

（3）调整计量单位

通常计算的工程量都是以米（m）、平方米（m^2）、立方米（m^3）等为计算单位，但预算定额中往往以10m、$10m^2$、$10m^3$、$100m^2$、$100m^3$ 等为计算单位，因此还需将计算的工程量单位按预算定额中相应项目规定的计量单位进行换算，使计量单位一致，便于以后计算。

（4）套用预算定额进行计算

各项工程量计算完毕经校核后，就可以编制单位工程施工图预算书。

第三节　园林工程施工图预算的编制

一、园林工程施工图预算费用的组成

建设工程在施工过程中需要消耗一定数量的人工、材料、机械台班和资金，其中大部分直接消耗于工程实体，小部分用于施工组织管理中。此外，施工企业还应有一定的施工利润和技术装备费用，并向国家缴纳税金等，这些消费用货币形式表现，总称为建设工程费用或建设工程造价。

组成园林建设工程造价的各类费用，除定额直接费是按设计图纸和预算定额计算外，其他的费用项目，应根据国家及地区制定的费用定额及有关规定计算，一般都要采用工程所在地区的地区统一定额。间接费额与预算定额一般应配套使用。

园林建设工程预算费用由直接费、间接费、差别利润、税金和其他费用5部分组成。

1. 直接费

园林建设工程直接费是指建设工程施工过程中，直接耗用于建设工程产品的各项费用总和。是根据施工图纸结合定额项目的划分，以每个工程项目的工作量乘以该工程项目的预算定额单价来计算的。直接费由直接工程费和其他直接工程费组成。

（1）直接工程费

直接工程费包括定额直接费、其他直接费和现场管理费（现场经费）等。

1）定额直接费。

定额直接费由人工费、材料费、施工机械使用费以及定额子目系数调整费、定额综合系数调整费、定额解释说明调整费、定额动态管理调整费组成。它是施工图预算的主要内容。人工费、材料费、施工机械使用费的具体内容见定额。其他费用具体内容如表3-1所示。

表 3-1 定额直接费的部分内容

内　容	说　明
定额子目系数调整费	子目系数是指章、节、子目调整系数，如超层超高费、脚手架搭拆费等，这部分费用应按定额规定对定额子目的基价或其中的人工费、机械费进行调整计算，其调整的费用计入定额直接费
定额综合系数调整费	综合系数是指定额总册说明中规定的各类工资区的工资单价调整系数、高原及高寒地区施工调整系数、洞库安装工程调整系数、在有害身体健康的环境中施工降效增加费用调整系数等。综合系数调整是在子目系数调整基础上进行的费用调整。综合系数调整费，经计算后计入定额直接费
定额解释说明调整费	现行定额配套的解释说明与定额具有同等效用，有关的调整费用按规定计入定额直接费
定额动态管理调整费	工程造价管理部门在定额执行过程中，根据市场人工、材料、机械台班价格的变化和国家经济政策发布的对执行定额的调整规定，按照调整规定计算的定额动态管理调整费，应计入定额直接费

经工程所在地工程造价站批准的补充单位估价计取的费用，也是定额直接费的组成部分。

2）其他直接费和现场管理费（现场经费）。

在计算定额直接费用后，还应按规定计算其他直接费和现场管理费，从而组成直接工程费。

① 其他直接费。其他直接费是指定额直接费以外施工过程中发生的其他费用，其内容如表 3-2 所示。

表 3-2 其他直接费具体内容

内　容	说　明
生产工具、用具使用费	是指施工生产所需，不属于固定资产的生产工具从检验用具等的购置、摊销和维修费，以及支付给工人自备工具补贴费
检验试验费	是指对建筑材料、构件和建筑安装物进行一般鉴定、检查发生的费用，包括自设实验室进行试验所耗用的材料和化学用品费用，以及技术革新和研究试验费。不包括新结构、新材料的试验费和建设单位要求对具有出厂合格证明的材料进行检验，对构件进行破坏性试验及其他特殊要求检验的费用
工程定位复测、工程点交工、场地清理费	是指工程定位复测、交工验收以及园林施工场地清理的费用，但不包括建筑垃圾的场外运输
冬、雨季施工增加费	是指在冬、雨季施工需增加的临时设施（如防雨、防寒棚等）、劳保用品、防滑、排除雨雪的人工及劳动效率降低等费用（不包括冬、雨季施工蒸汽养护费）
夜间施工增加费	是指为了确保工程质量，需要夜间连续施工而发生的照明设施、夜餐补助、劳动效率降低等费用
交叉作业施工增加费	是指园林工程与土建、装饰、安装工程等其他生产施工发生冲突时，互相妨碍，影响工效及需要采取的各项防护措施费用
建筑材料、成品、半成品以及各种构件的二次或多次搬运费	是指由于施工场地条件限制而发生的材料、成品、半成品一次运输不能到达预定施工地点，必须进行二次或多次搬运的费用

② 现场管理费。现场管理费是指现场组织施工过程中发生的费用，其内容如表 3-3 所示。

表 3-3　现场管理费具体内容

内　　容	说　　　　明
现场管理工作人员的基本工资、工资性补贴、职工福利费、劳动保护费等	—
现场办公费	是指现场管理办公所需的文具、纸张、账表、印刷、邮电、书报、会议、水、电、烧水和集体取暖(包括现场临时宿舍取暖)等费用
差旅交通费	是指现场管理人员因公出差期间的旅费、住勤补助费、市内交通费和误餐补助费、职工探亲路费、劳动力招募费、工伤人员就医路费、工地转移费以及现场管理使用的交通工具的油料、燃料、养路费及牌照费
固定资产使用费	是指现场管理及试验部门使用的属于固定资产的设备、仪器等的折旧、大修理、维修费或租赁费等
工具用具使用费	是指现场管理使用的不属于固定资产的工具、器具、家具、交通工具和检验、试验、测绘、消防用具等的购置、维修和摊销费
其他费用	是指上述项目以外的其他必要的费用支出,如保险费、工程保修费、工程排污费等

(2)其他直接工程费

其他直接工程费包括材料价差调整费和施工图预算包干费两项,是直接费的又一重要组成部分。

1)材料价差调整。

材料价差调整是为了适应市场材料价格变化的一种工程费用计算程序,分为计价材料综合价差调整和未计价材料价差两部分。材料预算价格价差简称材料价差,是指在定额执行期的材料预算价格与省材料基价或基期材料预算价格之差,分为有省基价的材料预算价格价差和无省基价的材料预算价格价差。

材料预算价格价差调整采用单项价差调整和综合价差系数调整相结合的办法进行。有省基价的主要建筑材料价格调整,应采用单项价差调整。除实行材料价格价差单项调整的材料外,其他材料的预算价格价差均进行综合系数调整。材料预算价格价差调整系数是根据本地区工程建设实际,选择典型工程,确定不同的工程类别,测算其材料预算价格综合调整系数。

材料差价的调整期限以合同为准。在合同工期内,按造价管理部门公布的材料预算价格和综合调整系数调整。在合同工期外,若因施工企业原因拖延工期的,材料价格上调时,不予调整,材料价格下调时,按新价格执行调整;若因建设单位原因(包括设计变更)拖延工期的,遇材料价格上调时,按新价格执行调整,材料价格下调时,按原价格调整。

2)施工图预算包干费。

凡实行施工图预算包干的工程,在编制预算时,按定额直接费或定额人工费增列包干系数计费,由施工单位包干使用。其具体内容如下。

① 材料价差。园林工程中除各地单调材料(含进口材料)以外的其他材料现行综合系数调整后的预算价与实际价的价差,以及由省造价总站颁发的计价材料费调整后的预算价与实际价的价差。

② 材料代用。

③ 因临时停水、停电而造成的一天以内的施工现场的停工费。停水、停电的情况每月不得超过3次,如超过3次的费用,由双方签证另行结算。

④ 材料的理论质量和实际质量存在差别引起的价差。

以上包干范围和内容如有扩大或缩小,由建设单位和施工企业协商另行确定包干系数,并在承包合同中订明。

3)施工企业进入现场后因设计变更或由于建设单位的责任造成的停工、窝工费用。由施工企业提出具体资料,经建设单位审查同意后,由建设单位负担,其具体内容如下。

① 现场机械停置费,按停置台班费的60%计算(包括机械部门的管理费)。

② 生产工人停工、窝工工资按相应定额人工费标准计算,各项费用按停工、窝工工资的50%计算。

③ 施工现场如有调剂工程,经建设单位与施工企业协商可以安排的,停工、窝工费用可以不收或少收。

2. 间接费

园林建设工程间接费是指施工企业为组织施工和进行经营管理以及间接用于园林工程生产服务的各项费用以及为企业职工服务等所支出的人力、物力和资金的费用总和。由企业管理费、临时设施费、财务费用、劳动保险费、远地施工增加费和施工队伍迁移费组成。

(1)企业管理费

企业管理费是指施工企业为组织施工生产经营活动所发生的管理费,其具体内容如表3-4所示。

表3-4 企业管理费具体内容

内　容	说　明
管理人员的基本工资、工资性补贴及按规定标准计提的职工福利费	是指施工企业的政治、经济、试验、警卫、消防、炊事和勤杂人员以及行政管理部门人员等的基本工资、辅助工资和工资性质的津贴
差旅交通费	是指企业职工因公出差、工作调动的差旅费,住勤补助费,市内交通及误餐补助费,职工探亲路费,劳动力招募费,离、退休职工一次性路费,交通工具的油料、燃料、牌贴、养路费等
办公费	是指企业行政管理办公用文具、纸张、账表、印刷、邮电、书报、会议、水、电、燃煤(气)等费用
固定资产折旧、修理费	是指企业行政管理和试验部门使用属于固定资产的房屋、设备、仪器等折旧基金、大修理基金、维修等费用
行政工具用具使用费	是指企业管理使用的、不属于固定资产的工具、用具、器具、家具、交通工具、检验、试验、测绘、消防用具等的摊销及维修费用
工会经费	是指企业按职工工资总额2%计提的工会经费
职工教育经费	是指按财政部有关规定,企业为职工学习先进技术和提高文化水平在职工工资总额的1.5%范围内掌握开支的在职职工教育经费
职工失业保险费	是指按规定标准计提的职工失业保险费

续表

内容	说明
保险费	是指企业财产保险、管理用车辆等保险费用
税金	是指企业按规定缴纳的房产税、土地使用税、印花税等
利息	是指施工企业按照规定支付银行的计划内流动资金贷款利息
工程保修费	是指工程竣工交付使用后,在规定的保修期内的修理费
其他费用	是指上述项目以外的其他必要的费用开支,包括技术转让费、技术开发费、业务招待费、广告费、公证费、法律顾问费、民兵训练费、审计费、咨询费以及预算定额测定和劳动定额测定费(不包括应交各级造价管理站的定额编制管理费和劳动定额测定费)、经有关部门规定支付的上级管理费等

(2)临时设施费

临时设施费是指施工企业为进行园林工程建设所需的生活和生产用的临时性、半永久性的建筑物、构筑物和其他临时设施的搭设、维修、拆除和摊销费。

1)临时设施包括临时宿舍、文化福利及公共事业房屋与建筑物、仓库(不包括设备仓库)、办公室、加工场、食堂、厨房、理发室、诊疗所、搅拌台、临时围墙、临时简易水塔、水池、场内人行便道、架车道路(不包括汽车道路及吊车道路);施工现场范围内,每幢建筑物(构筑物)沿外边起50m以内的水管、电线及其他动力臂线(不包括锅炉、变压器设备);施工组织设计不便考虑的不固定水管、电线及其他小型临时设施。

2)临时设施要本着因地制宜、因陋就简,坚持勤俭节约的原则,尽量利用原有建筑设施,或提前修建一部分生活用房及构筑物供施工企业使用。

3)临时设施所需摊销材料由施工企业按相关规定列入预算包干使用。

(3)财务费用

财务费用是指企业在施工过程中为筹集资金而发生的各项费用,包括企业经营期间发生的短期贷款利息净支出、汇兑净损失、调剂外汇手续费、金融机构手续费以及企业筹集资金发生的其他财务费用。财务费用根据企业资金占用、管理状况,结合年度承担工程任务情况进行核定。

财务费用标准在编制工程概算时,为了将投资打足,可暂按直接工程费的1.24%列入;在施工实施阶段,具体工程项目收取标准,由承担施工任务的施工企业按照取费证核定的标准收取。

(4)劳动保险费

劳动保险费是指企业支付离、退休职工的退休金(包括提取的离、退休职工劳动统筹基金)、价格补贴、医药费、易地安家补助费、职工退职金、6个月以上的病假人员工资、职工死亡丧葬补助费、抚恤费以及按规定支付给离休干部的各项经费。

劳动保险费标准根据退(离)休职工情况,对参加社会劳保统筹情况等进行核定。鉴于目前国有大中型施工企业正在转换经营体制,市场行为还不规范,平等竞争机制尚不完善,社会保障体系尚未形成,在核定施工企业劳动保险费率时,凡属1988年2月底以前成立的预算内国有企业,劳动保险费不低于4.2%。在编制工程概算时,为了将投资打足,可暂按4.2%列入;在施工实施阶段的具体工程收费标准,由承担施工任务的施工企业按照取费证核定的标准收取。招标、投标工程，投标报价中不计算劳动保险费，待中标后按中标施工企业所持取费证核定标准另行计算劳动保险费实行“行业统筹”管理的地区，其劳动保险费的收取标准报省工程造价总站审查后，经省建委、省物价局批准后执行。

(5)远地施工增加费

远地施工增加费是指施工企业离公司和固定性工程(工区)基地(办公地点)25km以外承担施工任务时，可增收远地施工增加费用。其范围包括需增加的职工差旅费、探亲费、电报和电话费、生活用车和中小型机械设备、周转材料、工具用具的运输费。

远地施工增加定额收取标准是指导性标准，具体工程项目收取与否及收取标准由甲乙双方根据指导性标准，在承包合同中确定。

(6)施工队伍迁移费

施工队伍迁移费是指施工队伍(公司、工程处或工区、施工队以及专业性公司独立承担施工任务时的临时性队伍)根据建设任务的需要，由原驻地迁移到另一地区所发生的一次性搬迁费用(不包括应由施工企业自行负担的在25km以内调动施工力量及内部平衡施工力量所发生的搬运杂费等)。

施工队伍迁移费定额收取标准是指导性标准，其具体工程项目收取与否及收取标准由甲乙双方根据指导性标准，在承包合同中明确。

3. 差别利润

计划利润是指施工企业按国家规定，在工程施工中向建设单位收取的利润，是施工企业职工为社会劳动所创造的那部分价值在建设工程造价中的体现。在社会主义市场经济体制下，企业参与市场的竞争，在规定的差别利润率范围内，可自行确定利润水平。

差别利润率的核定是根据施工企业的取费级别，结合施工企业上一年度承担工程的类别，参照当年计划承担工程的类别等条件综合评定。在施工实施阶段，具体工程项目的收取标准，由承担施工任务的施工企业按照取费证中核定的标准收取。

4. 税金

税金是指由施工企业按国家规定计入园林建设工程造价内，由施工企业向税务部门缴纳的各项费用的总和。税金包括施工企业以营业额为基础缴纳的营业税，以营业税为基础缴纳的城市维护建设税、教育费附加以及部分构配件的增值税等。

5. 其他费用

其他费用是指在现行规定内容中没有包括，但随着国家和地方各种经济政策的推行而在施工中不可避免地发生的费用，如按规定按实计算的费用，包括城市排水设施有偿使用费、超标污水和超标噪声排污费、按实计算的大型机械进出场费和大型机械安拆费等；在有影响健康的扩建、改建工程中进行施工时，建设单位职工享有特种保健者，施工单位进入现场的职工也应同样享受特种保健津贴，其保健津贴费用按实向建设单位结算；定额管理费，是指按规定支付工程造价(定额)管理部门的工程定额编制管理费及劳动定额测定费。

除了以上5种费用构成园林建设工程预算费之外，由于有些工程过于复杂，编制预算时存在未能预先计入的费用，如变更设计，调整材料预算单价等发生的费用，在编制预算中列入不可预计费一项，以工程造价为基数，乘以规定费率计算。

园林建设工程预算费用的组成以及相互之间的关系如图3-1所示。

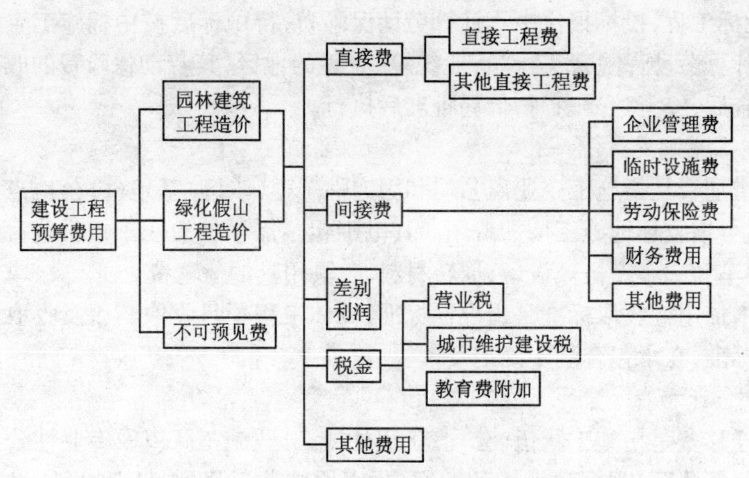

图3-1　园林工程施工图预算费用的组成

二、园林工程施工图预算的编制依据及编制程序

1. 园林工程施工图预算的编制依据

(1)施工图纸和设计资料

施工图纸是经过建设单位、设计单位和施工企业会审的施工图,包括园林建筑施工图、结构施工图、地形改造以及植物种植设计施工图等;有关的通用图集和标准图集;所附的设计文本、技术核定资料等。它表明了工程的具体内容、技术结构特征、建筑构造尺寸、植物种植状况等,是编制施工图预算的重要依据。

(2)施工组织设计或施工方案

单位工程施工组织设计是施工图纸经会审后,由施工企业直接组织施工的基层单位对实施施工图的方案、进度、资源和平面等作出的设计,简明单位工程施工组织设计也称施工方案。经合同双方批准的施工组织设计,是编制施工图预算的主要依据。

(3)现行园林工程预算定额和有关动态调价规定

现行园林工程预算定额或计价定额是编制预算的重要依据,编制施工图预算要严格执行。但是,随着市场人工、材料和机械台班等价格的变化,各地工程造价管理部门将根据市场价格变化的情况,国家宏观经济政策的发布,对前期发布的定额及取费规定的有关内容作出解释和相应的调整。因此,在执行定额时应当注意,特别要注意各地区定额或工程造价管理部门每月发布的本地区材料预算价格等信息。

(4)工程量计算规则

国家和各地区工程造价管理部门,对各专业工程量计算发布的相应预算工程量计算规则,是施工图预算、工程量计算的依据。按照施工图和施工方案计算工程量时,必须按本专业工程量计算规则进行。

(5)工程承包经济合同或协议书

工程承包经济合同或协议书是确定签约双方之间经济关系,明确各自权利和义务,具有法律效力,受国家法律保护的一种经济契约。合同中规定的工程范围和内容、承包形式、施工准备、技术资料供应、物资供应、工程质量等是施工图预算的依据。对于合同中未规定的内容,在施工图预算编制说明中应予以说明。

(6)预算工作手册和有关工具书

预算工作手册和有关工具书汇编了各种单位换算，具有计算各种长度、面积和体积的公式，钢材、木材等用量数据，金属材料理论质量等资料。预算工作人员应该具有有关方面的工具书，以便计算工程量时查用，从而加快计算速度。

2. 园林工程施工图预算的编制程序

编制园林工程施工图预算，就是根据拟建园林工程已批准的施工图纸的施工方法，按照国家或省市颁发的工程量计算规则，分步分项地把拟建工程各工程项目的工程量计算出来，在此基础上，逐项地套用相应的现行预算定额，从而确定其单位价值，累计其全部直接费用，再根据规定的各项费用的取费标准，计算出工程所需的间接费，最后，综合计算出该单位工程的造价和技术经济指标。另外，再根据分项工程量分析材料和人工用量，最后汇总出各种材料和用工总量。

常用的施工图预算的编制方法可分为单价法和实物法两种。这里主要介绍单价法。单价法编制园林工程施工图预算的程序如下。

1)分析施工图及有关资料。

2)计算分项工程量。

3)工程量汇总。

4)套预算定额基价。

5)计算定额直接费，进行工料分析。

6)计算各项费用。

7)校核整理。

8)编制说明、填写封面、装订成册。

三、园林工程施工图预算中各项取费的计算方法

1. 直接费

直接费包括人工费、材料费、施工机械使用费和其他直接费。这些费用的计算公式分别为

$$直接费 = \sum[预算定额基价 \times 实物工程量] + 其他直接费$$

$$人工费 = \sum[预算定额基价人工费 \times 实物工程量]$$

$$材料费 = \sum[预算定额基价材料费 \times 实物工程量]$$

$$施工机械使用费 = \sum[预算定额基价机械使用费 \times 实物工程量] + 施工机械进出场费$$

$$其他直接费 = (人工费 + 材料费 + 机械使用费) \times 其他直接费费率$$

2. 计算工程量

凡是工程预算都由两个因素决定。一个是预算定额中每个分项工程的预算单价，另一个是该项工程的工程量。因此，工程量的计算是工程预算工作的基础和重要组成部分。工程量计算得正确与否，直接影响施工图预算的质量高低。

预算人员应在熟悉图纸、预算定额和工程量计算规则的基础上，根据施工图上的尺寸、数量，准确地计算出各项工程的工作量，并填写工程量计算表格。

3. 套用预算定额单价

各项工程量计算完毕经校核后，就可以编制单位工程施工图预算书。预算书的表格形式

如表3-5所示。

表3-5　工程预算书

工程名称：　　　　　　　　　　　　　　年　　月　　日　　　　　　　　　　　　　　单位：元

序号	定额编号	分项工程	工程量		造价		其中						备注
							人工费		材料费		机械费		
			单位	数量	单价	合价	单价	合价	单价	合价	单价	合价	

(1)抄写分项工程名称及工程量

按着预算定额的排列顺序，将分部工程项目名称和分项工程项目名称、工程量抄到预算书中相应栏内，同时将预算定额中相应分项工程的定额编号和计量单位一并抄到预算书中，以便套用预算单价。

(2)抄写预算单价

抄写预算单价就是将预算定额中相应分项工程的预算单价抄到预算书中，抄写预算单价时，必须注意区分定额中哪些分项工程的单价可以直接套用，哪些必须经过换算（指施工使用时，材料或做法与定额不同时）后才能套用。

应将预算定额中的人工费、材料费及机械费的单价逐一抄到预算书中相应栏内。

(3)计算合价与小计

计算合价是指用预算书中各项工程的数量乘以预算单价所得的积数。各项合价均应计算填列。

4. 间接费

间接费包括企业管理费和其他间接费。

间接费的计算要按照干什么工程，执行什么定额的原则。间接费定额与直接费定额，一般应配套使用。也就是说，执行什么直接费定额，就应该采用与其相对应的间接费定额。其计算公式为

企业管理费 = 直接费 × 企业管理费率

其他间接费 = 直接费 × 其他间接费率

5. 差别利润

差别利润的计算是用直接费与间接费之和乘以规定的差别利润率，其计算公式为

差别利润 =（直接费 + 间接费）× 规定差别利润率

或用人工费与人工费调增费之和乘以规定的差别利润率

差别利润 =（人工费 + 人工费调增费）× 规定差别利润率

6. 税金

根据国家现行规定，税金是由营业税、城市维护建设税、教育费附加3部分构成。

7. 材料差价

在市场经济条件下，原材料实际价格常与预算价格不相符，因此在确定单位工程造价时，必须进行差价调整。材料差价一般采用两种方法计算。

（1）国拨材料差价的计算

某种材料差价 =（实际购入单价 − 预算定额的单价）× 材料数量

（2）地方材料差价的计算

差价 = 定额直接费 × 调价系数

四、园林工程造价的计算程序

为了适应和促进社会主义市场经济发展，贯彻落实国家有关规定，各地对现行的园林工程费用构成进行了不同程度的改革尝试，反映在工程造价的计算方法上存在着差异。为此，在编制工程预算时，必须执行本地区的有关规定，准确、客观地反映出工程造价。

一般情况下，计算工程预算造价的程序如下。

1）计算工程直接费。

2）计算间接费。

3）计算差别利润。

4）计算税金。

5）确定工程预算造价。

工程预算造价 = 直接费 + 间接费 + 差别利润 + 税金

工程造价的具体计算程序目前尚无统一规定，应以各地主管部门制定的费用标准为准。

第四节　园林工程工程量清单计价的编制

一、工程量清单的编制

工程量清单包括封面、总说明、汇总表、分部分项工程量清单、措施项目清单、其他项目清单、规费项目清单和税金项目清单与计价、工程款支付申请（核准）表等内容。

1. 工程量清单的编制

（1）填写封面

填写“封面”时，应按规定的内容填写、签字和盖章。

“封面”填写须知主要包括下列内容。

1）工程量清单及其计价格式中所有要求签字、盖章的地方，必须有符合规定的单位和人员的签字、盖章。

2)工程量清单及其计价格式中所列明的所有需要填报的单价和合价,投标人均应填报。未填报的单价和合价,将视为此项费用已包含在工程量清单的其他单价和合价中。

3)工程量清单及其计价格式中的任何内容均不得随意删除或涂改。

4)明确金额的表示币种。

(2)编制总说明

工作内容的总说明要明确采取统一的工程量计算规则、统一的计量单位。总说明应按下列内容填写。

1)工程概况包括建设规模、计划工期、工程特征、施工现场实际情况、交通运输情况、自然地理条件和环境保护要求等。

2)工程招标和分包的范围。

3)工程量清单编制的依据。

4)工程质量、材料和施工等的特殊要求。

5)其他需要说明的问题。

(3)汇总表

不同计价阶段使用的汇总表,共有以下6个表格:工程项目招标控制价/投标报价汇总表、单项工程招标控制价/投标报价汇总表、单位工程招标控制价/投标报价汇总表、工程项目竣工结算汇总表、单项工程竣工结算汇总表、单位工程竣工结算汇总表。

(4)编制分部分项工程量清单

编制"分部分项工程量清单"应根据《建设工程工程量清单计价规范》(GB 50500—2008)规定的统一项目编码、项目名称、项目特征、计量单位和工程量计算的规则进行。

1)项目编码

项目编码的一至九位阿拉伯数字应按《建设工程工程量清单计价规范》的项目编码填写;十至十二位应根据拟建工程的工程量清单项目名称设置,同一招标工程的项目编码不得有重码。

2)项目名称

项目名称应以《建设工程工程量清单计价规范》中的相应项目名称为主,结合该项目的规格、型号和材质等项目特征以及拟建工程的实际情况填写。

3)项目特征

项目特征应按《建设工程工程量清单计价规范》中规定的项目特征,并结合拟建工程项目的实际予以描述。

4)计量单位

计量单位应按照《建设工程工程量清单计价规范》中相应项目的计量单位填写。

5)工程数量

① 工程数量应按《建设工程工程量清单计价规范》中的相应"工程量计算规则"栏内规定的计算方法计算确定。

② 工程数量的有效位数应符合以下规定。

a. 以"吨"为单位时,应保留小数点后三位数字,第四位四舍五入。

b. 以"米"、"平方米"、"立方米"为单位时,应保留小数点后两位数字,第三位四舍五入。

c. 以"个"、"项"等为单位时,应取整数。

(5)编制措施项目清单

措施项目清单中的项目名称,应根据拟建工程的具体情况并结合施工组织设计,最后再参照《建设工程工程量清单计价规范》相应的措施项目名称列项。

(6)编制其他项目清单

其他项目清单中的项目名称,应根据发包人的要求,并结合拟建工程的实际情况,最后再参照《建设工程工程量清单计价规范》相应的项目名称,分别按招标人部分、投标人部分列项。招标人部分包括暂列金额、材料购置费等;投标人部分包括总承包服务费、计日工费等。

(7)规费项目清单

规费项目清单应按以下内容列项。

1)工程排污费。

2)工程定额测定费。

3)社会保障费,包括养老保险费、失业保险费、医疗保险费。

4)住房公积金。

5)危险作业意外伤害保险。

如出现上述未列的项目时,应根据省级政府或省级有关权力部门的规定列项。

(8)税金项目清单

税金项目清单应包括营业税、城市维护建设税以及教育费附加。如出现上述未包括的项目时,应根据税务部门的规定列项。

二、工程量清单计价的编制

工程量清单计价格式应随招标文件发至投标人,并由投标人填写。

1. 招标控制价

1)国有资金投资的建设工程项目应实行工程量清单招标,并应编制招标控制价。招标控制价超过批准的概算时,招标人应将其报原概算审批部门审核。投标人的投标报价高于招标控制价的,其投标应予以拒绝。

2)招标控制价应由具有编制能力的招标人,或受其委托具有相应资质的工程造价咨询人编制。

2. 投标价

1)投标人应按招标人提供的工程量清单填报价格。填写的项目编码、项目名称、项目特征、计量单位、工程量必须与招标人提供的相一致。

2)投标总价应当与分部分项工程费、措施项目费、其他项目费和规费、税金的合计金额相一致。

3. 工程合同价款的约定

实行招标的工程合同价款应在中标通知书发出之日起30日内,由发、承包双方依据招标文件和中标人的投标文件在书面合同中约定。

不实行招标的工程合同价款,在发、承包双方认可的工程价款基础上,由发、承包双方在合同中约定。

实行招标的工程,合同约定不得违背招、投标文件中关于工期、造价、质量等方面的实质性内容。招标文件与中标人投标文件不一致的地方,以投标文件为准。

4. 工程计量与价款支付

发包人应按照合同约定支付工程预付款。支付的工程预付款,按照合同约定在工程进度款中抵扣。

承包商应在每个付款周期末,向发包人递交进度款支付申请,并附相应的证明文件。除合同另有约定外,进度款支付申请应包括下列内容。

1)本周期已完成工程的价款。

2)累计已完成的工程价款。

3)累计已支付的工程价款。

4)本周期已完成计日工金额。

5)应增加和扣减的变更金额。

6)应增加和扣减的索赔金额。

7)应抵扣的工程预付款;暂估价应按招标人在其他项目清单中列出的金额填写。

8)应扣减的质量保证金。

9)根据合同应增加和扣减的其他金额。

10)本付款周期实际应支付的工程价款。

5. 索赔与现场签证

合同一方向另一方提出索赔时,应有正当的索赔理由和有效证据,并应符合合同的相关约定。

若承包商认为非承包商原因发生的事件造成了承包商的经济损失,承包商应在确认该事件发生后,按合同约定向发包人发出索赔通知。

发包人在收到最终索赔报告后并在合同约定时间内,未向承包商作出答复,视为该项索赔已经认可。

发、承包双方确认的索赔与现场签证费用与工程进度款同期支付。

6. 工程价款调整

招标工程以投标截止日前28天,非招标工程以合同签订前28天为基准日,其后国家的法律、法规、规章和政策发生变化影响工程造价的,应按省级或行业建设主管部门或其授权的工程造价管理机构发布的规定调整合同价款。

7. 竣工结算

工程完工后,发、承包双方应在合同约定时间内办理工程竣工结算。

工程竣工结算由承包商或受其委托具有相应资质的工程造价咨询人编制,由发包人或受其委托具有相应资质的工程造价咨询人核对。

8. 工程计价争议处理

在工程计价中,对工程造价计价依据、办法以及相关政策规定发生争议事项的,由工程造价管理机构负责解释。

发包人以对工程质量有异议,拒绝办理工程竣工结算的,已竣工验收或已竣工未验收但实际投入使用的工程,其质量争议按该工程保修合同执行,竣工结算按合同约定办理;已竣工未验收且未实际投入使用的工程以及停工、停建工程的质量争议,双方应就有争议的部分委托有资质的检测鉴定机构进行检测,根据检测结果确定解决方案,或按工程质量监督机构的处理决定执行后办理竣工结算,无争议部分的竣工结算按合同约定办理。

第五节 园林工程预算的审查与竣工决算

一、园林工程预算的审查

在园林工程施工过程中,园林施工图预算反映了园林工程造价,它包括了各种类型的园林建筑和安装工程在整个施工过程中所发生的全部费用的计算,必须进行严格的审查。施工图预算由建设单位和建设银行负责审查。

1. 审查的意义

施工图预算是确定园林工程投资、编制工程计划、考核工程成本,进行工程竣工结算的依据,必须提高预算的准确性。在设计概算已经审定、工程项目已经确定的基础上,正确而及时地审查园林工程施工图预算,可以达到合理控制工程造价,节约投资,提高经济效益的目的。

2. 审查的依据

1)施工图纸和设计资料。

完整的园林工程施工图预算图纸说明以及图纸上采用的全部标准图集是审查园林工程预算的重要依据。

2)仿古建筑及园林工程预算定额。

《仿古建筑及园林工程预算定额》详细地规定了一般工程量的计算方法,如分部分项工程工程量的计算单位、哪些工程应该计算、哪些工程因定额中已综合考虑而不应该计算、哪些材料允许换算、哪些不允许换算等,必须严格按照《仿古建筑及园林工程预算定额》的规定办理。

3)单位估价表。

工程所在地区颁布的单位估价表是审查园林工程施工图预算的第三个重要依据。工程量升级后,要严格按照单位估价表的规定以分部分项工程为单位,填入预算表,计算出该工程的直接费。

4)补充单位估价表。

补充单位估价表必须有当地的材料、成品、半成品的预算价格。

5)园林工程施工组织设计或施工方案。施工组织方案必须合理,而且必须经过上级或建设单位主管部门的批准。

6)建筑材料手册和预算手册。为了简化计算方法,节约计算时间,可以使用符合当地规定的建筑材料手册和预算手册,审查施工图预算。

7)施工合同或协议书。

8)现行的有关文件。

3. 审查的方法

(1)全面审查法

全面审查法也可称为重算法,它同编预算一样,将图纸内容按照预算书的顺序重新计算一遍。这种方法全面细致,所审核过的工程预算准确性高,但工作量大,不能快速完成。

(2)重点审查法

重点审查法可以在预算中对工程量小,价格低的项目从略审核,而将主要精力用于审核工程量大造价高的项目。此法能较准确快速地进行审核工作,但不能达到全面审查的深度和细度。

(3)分解对比审查法

分解对比审查法是将工程预算中的一些数据通过分析计算,求出一系列的经济技术数据,审查时首先以这些数据为基础,将要审查的预算与同类同期或类似的工程预算中的一些经济技术数据相比较来分析或寻找问题的一种方法。

在实际工作中,可采用分解对比审查法,初步发现问题,然后采用重点审查法对其进行认真仔细的核查,能较准确快速地进行审核工作,同时达到较理想的结果。

4. 审核工程预算的步骤

审核工程预算的一般步骤如下。

1)做好准备工作。对施工图进行清点、整理,根据图纸说明准备有关图集和施工图册等工作。

2)了解预算采用的定额。审核预算人员收到工程预算后,首先应根据预算编制说明,了解编制本预算所采用的定额是否符合施工合同规定的工程性质。

3)了解预算包括的范围。例如,某些配套工程、室外管线道路以及技术交底时三方谈好的设计变更等是否包括在所编制的工程预算中。

4)认真贯彻有关规定。应该实事求是地提出应该增加或应该减少的意见,以提高工程预算的质量。

5)根据情况进行审核。由于施工工程的规模大小,繁简程度不同,施工企业的情况也不同,因此,工程预算审核人员应采用多种多样的方法进行审核。

5. 审查施工图预算的内容

1)工程量计算的审查。在熟悉定额说明、工程内容、附注和工程量计算规则以及设计资料的基础上,再审查预算的分部、分项工程,看有无重复计算、错误和漏算。

2)定额套用的审查。审查定额套用,必须熟悉定额的说明,各分部、分项工程的工作内容及适用范围,并根据工程特点、设计图纸上构件的性质,对照预算上所列的分部、分项工程与定额所列的分部、分项工程是否一致。

3)定额换算的审查。定额中规定,某些分部分项工程,因为材料的不同,做法或断面厚度不同,可以进行换算,审查定额的换算要按规定进行,换算中采用的材料价格应该按定额套用的预算价格计算,需换算的要全部换算。

4)补充定额的审查。补充定额的审查要从编制区别出发,实事求是地进行。

5)执行定额的审查。

6)材料差价的审查。

二、园林工程竣工结算

工程竣工结算是指一个单位工程或分项工程完工后,通过建设单位及有关部门的验收,竣工报告被批准后,承包方按国家有关规定和合同条款约定的时间、方式向发包方代表提出结算报告,办理竣工结算。竣工结算意味着承包、发包双方经济关系的结束,还需办理工程财务结算,结清价款。

1. 竣工结算的意义

1)竣工结算是确定单位工程或单项工程最终造价,完结建设单位与施工企业的合同关系和经济责任的依据。

2)竣工结算为施工企业确定工程的最终收入,是施工企业经济核算和考核工程成本的依据,关系到企业经营效果的好坏。

3)竣工结算反映园林工程工作量和实物量的实际完成情况,是建设单位编报竣工决算的依据。

4)竣工结算反映园林工程实际造价,是编制概算定额、概算指标的基础资料。

5)竣工结算的工程,也是工程建设各方对建设过程的工作再认识和总结的过程,是提高以后施工质量的基础。

2. 竣工结算的计价形式

园林工程竣工结算计价形式与建筑安装工程承包合同计价方式相同。根据计价方式的不同,园林工程竣工结算计价形式一般可以分为4种类型。

(1)合同价加签证的结算方式

这种方式是指对合同中没有包括的条款或出现的一些不可预见费用等,以施工中工程变更所增减的费用和建设单位或监理工程师的签证为依据,在竣工结算中调整,与原中标合同一起进行结算。

(2)施工图预算加签证的结算方式

这种方式是指以原施工图预算为基础,以施工中发生而原施工图预算没有包含的增减工程项目和费用签证为依据,与审定的施工图预算一起在竣工结算中进行调整。

(3)预算包干方式

这种方式是指承包、发包双方已经在承包合同中明确了双方的义务和经济责任,一般不需要在工程结算时作增减调整。只有在发生超出包干范围的工程内容时,才在工程结算中进行调整。

(4)平方米造价包干的结算方式

这种方式是指承包、发包双方根据预定的工程图纸及其有关资料,确定了固定的平方米造价,工程竣工结算时,按照已完成的平方米数量进行结算。

3. 竣工结算所需的竣工资料

1)工程竣工报告、竣工图及竣工验收单。

2)施工全图、合同及协议书。

3)施工图预算或招标投标工程的合同标价。

4)设计交底及图纸会审记录资料。

5)设计变更通知单、图纸修改记录及现场施工变更记录。

6)经建设单位签证认可的施工技术措施,技术核定单。

7)预算外各种施工签证或施工记录。

4. 编制内容及方法

工程竣工结算编制的内容和方法与施工图预算基本相同,不同之处是以增加施工过程中变动签证等资料为依据的变化部分,应以原施工图预算为基础,进行部分增减调整。主要包括以下几种情况。

(1)采用施工图预算承包方式

在施工过程中不可避免地要发生一些变化,如施工条件和材料代用发生变化、设计变更、国家以及地方新政策的出台等,都会影响到原施工图预算价格的变动。因此,这类工程的结算书是在原来工程预算书的基础之上,加上设计变更原因造成的增、减项目和其他经济签证费用编制而成的。

(2)采用招标投标承包方式

这种工程结算原则上应按照中标价进行,但实践中一些工期长、内容较复杂的工程,施工过程中难免会遇到有较大设计变更和材料调价。如在合同中规定有允许调价的条款,施工企业在工程竣工时,可在中标价的基础上进行调整。合同条款规定的、允许以外发生的非施工企业原因造成的中标价以外的费用,施工企业可以向建设单位提出洽商或补充合同作为结算调价的依据。

(3)采用施工图预算包干或平方米造价包干结算承包方式

采用该方式的工程,为了分清承、发包双方的经济责任,发挥各自的主动性,不再办理施工过程中零星项目变动的经济洽商,在工程竣工结算时也不再办理增减调整。

总之,工程竣工结算,应根据不同的承包方式,按承包合同中所约定的条文进行结算。工程竣工结算书没有统一的格式,一般可以用预算表格代替,也可以根据需要自行设计表格。工程结算费用计算程序如表 3-6 所示。

表 3-6　绿化、土建工程结算费用计算程序

序号	费用项目	计算公式	金　额(元)
1	原概(预)算直接费		
2	历次增减变更直接费		
3	调价金额	(4+2)×调价系数	
4	工程直接费	1+2+3	
5	企业经营费	4×相应工程类别费率	
6	利润	4×相应工程类别费率	
7	税金	4×相应工程类别费率	
8	工程造价	4+5+6+7	

注:"计算公式"一列中的 1,2,3,4,5,6,7 指左边第 1 列序号。

三、园林工程竣工决算

竣工决算又称成本决算,分施工企业竣工决算和建设单位竣工决算两种。

施工企业竣工决算是指施工企业内部进行成本分析,以工程竣工后的工程结算为依据,核算一个单位工程的预算成本、实际成本和成本降低额。

建设单位竣工决算是指建设单位根据国家《关于基本建设项目验收暂行规定》的规定,对所有新建、改建和扩建建设工程项目在其竣工以后编报的竣工决算。它是反映整个建设项目从筹建到竣工验收投产的全部实际支出费用文件。

1. 竣工决算的作用

1)竣工决算能够确定新增固定资产和流动资产价值,是办理交付使用、考核和分析投资效果的依据。

2)及时办理竣工决算,不仅能够准确反映基本建设项目实际造价和投资效果,而且对投入生产或使用后的经营管理也有重要作用。

3)办理竣工决算后,建设单位和施工企业可以正确地计算生产成本和企业利润,便于经济核算。

4)通过竣工决算与概、预算的对比分析,可以考核建设成本,总结经验教训,积累技术经济资料,提高投资效果。

2. 竣工决算的主要内容

工程竣工决算是在建设项目或单位工程完工后,由建设单位财务及有关部门,以竣工决算等资料为基础进行编制的。竣工决算全面反映了竣工项目从筹建到竣工全过程中各项资金的使用情况和设计概预算执行的结果。它是考核建设成本的重要依据。竣工决算主要包括文字说明和决算报表两部分。

(1)文字说明

文字说明主要包括工程概况、设计概算和基本建设投资计划的执行情况,各项技术经济指标完成情况,各项拨款的使用情况,建设工期、建设成本和投资效果分析,以及建设过程中的主要经验、问题和各项建议等。

(2)决算报表

决算报表按工程规模大小一般可分为大中型项目决算报表和小型项目决算报表两种。大中型项目竣工决算报表包括竣工工程概算表、竣工财务决算表、交付使用财产总表、交付使用财产说明细表,反映大中型建设项目的全部工程和财务情况。表格的详细内容及具体做法按照地方基建主管部门规定。

竣工工程概算表能够综合反映占地面积、新增生产能力、建设时间、初步设计和概算批准机关和文号,完成主要工程量、主要材料消耗及主要经济指标、建设成本、收尾工程等情况。

大中型建设项目竣工财务决算表能够反映竣工建设项目的全部资金来源和运用情况,以作为考核和分析基本建设拨款及投资效果的依据。

第四章　园林工程施工组织设计

第一节　园林工程施工组织设计概述

一、园林工程施工组织设计的分类和内容

1. 园林工程施工组织设计的分类

施工组织设计按设计阶段、编制时间、编制对象范围、使用时间的长短和编制内容的繁简程度不同,可分为以下几类情况。

(1)按设计阶段的不同分类

施工组织设计的编制一般同设计阶段相配合。

1)设计按两个阶段进行时,施工组织设计分为施工组织总设计(扩大初步施工组织设计)和单位工程施工组织设计两种。

2)设计按3个阶段进行时,施工组织设计分为施工组织设计大纲(初步施工组织条件设计)、施工组织总设计和单位工程施工组织设计3种。

(2)按编制时间不同分类

施工组织设计按编制时间不同可分为投标前编制的施工组织设计(简称标前设计)和签订工程承包合同后编制的施工组织设计(简称标后设计)两种。前者应起到"项目管理规划大纲"的作用,满足编制投标书和签订施工合同的需要;后者应起到"项目管理实施规划"的作用,满足施工项目准备和施工的需要。

(3)按编制对象范围的不同分类

施工组织设计按编制对象范围的不同可分为施工组织总设计、单位工程施工组织设计、分部分项工程施工组织设计3种。

1)施工组织总设计。

施工组织总设计是以一个建筑群或一个建设项目为编制对象,用以指导整个建筑群或建设项目施工全过程的各项施工活动的技术、经济和组织的综合性文件。施工组织总设计一般在初步设计或扩大初步设计被批准之后,在总承包企业的总工程师领导下进行编制。

2)单位工程施工组织设计。

单位工程施工组织设计是以一个单位工程(如一个建筑物或构筑物)为编制对象,用以指导其施工全过程的各项施工活动的技术、经济和组织的综合性文件。单位工程施工组织设计一般在施工图设计完成后,在施工项目开工之前,由项目经理组织,在技术负责人领导下进行编制。

3)分部分项工程施工组织设计。

分部分项工程施工组织设计是以分部分项工程为编制对象,用以具体指导其施工全过程的各项施工活动的技术、经济和组织的综合性文件。分部分项工程施工组织设计一般是同单

位工程施工组织设计的编制同时进行,并由单位工程的技术人员负责编制。

此外,施工组织设计按编制内容的繁简程度不同可分为完整的施工组织设计和简单的施工组织设计两种。按使用时间长短不同可分为长期施工组织设计、年度施工组织设计和季度施工组织设计3种。

2. 园林工程施工组织设计的内容

园林工程施工组织设计的内容大体上包括工程概况、施工方案、施工进度计划、施工现场平面布置和主要技术经济指标5部分。由于各个园林工程的具体情况以及要求不同而反映在各部分的内容深度上也有差异,因此应该根据不同的工程特点确定每部分的侧重点,有针对性地确定施工组织设计的重点。施工组织设计的内容要根据工程对象和工程特点,结合现有和可能的施工条件以及当地的施工水平,从实际出发确定。

(1)工程概况

工程概况是对拟建工程总体情况基本性、概括性的描述,其目的是通过对工程的简要介绍,说明工程的基本情况,明确任务量、难易程度、施工重点难点、质量要求、限定工期等,以便制订能够满足工程要求的,合理、可行的施工方法、施工措施、施工进度计划和施工现场布置图。

(2)施工方案

施工方案选择是依据工程概况,结合人力、材料、机械设备等条件,全面部署施工任务;安排总的施工顺序,确定主要工种工程的施工方法;对施工项目根据各种可能采用的方案,进行定性、定量的分析,通过技术经济评价,选择最佳施工方案。

(3)施工进度计划

施工进度计划反映了最佳施工方案在时间上的具体安排;采用计划的方法,使工期、成本、资源等方面通过计算和调整达到既定的施工项目目标。施工进度计划可采用线条图或网络图的形式编制。在施工进度计划的基础上,可编制出劳动力和各种资源需要量计划和施工准备工作计划。

(4)施工平面布置图

施工(总)平面图是施工方案及施工进度计划在空间上的全面安排。它是把投入的各种资源(如材料、构件、机械、运输道路、水电管网等)和生产、生活活动场地合理地部署在施工现场,使整个现场能进行有组织、有计划的文明施工。

(5)主要技术经济指标

主要技术经济指标是对确定的施工方案及施工部署的技术经济效益进行全面的评价,用以衡量组织施工的水平。施工组织设计常用的技术经济指标有以下几个。

1)工期指标。

2)劳动生产率指标。

3)机械化施工程度指标。

4)质量、安全指标。

5)降低成本指标。

6)节约“三材”(钢材、木材、水泥)指标等。

(6)各类施工组织设计的编制内容

不同的施工组织设计在内容和深度方面不尽相同。各类施工组织设计编制的主要内容,应根据建设工程的对象及其规模大小、施工期限、复杂程度、施工条件等情况决定其内容的多少、深浅、繁简程度。编制必须从实际出发,以实用为主,确实能起到指导施工的作用,避免冗长、烦琐、脱离施工实际条件。各类施工组织设计的编制内容简述如下。

1)施工组织总设计。施工组织总设计是以整个建设项目或群体项目为对象编制的,是整个建设项目或群体工程施工的全局性、指导性文件。

施工组织总设计的主要内容如表4-1所示。

表4-1　施工组织总设计的主要内容

内　容	说　　明
施工部署和施工方案	施工项目经理部的组建,施工任务的组织分工和安排,重要单位工程施工方案,主要工种工程的施工方法,"三通一平"规划
施工准备工作计划	测量控制网的确定和设置,土地征用,居民迁移,障碍物拆除,掌握设计进度和设计意图,编制施工组织设计,研究采用有关新技术、新材料、新设备、技术组织措施,进行科研试验,大型临时设施规划,施工用水、电、路及场地平整工作的安排,技术培训,物资和机具的申请和准备等
各项需要量计划	劳动力需要量计划,主要材料与加工品需用量计划和运输计划,主要机具需用量计划,大型临时设施建设计划等
施工总进度计划	编制施工总进度图表,用以控制工期,控制各单位工程的搭接关系和持续时间,为编制施工准备工作计划和各项需要量计划提供依据
施工平面布置图	对施工所需的各项设施、设施的现场位置、相互之间的关系、它们和永久性建筑物之间的关系和布置等,进行规划和部署,绘制成布局合理、使用方便、利于节约、保证安全的施工总平面布置图
技术经济指标分析	用以评价上述设计的技术经济效果,并作为今后考核的依据

2)单位工程施工组织设计。单位工程施工组织设计是具体指导施工的文件,是施工组织总设计的具体化。它是以单位工程或一个交工系统工程为对象编制的。

单位工程施工组织设计的内容与施工组织总设计类似,如表4-2所示。

表4-2　单位工程施工组织设计的内容

内　容	说　　明
工程概况	工程特点、建设地点特征、施工条件3个方面
施工方案	确定施工程序和施工流向,划分施工段,主要分部分项工程施工方法的选择和施工机械选择,确定技术组织措施
施工进度计划	确定施工顺序,划分施工项目,计算工程量、劳动量和机械台班量,确定各施工过程的持续时间并绘制进度计划图
施工准备工作计划	技术准备,现场准备,动力、机具、材料、构件、加工半成品的准备等
各项需用量计划	材料需用量计划,劳动力需用量计划,构件、加工半成品需用量计划,施工机具需用量计算
施工平面图	表明单位工程施工所需施工机构、加工场地、材料、构件等的放置场地及临时设施在施工现场合理布置的图形
技术经济指标	—

以上单位工程施工组织设计内容中,以施工方案、施工进度计划和施工平面图三项最为关键,它们分别规划单位工程施工的技术、时间、空间三大要素。在设计中,应下大力量进行研究

和筹划。

3)分部工程施工组织设计。分部工程施工组织设计的编制对象是难度较大、技术复杂的分部(分工种)工程或新技术项目,用来具体指导这些工程的施工。主要内容包括施工方案、进度计划、技术组织措施等。

对施工组织设计来说,从突出"组织"的角度出发,在编制施工组织设计时,应重点编制好以下3项内容。

① 在施工组织总设计中是施工部署和施工方案,在单位工程施工组织设计中是施工方案和施工方法。前者的关键是"安排",后者的关键是"选择"。这一部分是解决施工中的组织指导思想和技术方法问题。在操作时应努力在"安排"和"选择"上做到优化。

② 在施工组织总设计中是施工总进度计划,在单位工程施工组织设计中是施工进度计划,这部分所要解决的问题是顺序和时间。"组织"工作是否得力,主要看时间利用是否合理,顺序安排是否得当,巨大的经济效益寓于时间和顺序的组织之中,绝不能忽视。

③ 在施工组织总设计中是施工平面布置图,在单位工程施工组织设计中是施工平面图。这一部分是解决空间问题和涉及"投资"问题。其技术性、经济性都很强,还涉及许多政策和法规,如占地、环保、安全、消防、用电、交通等。

三点突出了施工组织设计中的技术、时间和空间三大要素,这三者又是密切相关的,设计的顺序也不能颠倒。抓住这三点,其他方面的设计内容也就容易编制了。

二、园林工程施工组织设计的基本要求

1. 严格遵守国家和合同规定的工程竣工及交付使用期限

总工期较长的大型建设项目,应根据生产的需要,安排分期分批建设,配套投产或交付使用,从实质上缩短工期,尽早地发挥国家建设投资的经济效益。

在确定分期分批施工的项目时,必须注意使每期交工的一套项目可以独立地发挥效用,使主要的项目同有关的附属辅助项目同时完工,以便完工后可以立即交付使用。

2. 合理安排施工顺序

园林施工有其本身的客观规律,遵循这种规律组织施工,能够保证各项施工活动相互促进,紧密衔接,避免不必要的重复工作,加快施工速度,缩短工期。

园林产品的固定性是园林施工的一个特点,它决定了园林施工活动必须在同一场地上进行,因此,没有完成前一阶段的工作,后一阶段的工作就不可能进行,即使它们之间交错搭接地进行,也必须严格遵守一定的顺序。顺序反映客观规律要求,交叉则体现争取时间的主观努力。因此,在编制施工组织设计时,必须合理地安排施工顺序。

虽然园林施工顺序会因工程性质、施工条件和使用要求不同而有所不同,但还是能够找出可以遵循的共同性规律的。在安排施工顺序时,通常应当考虑以下几点。

1)要及时完成有关的施工准备工作,为正式施工创造良好条件。包括砍伐树木,拆除已有的建筑物,清理场地,设置围墙,铺设施工需要的临时性道路以及供水、供电管网,建造临时性工房、办公用房等。准备工作根据施工需要,可以一次完成或分期完成。

2)正式施工时应该先进行场地平整、管网铺设、道路修筑等全场性工程及修建可供使用的永久性建筑物,然后再进行各个工程子项目的施工。在安排管线道路施工程序时,一般宜先场外、后场内,场外由远而近,先主干后分支。地下工程要先深后浅,排水要先下游,后上游。

3）对于单个构筑物的施工顺序，既要考虑空间顺序，也要考虑工种之间的顺序。空间顺序能够解决施工流向的问题，它必须根据生产需要、缩短工期和保证工程质量的要求来确定。工种顺序能够解决时间上搭接的问题，它必须做到保证质量、工种之间互相创造条件、充分利用工作面、争取时间。

3. 用流水作业法和网络计划技术安排进度计划

采用流水方法组织施工，以保证施工连续地、均衡地、有节奏地进行，合理地使用人力、物力和财力，好、快、省、安全地完成施工任务。网络计划是理想的计划模型，可以为编制优化、调整提供优越条件。

4. 恰当地安排冬雨季施工项目

对于那些必须进入冬雨季施工的工程，应落实季节性施工措施，以增加全年的施工日数，提高施工的连续性和均衡性。

5. 合理使用新技术

贯彻多层次技术结构的技术政策，因地制宜地促进技术进步和建筑工业化的发展。积极采用新材料、新工艺、新设备与新技术，努力为新技术结构的推行创造条件。促进技术进步和发展工业化施工要结合工程特点和现场条件，使技术的先进性、适用性和经济合理性相结合。

6. 均衡施工

从实际出发，做好人力、物力的综合平衡，组织均衡施工。

此外，还应尽量利用永久性工程、原有或就近已有设施，以减少各种暂设工程；尽量利用当地资源，合理安排运输、装卸与储存，减少物资运输量和二次搬运量；精心进行场地规划布置，节约施工用地，不占或少占农田，防止工程事故，做到文明施工。

三、园林工程施工组织设计的编制

园林工程施工组织设计是对拟建园林工程的施工提出全面的规划、部署，用以指导园林工程施工的技术性文件。园林工程施工组织设计的本质是根据园林工程的特点与要求，以先进科学的施工方法和组织手段，科学合理地安排劳动力、材料、设备、资金和施工方法，以达到人力与物力、时间与空间、技术与经济、计划与组织等诸多方面的合理优化配置，从而保证施工任务的顺利完成。

1. 园林工程施工组织设计遵循的原则

要使施工组织设计做到科学、实用，就要求编制人员在编制思路上吸取多年来工程施工中积累的成功经验。在编制过程中应遵循相关的施工规律、理论和方法，在编制方法上应集思广益，逐步完善。因此，在编制施工组织设计时必须贯彻如下原则。

1）严格按照国家相关政策、法规和工程承包合同进行编制和实施。

2）采用先进的施工技术和管理方法，选择合理的施工方案实现工程进度的最优设计。

3）符合园林工程特点，体现园林综合特性。

园林工程大多为综合性工程，所涉及的施工范围非常广泛。同时，由于园林工程特有的艺术特性，其造型自由、灵活、多样。因此，园林工程的施工组织设计也必须满足实际设计的要求，严格遵循设计图样规范和相关要求，不得随意修改设计内容，并对实际施工中可能遇到的其他情况拟定防御措施。因此，必须透彻理解园林工程图样，熟识相关园林工艺流程、工程技法，才能编制出有针对性的、切实可行的、能够实现工期和资本最优组合的园林工程施工组织设计。

4)重视工程的验收工作,确保工程质量和施工安全。

2. 园林工程施工组织的编制依据

(1)园林工程总体施工组织设计编制依据

1)园林工程项目基础文件。

① 园林工程项目可行性报告及批准文件。

② 园林工程项目规划红线范围及用地标准文件。

③ 园林工程项目勘测任务设计书、图样、说明书。

④ 园林工程项目初步设计或技术设计批准文件以及设计图样和说明书。

⑤ 园林工程项目总概算或设计总概算。

⑥ 园林工程项目招标文件和工程承包合同文件。

2)工程建设政策、法规、规范资料。

① 关于工程建设程序有关规定。

② 关于动迁工作有关规定。

③ 关于园林工程项目实行施工监理有关规定。

④ 关于园林建设管理机构资质管理有关规定。

⑤ 关于工程造价管理有关规定。

⑥ 关于工程设计、施工和验收有关规定。

3)建设地原始调查资料。

① 地区气象资料。

② 工程地形、工程地质和水文地质资料。

③ 土地利用情况、地区交通运输能力和价格资料。

④ 地区绿化材料、建筑材料等供应情况资料。

⑤ 地区供水、供电、供热、通信能力和价格资料。

⑥ 地区园林企业状况资料。

⑦ 施工现场地上、地下现状(水、电、通信、煤气管道等)。

4)类似施工项目经验资料。

(2)园林单项工程施工组织设计编制依据

1)单项工程全部施工图样及相关标准图。

2)单项工程地质勘测报告、地形图以及工程测量控制图。

3)单项工程预算文件和资料。

4)建设项目施工组织总体设计对本工程的工期、质量和成本控制的目标要求。

5)承办单位年度施工计划对本工程开、竣工的时间要求。

6)有关国家方针、政策、规范、规程以及工程预算定额。

7)类似工程施工检验和技术新成果。

3. 园林工程施工组织的编制程序

1)编制前的准备工作。

① 熟悉园林施工工程图,领会设计意图,找出疑难问题和工程重点难点,收集有关资料,认真分析,研究施工中的问题。

② 现场踏察,核实图样内容与场地现状、问题答疑,解决疑问。

2)将园林工程合理分项并计算各个分项工程的工程量,确定工期。

3)制订多个施工方案、施工方法,并进行经济技术比较分析,确定最优方案。

4)编制施工进度计划(横道图或网络图)。

编制施工总进度计划应注意以下几点。

① 计算工程量。

a. 应根据批准的总承建工程项目一览表,按工程开展程序和单位工程计算主要实物工程量。

b. 计算工程量可按初步设计(或扩大初步设计)图样,并根据各种定额手册或参考资料进行。

② 确定各单位工程(或单个构筑物)的施工期限。影响单位工程施工期限的因素很多,应根据工程类型、结构特征、施工方法、施工管理水平、施工机械化程度及施工现场条件等确定。

③ 确定各单位工程的开、竣工时间和相互衔接关系。

④ 编制施工总进度计划表。

5)编制施工必须的设备、材料、构件及劳动力计划。

应根据具体工程的要求工期与工程量,合理安排劳动力投入计划,使其既能够在要求工期内完成规定的工程量,又能做到经济、节约。科学的劳动力安排计划要达到各工种的相互配合以及劳动力在各施工阶段之间的有效调剂,从而达到各项指标的最佳安排。

现代园林景观工程的规模日益向大型化的方向发展,所涉及的公众也越来越多,因此,大型的园林景观工程的实施就必须借助多种有效的园林机械设备才能达到良好的运作。良好的机械设备投入计划往往能够达到事半功倍的效果。

6)布置临时施工、生活设施,做好"三通一平"工作。

7)编制施工准备工作计划。

8)绘出施工平面布置图。

9)计算技术经济指标,确定劳动定额、加强成本核算。

10)拟定技术安全措施。

11)成文报审。

第二节　园林工程施工组织总设计

一、施工部署和施工方案的编制

1. 施工部署

施工部署是对整个工程项目进行全面安排,并对工程施工中的重大战略问题进行决策。其主要内容及编制要求如下。

(1)组织安排和任务分工

明确如何建立项目管理机构:项目经理部的人员设置及分工;建立专业化施工组织和进行工程分包;划分施工阶段,确定分期分批施工、交工的安排及其主要项目和穿插项目。

(2)主要施工准备工作的规划

这里主要指现场的准备,包括思想准备、组织准备、技术准备、物资准备。首先,应安排好场内外运输、施工用主干道、水电来源及其引入方案;其次,要做好场地平整,全场性排水、防洪;再次,应安排好生产、生活基地。要充分利用本地区、本系统的永久性工厂、基地,不足时再扩建。要把现场预制和工厂预制或采购构件的规划做出来。

2. 主要工程施工方案的拟定

施工方案内容包括施工起点流向、施工程序、施工顺序和施工方法。

对于主要的景点工程或主要的单位工程及特殊的分项工程,应在施工组织总设计中拟定其施工方案,目的是进行技术和资源的准备工作,也为工程施工的顺利开展和工程现场的合理布置提供依据。因此,应计算其工程量,确定工艺流程,选择施工机械和主要施工方法等。主要景点或单位工程是指假山、建筑、水体等工程量大、施工周期长、施工难度大的单项工程或单位工程。

选择机械时应注意其可能性、适用性及经济合理性。

选择主要工种的施工方法应注意尽量采用预制化和机械化方法,即能在工厂或现场预制或在市场上可以采购到成品的不在现场制造,能采用机械施工的尽量不进行手工作业。

3. 工程开展程序的确定

工程开展程序既是施工部署问题,也是施工方案问题,重要的是应确立以下指导思想。

1)在满足合同工期要求的前提下,分期分批施工。合同工期是施工的时间总目标,不能随意改变。有些工程在编制施工组织总设计时没有签订合同,则应保证总工期控制在定额工期之内。在这个大前提下,进行合理的分期分批并进行合理搭接。例如,施工期长的、技术复杂的、施工困难多的工程,应提前安排施工;急需的和关键的工程应先期施工和交工;按生产工艺要求起主导作用或须先期投入生产的工程应优先安排;在生产上先期使用的工程应提前施工和交工等。

2)一般应按先地下、后地上,先深后浅,先干线、后支线的原则进行安排。路下的管网先施工,然后筑路。

3)在安排施工程序时还应注意使已完工程的生产或使用和在建工程的施工互不妨碍,使生产、施工两不误。

4)施工应当尽量保证各类物资及技术条件供应之间的平衡以及合理利用这些资源,促进均衡施工。

5)施工必须注意季节的影响,应把不宜在某季节施工的工程,提前到该季节来临之前或者推迟到该季节终了之后施工,但应注意提前或推后施工应保证质量,不拖延进度,不延长工期。大规模土方工程和深基础土方施工,一般要避开雨季;寒冷地区的房屋施工尽量在入冬前封闭,使冬季可进行室内作业和设备安装。

二、施工总进度计划和资源需要量计划的编制

1. 施工总进度计划表

施工总进度计划是根据施工部署和施工方案,合理确定各单项工程的工期及它们之间的施工顺序和搭接关系的计划,应形成总(综合)进度计划(表4-3)和主要分部分项工程流水施工进度计划(表4-4)。

表 4-3　施工总(综合)进度计划

序号	工程名称	建筑指标		设备安装指标(T)	造价(万元)			总劳动量(工日)	进度计划					
		单位	数量		合计	建筑工程	设备安装		第一年				第二年	第三年
									Ⅰ	Ⅱ	Ⅲ	Ⅳ		

注:工程名称的顺序应按土方、管网、园建、绿化等次序填列。

表 4-4　主要分部分项工程流水施工进度计划

序号	单位工程和分部分项工程名称	工程量		机械			劳动力			施工持续天数(d)	施工进度计划											
											年　　月											
		单位	数量	机械名称	台班数量	机械数量	工程名称	总工日数	平均人数		1	2	3	4	5	6	7	8	9	10	11	12

注:单位工程按主要项目排列,较小项目分类合并。分部分项工程只填列主要的。如土方包括竖向布置、水体开挖与回填。砌筑包括砌砖与砌石。现浇混凝土与基础混凝土包括基础、框架、地面垫层混凝土。抹灰包括装修、地面、屋面及水、电和设备安装。

2. 施工总进度计划的编制要点

(1) 计算工程量

应根据批准的总承建工程项目一览表,按工程开展程序和单位工程计算主要实物工程量。计算工程量不但是编制施工总进度计划的重要前提,还服务于施工方案编制和主要的施工、运输机械的选择,主要工程的流水施工初步规划,人工及技术物资的需要量计算。此处计算工程量只需粗略地计算即可。

计算工程量可按初步设计(或扩大初步设计)图纸,并根据各种定额手册或参考资料进行。

(2) 确定各单位工程(或单个构筑物)的施工期限

影响单位工程施工期限的因素很多,应根据工程类型、结构特征、施工方法、施工管理水平、施工机械化程度及施工现场条件等确定。但工期应控制在合同工期以内,无合同工期的工程以工期定额为准。

(3) 确定各单位工程的开、竣工时间和相互衔接关系

确定单位工程的开、竣工时间主要应考虑以下因素。

1) 同一时期施工的项目不宜过多,以避免人力、物力过于集中。

2) 尽量使劳动力和技术物资消耗在全工程上均衡,在时间和量的比例上均衡、合理。

3) 在第一期工程完成的同时,应安排好第二期及以后各期工程的施工。

4) 以一些附属工程项目作为后备项目,调节主要项目的施工进度。

5) 主要工种和主要机械应能连续施工。

(4) 编制施工总进度计划表

在完成上述工作之后,可着手编制施工总进度计划表。先编制施工总进度计划草表,然后中在草表基础上绘制资源动态曲线,评估其均衡性,经过必要的调整,使资源均衡后,再绘制正式施工总进度计划表。如果是编制网络计划,还可进行优化,实现最优进度目标、资源均衡目标和成本目标。

3. 资源需要量计划的编制

(1) 劳动力需要量计划

按照施工准备工作计划、施工总进度计划和主要分部分项工程流水施工进度计划,套用概算定额或经验资料,便可计算所需劳动力工日数及人数,进而编制保证施工总进度计划实现的劳动力需要量计划(表 4-5)。如果劳动力有余缺,则应采取相应措施。例如,对多余的劳动力可以进行培训,计划调出;劳动力短缺可招募或采取提高效率的措施。调剂劳动力的余缺,必须加强调度工作。

表 4-5　劳动力需要量计划

序号	工种名称	施工高峰需用人数	年				年				现有人数	多余(+)或不足(-)
			一季	二季	三季	四季	一季	二季	三季	四季		

注:工种名称除生产工人外,应包括机修、运回、构件加工、材料保管等服务和管理用工名称。

(2) 主要材料和预制加工品需用量计划

根据拟建的不同结构类型的工程项目和工程量总表,参照本地区概算定额或已建类似工程资料,便可计算出各种材料需用量(表 4-6)。

表 4-6　主要材料和预制加工品需用量计划

材料名称 单位 工程名称	主　要　材　料															

注:主要材料可按型钢、钢板、钢筋、管材、水泥、木材、砖、石、砂、石灰等分别填列。

(3) 主要材料、预制加工品运输量计划

根据预制加工规划和主要材料需用量计划,参照施工总进度计划和主要分部分项工程流水施工进度计划,便可编制主要材料、预制加工品需用量的进度计划(表 4-7),以便于组织运输和筹建仓库。主要材料、预制加工品运输量计划如表 4-8 所示。

表 4-7 主要材料、预制加工品需用量进度计划

序号	材料或预制加工品名称	规格	单位	需用量				需用进度					
				合计	正式工程	大型临时设施	施工措施	一季	二季	三季	四季	年	年

注:材料名称应与表 4-6 一致。

表 4-8 主要材料、预制加工品运输量计划

序号	材料或预制加工品名称	单位	数量	折合吨数	运距(km)			运输量(t/km)	分类运输量(t/km)			备注
					装货点	卸货点	距离		公路	铁路	航运	

注:材料和预制加工品所需运输总量应加入 8% ~10% 的不可预见系数,生活日用品运输量按人年 1.2 ~1.5t 计算。

(4)主要施工机具需用量计划

主要施工机具需用量计划的编制依据是:施工部署和施工方案,施工总进度计划,主要工种需用量和主要材料、预制加工品运输量计划,机械化施工参考资料。其计划如表 4-9 所示。

表 4-9 主要施工机具、设备需用量计划

序号	机具设备名称	规格型号	电动机功率	数量				购置价值(万元)	使用时间	备注
				单位	需用	现有	不足			

注:机具设备名称可按土方、钢筋混凝土、起重机、金属加工、运输、木加工、动力、测试、脚手架等机具设备分别填列。

(5)临时设施计划

临时设施计划应本着尽量利用已有或拟建工程的原则,按照施工部署、施工方案、各种需用量计划,再参照业务量和临时设施计算结果进行编制。应将一切属于临时设施的生产、生活用房,临时道路,临时用水、用电和供热系统等包括在内。

三、施工总平面图设计

1. 施工总平面图

施工总平面图是用来正确处理全工地在施工期间所需各项设施和永久建筑物之间的空间关系,按施工方案和施工总进度计划合理规划交通道路、材料仓库、附属生产企业、临时房屋建筑和临时水、电管线等,指导现场文明施工。施工总平面图按规定的图例绘制,一般比例尺为 1∶1000 或 1∶2000。施工总平面图的具体内容如下。

1)整个建设项目的建筑总平面图,包括地上、地下建筑物和构筑物,道路,各种管线,测量基准点等的位置和尺寸。

2）一切为工地施工服务的临时性设施的布置，具体如下。

① 施工用地范围，施工用的各种道路。

② 加工厂、制备站及有关机械化装置。

③ 各种建筑材料、半成品、构件的仓库和主要堆放、假植、取土及弃土位置。

④ 行政管理用房、宿舍、文化生活福利建筑等。

⑤ 水源、电源、临时给排水管线和供电动力线路及设施，车库、机械的位置。

⑥ 一切安全、防火设施。

⑦ 特殊图例、方向标志、比例尺等。

⑧ 永久性及半永久性坐标的位置。

2. 施工总平面图的设计依据

1）设计资料。包括建筑总平面图、竖向设计图、地貌图、区域规划图、建设项目及有关的一切已有和拟建的地下管网位置图等。

2）已调查收集到的地区资料。包括地方建筑企业情况，材料和设备情况，地方资料情况，交通运输条件，水、电、蒸汽等条件，社会劳动力和生活设施情况，参加施工的各企业力量状况等。

3）施工部署和主要工程的施工方案。

4）施工总进度计划。

5）各种材料、构件、施工机械和运输工具需要量一览表。

6）构件加工厂、仓库等临时建筑一览表。

7）工地业务量计算结果及施工组织设计参考资料。

3. 施工总平面图的设计原则

1）在满足施工要求的前提下，将占地范围减小到最低限度，尤其要不占或少占农田，不挤占交通道路。

2）最大限度地缩短场内运输距离，尽可能避免场内二次搬运。因此，各种材料应按供应计划分期分批进场，并应尽量布置在使用地点附近，大型重件应尽量堆放在起重设备工作范围之内。

3）在保证施工需要的前提下，临时设施工程量应该最小，以降低临时工程费用。因此，要尽可能利用已有的房屋和各种管线，凡拟建永久性工程能提前完工为施工服务的，应尽量提前完工并在施工中代替临时设施。

4）临时设施的布置应便于工人生产和生活，使往返现场时间最少。

5）充分考虑生产、生活设施和施工中的劳动保护、技术安全、防火要求。

6）遵守环境保护条例，避免环境污染。

4. 施工总平面图的设计步骤和设计要求

施工总平面图的设计步骤是：布置场外交通道路→布置仓库→布置加工厂和混凝土搅拌站→布置内部运输道路→布置临时房屋→布置临时水电管网和其他动力设施→绘制正式施工总平面图。

（1）场外交通道路布置

一般场地都有永久性道路，可提前修建为工程服务，但应恰当确定起点和进场位置，考虑转弯半径和坡度限制，以利于施工场地的利用。

当采用公路运输时，公路应参照加工厂、仓库的位置进行布置，与场外道路连接，符合标准要求。

当采用水路运输时，卸货码头不应少于两个，宽度不应小于2.5m，江河距工地较近时，可在码头附近布置主要加工厂和仓库。

(2)仓库的布置

一般应接近使用地点，装卸时间长的仓库应远离路边。

1)当有铁路时，宜沿路布置周转库和中心库。

2)一般材料仓库应邻近公路和施工区，并应有适当的堆场。

3)水泥库和沙石堆场应布置在搅拌站附近。砖、石和预制构件应布置在垂直运输设备工作范围内，靠近用料地点。基础用块石堆场应离坑沿一定距离，以免压塌边坡。钢筋、木材应布置在加工厂附近。

4)工具库应布置在加工区与施工区之间交通方便处，零星小件、专用工具库可分设于各施工区段。

5)车库、机械站应布置在现场入口处。

6)油料、氧气、电石库应设置在边沿、人少的安全处，易燃材料库要设置在拟建工程的下风向。

7)苗木假植地应靠近水源及道路旁。

(3)加工厂和混凝土搅拌站的布置

总的指导思想是应使材料和构件的货运量小，有关联的加工厂适当集中。

1)如果有足够的混凝土输送设备，混凝土搅拌站宜集中布置，或现场不设搅拌站使用商品混凝土；当混凝土输送设备短缺时，可分散布置在使用地点附近或起重机旁。

2)临时混凝土构件预制厂尽量利用建设单位的空地。

3)钢筋加工厂设在混凝土预制构件厂及主要施工对象附近；木材加工厂的原木、锯材堆场应靠铁路、公路或水路沿线；锯材、成材、粗细木工加工间和成品堆场要按工艺流程布置，应设在施工区的下风向边缘。

(4)内部运输道路的布置

1)提前修建永久性道路的路基和简单路面为施工服务。

2)临时道路要把仓库、加工厂、堆场和施工点贯穿起来。按货运量大小设计双行环干道或单行支线。道路末端要设置回车场。路面一般为土路、沙石路或焦砟路。道路建造方法应查阅施工手册。

(5)临时房屋的布置

1)尽可能利用已建的永久性房屋为施工服务，不足时再修建临时房屋。临时房屋应尽量采用活动房屋。

2)全工地行政管理用房宜设在全工地入口处。职工用的生活福利设施，如商店、俱乐部等，宜设在职工较集中的地方，或设在职工出入必经之处。

3)职工宿舍一般宜设在场外，并避免设在低洼潮湿地及有烟尘不利于健康的地方。

4)食堂宜布置在生活区，也可视条件设在工地与生活区之间。

(6)临时水电管网和其他动力设施的布置

1)尽量利用已有的和提前修建的永久线路。

2)临时总变电站应设在高压线进入工地处,避免高压线穿过工地。临时自备发电设备应设在现场中心,或靠近主要用电区域。

3)临时水池、水塔应设在用水中心和地势较高处。管网一般沿道路布置,供电线路避免与其他管道设在同一侧,主要供水、供电管线采用环状。

4)管线穿路处均要套以铁管,并埋入地下 0.6m 处。

5)过冬的临时水管须埋在冰冻线以下或采取保温措施。

6)排水沟沿道路布置,纵坡不小于 0.2%,过路处须设涵管,在山地建设时应有防洪设施。

7)消火栓间距不大于 120m,距拟建房屋不小于 5m,不大于 25m,距路边不大于 2m。

8)各种管道布置的最小净距应符合规范的规定。

(7)绘正式施工总平面图

根据已布置好的施工现场绘制正式施工总平面图。

第三节　园林工程横道图编制

横道图是以横向线条结合时间坐标表示各项工作施工的起始点和先后顺序的,整个计划是由一系列的横道组成。横道图是一种最直观的工期计划方法。

1. 横道图的形式

横道图的基本形式是以横坐标做时间轴表示时间,工程活动在图的左侧纵向排列,以活动所对应的横道位置表示活动的起始时间,横道的长短表示持续时间的长短。常见的横道图有作业顺序表和详细进度表两种。编制横道图进度计划要确定工程量、施工顺序、最佳工期以及工序或工作的天数、衔接关系等。

(1)作业顺序表

某草地铺草工程的作业顺序如图 4-1 所示,右栏表示作业量的比率,左栏则是按施工顺序标明的工种(或工序)。图 4-1 清楚地反映了各个工序的实际情况,对作业量比率一目了然,便于实际操作。但工种间的关键工序不明确,不适合较复杂的施工管理。

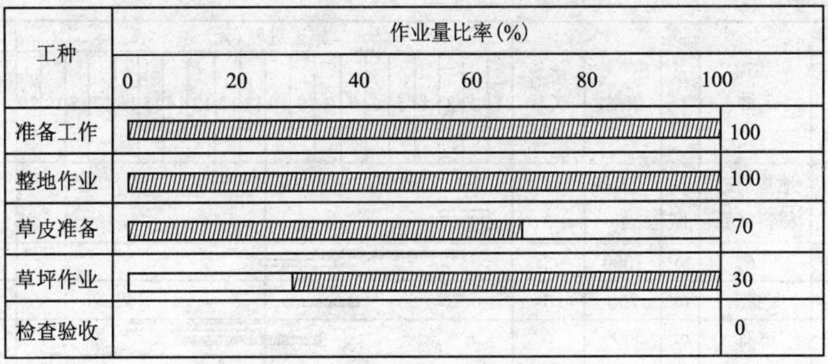

工种	作业量比率(%) 0　20　40　60　80　100	
准备工作		100
整地作业		100
草皮准备		70
草坪作业		30
检查验收		0

图 4-1　铺草工程的作业顺序

(2)详细进度表

详细进度表是指横道图详细进度计划表,通常所说的横道图就是指施工详细进度表,如图 4-2 所示。

工种	单位	数量	开工日	完工日	工程进度(天) 0 5 10 15 20 25 30
准备作业	组	1	4月1日	4月5日	
定　点	组	1	4月5日	4月10日	
假山工程	m^3	50	4月10日	4月15日	
种植工程	株	450	4月15日	4月24日	
草坪种植	m^2	900	4月24日	4月28日	
收　尾	队	1	4月28日	4月30日	

图 4-2　施工详细进度计划

2. 详细进度计划横道图的编制

详细进度计划由两部分组成：以工种（或工序、分项工程）为纵坐标，包括工程量、各工种工期、定额及劳动量等指标；以工期为横坐标，通过线框或线条表示工程进度。

根据图 4-1，说明详细进度计划的编制方法如下。

1）确定工序（或工程项目、工种）。一般要按施工顺序，作业衔接客观次序排列，可组织平行作业，但最好不要安排交叉作业。项目不得疏漏也不得重复。

2）根据工程量和相关定额及必需的劳动力，加以综合分析，制定各工序（或工种、项目）的工期。确定工期时可视实际情况增加机动时间，但要满足工程总工期要求。

3）用线框在相应栏目内按时间起止期限绘成图表，要求清晰准确。

4）清绘完毕后，要认真检查，看是否满足总工期需要。

3. 横道图的应用

利用横道图表示施工详细进度计划就是要对施工进度合理控制，并根据计划随时检查施工过程，达到保证顺利施工，降低施工费用，符合总工期的目的。

某园林护岸工程的施工进度计划用横道图表示，如图 4-3 所示。原计划工期 20 天，由于各工种相互衔接，施工组织严密，因而各工种均提前完成，节约工期 2 天。在第 10 天清点时，原定刚开工的铺石工序实际上已完成了工程量的 1/3。

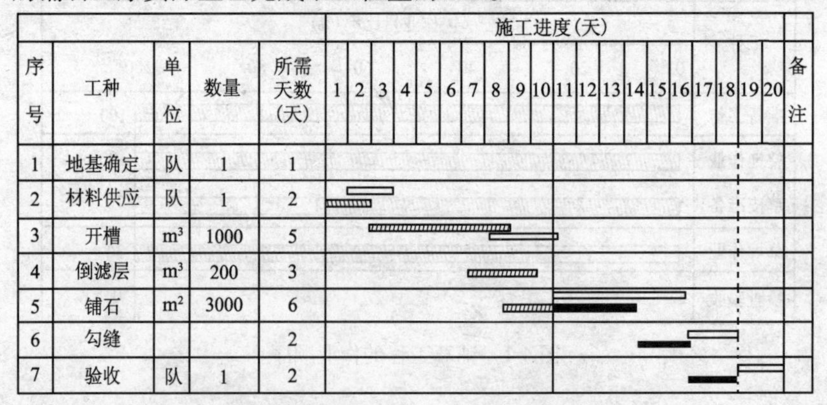

序号	工种	单位	数量	所需天数(天)	施工进度(天) 1 2 3 4 5 6 7 8 9 10 11 12 13 14 15 16 17 18 19 20	备注
1	地基确定	队	1	1		
2	材料供应	队	1	2		
3	开槽	m^3	1000	5		
4	倒滤层	m^3	200	3		
5	铺石	m^2	3000	6		
6	勾缝			2		
7	验收	队	1	2		

图 4-3　园林护岸工程施工进度计划

4. 横道计划的优缺点

(1) 优点

1) 比较容易编制,简单、明了、直观、易懂。

2) 结合时间坐标,各项工作的起止时间、作业持续时间、工程进度、总工期都能一目了然。

3) 流水情况表示得清楚。

(2) 缺点

1) 方法虽然简单也较直观,但是它只能表明已有的静态状况,不能反映出各项工作间错综复杂、相互联系、相互制约的生产和协作关系。比如图 4-4 中支撑养护 1 段只与苗木栽植 1 段有关而与其他工作无关。

工　　作	进度计划(天)											
	1	2	3	4	5	6	7	8	9	10	11	12
定点放样	1段	1段	1段	2段	2段	2段	3段	3段	3段			
苗木栽植				1段	1段		2段	2段		3段	3段	3段
支撑养护						1段			2段			3段

图 4-4　用横道图表示的进度计划

2) 反映不出哪些工作是主要的,哪些生产联系是关键性的,当然也就无法反映出工程的关键所在和全貌。也就是说,不能明确反映关键线路,看不出可以灵活机动使用的时间,因而也就抓不住工作的重点,看不到潜力所在,无法进行最合理的组织安排和指挥生产,不知道如何去缩短工期、降低成本及调整劳动力。

综上可见,横道图控制施工进度简单实用,一目了然,适用于小型园林绿地工程。但是横道图法对工程的分析以及重点工序的确定与管理等诸多方面的局限性,限制了它在更广阔的领域中应用。为此,对复杂庞大的工程项目必须采用更先进的计划技术——网络计划技术。

第四节　园林工程网络计划图编制

一、网络计划技术的特点及适用范围

1. 网络计划技术的特点

(1) 优点

1) 将施工过程中的各有关工作组成了一个有机的整体,能全面而明确地反映出各项工作之间的相互依赖、相互制约的关系。比如图 4-5 中混凝土 1 必须在钢筋 1 之后进行而与其他工作无关,而混凝土 2 又必须在钢筋 2 和混凝土 1 之后进行,等等。

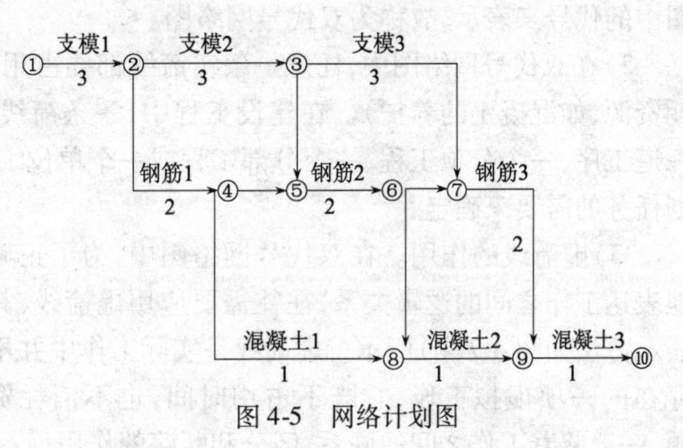

图 4-5　网络计划图

2) 网络计划图通过时间参数的计

算,可以反映出整个工程的全貌,指出对全局有影响的关键工作和关键线路,便于在施工中集中力量抓好主要矛盾,确保竣工工期,避免盲目施工。

3)显示了机动时间,可以获知从哪里入手去缩短工期,怎样更好地使用人力和设备。在计划执行的过程中,当某一项工作因故提前或拖后时,能从网络计划图中预见到它对后续工作及总工期的影响程度,便于采取措施。

4)能够利用计算机绘图、计算和跟踪管理。建筑工地情况是多变的,只有使用计算机才能跟上不断变化的要求。

5)便于优化和调整,加强管理,取得好、快、省的施工效果。应用网络计划绝不是单纯地追求进度,而是要与经济效益结合起来。

(2)缺点

流水作业的情况很难从网络计划上反映出来,不如横道图那么直观明了。现在网络计划也在不断地发展和完善,比如,采用带时间坐标的网络计划可以弥补这些不足。

2. 网络计划技术的适用范围

网络计划技术最适用于项目进度控制,特别适用于大型、复杂、协作广泛的项目的进度控制。就工程项目领域而言,它既适用于单体工程,又适用于群体工程;既适用于土建工程,又适用于安装工程;既适用于部门计划,又适用于企业的年、季、月计划;既适用于肯定型的计划,又适用于非肯定型的计划,还适用于有时限的计划;既可以进行常规时间参数的计算,又可以进行计划优化和调整。其他计划技术无法与它比较。

二、双代号网络计划及其基本模型

网络计划技术的基本模型是网络图。网络图是用箭线和节点组成的,用来表示工作流程的有向、有序的网状图形。所谓网络计划,是用网络图表达任务构成、工作顺序,并加注时间参数的进度计划。双代号网络图是以箭线及其两端节点的编号表示工作流程的网络图,如图4-6所示。

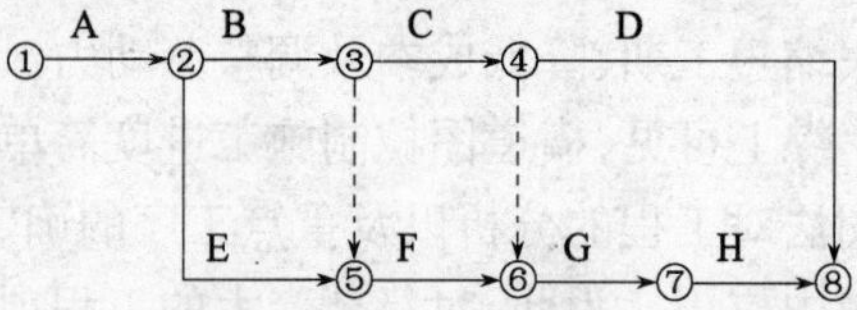

图4-6 双代号网络图

1. 双代号网络图的组成

(1)箭线(工作)

1)在双代号网络图中,每一条箭线表示一项工作。箭线的箭尾节点表示该工作开始,箭头节点表示该工作的结束。工作的名称标注在箭线的上方,完成该项工作所需要的持续时间标注在箭线的下方,如图4-7(a)所示。由于一项工作需用一条箭线及其箭尾和箭头处两个圆圈中的代号来表示,故称为双代号网络图。

2)在双代号网络图中,任意一条实箭线都要占用时间、消耗资源(有时只占用时间,不消耗资源,如混凝土的养护)。在建设工程中,一条箭线表示项目中的一个施工过程,它可以是一道工序、一个分项工程、一个分部工程或一个单位工程,其粗细程度、大小范围的划分根据计划任务的需要来确定。

3)虚箭线的作用。在双代号网络图中,为了正确地表达工作之间的逻辑关系,往往需要应用虚箭线,其表示方法如图4-7(b)所示。虚箭线是实际工作中并不存在的一项虚拟工作,它既不占用时间,也不消耗资源,一般起着工作之间的联系、区分和断路的作用。

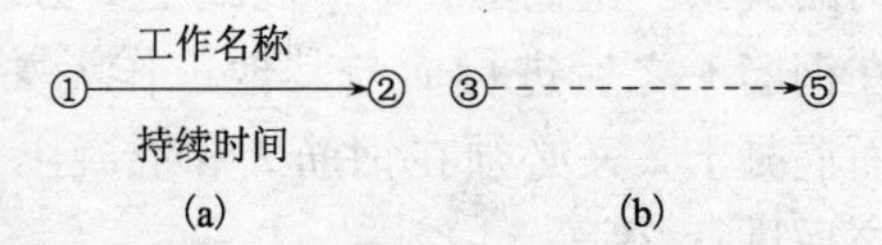

图4-7 双代号网络图工作的表示法
(a)实箭线;(b)虚箭线

联系作用是指运用虚箭线正确表达工作之间相互依存的关系。如A、B、C、D4项工作的相互关系是:A完成后进行B,A、C均完成后进行D,则其网络图如图4-8所示,图中必须用虚箭线把A和D前后连接起来。

区分作用是指双代号网络图中每项工作都必须用一条箭线和两个代号表示,若有两项工作同时开始,又同时完成,绘图时应使用虚箭线以区分两项工作,如图4-9所示。

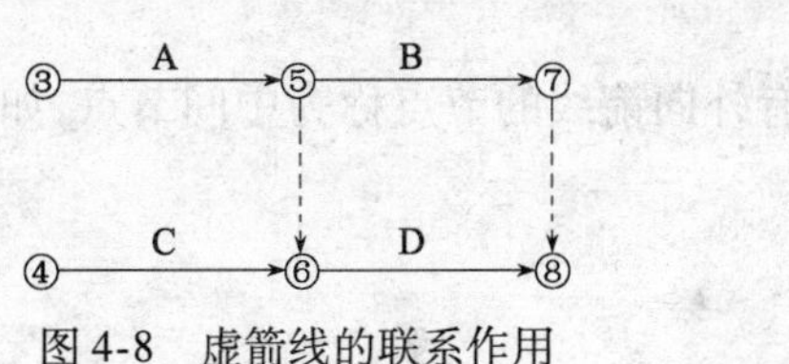

图4-8　虚箭线的联系作用

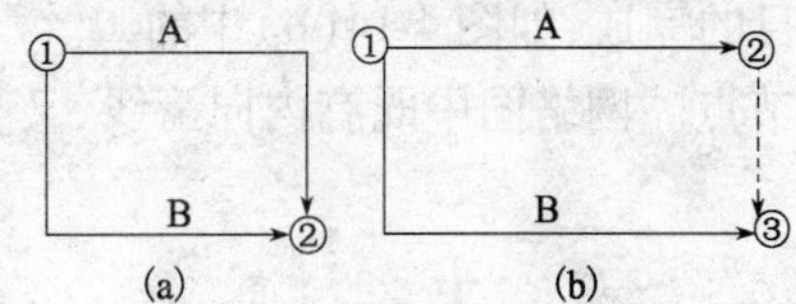

图4-9　虚箭线的区分作用

(a)错误画法;(b)正确画法

断路作用是用虚箭线把没有关系的工作隔开。如图4-10所示,一段基层与三段路基两项工作本来不应有关系,但在这里却产生了关系,故而是错误的。如图4-11所示,在二段的路基与基层两项工作之间加上一条虚线,则避免了上述的错误联系。

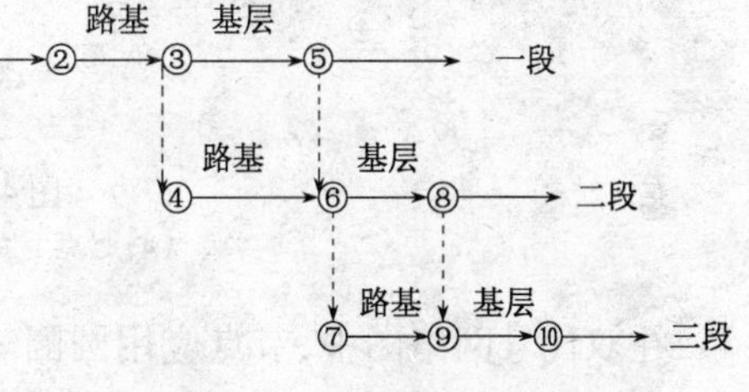

图4-10　错误的联系

4)在无时间坐标限制的网络图中,箭线的长度原则上可以任意画,其占用的时间以下方标注的时间参数为准。箭线可以为直线、折线或斜线,但其行进方向均应从左向右,如图4-12所示。在有时间坐标限制的网络图中,箭线的长度必须根据完成该工作所需持续时间的大小按比例绘制。

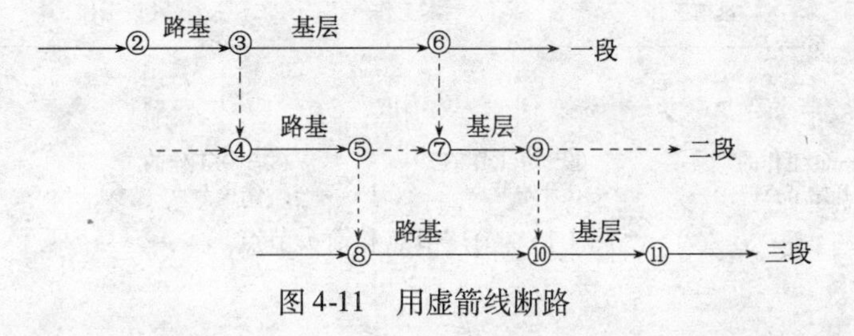

图4-11　用虚箭线断路

5)在双代号网络图中,各项工作之间的关系如图4-13所示。通常将被研究的对象称为本工作,如图4-13中的②—④;紧排在本工作之前的工作称为紧前工作,如图4-13中的①—②;紧跟在本工作之后的工作称为紧后工作,如图4-13中的④—⑤;与之平行进行的工作称为平行工作,如图4-13中的②—③。

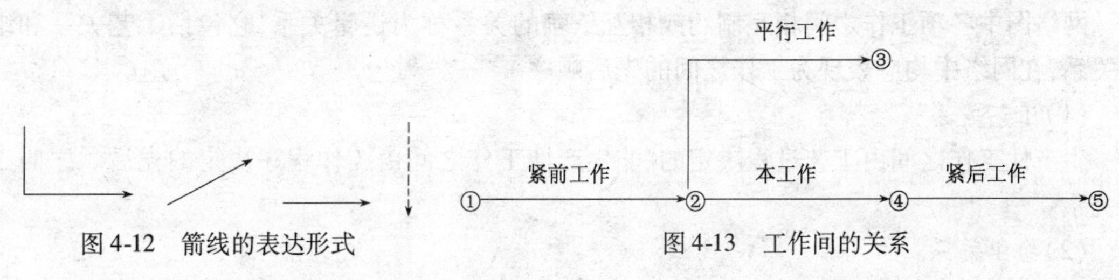

图4-12　箭线的表达形式　　图4-13　工作间的关系

(2)节点

节点是网络图中箭线之间的连接点。在双代号网络图中,节点既不占用时间,也不消耗资源，是个瞬时值，即节点只表示工作的开始或结束的瞬间，起着承上启下的衔接作用。网络图中有 3 种类型的节点。

1）起点节点。网络图中的第一个节点叫起点节点，它只有外向箭线，一般表示一项任务或一个项目的开始，如图 4-14（a）中的①。

2）终点节点。网络图中的最后一个节点叫终点节点，它只有内向箭线，一般表示一项任务或一个项目的完成，如图 4-14（b）中的⑩。

3）中间节点。网络图中既有内向箭线、又有外向箭线的节点称为中间节点，如图 4-14（c）中的④。

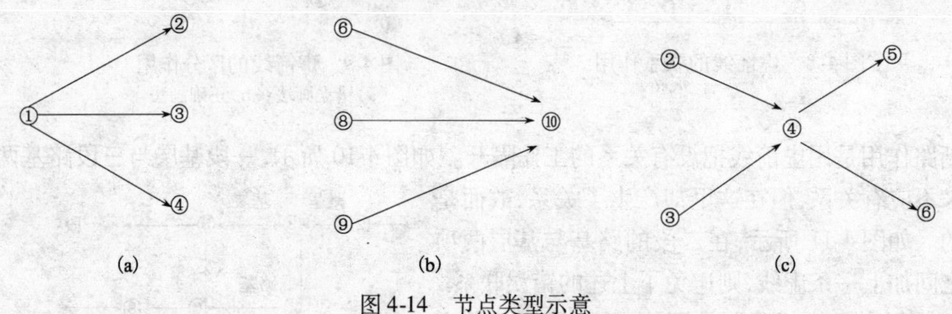

图 4-14　节点类型示意

（a）起点节点；（b）终点节点；（c）中间节点

在双代号网络图中，节点应用圆圈表示，并在圆圈内编号。一项工作应当只有唯一的一条箭线和相应的一对节点，且要求箭尾节点的编号小于其箭头节点的编号，如图 4-15 所示，6 <8 <9。网络图节点的编号顺序应从小到大，可不连续，但严禁重复。

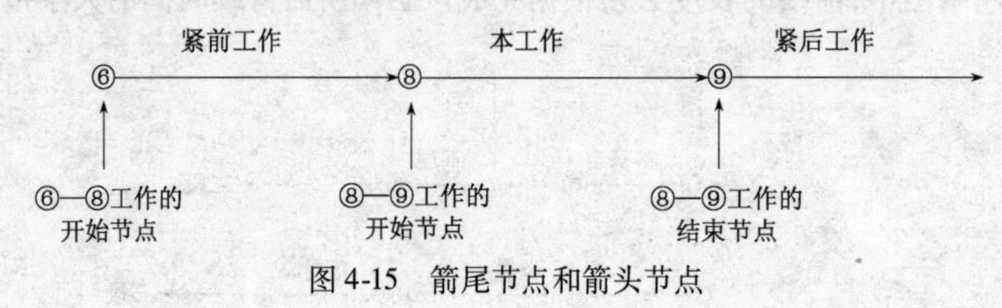

图 4-15　箭尾节点和箭头节点

（3）线路

网络图中从起点节点开始，沿箭头方向顺序通过一系列箭线与节点，最后达到终点节点的通路称为线路。线路上各项工作持续时间的总和称为该线路的计算工期。一般网络图有多条线路，可依次用该线路上的节点代号来记述。

2. 逻辑关系

网络图中各项工作之间相互制约或相互依赖的关系称为逻辑关系，它包括工艺关系和组织关系，在网络中均应表现为工作之间的先后顺序。

（1）工艺关系

生产性工作之间由工艺过程决定的、非生产性工作之间由工作程序决定的先后顺序叫工艺关系。

（2）组织关系

工作之间由于组织安排需要或资源（人力、材料、机械设备和资金等）调配需要而规定的先后顺序关系叫组织关系。

网络图的绘制应正确地表达整个工程或任务的工艺流程、各工作开展的先后顺序及它们之间相互依赖、相互制约的逻辑关系，因此，绘图时必须遵循一定的基本规则和要求。

3. 双代号网络图的绘图规则

1）双代号网络图必须正确表达已定的逻辑关系。双代号网络图中常见的逻辑关系表达方式如图 4-16 所示。

序　号	逻 辑 关 系	双代号表示方法
1	A 完成后进行 B B 完成后进行 C	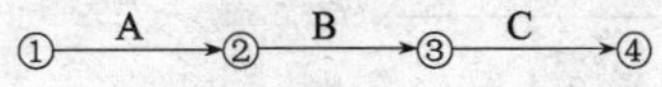 ①—A→②—B→③—C→④
2	A 完成后同时进行 B 和 C	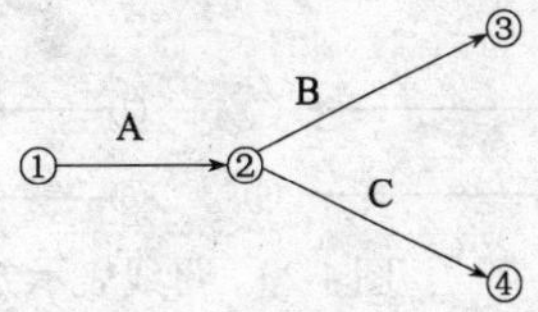 ①—A→②；②—B→③；②—C→④
3	A 和 B 都完成后进行 C	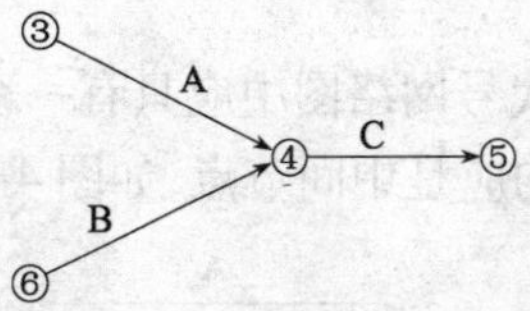 ③—A→④；⑥—B→④；④—C→⑤
4	A 和 B 都完成后同时进行 C 和 D	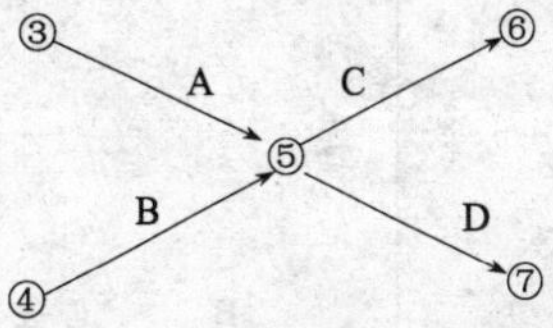 ③—A→⑤；④—B→⑤；⑤—C→⑥；⑤—D→⑦
5	A 完成后进行 C A 和 B 都完成后进行 D	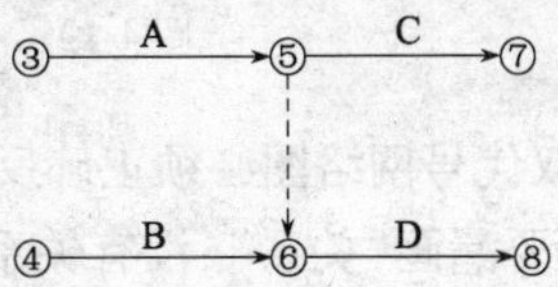 ③—A→⑤—C→⑦；⑤┄→⑥；④—B→⑥—D→⑧

图 4-16　双代号网络图逻辑关系表达方法

2）双代号网络图中严禁出现循环回路。所谓循环回路，是指从网络图中的某一个节点出发，顺着箭线方向又回到了原来出发点的线路，如图 4-17 所示。

3）双代号网络图中，在节点之间严禁出现带双向箭头或无箭头的连线，如图 4-18 所示。

4）双代号网络图中，严禁出现没有箭头节点或没有箭尾节点的箭线，如图 4-19 所示。

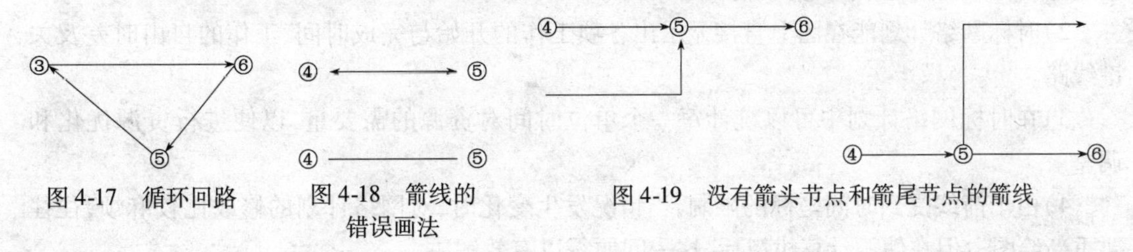

图 4-17　循环回路　　图 4-18　箭线的错误画法　　图 4-19　没有箭头节点和箭尾节点的箭线

5）当双代号网络图的某些节点有多条外向箭线或多条内向箭线时，为使图形简洁，可使用母线法绘制（但应满足一项工作用一条箭线和相应的一对节点表示的要求），如图 4-20 所示。

6）绘制网络图时，箭线不宜交叉。当交叉不可避免时，可采用过桥法或断线法，如图 4-21 所示。

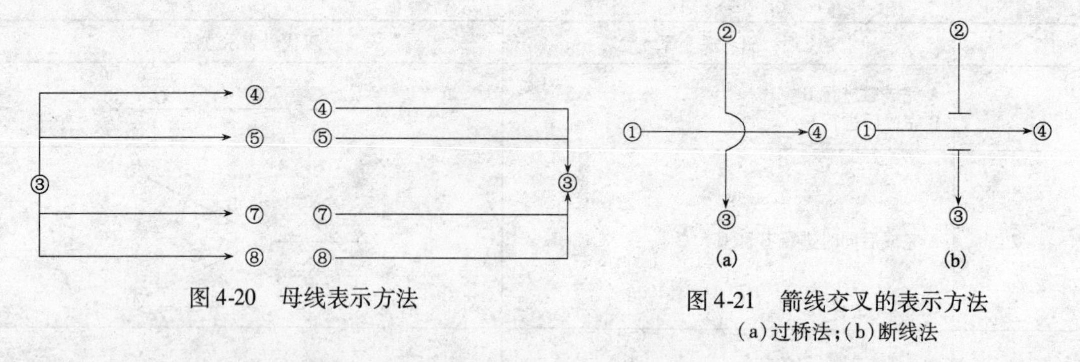

图 4-20　母线表示方法

图 4-21　箭线交叉的表示方法
(a)过桥法；(b)断线法

7）双代号网络图中应只有一个起点节点和一个终点节点（多目标网络计划除外），而其他所有节点均应是中间节点，如图 4-22 所示。

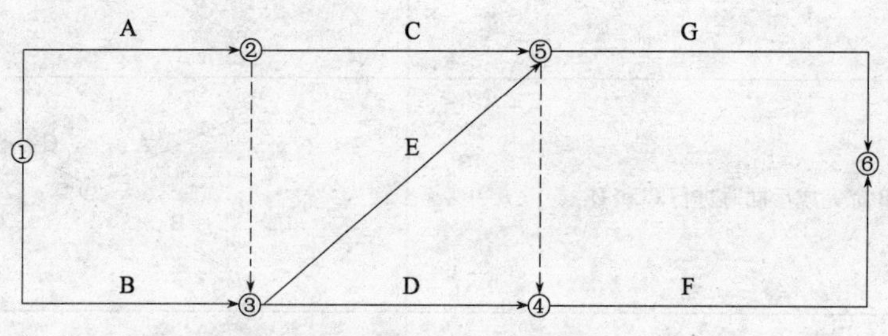

图 4-22　一个起点节点、一个终点节点的网络图

绘制双代号网络图必须正确反映工作之间的既定关系，对有关系的工作一定把关系表达准确，且不要漏画“关系”；没有关系的工作一定不要建立“关系”，以保证工作之间的逻辑关系正确。绘制网络图关键在于以下两点：第一，严格按照上述 7 条绘图规则绘图；第二，正确运用虚箭线。网络图应布局合理，条理清楚，尽量横平竖直，避免歪斜凌乱。

三、双代号时标网络计划的编制和应用

1. 代号时标网络计划的特点和应用范围

双代号时标网络计划是以水平时间坐标为尺度编制的双代号网络计划，其主要特点如下。

1）时标网络计划兼有网络计划与横道计划的优点，它能够清楚地表明计划的时间进程，使用方便，所以在实践中较受欢迎。

2）时标网络计划能在图上直接显示出各项工作的开始与完成时间、工作的自由时差及关键线路。

3）在时标网络计划中可以统计每一个单位时间对资源的需要量，以便进行资源优化和调整。

4）由于箭线受到时间坐标的限制，当情况发生变化时，对网络计划的修改比较麻烦，往往要重新绘图。但在使用计算机以后，这一问题得以有效解决。

目前时标网络计划多应用于以下两种情况。

1)编制工作项目较少,并且工艺过程较简单的项目进度计划,能迅速地边绘制、边计算、边调整。

2)对于大型复杂的工程项目,可以先使用时标网络图的形式绘制各分部分项工程的网络计划,然后再综合起来绘制出较简明的总网络计划。也可以先编制一个总的工程项目进度计划,以后每隔一段时间,对下段时间应进行的工作区段绘制详细的时标网络计划。时间间隔的长短要根据工作的性质、所需的详细程度和工程的复杂性决定。

2. 双代号时标网络计划编制规则

1)时间坐标的时间单位应根据需要在编制网络计划之前确定,可为季、月、周、天等。

2)时标网络计划应以实箭线表示工作,以虚箭线表示虚工作,以波形线表示工作的自由时差。

3)时标网络计划中所有符号在时间坐标上的水平投影位置,都必须与其时间参数相对应。节点中心必须对准相应的时标位置。

4)虚工作必须以垂直方向的虚箭线表示,有自由时差时加波形线表示。

3. 时标网络计划的编制

时标网络计划直接按各个工作的最早开始时间编制。在编制时标网络计划之前,应先按已确定的时间单位绘制出时标计划表,如表 4-10 所示。

表 4-10　时标计划表

日历	1	2	3	4	5	6	7	8	9	10	11	12	13	14	15	16
时间单位																
网络计划	1	2	3	4	5	6	7	8	9	10	11	12	13	14	15	16
时间单位																

双代号时标网络计划的编制方法有以下两种。

(1)间接法绘制

先绘制出无时标网络计划,计算各工作的最早时间参数,再根据最早时间参数在时标计划表上确定节点位置,连线完成。某些工作箭线长度不足以到达该工作的完成节点时,用波形线补足。

(2)直接法绘制

根据网络计划中工作之间的逻辑关系及各工作的持续时间,直接在时标计划表上绘制时标网络计划,绘制步骤如下。

1)将起点节点定位在时标表的起始刻度线上。

2)按工作持续时间在时标计划表上绘制起点节点的外向箭线。

3)其他工作的开始节点必须在其所有紧前工作都绘出以后,定位在这些紧前工作最早完成时间最大值的时间刻度上,某些工作的箭线长度不足以到达该节点时,用波形线补足,箭头画在波形线与节点连接处。

4)用上述方法从左至右依次确定其他节点位置,直至网络计划终点节点定位,绘图完成。

第五章　园林工程施工管理

第一节　园林工程施工管理概述

一、园林工程施工项目特点与建设程序

1. 园林工程施工项目及其特点

园林工程施工项目属于工程项目分类中的一种。园林工程施工项目是指园林施工企业对一个园林产品的施工过程或成果。施工项目是园林施工企业的生产对象，因此，它可能是一个园林建设项目（如一个公园），也可能是其中一个单项工程（如乔木种植工程）或单位工程（如假山工程）。园林工程施工项目具有以下特点。

1）它是建设项目，即单项工程或单位工程的施工任务。

2）它以园林施工企业为管理主体。

3）它的任务范围是由工程承包合同界定的。

4）它的产品具有多样性、固定性、体积庞大、生产周期长等特点。

5）园林施工产品具有生命性，需要较长的养护时期及一定时期才能达到设计的效果。

园林工程施工管理是以园林工程施工项目为对象，以项目经理负责制为基础，以实现项目目标为目的，以构成园林工程施工项目要素为条件，以与此相适应的一整套施工组织制度和管理制度为保障，对园林工程施工项目全过程系统地进行控制和管理的方法体系。

2. 园林工程施工项目的建设程序

建设程序是指一个建设项目从酝酿提出到建成投入使用的整个过程中，各阶段建设活动的先后顺序和相互关系。建设项目按照建设程序进行建设是社会经济规律的要求，是建设项目技术经济规律的要求，也是由建设项目的复杂性决定的。我国园林工程建设程序一般分6个阶段，即项目建议书阶段、可行性研究阶段、设计工作阶段、建设准备阶段、建设施工阶段和竣工验收交付使用阶段。这6个阶段的关系如图5-1所示。

二、园林工程施工项目管理过程与内容

1. 园林工程施工项目管理的过程

（1）施工项目管理与建设项目管理的区别

施工项目管理与建设项目管理是两种平等的工程项目管理分支，虽然在管理对象上施工项目管理与建设项目管理有部分重合，从而使两种项目管理关系十分密切，但它们在管理主体上、管理范围上、管理内容上、管理任务上都有本质的区别，如表5-1所示，不能混为一谈，更不能以建设项目管理代替施工项目管理。

（2）园林工程施工项目管理的全过程

园林工程施工项目管理的对象，是整个施工过程中各阶段的工作。施工过程可分为5个阶段，构成了施工项目管理有序的全过程。

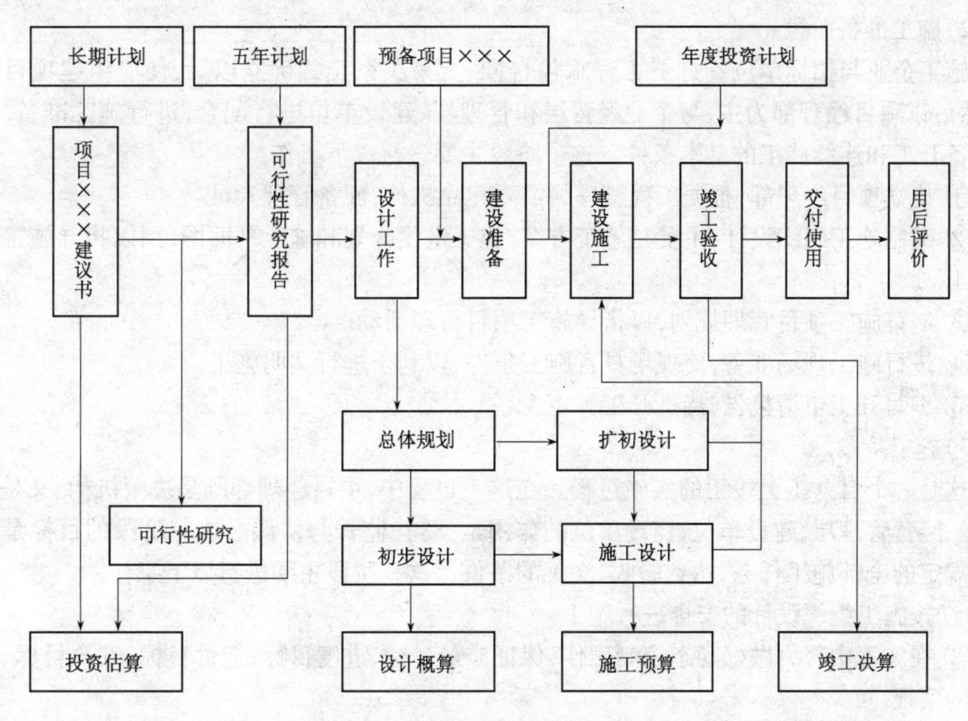

图 5-1　园林工程建设程序

表 5-1　施工项目管理与建设项目管理的区别

区别特征	施工项目管理	建设项目管理
管理主体	园林施工企业或其授权的项目经理部	建设单位(业主)或其委托的咨询(监理)单位
管理客体	施工项目的施工活动及其相关的生产要素	建设项目
管理目标	符合需求的园林建设成果,获得预期的环境效益、社会效益与经济效益	符合任务书要求,达到设计效果,发挥园林建设项目的功能、效益
管理范围	是由工程承包合同规定的承包范围,可以是园林建设项目,也可以是园林单项工程或单位工程	是一个完整的园林建设项目,是由可行性研究报告确定的所有工程
管理过程	投标签约、施工准备阶段 施工阶段 竣工验收及结算阶段 用后服务阶段	项目决策建议书、科研阶段 项目组织计划、设计阶段 项目实施阶段 竣工验收及结算阶段

1)投标、签约阶段。

建设单位对园林项目进行设计和建设准备,具备了招标条件以后,便发出招标广告或邀请函,施工企业见到招标广告或邀请函后,从作出投标决策至中标签约,实质上已经开始在进行施工项目的工作。这是施工项目寿命周期的第一阶段,可称为立项阶段。本阶段的最终管理目标是签订工程承包合同。这一阶段主要进行以下工作。

① 园林施工企业从经营战略的高度作出是否投标以争取承包该项目的决策。

② 决定投标以后,从多方面(企业自身、相关单位、市场、现场等)掌握大量信息。

③ 编制既能使企业赢利,又有竞争力,可望中标的投标书。

④ 如果中标,则与招标方进行谈判,依法签订工程承包合同,使合同符合国家法律、法规,符合平等互利、等价有偿的原则。

2)施工准备阶段。

施工企业与招标单位签订了工程承包合同、交易关系正式确立以后,便应组建项目经理部,然后以项目经理部为主,与企业经营层和管理层、建设单位进行配合,进行施工准备,使工程具备开工和连续施工的基本条件。这一阶段主要进行以下工作。

① 成立项目经理部,根据工程管理的需要建立机构,配备管理人员。

② 编制施工组织设计,主要是施工方案、施工进度计划和施工平面图,用以指导施工准备和施工。

③ 制订施工项目管理规划,以指导施工项目管理活动。

④ 进行施工现场准备,使现场具备施工条件,以利于进行文明施工。

⑤ 编写开工申请报告,待批开工。

3)施工阶段。

这是一个自开工至竣工的实施过程。在这一过程中,项目经理部既是决策机构,又是责任机构。经营管理层、建设单位、监理单位的作用是支持、监督与协调。这一阶段的目标是完成合同规定的全部施工任务,达到验收、交工的条件。这一阶段主要进行以下工作。

① 按施工组织设计的安排进行施工。

② 在施工中努力做好动态控制工作,保证质量目标、进度目标、造价目标、安全目标、节约目标的实现。

③ 管好施工现场,进行文明施工。

④ 严格履行工程承包合同,搞好内外关系,处理好合同变更及索赔。

⑤ 做好原始记录、协调、检查、分析等工作。

4)竣工验收与结算阶段。

这一阶段也可称为“结束阶段”,与建设项目的竣工验收阶段协调同步进行,其目标是对项目成果进行总结、评价,对外结清债权债务,结束交易关系。本阶段主要进行以下工作。

① 为保证工程正常使用而提供必要的技术咨询和服务。

② 进行工程回访,听取使用单位意见,总结经验教训,观察使用中的问题,进行必要的维护、维修和保修。

③ 在预验的基础上接受正式验收。

④ 整理、移交竣工文件,进行财务结算,总结工作,编制竣工总结报告。

⑤ 办理工程交付手续。

⑥ 项目经理部解体。

5)用后服务阶段。

这是园林工程施工项目管理的最后阶段,即在交工验收后,按合同规定的责任期进行的养护管理工作,其目的是保证使用单位正常使用,发挥效益。本阶段主要进行以下工作。

① 为保证工程正常使用而做好工程养护工作和必要的技术咨询。

② 进行工程回访,听取使用单位意见,总结经验教训,进行必要的养护、维修和管理。

2. 园林工程施工项目管理的内容

在园林工程施工项目管理的全过程中,为了取得各阶段目标和最终目标的实现,在进行各项活动时,都必须加强管理工作。必须强调,园林工程施工项目管理的主体是以施工项目经理为首的项目经理部,即作业管理层,管理的客体是具体的施工对象、施工活动及其相关生产要素。

(1)建立施工项目管理组织

1)由企业采用适当的方式选聘称职的施工项目经理。

2)根据施工组织原则,选用适当的组织形式,组建施工项目管理机构,明确责任、权限和义务。

3)在遵守企业规章制度的前提下,根据园林工程项目施工管理的需要,制定施工管理制度。

(2)进行园林工程施工项目管理规划

园林工程施工项目管理规划是对施工项目管理目标、组织、内容、方法、步骤、重点进行预测和决策,作出具体安排的纲领性文件。施工项目管理规划的主要内容如下。

1)进行工程项目分解,形成施工对象分解体系,以便确定阶段控制目标,从局部到整体进行施工活动和施工项目管理。

2)建立施工项目管理工作体系,绘制施工项目管理工作体系图和施工项目管理工作信息流程图。

3)编制施工项目管理规划,确定管理点,形成文件,以利于执行。现阶段这个文件便是施工组织设计。

(3)进行园林施工项目管理的目标控制

园林工程施工项目管理的目标包括阶段性目标和最终目标。实现各项目标是施工管理的目的所在,因此应当坚持以控制论原理和理论为指导,进行全过程的科学控制。园林工程施工项目管理的控制目标分为以下几种。

1)进度控制目标。

2)质量控制目标。

3)成本控制目标。

4)安全管理目标。

5)施工现场管理目标。

由于在园林工程施工管理目标的控制过程中,会不断受到各种客观因素的干扰,各种风险因素有随时发生的可能性,故应通过组织协调和风险管理,对施工管理目标进行动态控制。

(4)对园林工程的生产要素进行优化配置和动态管理

园林工程的生产要素是园林施工管理目标得以实现的保证,主要包括劳动力、材料、设备、资金和技术。生产要素管理包括以下3项内容。

1)分析各项生产要素的特点。

2)按照一定原则、方法对施工项目生产要素进行优化配置,并对配置状况进行评价。

3)对施工项目的各项生产要素进行动态管理。

(5)园林工程施工的合同管理

由于园林工程项目管理是在市场经济条件下进行的对特殊交易活动的管理,这种交易活动从投标开始,并持续于工程管理的全过程,因此必须依法签订合同,进行履约经营。合同管理的好坏直接涉及工程管理及工程施工的技术经济效果和目标实现,因此要从招标投标开始,加强工程承包合同的签订、履行管理。合同管理是一项执法、守法活动,其市场包括国内市场和国际市场,因此合同管理势必涉及国内和国际有关法规和合同文本、合同条件,在合同管理中应予以高度重视。为了取得经济效益,还必须注意处理好索赔,索赔讲究方法和技巧,应提供充分的证据。

(6) 园林工程施工的信息管理

现代化管理要依靠信息。园林工程施工项目管理是一项复杂的现代化管理活动,更要依靠大量信息以及对大量信息的管理。而信息管理又要依靠计算机的辅助。所以,进行园林工程施工项目管理和园林工程施工项目管理目标控制、动态管理,必须运用计算机进行信息管理。要特别注意信息的收集与储存,使本项目的经验和教训得到记录和保留,为以后的工程管理服务,故认真记录总结,建立档案及保管制度是非常重要的。

三、园林工程施工项目管理组织的建立

1. 建立施工项目管理组织

施工项目管理组织机构与企业管理组织机构是局部与整体的关系。组织机构设置的目的是充分发挥项目管理功能,提高项目整体管理效率,实现施工项目管理的最终目标。

2. 施工项目管理组织机构的主要形式

(1) 工作队式项目组织形式

1)特征。在这种组织形式下,项目经理在企业内部招聘产生或抽调职能部门人员组成施工项目管理组织机构(工作队),由项目经理指挥,独立性强;项目管理班子成员与原所在部门脱钩,原部门负责人仅负责对被抽调人员的业务进行指导,但不能随意干预其工作或调回人员;项目管理组织与施工项目同寿命,项目结束后机构撤销,所有人员仍回原部门。

2)适用范围。这种项目组织形式适用于大型项目、工期紧迫的项目、要求多部门多工种配合的项目。它要求项目经理素质高,指挥能力强,有快速组织队伍及善于指挥来自各方人员的能力。

3)优缺点。这种组织形式的优点是选调人员可以完全为项目服务;项目经理权力集中,干扰少,决策及时,指挥灵便;项目管理成员来自各职能部门,在项目管理中配合工作,有利于取长补短,培养一专多能的人才;各专业人员集中在现场办公,减少扯皮和等待时间,提高办事效率。其缺点是各类人员来自不同部门、不同专业,相互之间不熟悉,难免配合不力;各类人员同一时段内的工作差异很大,容易出现忙闲不均现象,可能导致人力浪费;职能部门的优势无法发挥作用等。

(2) 部门控制式项目组织形式

1)特征。这种组织形式不打乱企业原有建制,把项目委托给企业某一专业部门或某一施工队组织管理,由被委托的部门领导在本部门选人组成项目管理班子,项目结束后,项目班子成员恢复原职。

2)适用范围。这种项目组织形式一般适用于小型的、专业性较强的、不需涉及众多部门的施工项目。

3)优缺点。这种组织形式的优点是人员熟悉,人才的作用能得到充分发挥;从接受任务到组织运转启动时间短;职责明确,职能专一,关系简单,易于协调。其缺点是不利于精简机构;不利于对固定建制的组织机构进行调整;不能适应大型项目管理的需要。

3. 施工项目经理部的建立

(1) 施工项目经理部的作用

施工项目经理部是项目管理的组织机构和项目经理的办事机构,它是代表施工企业履行工程承包合同的主体,是对建筑产品和建设单位全面、全过程负责的管理实体。施工项目经理部组织机构设置的质量将直接影响到施工项目目标的实现情况。项目经理部在项目经理的领导下，作为项目管理的组织机构，负责施工项目从开工到竣工的全过程施工生产的经营管理。项目经理部为项目经理决策提供信息和依据，同时须执行项目经理的决策意图，并起着沟通信息、组织协调、实现以成本为中心的各项管理目标等作用。

(2)施工项目经理部的规模和部门设置

各企业应根据所承担项目的规模、特点，并结合企业的管理水平来确定项目经理部的规模和部门设置，以有利于把项目建成企业市场竞争的核心、企业管理的重心、成本控制的中心、代表企业履行项目合同的主体和工程管理的实体为原则。一般应设置以下5个部门。

1)工程技术部门。负责施工组织设计、生产调度、技术管理、文明施工、计划统计等工作。

2)经营核算部门。负责预算、合同、索赔、财务、劳动工资管理等工作。

3)物资设备部门。负责材料采购、供应、运输、仓储，工具用具管理和机械设备的租赁、配套使用等工作。

4)监控管理部门。负责工程质量控制、安全管理、消防保卫和环境保护等工作。

5)测试计量部门。负责试验、测量、计量等工作。

(3)施工项目经理部的解体

施工项目经理部是一次性的管理机构。工程临近结束时，各类人员应陆续撤走。施工项目在全部工程办理交接后，由项目经理部在规定时间内向企业主管部门提交项目经理部解体报告，同时确定留用善后人员名单，经批准后执行，并妥善处理解聘人员和退场后劳务队伍的安置问题。项目留用善后人员负责处理工程项目的遗留问题，做好工程项目的善后工作。

4. 施工项目经理

(1)施工项目经理的地位

确定施工项目经理的地位是搞好施工项目管理的关键。施工项目经理是指施工企业法人代表在项目上的全权委托代理人，对工程项目施工过程全面负责的项目管理者，是建筑施工企业法定代表人在工程项目上的代表人。施工项目经理在项目管理中处于中心地位，在项目的施工管理活动中居于举足轻重的地位。项目经理是实现项目目标的最高责任者，是实现项目经理负责制的核心，这些要素构成了项目经理的工作压力，是确定项目经理权力和利益的依据。项目经理在项目上拥有经营决策权、生产指挥权、人财物统一调配使用权、内部分配奖罚权等，若没有必要的权力，项目经理就无法对其工作负责；项目经理也是项目的利益主体，按照责、权、利统一的原则，施工项目经理的利益是项目经理负有相应责任所应得到的报酬。

(2)施工项目经理应具备的基本条件

合格的施工项目经理应具备以下基本条件。

1)较高的政治素质。包括自觉遵守国家的法律和法规，执行国家的方针、政策和上级主管部门的有关决定；自觉维护国家利益，能正确处理国家、企业和职工三者的利益关系；坚持原则，不怕吃苦，勇于负责，具有高尚的道德品质和高度的事业心、强烈的责任感。

2)必须具有较高的领导素质。具备组织才能和管理能力，要求掌握现代管理理论，熟悉各种现代管理工具、管理手段和管理方法；具有多谋善断、灵活应变的能力；知人善任，善于团结别人共同工作；处事公道，为人正直，以身作则；铁面无私，赏罚分明；具有灵活处理各方面的工作关系、合理组织施工项目各种生产要素、提高施工项目经济效益的能力。

3)具备丰富的知识、经验及较强的决策能力。懂得建筑施工技术知识、经营管理知识和法律知识,熟悉施工项目管理的有关知识,掌握施工项目管理规律,具有较强的决策能力。施工项目经理应在住房和城乡建设部认定的项目经理培训单位进行专门的学习,并取得培训合格证书。同时还必须按规定经过一段时间的实践锻炼,具备较丰富的实践经验。这样才能处理好各种可能遇到的实际问题。

4)应具有强健的身体和充沛的精力。

(3)施工项目经理的培养与选聘

1)施工项目经理的培养。培训内容包括现代项目管理的基本知识培训和现代项目管理的主要技术培训,以及相应的实践锻炼。

2)施工项目经理的选聘。施工项目经理的选聘必须坚持公开、公平、公正的原则,选择具备任职条件的称职人员担任项目经理。施工项目经理的选聘一般有3种方法:竞争招聘制、法定代表委任制和基层推荐制。

施工项目经理群体的数量、资质层次结构、总体素质是企业的一笔巨大的无形资产,这些人员是企业施工经营中最富有活力的骨干力量,是实现施工企业生产经营方针和目标的重要人力资源。

第二节　园林工程施工现场管理

一、园林工程施工现场管理概述

1. 园林工程施工现场管理的概念、目的和意义

(1)施工现场管理的概念与目的

施工现场是指从事工程施工活动的施工场地(经批准占用)。该场地既包括红线以内占用的建筑用地和施工用地,又包括红线以外现场附近经批准占用的临时施工用地。它的管理是指对这些场地如何科学安排、合理使用,并与各自环境保持协调关系。

"规范场容、文明施工、安全有序、整洁卫生、不扰民、不损害公共利益",这就是施工现场管理的目的。

(2)施工现场管理的意义

1)施工现场管理的好坏首先关系到施工活动能否正常进行。施工现场是施工的"枢纽站",大量的物资进场后"停站"于施工现场。活动在现场的大量劳动力、机械设备和管理人员,通过施工活动将这些物资一步步地转变成项目产品。这个"枢纽站"管理的好坏关系到人流、物流和财流是否畅通,施工生产活动是否能够顺利进行。

2)施工现场是一个"绳结",把各专业管理工作联系在一起。在施工现场,各项专业管理工作按合理分工分头进行,而又密切协作,相互影响,相互制约,很难截然分开。施工现场管理的好坏,直接关系到各项专业管理的技术经济效果。

3)工程施工现场管理是一面"镜子",能照出施工企业的面貌。一个文明的施工现场有着重要的社会效益,会赢得很好的社会信誉。反之,则会损害施工企业的社会信誉。

4)工程施工现场管理是贯彻执行有关法规的"焦点"。施工现场与许多城市管理法规有关,每一个与施工现场管理发生联系的单位都聚焦于工程施工现场管理。因此,施工现场管理是一个严肃的社会问题和政治问题,不能有半点疏忽。

2. 园林工程项目施工现场管理的特点

(1)工程的艺术性

园林工程的最大特点在于它是一门艺术品工程,融科学性、技术性和艺术性于一体。园林艺术是一门综合艺术,涉及造型艺术、建筑艺术等诸多艺术领域,要求竣工的项目符合设计要求,达到预定功能。这就要求在施工时应注意园林工程的艺术性。

(2)材料的多样性

构成园林的山、水、石、路、建筑等要素的多样性,也使园林工程施工材料具有多样性。一方面要为植物的多样性创造适宜的生态条件,另一方面又要考虑各种造园材料,如片石、卵石、砖等,形成不同的路面变化。现代塑山工艺材料以及防水材料更是各式各样。

(3)工程的复杂性

工程的复杂性主要表现在工程规模日趋大型化,要求协同作业日益增多,加之新技术、新材料的广泛应用,对施工管理提出了更高要求。园林工程是内容广泛的建设工程,施工中涉及地形处理、建筑基础、驳岸护坡、园路假山、铺草植树等多方面,这就要求施工有全盘观念,环环相扣。

(4)施工的安全性

园林设施多为人们直接利用和欣赏的,必须具有足够的安全性。

3. 园林工程项目施工现场管理的内容

(1)合理规划施工用地

首先要保证施工场内占地的合理使用。当场内空间不充足时,应会同建设单位、规划部门向公安交通部门申请,经批准后才能使用场外临时施工用地。

(2)在施工组织设计中,科学地进行施工总平面设计

施工组织设计是园林工程施工现场管理的重要内容和依据,尤其是施工总平面设计,目的就是对施工场地进行科学规划,以便合理利用空间。在施工平面布置图上,临时设施、大型机械、材料堆场、物资仓库、构件堆场、消防设施、道路及进出口、水电管线、周转使用场地等,都应各得其所,位置关系合理合法,从而使施工现场文明,有利于安全和环境保护,有利于节约,便于工程施工。

(3)根据施工进展的具体需要,按阶段调整施工现场的平面布置

不同的施工阶段,施工的需要不同,现场的平面布置也应进行调整。当然,施工内容变化是主要原因,另外分包单位也随之变化,他们也对施工现场提出了新的要求。因此,不应当把施工现场当成一个固定不变的空间组合,而应当对它进行动态的管理和控制,但是调整也不能太频繁,以免造成浪费。

(4)加强对施工现场使用的检查

现场管理人员应经常检查现场布置是否按平面布置图进行,是否符合各项规定,是否满足施工需要,还有哪些薄弱环节,从而为调整施工现场布置提供有用的信息,也使施工现场保持相对稳定,不被复杂的施工过程打乱或破坏。

(5)建立文明的施工现场

文明的施工现场是指按照有关法规的要求,使施工现场和临时占地范围内秩序井然,文明安全,环境得到保持,绿地树木不被破坏,交通畅达,文物得以保存,防火设施完备,居民不受干扰,场容和环境卫生均符合要求。建立文明的施工现场有利于提高工程质量和工作质量,提高

企业信誉。为此,应当做到主管挂帅、系统把关、普遍检查、建章建制、责任到人、落实整改、严明奖惩。

1)主管挂帅。公司和工区均成立主要领导挂帅,各部门主要负责人参加的施工现场管理领导小组,在企业范围内建立以项目管理班子为核心的现场管理组织体系。

2)系统把关。各管理、业务系统对现场的管理进行分口负责,每月组织检查,发现问题及时整改。

3)普遍检查。对现场管理的检查内容,按达标要求逐项检查,填写检查报告,评定现场管理先进单位。

4)建章建制。建立施工现场管理规章制度和实施办法,按法办事,不得违背。

5)责任到人。管理责任不但明确到部门,而且各部门要明确到人,以便落实管理工作。

6)落实整改。针对各种问题,一旦发现,必须采取措施纠正,避免再度发生。无论涉及哪一级、哪一部门、哪一个人,都不能姑息迁就,必须落实整改。

7)严明奖惩。如果成绩突出,便应按奖惩办法予以奖励;如果有问题,要按规定给予必要的处罚。

(6)及时清场转移

施工结束后,项目管理班子应及时组织清场,将临时设施拆除,剩余物资退场,组织向新工程转移,以便整治规划场地,恢复临时占用土地,不留后患。

4. 园林工程项目施工现场管理的方法

现场施工组织就是现场施工过程的管理,它是根据施工计划和施工组织设计,对拟建工程项目在施工过程中的进度、质量、安全、节约和现场平面布置等方面进行指挥、协调和控制,以达到施工过程中不断提高经济效益的目的。

(1)组织施工

组织施工是依据施工方案对施工现场进行有计划、有组织的均衡施工活动。必须做好以下3个方面的工作。

1)施工中要有全局意识。园林工程是综合性艺术工程,工种复杂,材料繁多,施工技术要求高,这就要求现场施工管理全面到位,统筹安排。在注重关键工序施工的同时,不得忽视非关键工序的施工;各工序施工任务必清楚衔接,材料、机具供应到位,从而使整个施工过程顺利进行。

2)组织施工要科学、合理和实际。施工组织设计中拟定的施工方案、施工进度、施工方法是科学合理组织施工的基础,应认真执行。施工中还要密切注意不同工作的时间要求,合理组织资源,保证施工进度。

3)施工过程要做到全面监控。由于施工过程是繁杂的工程实施活动,各个环节都有可能出现一些在施工组织上、设计中未加考虑的问题,这要根据现场情况及时调整和解决,以保证施工质量。

(2)施工作业计划的编制

施工作业计划和季度计划是对其基层施工组织在特定时间内以月度施工计划的形式下达施工任务的一种管理方式,虽然下达的施工期限很短,但对保证年度计划的完成意义重大。

1)施工作业计划的编制依据。

① 工程项目施工期与作业量。

② 企业多年来基层施工管理的经验。

③ 上个月计划完成的状况。

④ 各种先进合理的定额指标。

⑤ 工程投标文件、施工承包合同和资金准备情况。

2)施工作业计划编制的方法。

施工作业计划的编制因工程条件和施工企业的管理习惯不同而有所差异,计划的内容也有繁简之分。在编写的方法上,大多采用定额控制法、经验估算法和重要指标控制法3种。

定额控制法是利用工期定额、材料消耗定额、机械台班定额和劳动力定额等测算各项计划指标的完成情况,编制出计划表。经验估算法是参考上年度计划完成的情况及施工经验估算当前的各项指标。重要指标控制法则是先确定施工过程中哪几个工序为重点控制指标,从而制订出重点指标计划,再编制其他计划指标。实际工作中可结合这几种方法进行编制。施工作业计划一般都要有以下几方面的内容。

① 年度计划和季度计划总表。

② 根据季度计划编制出月份工程计划汇总表。

③ 按月工程计划汇总表中的本月计划形象进度确定各单项工程(或工序)的本月日程进度,用横道图表示,并计算出用工数量。

④ 利用施工日进度计划确定月份的劳动力计划,填写园林工程项目表。

⑤ 技术组织措施与降低成本计划表。

⑥ 月工程计划汇总表和施工日程进度表,制定必要的材料、机具月计划表。

在编制计划时,应将法定休息日和节假日扣除,即每月的所有天数不能连续算成工作日。另外,还要注意雨天或冰冻等天气影响,适当留有余地,一般可多留总工作天数的5%~8%。

(3)施工任务单

施工任务单是由园林施工企业按季度施工计划给施工队所属班组下达施工任务的一种管理方式。通过施工任务单,基层施工班组对施工任务和工程范围更加明确,对工程的工期、安全、质量、技术、节约等要求更能全面把握。这有利于对工人进行考核,有利于施工组织。

1)施工任务单使用要求。

① 施工任务单是下达给施工班组的,因此任务单所规定的任务、指标要明了具体。

② 施工任务单的制定要以作业计划为依据,要实事求是,符合基层作业。

③ 施工任务单中所拟定的质量、安全、工作要求,技术与节约措施应具体化,易操作。

④ 施工任务单工期以半个月到一个月为宜,下达、回收要及时。班组的填写要细致认真并及时总结分析。所有单据均要妥善保管。

2)施工任务单的执行。

基层班组接到施工任务单后,要详细分析任务要求,了解工程范围,做好实地调查工作。同时,班组负责人要召集施工人员,讲解施工任务单中规定的主要指标及各种安全、质量、技术措施,明确具体任务。在施工中要经常检查、监督,对出现的问题要及时汇报并采取应急措施。各种原始数据和资料要认真记录和保管,为工程竣工验收做好准备。

(4)施工平面图管理

施工平面图管理是指根据施工现场布置图对施工现场水平工作面的全面控制活动,其目的是充分发挥施工场地的工作面特性,合理组织劳动资源,按进度计划有序施工。园林工程施工范围广、工序多、工作面分散，因此，要做好施工平面的管理。

1）现场平面布置图是施工总平面管理的依据，应认真予以落实。

2）实际工作中若发现现场平面布置图有不符合施工现场的情况，要根据具体的施工条件提出修改意见。

3）平面管理的实质是水平工作面的合理组织，因此，要视施工进度、材料供应、季节条件等作出劳动力安排。

4）在现有的游览景区内施工，要注意园内的秩序和环境。材料堆放、运输应有一定的限制，以避免景区混乱。

5）平面管理要注意灵活性与机动性。对不同的工序或不同的施工阶段要采取相应的措施，如夜间施工可调整供电线路，雨季施工要组织临时排水，突击施工要增加劳动力等。

6）必须重视生产安全。施工人员要有足够的安全意识，注意检查、掌握现场动态，消除安全隐患，加强消防意识，确保施工安全。

（5）施工调度

施工调度是保证合理工作面上的资源优化，是有效地使用机械、合理组织劳动力的一种施工管理手段。

进行施工合理调度是十分重要的管理环节，要着重把握以下几点。

1）减少频繁的劳动力资源调配，施工组织设计必须切合实际，科学合理，并将调度工作建立在计划管理的基础之上。

2）施工调度重点在于劳动力及机械设备的调配上，为此要对劳动力技术水平、操作能力、机械的性能和效率等有准确的把握。

3）施工调度时要确保关键工序的施工，有效抽调关键线路的施工力量。

4）施工调度要密切配合时间进度，结合具体的施工条件，因地因时制宜，做到时间与空间的优化组合。

5）调度工作要有及时性、准确性、预防性。

（6）施工过程的检查与监督

园林工程是游人直接使用和接触的，不能存在丝毫的隐患，因此，应重视施工过程的检查与监督工作，要把它视为保证工程质量必不可少的环节，并贯穿于整个施工过程中。

1）检查的种类。

根据检查对象的不同可将施工检查分为材料检查和中间作业检查两类。材料检查是指对施工所需的材料、设备的质量和数量的确认过程。中间作业检查是施工过程中作业结果的检查验收，分施工阶段检查和隐蔽工程验收两种。

2）检查方法。

① 材料检查。检查材料时，要出示检查申请、材料入库记录、抽样指定申请、试验填报表和证明书等。不得购买假冒伪劣产品及材料；所购材料必须有合格证、质量检查证、厂家名称和有效使用日期；做好材料进出库的检查登记工作；要选派有经验的人员做仓库保管员，搞好材料验收、保管、发放和清点工作，做到“三把关，四拒收”，即把好数量关、质量关、单据关；拒收凭证不全、手续不整、数量不符、质量不合格的材料；绿化材料要根据苗木质量标准验收，保证成活率。

② 中间作业检查。对一般的工序可按时间或施工阶段进行检查。检查时要准备好施工

合同、施工说明书、施工图、施工现场照片、各种质量证明材料和试验结果等;园林景观的艺术效果是重要的评价标准,应对其加以检验确认,主要通过形状、尺寸、质地、色彩等加以检测;对园林绿化材料的检查,要以成活率和生长状况为主,并做到多次检查验收;对于隐蔽工程,要及时申请检查验收,待验收合格后方可进行下道工序;在检查中如发现问题,要尽快提出处理意见。

二、施工现场管理规章制度

1. 基本要求

1)园林工程施工现场门头应设置企业标志。项目经理部应负责施工现场场容、文明形象管理的总体策划和部署。各分包人应在项目经理部的指导和协调下,按照分区划块原则,搞好分包人施工用地区域内的场容文明形象管理规划并严格执行。

2)项目经理部应在现场入口的醒目位置,公示以下标牌。

① 工程概况牌。包括工程规模、性质、用途、发包人、设计人、承包人、监理单位的名称和施工起止年月等。

② 安全纪律牌。

③ 防火须知牌。

④ 安全无重大事故计时牌。

⑤ 安全生产、文明施工牌。

⑥ 施工平面布置图。

⑦ 施工项目经理部组织架构及主要管理人员名单图。

3)项目经理部应把施工现场管理列入经常性的巡视检查内容,并与日常管理有机结合,认真听取邻近单位、社会公众的意见和反映,及时整改。

2. 规范场容的要求

1)施工现场场容规范化应建立在施工平面图设计的科学合理化和物料器具管理标准化的基础上。承包人应根据本企业的管理水平,建立和健全施工平面图管理标准和现场物料器具管理标准,为项目经理部提供场容管理策划的依据。

2)项目经理必须结合施工条件,按照施工技术方案和施工进度计划的要求,认真进行施工平面图的规划、设计、布置、使用和管理。

① 施工平面图宜按指定的施工用地范围和布置的内容,分为施工平面布置图和单位工程施工平面图,分别进行布置和管理。

② 单位工程施工平面图宜根据不同施工阶段的需要,分别设计成阶段性施工平面图,并在阶段性进度目标开始实施前,经过施工协调会议确认后实施。

3)应严格按照已审批的施工平面布置图或相关的单位工程施工平面图划定的位置,布置施工项目的主要机械设备、脚手架、模具,施工临时道路,供水、供电、供气管道或线路,施工材料制品堆场及仓库,土方及建筑垃圾,变配电间,消防栓,警卫室,现场办公、生产、生活临时设施等。

4)施工物料器具除应按施工平面图指定位置布置外,还应根据不同特点和性质,规范布置方式与要求,包括执行码放整齐、限宽限高、上架入箱、规格分类、挂牌标志等管理标准。砖、砂、石和其他散料应随用随清,不留料底。

5)施工现场应设垃圾站,及时集中分拣、回收、利用、清运,垃圾清运出现场必须到批准的垃圾消纳场地倾倒,严禁乱倒乱卸。

6)施工现场剩余料具、包装容器应及时回收,堆放整齐并及时清退。

7)在施工现场周边应设置临时围护设施。市区工地的周边围护设施应不低于1.8m。临街脚手架、高压电缆、起重把杆回转半径伸至街道的,均应设置安全隔离棚。危险品库附近应有明显标志及围挡措施。

8)施工现场应设置畅通的排水沟渠系统,场地不积水、不积泥浆,保持道路干燥坚实,工地地面宜做硬化处理。

3. 施工现场环境保护

1)施工现场泥浆和污水未经处理不得直接排入城市排水设施和河流、湖泊、池塘。

2)禁止将有毒有害废物用作土方回填。

3)建筑垃圾、渣土应在指定地点堆放,每日进行清理。装载建筑材料、垃圾或渣土的车辆,应有防止尘土飞扬、撒落或流溢的有效措施。施工现场应根据需要设置机动车辆冲洗设施,冲洗污水应及时处理。

4)对施工机械的噪声与振动扰民,应有相应措施予以控制。

5)凡在居民稠密区进行强噪声作业的,必须严格控制作业时间,一般不得超过22时。

6)经过施工现场的地下管线,应由发包人在施工前通知承包人,标出位置加以保护。施工时发现文物、古迹、爆炸物、电缆等,应当停止施工,保护好现场,及时向有关部门报告,按照有关规定处理后方可继续施工。

7)施工中需要停水、停电、封路而影响周边环境时,必须经过有关部门批准,事先告示。在行人、车辆通行的地方施工,应当设置沟、井、坎、穴覆盖物和标志。

4. 施工现场安全防护管理

(1)料具存放安全要求

1)大模板存放必须将地脚螺栓提上去,使自稳角成70°~80°。长期存放的大模板,必须用拉杆连接绑牢。没有支撑或自稳角不足的大模板,要存放在专用的堆放架内。

2)砖、加气块、小钢模码放稳固,高度不超过1.5m。脚手架上放砖的高度不准超过3层侧砖。

3)存放水泥等袋装材料严禁靠墙码垛,存放砂、土、石料严禁靠墙堆放。

(2)临时用电安全防护

1)临时用电必须按部颁规范的要求作施工组织设计(方案),建立必需的内业档案资料。

2)临时用电必须建立对现场线路、设施的定期检查制度,并将检查、检验记录存档备查。

3)临时配电线路必须按规范架设整齐,架空线必须采用绝缘导线,不得采用塑胶软线,不得成束架空敷设,也不得沿地面明敷设。

施工机具、车辆及人员,应与内、外电线路保持安全距离,达不到规范规定的最小距离时,必须采取可靠的防护措施。

4)配电系统必须施行分级配电。各类配电箱、开关箱的安装和内部设置必须符合有关规定,箱内电气必须可靠完好,其选型、定值要符合规定,开关电器应标明用途。

各类配电箱、开关箱的外观应完整、牢固、防雨、防尘,箱体应外涂安全色标,统一编号,箱内无杂物。停止使用的配电箱应切断电源,箱门上锁。

5)独立的配电系统必须按部颁标准采用三相四线制的接零保护系统,非独立系统可根据现场实际情况采取相应的接零、接地保护方式。各种电气设备和电力施工机械的金属外壳、金属支架和底座必须按规定采取可靠的接零或接地保护措施。

6）手持电动工具的使用，应符合国家标准的有关规定。工具的电源线、插头和插座应完好。电源线不得任意接长和调换，工具的外绝缘应完好无损，维修和保护应由专人负责。

7）凡在一般场所采用220V电源照明的，必须按规定布线和装设灯具，并在电源一侧加装漏电保护器。特殊场所必须按国家标准规定使用安全电压照明器。

8）电焊机应单设开关。电焊机外壳应采取接零或接地保护措施。一次线长度应小于5m，二次线长度应小于30m，两侧接线应压接牢固，并安装可靠防护罩。

（3）施工机械安全防护

1）施工组织设计应有施工机械使用过程中的定期检测方案。

2）施工现场应有施工机械安装、使用、检测、自检记录。

3）搅拌机应搭防砸、防雨操作棚，使用前应固定，不得用轮胎代替支撑。移动时必须先切断电源。启动装置、离合器、制动器、保险链、防护罩应齐全完好，使用安全可靠。搅拌机停止使用料斗升起时，必须挂好上料斗的保险链。维修、保养、清理时必须切断电源，设专人监护。

4）机动翻斗车时速不超过5km，方向机构、制动器、灯光等应灵敏有效。行车中严禁带人。往槽、坑、沟卸料时，应保持安全距离并设挡墩。

5）蛙式打夯机必须两人操作，操作人员必须戴绝缘手套和穿绝缘胶鞋。操作手柄应采取绝缘措施。打夯机使用后应切断电源，严禁在打夯机运转时清除积土。

6）钢丝绳应根据用途保证足够的安全系数。凡表面磨损、腐蚀、断丝超过标准的，打死弯、断胶、油芯外露的不得使用。

（4）操作人员个人防护

1）进入施工区域的所有人员必须戴安全帽。

2）凡从事2m以上、无法采取可靠防护设施的高处作业人员必须系安全带。

3）从事电气焊、剔凿、磨削作业人员应使用面罩或护目镜。

4）特种作业人员必须持证上岗，并佩戴相应的劳保用品。

5. 施工现场的保卫、消防管理

1）应做好施工现场保卫工作，采取必要的防盗措施。现场应设立门卫，根据需要设置警卫。施工现场的主要管理人员在施工现场应当佩戴证明其身份的证卡，应采用现场施工人员标志。有条件的可对进出场人员使用磁卡管理。

2）承包人必须严格按照《中华人民共和国消防条例》的规定，在施工现场建立和执行防火管理制度，现场必须安排消防车出入口和消防道路，设置符合要求的消防设施，保持完好的备用状态。现场严禁吸烟，必要时设吸烟室。

3）施工现场的通道、消防入口、紧急疏散楼道等，均应有明显标志或指示牌。有高度限制的地点应有限高标志。

4）施工现场的材料保管，应依据材料性能采取必要的防雨、防潮、防晒、防冻、防火、防爆、防损坏等措施。植物材料应该采取假植的形式加以保管。

5）更衣室、财会室及职工宿舍等易发案件场所要指定专人管理，制定防范措施，防止发生盗窃案件。严禁赌博、酗酒，传播淫秽物品和打架斗殴。

6）料场、库房的设置应符合治安消防要求，并配备必要的防范设施。职工携物出现场，要开出门证。

7)施工现场要配备足够的消防器材,并做到布局合理,经常维护、保养,采取防冻保温措施,保证消防器材灵敏有效。

8)施工现场进水干管直径不小于100mm。消火栓处昼夜要设有明显标志,配备足够的水龙头,周围3m内不准存放任何物品。

6. 施工现场环境卫生和卫生防疫

1)施工现场应保持整洁卫生。运输车辆不带泥砂出现场,并做到沿途不遗撒。

2)施工现场不宜设置职工宿舍,必须设置时应尽量和施工场地分开。现场应准备必要的医务设施。在办公室内显著地点张贴急救车和有关医院电话号码,根据需要制定防暑降温措施,进行消毒、防毒处理。施工作业区与办公区应明显划分。生活区周围应保持清洁,保证无污染和污水。生活垃圾应集中堆放,及时清理。

3)承包人应考虑施工过程中必要的投保。应明确施工保险及第三者责任险的投保人和投保范围。

4)冬季取暖炉的防煤气中毒设施必须齐全有效。应建立验收合格证制度,经验收合格发证后方准使用。

5)食堂、伙房要有一名工地领导主管食品卫生工作,并设有兼职或专职的卫生管理人员。食堂、伙房的设置需经当地卫生防疫部门审查、批准,要严格执行食品卫生法和食品卫生有关管理规定。建立食品卫生管理制度,要办理食品卫生许可证、炊事人员身体健康证和卫生知识培训证。

6)伙房内外要整洁,炊具用具必须干净,无腐烂变质食品。操作人员上岗必须穿戴整洁的工作服并保持个人卫生。食堂、操作间、仓库要做到生熟分开操作和保管,有灭鼠、防蝇措施,做到无蝇、无鼠、无蛛网。

7)应进行现场节能管理。有条件的现场应下达能源使用规定。

8)施工现场应有开水,饮水器具要卫生。

9)厕所要符合卫生要求,施工现场内的厕所应有专人保洁,按规定采取冲水或加盖措施,及时打药,防止蚊蝇滋生。市区及远郊城镇内施工现场厕所的墙壁、屋顶要严密,门窗要齐全。

第三节 园林工程施工进度管理

一、施工进度控制概述

1. 施工进度控制的概念

施工进度控制与成本控制和质量控制一样,是施工过程中的重点控制之一。它是保证施工工程按期完成,合理安排资源供应、节约工程成本的重要措施。

2. 施工进度控制的方法和任务

(1)施工进度控制的方法

施工进度控制的方法主要是规划、控制和协调。规划是指确定施工总进度控制目标和分进度控制目标,并编制其进度计划。控制是指在施工实施的全过程中,进行施工实际进度与施工计划进度的比较,出现偏差及时采取措施调整。协调是指协调与施工进度有关的单位、部门和工作队组之间的进度关系。

(2)施工进度控制的任务

施工进度控制的任务是编制施工总进度计划并控制其执行，按期完成整个施工的任务；编制单位工程施工进度计划并控制其执行，按期完成单位工程的施工任务；编制分部分项工程施工进度计划并控制其执行，按期完成分部分项工程的施工任务；编制季度、月(旬)作业计划并控制其执行，完成规定的目标等。

3. 施工进度控制的内容

施工进度控制可分为事前进度控制、事中进度控制和事后进度控制，在进度控制的不同阶段，控制的内容也不一样。其中，施工阶段进度控制的内容最复杂也最关键。现以施工阶段为例，叙述其主要内容。

(1)执行施工进度计划

首先应根据园林工程施工前编制的施工进度计划，编制出月(旬)作业计划和施工任务书。在施工过程中做好各种记录，为计划实施的检查、分析、调整提供原始材料。

(2)跟踪检查施工进度情况

进度控制人员应深入现场，随时了解施工进度情况。

(3)施工进度情况资料的收集、整理

通过现场调查收集反映进度情况的资料，并加以分析和处理，为后续的进度控制工作提供确切、全面的信息。

(4)实际进度与计划进度进行比较分析

经过比较分析，确定实际进度比计划进度是超前了还是拖后了，并分析进度超前或拖后的原因。

(5)确定是否需要进行进度调整

一般情况下，施工进度超前对进度控制是有利的，不需要调整，但是进度的超前如果对质量、安全有影响，对各种资源供应造成压力，则有必要加以调整。

对施工进度拖后且在允许的机动时间里的，可以不进行调整。但是对于施工进度拖后将直接影响工期的关键工作，必须作出相应的调整措施。

(6)制订进度调整措施

对决定需要调整的后续工作，从技术、组织和经济等方面作出相应的调整措施。

(7)执行调整后的施工进度计划

按上述过程不断循环，从而达到对施工工程整体进度的控制。

二、影响施工进度控制的因素

由于园林工程，尤其是较大和复杂的施工工程，工期较长，影响进度的因素较多，因此，编制计划和执行控制施工进度计划时必须充分认识和估计这些因素，才能克服其影响，使施工进度尽可能按计划进行。当出现偏差时，施工管理者应按预定的工程进度计划定期检查实施进度情况，考虑有关影响因素，分析产生的原因。进度出现偏差的主要影响因素有以下几个方面。

1. 工期及相关计划的失误

计划失误是常见的现象。人们在计划时将持续时间安排得过于紧凑，主要有以下几种情况。

1)计划时忘记(遗漏)部分必需的功能或工作。

2)计划值(如计划工作量、持续时间)不足,相关的实际工作量增加。

3)资源或能力不足,如计划时没考虑到资源的限制或缺陷,没有考虑如何完成工作。

4)出现了计划中未能考虑到的风险或状况,未能使工程实施达到预定的效率。

5)在现代工程中,上级(建设单位、投资者、企业主管)常常在一开始就提出很紧迫的工期要求,使承包商或其他设计人、供应商的工期太紧。而且许多建设单位为了缩短工期,常常压缩承包商的做标期、前期准备的时间。

2. 边界条件的变化

1)工作量的变化。可能是由于设计的修改、设计的错误、建设单位新的要求、修改工程的目标及系统范围的扩展造成的。

2)外界(如政府、上级主管)对工程新的要求或限制。设计标准的提高可能造成施工工程资源的缺乏,从而导致工程无法及时完成。

3)环境条件的变化,如不利的施工条件不仅造成对工程实施过程的干扰,有时直接要求调整原来已确定的计划。

4)发生不可抗力事件,如地震、台风、动乱、战争等。

3. 管理过程中的失误

1)计划部门与实施者之间,总分包商之间,建设单位与承包商之间缺少沟通。

2)工程实施者缺少工期意识。例如,管理者拖延了图样的供应和批准,任务下达时缺少必要的工期说明和责任落实,拖延了工程实施活动。

3)工程参加单位对各个活动(各专业工程和供应)之间的逻辑关系(活动链)没有清楚地了解,下达任务时也没有作详细的解释,同时对活动必要的前提条件准备不足,各单位之间缺少协调和信息沟通,许多工作脱节,资源供应出现问题。

4)由于其他方面未完成工程计划造成拖延。例如,设计单位拖延设计、运输不及时、上级机关拖延批准手续、质量检查拖延,建设单位处理问题不果断等。

5)承包商没有集中力量施工,材料供应拖延,资金缺乏,工期控制不紧。这可能是由于承包商同期工程太多,力量不足造成的。

6)建设单位没有集中资金的供应,拖欠工程款,或其材料、设备供应不及时。

4. 技术失误

施工单位采用技术措施不当,施工中发生技术事故;应用新技术、新材料、新结构缺乏经验,不能保证质量等都要影响施工进度。

5. 其他原因

由于采取其他调整措施造成工期的拖延,如设计变更、质量问题的返工、方案的修改等。

三、实际进度与计划进度的比较方法

园林工程施工进度比较分析与计划调整是施工进度控制的主要环节。其中,施工进度比较是调整的基础。常用的比较方法有以下几种。

1. 横道图比较法

用横道图编制施工进度计划,指导施工的实施已是人们常用的、很熟悉的方法。它具有简明、形象、直观,编制方法简单,使用方便的特点。

横道图比较法是把在施工中检查实际进度收集的信息,经整理后直接用横道线并列标于原计划的横道线下方，进行直观比较的方法。采用横道图比较法，可以形象、直观地反映实际进度与计划进度的比较情况。

作图比较方法的步骤如下。

1）编制横道图进度计划。

2）在进度计划上标出检查日期。

3）将检查收集的实际进度数据，按比例用涂黑的粗线标于计划进度线的下方。

4）比较分析实际进度与计划进度。

① 涂黑的粗线右端与检查日期相重合，表明实际进度与施工计划进度相一致。

② 涂黑的粗线右端在检查日期的左侧，表明实际进度拖后。

③ 涂黑的粗线右端在检查日期的右侧，表明实际进度超前。

横道图比较法具有记录比较方法简单、形象直观、容易掌握、应用方便的优点，被广泛地采用于简单进度监测工作中。但是，由于它以横道图进度计划为基础，因此带有其不可克服的局限性，如各项工作之间的逻辑关系不明显，关键工作和关键线路无法确定，一旦某些工作进度产生偏差时，难以预测其对后续工作和整个工期的影响及确定调整方法。

2. S 形曲线比较法

S 形曲线比较法与横道图比较法不同，它不是在编制的横道图进度计划上进行实际进度与计划进度比较，而是以坐标图曲线进行比较。它以横坐标表示进度时间，纵坐标表示累计完成任务量，而绘制出一条按计划时间累计完成任务量的 S 形曲线，将施工内容的各检查时间实际完成的任务量与 S 形曲线进行实际进度与计划进度相比较的一种方法。

从施工全过程而言，一般是开始和结尾阶段，单位时间投入的资源量较少，中间阶段单位时间投入的资源量较多，与其相关，单位时间完成的任务量也呈现出同样的变化规律，如图5-2（a）所示。而随工程进展累计完成的任务量则应该呈 S 形变化，如图 5-2（b）所示。由于曲线形似英文字母“S”，因而得名 S 曲线。

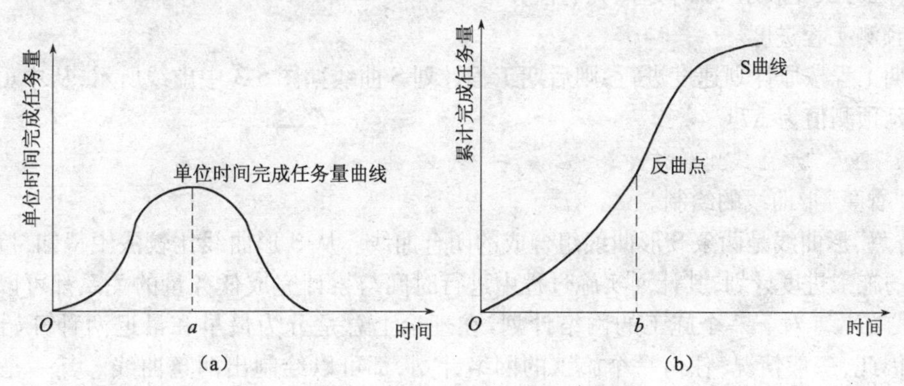

图 5-2　时间与完成任务量关系曲线

（a）单位时间完成任务量曲线；（b）累计完成任务量曲线

（1）S 形曲线绘制方法

S 形曲线的绘制步骤如下。

1）确定单位时间计划完成任务量。

2）计算不同时间累计完成任务量。

3)根据累计完成任务量绘制S形曲线。

(2)S形曲线比较

S形曲线比较法同横道图一样,是在图上直观地进行施工实际进度与计划进度相比较。一般情况下,计划进度控制人员在计划实施前绘制出S形曲线。在施工过程中,按规定时间将检查的实际完成情况,与计划S形曲线绘制在同一张图上,可得出实际进度S形曲线,如图5-3所示,通过比较两条S形曲线可以得到如下信息。

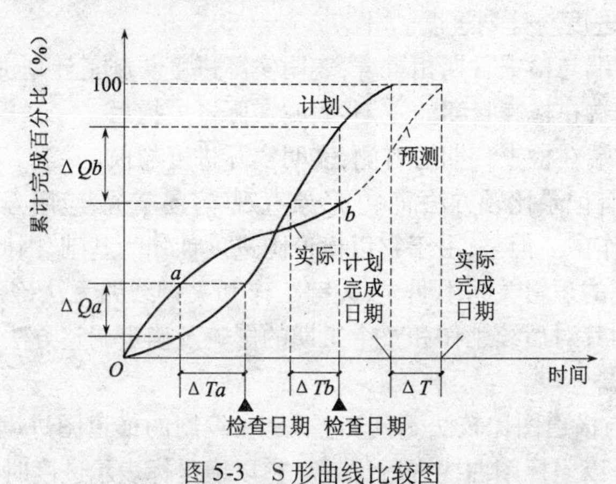

图5-3　S形曲线比较图

1)施工实际进度与计划进度比较,当实际工程进展点落在计划S形曲线左侧则表示此时实际进度比计划进度超前;若落在其右侧,则表示拖后;若刚好落在其上,则表示两者一致。

2)施工实际进度比计划进度超前或拖后的时间如图5-3所示,ΔTa 表示 Ta 时刻实际进度超前的时间;ΔTb 表示 Tb 时刻实际进度拖后的时间。

3)施工实际进度比计划进度超额或拖欠的任务量如图5-3所示,ΔQa 表示 Ta 时刻超额完成的任务量;ΔQb 表示 Tb 时刻拖欠的任务量。

4)预测工程进度。

后期工程按原计划速度进行,则后期工程计划S曲线如图5-3中虚线所示,从中可以确定工期拖延预测值为 ΔT。

(3)"香蕉"形曲线比较法

1)"香蕉"形曲线的绘制。

"香蕉"形曲线是两条S形曲线组合成的闭合曲线。从S形曲线比较法中得知,按某一时间开始的施工进度计划,其计划实施过程中进行时间与累计完成任务量的关系都可以用一条S形曲线表示。对于一个施工的网络计划,在理论上总是分为最早和最迟两种开始与完成时间。因此,一般情况,任何一个施工的网络计划,都可以绘制出两条曲线。其一是计划以各项工作的最早开始时间安排进度而绘制的S形曲线,称为ES曲线;其二是计划以各项工作的最迟开始时间安排进度而绘制的S形曲线,称为LS曲线。两条S形曲线都是从计划的开始时刻开始和完成时刻结束,因此两条曲线是闭合的。一般情况下,其余时刻ES曲线上的各点均落在LS曲线相应点的左侧,形成一个形如"香蕉"的曲线,故称为"香蕉"形曲线,如图5-4所示。

在工程施工过程中,进度控制的理想状况是任一时刻按实际进度描绘的点,应落在该"香蕉"形曲线的区域内。

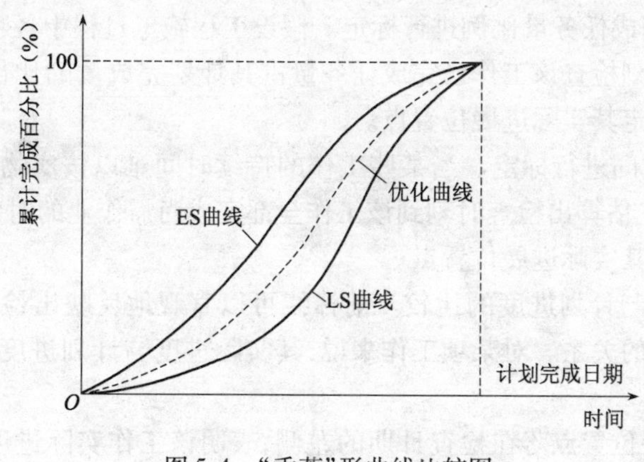

图 5-4 “香蕉”形曲线比较图

2)“香蕉”形曲线的作图方法。

“香蕉”形曲线的作图方法与 S 形曲线的作图方法基本一致,所不同之处在于它是分别以工作的最早开始时间和最迟开始时间而绘制的两条 S 形曲线的结合,其具体步骤如下。

① 以施工工程的网络计划为基础,计算各项工作的最早开始时间和最迟开始时间。

② 确定各项工作在不同时间的计划完成任务量。

③ 计算施工工程总任务量,即对所有工作在单位时间计划完成的任务量累加求和。

④ 分别根据各项工作按最早开始时间、最迟开始时间安排的进度计划,确定工程在各单位时间计划完成的任务量,即将各项工作在某一单位时间内计划完成的任务量求和。

⑤ 分别根据各项工作按最早开始时间、最迟开始时间安排的进度计划,确定不同时间累计完成的任务量或任务量的百分比。

⑥ 绘制“香蕉”形曲线。分别根据各项工作按最早开始时间、最迟开始时间安排的进度计划而确定不同时间累计完成的任务量或任务量的百分比描绘各点,并连接各点得 ES 曲线和 LS 曲线,ES 曲线和 LS 曲线组成“香蕉”形曲线。

在工程实施过程中,将每次检查的各项工作实际完成的任务量,按同样的方法在原计划“香蕉”形曲线的平面内绘出实际进度曲线,便可以进行实际进度与计划进度的比较。

(4)前锋线比较法

前锋线比较法是通过绘制某检查时刻工程内容的实际进度前锋线,进行工程实际进度与计划进度比较的方法,它主要适用于时标网络计划。所谓前锋线,是指在原时标网络计划上,从检查时刻的时标点出发,用点画线依次将各项工作实际进展位置点连接而成的折线。前锋线比较法就是通过实际进度前锋线与原进度计划中各工作箭线交点的位置来判断工作实际进度与计划进度的偏差,进而判定该偏差对后续工作及总工期影响程度的一种方法。采用前锋线比较法进行实际进度与计划进度的比较,其步骤如下。

1)绘制时标网络计划图。工程内容实际进度前锋线是在时标网络计划上标示,为清楚可见,可在时标网络计划图的上方和下方各设一时间坐标。

2)绘制实际前锋进度线。一般从时标网络计划图上方时间坐标的检查日期开始绘制,依次连接相邻工作的实际进展位置点,最后与时标网络计划图下方坐标的检查日期相连接。

工作实际进展位置点的标定方法有两种。

① 按该工作已完成任务量比例进行标定。假设工程施工过程中各项工作均为匀速进展，根据实际进度检查时刻检查该工作已完成任务量占其计划完成量的比例，在工作箭线上从左至右按相同的比例标定其实际进展位置点。

② 按尚需作业时间进行标定。当某些工作的持续时间难以按实物工程量来计算而只能凭经验估算时，可以先估算出检查时刻到该工作全部完成尚需作业的时间，然后在该工作箭线上从右向左逆向标定其实际进展位置点。

3）进行实际进度与计划进度的比较。前锋线可以直观地反映出检查日期有关工作实际进度与计划进度之间的关系。对某项工作来说，其实际进度与计划进度之间的关系可能存在以下3种情况。

① 工作实际进展位置点落在检查日期的左侧，表明该工作实际进度拖后，拖后的时间为二者之差。

② 工作实际进展位置点与检查日期重合，表明该工作实际进度与计划进度一致。

③ 工作实际进展位置点落在检查日期的右侧，表明该工作实际进度超前，超前的时间为二者之差。

4）预测进度偏差对后续工作及总工期的影响。通过实际进度与计划进度的比较确定进度偏差后，还可根据工作的自由时差和总时差预测该进度偏差对后续工作及总工期的影响。由此可见，前锋线比较法既适用于工作实际进度与计划进度之间的局部比较，又可用于分析和预测工程整体进度状况。

（5）列表比较法

当工程进度计划用非时标网络图表示时，可以采用列表比较法进行实际进度与计划进度的比较。其步骤如下。

1）对于实际进度检查日期应该进行的工作，根据已经作业的时间，确定其尚需作业时间。

2）根据原进度计划计算检查日期应该进行的工作从检查日期到原计划最迟完成时尚余时间。

3）计算工作尚有总时差，其值等于工作从检查日期到原计划最迟完成时间尚余时间与该工作尚需作业时间之差。

4）比较实际进度与计划进度，可能有以下几种情况。

① 如果工作尚有总时差与原有总时差相等，说明该工作实际进度与计划进度一致。

② 如果工作尚有总时差大于原有总时差，说明该工作实际进度超前，超前的时间为二者之差。

③ 如果工作尚有总时差小于原有总时差，且仍为非负值，说明该工作实际进度拖后，拖后的时间为二者之差，但不影响总工期。

④ 如果工作尚有总时差小于原有总时差，且为负值，说明该工作实际进度拖后，拖后的时间为二者之差，此时工作实际进度偏差将影响总工期。

四、施工进度计划的调整

1. 分析进度偏差的影响

通过前述的进度比较方法，当判断出现进度偏差时，应当分析该偏差对后续工作和对总工期的影响。

(1)分析进度偏差的工作是否为关键工作

若出现偏差的工作为关键工作,则无论偏差大小,都对后续工作及总工期产生影响,必须采取相应的调整措施;若出现偏差的工作不为关键工作,需要根据偏差值与总时差和自由时差的大小关系,确定其对后续工作和总工期的影响程度。

(2)分析进度偏差是否大于总时差

若工作的进度偏差大于该工作的总时差,说明此偏差必将影响后续工作和总工期,必须采取相应的调整措施;若工作的进度偏差小于或等于该工作的总时差,说明此偏差对总工期无影响,但它对后续工作的影响程度,需要根据比较偏差与自由时差的情况来确定。

(3)分析进度偏差是否大于自由时差

若工作的进度偏差大于该工作的自由时差,说明此偏差对后续工作产生影响,应根据后续工作允许影响的程度采取相应的调整措施;若工作的进度偏差小于或等于该工作的自由时差,则说明此偏差对后续工作无影响,原进度计划可以不作调整。

进度偏差的分析判断过程如图 5-5 所示。经过分析,进度控制人员可以确认应该调整产生进度偏差的工作和调整偏差值的大小,以便确定采取调整措施,获得符合实际进度情况和计划目标的新进度计划。

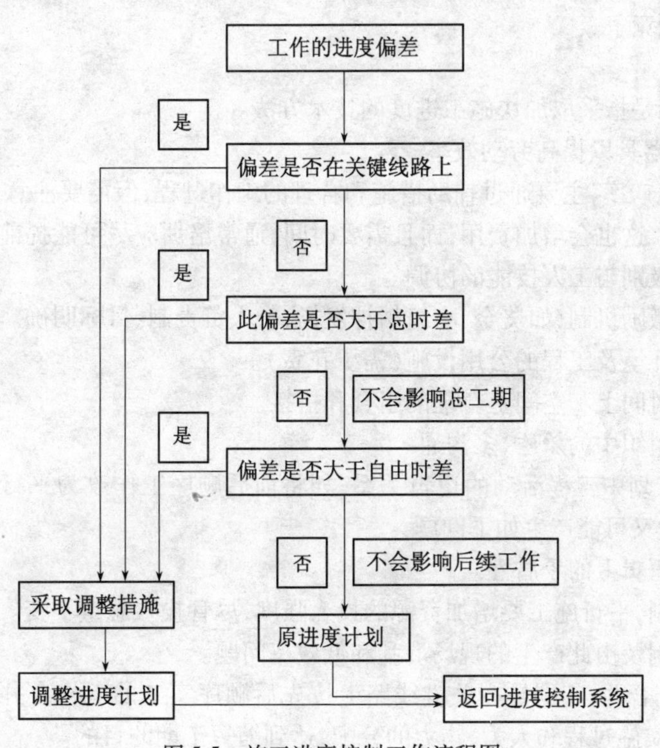

图 5-5　施工进度控制工作流程图

2. 施工进度计划的调整方法

在对实施进度计划进行分析的基础上,应确定调整原计划的方法,一般有以下两种。

(1)改变某些工作之间的逻辑关系

若检查的实际施工进度产生的偏差影响了总工期,在工作之间的逻辑关系允许改变的条件下,改变关键线路和超过计划工期的非关键线路上的有关工作之间的逻辑关系,达到缩短工期的目的。用这种方法调整的效果是很显著的，例如，可以把依次进行的有关工作改为平行、互相搭接，或分成几个施工段进行流水施工等，都可以达到缩短工期的目的。

（2）缩短某些工作的持续时间

这种方法不改变工作之间的逻辑关系，而是缩短某些工作的持续时间，而使施工进度加快，并保证实现计划工期的方法。这些被压缩持续时间的工作是位于由于实际施工进度的拖延而引起总工期增长的关键线路和某些非关键线路上的工作。同时，这些工作又是可压缩持续时间的工作。这种方法实际上就是网络计划优化中的工期优化方法和工期与成本优化的方法，此不赘述。

五、常用的赶工措施

1. 经济措施

经济措施是指实现进度计划的资金保证措施。增加资源投入，这是最常用的办法，如增加劳动力、材料、周转材料和设备的投入量等。但这种方法会带来如下问题。

1）造成费用的增加，如增加人员的调遣费用、周转材料一次性费用、设备的进出场费用等。

2）由于增加资源造成资源使用效率的降低。

3）加剧资源供应的困难，如果部分资源没有增加的可能性，则加剧分项工程之间或工序之间对资源的激烈竞争。

2. 技术措施

技术措施主要是指采取加快施工进度的技术方法。

1）改善工具、器具以提高劳动效率。

2）提高劳动生产率，主要通过辅助措施和合理的工作过程，但需要注意如下问题。

① 加强培训。这也会增加费用，而且需要时间，通常培训应尽可能提前。

② 注意工人级别与工人技能的协调。

③ 工作中的激励机制，如奖金、小组精神发扬、个人负责制、目标明确。

④ 改善工作环境及工程的公用设施（需要花费）。

⑤ 施工小组时间上和空间上合理的组合和搭接。

⑥ 避免施工组织中的矛盾，多沟通。

3）改变网络计划中工程活动的逻辑关系，如将前后顺序工作改为平行工作，或采用流水施工的方法。但这又可能产生如下问题。

① 工程活动逻辑上的矛盾性。

② 资源的限制，平行施工要增加资源的投入强度，尽管投入总量不变。

③ 工作面限制及由此产生的现场混乱和低效率问题。

4）将一些工作合并，特别是在关键线路上按先后顺序实施的工作合并，与实施者一起研究，通过局部调整实施过程和人力、物力的分配，达到缩短工期的目的。

5）修改实施方案，如将现浇混凝土改为场外预制，现场安装，这样可以提高施工速度。例如，在某一国际工程中，原施工方案为现浇混凝土，工期较长。进一步调查发现该国技术人员缺乏，劳动力的素质和可培训性较差，无法保证原工期，后来采用预制装配施工方案，则大大缩短了工期。当然，这一方面必须有可用的资源，另一方面又可能会造成成本的超支。

3. 合同措施

合同措施是指对分包单位签订施工合同的合同工期与有关进度计划目标相协调。

4. 组织措施

组织措施主要是指落实各层次进度控制的人员、具体任务和工作责任;建立进度控制的组织系统;按照施工工程的结构、进展的阶段或合同结构等进行工程分解,确定其进度目标,建立控制目标体系;确定进度控制工作制度,如检查时间、方法、协调会议时间、参加人等;对影响进度的因素进行分析和预测。

1)重新分配资源,如将服务部门的人员投入到生产中去,投入风险准备资源,采用加班或多班制工作。

2)减少工作范围,包括减少工作量或删去一些工作(或分项工程),但这可能产生如下影响。

① 对工程的完整性,经济、安全、高效率运行产生影响,或提高工程运行费用。

② 必须经过上层管理者,如投资者、建设单位的批准。

5. 信息管理措施

信息管理措施是指不断地收集施工实际进度的有关资料进行整理统计与计划进度比较,定期地向建设单位提供比较报告。

6. 采取措施时应注意的问题

1)在选择措施时,要考虑到以下问题。

① 赶工应符合工程的总目标与总战略。

② 措施应是有效的、可以实现的。

③ 花费比较省。

④ 对工程的实施、承包商及供应商的影响面较小。

2)在制订后续工作计划时,这些措施应与工程的其他过程协调。

3)在实际工作中,人们常常采用了许多事先认为有效的措施,但实际效力却很小,常常达不到预期的缩短工期的效果。原因有以下几个方面。

① 这些计划是无正常计划期状态下的计划,常常是不周全的。

② 缺少协调,没有将加速的要求、措施、新的计划、可能引起的问题通知相关各方,如其他分包商、供应商、运输单位、设计单位。

③ 人们对之前造成拖延的问题的影响认识不清。例如,由于外界干扰,到目前为止已造成两周的拖延,实质上,这些影响是有惯性的,还会继续扩大。因此,即使现在采取措施,在一段时间内,其效果是很小,拖延仍会继续扩大。

第四节　园林工程施工质量管理

一、园林工程施工质量概述

1. 施工质量及质量控制的概念

施工质量是指通过施工全过程所形成的工程质量,使之满足用户从事生产或生活需要,而且必须达到设计、规范和合同规定的质量标准。

质量控制是为达到质量要求所采取的作业技术和活动。质量控制目标是施工管理中的一个主要目标,也是园林工程施工的核心,要达到一个高的工程施工质量,就需要进行全面质量管理。

2. 全面质量管理

全面质量管理(Total Qualily Control,TQC)又称为“三全管理”,即全过程的管理、全企业的管理和全体人员的管理。

全面质量管理是施工企业为了保证和提高工程质量,对施工的整个企业、全部人员和施工全部过程进行质量管理。它包括了产品质量、工序质量和工作质量,参与质量管理的人员也是全面的,要求施工部门及全体人员在整个施工过程中都应积极主动地参与工程质量管理。

3. 园林工程质量的形成因素和阶段因素

(1)人的质量意识和质量能力

人是质量活动的主体,对园林工程而言,人是泛指与工程有关的单位、组织及个人,包括建设单位、勘察设计单位、施工承包单位、监理及咨询服务单位、政府主管及工程质量监督监测单位、策划者、设计者、作业者、管理者等。

(2)园林建筑材料、植物材料及相关工程用品的质量

园林工程质量的水平在很大程度上取决于园林材料和栽培园艺的发展,原材料及园林建筑装饰材料及其制品的开发,推动人们对风景园林和景观建设产品的需求不断趋新、趋美以及趋于多样性。因此,合理选择材料,所用材料、构配件和工程用品的质量规格、性能特征是否符合设计规定标准,直接关系到园林工程质量的形成。

(3)工程施工环境

工程施工环境包括地质、地貌、水文、气候等自然环境;施工现场的通风、照明、安全卫生防护设施等劳动作业环境;以及由工程承发包合同所涉及的多单位、多专业共同施工的管理关系,组织协调方式和现场质量控制系统等构成的社会环境。这些环境对工程质量的形成有着重要的影响。

(4)决策因素(阶段因素)

决策因素(阶段因素)是指可行性研究、资源论证、市场预测、决策的质量。决策人应从科学发展观的高度,充分考虑质量目标的控制水平和可能实现的技术经济条件,确保社会资源不浪费。

(5)设计阶段因素

园林植物的选择、植物资源的生态习性以及园林建筑物构造与结构设计的合理性、可靠性和可施工性都直接影响工程质量。

(6)工程施工阶段质量

施工阶段是实现质量目标的重要阶段,其中最重要的环节是施工方案的质量。施工方案包括施工技术方案和施工组织方案。施工技术方案是指施工的技术、工艺、方法和机械、设备、模具等施工手段的配置;施工组织方案是指施工程序、工艺顺序、施工流向、劳动组织方面的决定和安排。通常的施工程序是先准备后施工,先场外后场内,先地下后地上,先深后浅,先栽植后道路,先绿化后铺装等,都应在施工方案中明确,并编制相应的施工组织设计。

(7)工程养护质量

由于园林工程质量对生态和景观的要求取决于施工过程和工程养护,因此园林工程最终产品的形成取决于工程养护期的工作质量。工程养护对绿化景观含量高的工程尤其重要,这就是园林工程行业人士常说的“三分施工,七分养管”的意义所在。

4. 园林工程质量的特点

园林工程产品(园林建筑、绿化产品)质量与工业产品质量的形成有显著的不同。园林工程产品位置固定,占地面积通常较大,园林建筑单体结构较复杂、体量较小、分布零散、整体协调性要求高;园林植物材料具有生命力;施工工艺流动性大,操作方法多样;园林要素构成复杂,质量要求不同,特别是对满足"隐含需要"的质量要求很难把握;露天作业受自然和气候条件制约因素多,建设周期较长。所有这些特点,导致了园林工程质量控制难度与其他建设项目的不同。

5. 影响园林工程施工质量因素的控制

影响园林工程施工质量的因素主要有5个方面,即人、材料、机械、方法和环境。事前对这5个方面的因素严加控制,是保证施工质量的关键。

(1)人的控制

人是指直接参与施工的组织者、指挥者和操作者。人,作为控制的对象,要避免产生失误;作为控制的动力,要充分调动其积极性,发挥其主导作用。为此,除了加强政治思想教育、劳动纪律教育、职业道德教育、专业技术培训,健全岗位责任制,改善劳动条件,公平合理地激励劳动热情以外,还需根据工程特点,从确保质量出发,在人的技术水平、人的生理缺陷、人的心理状态、人的错误行为等方面来控制人的使用。

此外,应严格禁止无技术资质的人员上岗操作;对不懂装懂、图省事、碰运气、有意违章的行为,必须及时制止。总之,在使用人的问题上,应从政治素质、思想素质、业务素质和身体素质等方面综合考虑,全面控制。

(2)材料的控制

材料的控制包括原材料、成品、半成品、构配件等的控制,主要是严格检查验收,正确合理地使用,建立管理台账,进行收、发、储、运等各环节的技术管理,避免混料和将不合格的原材料使用到工程上。

(3)机械的控制

机械的控制包括施工机械设备、工具等的控制。要根据不同工艺特点和技术要求,选用合适的机械设备,正确使用、管理和保养好机械设备。为此要健全"人机固定"制度、"操作证"制度、岗位责任制度、交接班制度、"技术保养"制度、"安全使用"制度、机械设备检查制度等,确保机械设备处于最佳使用状态。

(4)方法的控制

这里所说的方法的控制,包含施工方案、施工工艺、施工组织设计、施工技术措施等的控制,主要应切合工程实际解决施工难题,技术可行、经济合理,有利于保证质量、加快进度、降低成本。

(5)环境的控制

影响工程质量的环境因素较多,有工程技术环境,如工程地质、水文、气象等;工程管理环境,如质量保证体系、质量管理制度等;劳动环境,如劳动组合、作业场所、工作面等。环境因素对工程质量的影响具有复杂多变的特点,如气象条件变化万千,温度、湿度、大风、暴雨、酷暑、严寒都直接影响工程质量。

二、园林工程施工质量的阶段控制

施工阶段是项目质量的形成阶段,也是施工项目质量控制的重点阶段。按顺序可分为事前控制、事中控制和事后控制3个阶段。

1. 事前质量控制

事前质量控制的具体内容是指施工准备的内容，应围绕影响质量的五大因素做准备。

(1)技术准备

技术准备包括图纸的熟悉和会审、编制施工组织设计、编制施工图预算及施工预算、对项目所在地的自然条件和技术经济条件的调查和分析、技术交底等。

(2)物质准备

物质准备包括施工所需原材料的准备、构配件和制品的加工准备、施工机具准备、生产所需设备的准备等。

(3)组织准备

组织准备包括选聘委任施工项目经理、组建项目组织班子；编制并评审施工项目管理方案；集结施工队伍并对其培训教育等；建立各项管理制度；建立完善质量管理体系等。

(4)施工现场准备

施工现场准备包括控制网、水准点、标桩的测量工作；协助建设单位实施“七通一平”(给水、排水、供电、道路、热力、燃气、通信以及场地平整)；临时设施的准备；组织施工机具、材料进场；拟定试验计划及贯彻“有见证试验管理制度”的方针；技术开发和进步项目计划等。

2. 事中质量控制

事中质量控制是保证工程质量一次交验合格的重要环节，没有良好的作业自控和监控能力，工程质量的受控状态和质量标准的达到就会受到影响。事中质量控制的策略是：全面控制施工过程，重点控制工序质量。

3. 事后质量控制

事后质量控制是指对施工项目竣工验收的控制。竣工验收前施工企业必须完成工程设计和合同约定的各项内容，对工程质量进行检查，确认工程质量符合有关法律、法规和工程建设强制性标准，符合设计文件及合同要求，并提出工程竣工报告，工程竣工报告应经项目经理和施工企业有关负责人审核签字；监理单位对工程质量评估报告应经总监理工程师和监理单位有关负责人审核签字；建设行政主管部门及其委托的工程质量监督机构等有关部门责令整改的问题全部整改完毕。然后由建设单位组织工程竣工验收。

三、园林工程施工质量保证与改进

1. 质量保证

施工项目质量保证分为对外的质量保证和对内的质量保证。对外的质量保证是对建设单位(顾客)的质量保证和对认证机构的保证。对内的质量保证是施工项目经理部向企业经理(组织最高管理者)的保证。

2. 质量改进

园林工程施工的质量改进是指园林工程施工企业为满足不断变化的顾客需求和期望而进行的各项活动。

四、全面质量控制的程序

全面质量控制可分为4个阶段、8个步骤及7种工具。

1. 4个阶段

4个阶段也称为PDCA循环。质量管理和其他各项管理工作一样，要做到有计划、有措施、有执行、有检查、有总结，才能使整个管理工作循序渐进，保证工程质量不断提高。为不断揭示项目施工过程中在生产、技术、管理诸方面的质量问题，可采用 PDCA 循环方法。PDCA 循环如图 5-6 所示。

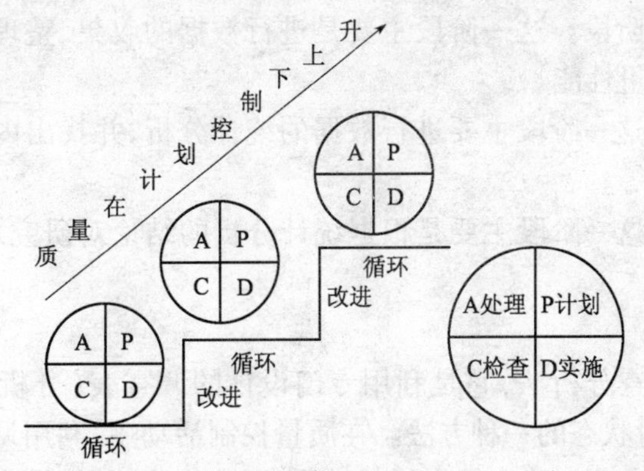

图 5-6　PDCA 循环

第一阶段为计划(P)阶段，确定任务、目标、活动计划和拟定措施。

第二阶段为执行(D)阶段，按照计划要求及制订的质量目标、质量标准、操作规程去组织实施，进行作业标准教育，按作业标准施工。

第三阶段为检查(C)阶段，通过作业过程、作业结果将实际工作结果与计划内容相对比，通过检查，看是否达到预期效果，找出问题和异常情况。

第四阶段为处理(A)阶段，总结经验，改正缺点，将遗留问题转入下一阶段循环。

2. 8 个步骤

上述 4 个阶段又可分为 8 个步骤。第一阶段有 4 个步骤，第二、三阶段各有 1 个步骤，第 4 阶段有两个步骤，分述如下。

1)分析现状，找出存在的质量问题，并用数据加以说明。

2)掌握质量规格、特性，分析产生质量问题的主要因素，通过抓主要因素解决质量问题。

3)找出影响质量问题的主要因素，通过抓主要因素解决质量问题。

4)针对影响质量问题的主要因素，制订计划和活动措施。计划和措施应明确，有目标、有期限、有分工。

5)质量目标措施或计划的实施，这是"执行"阶段。在执行阶段，应该按上一步所确定的行动计划组织实施，并给予人力、物力、财力等保证。

6)调查采取改进措施以后的效果，这是"检查"阶段。

7)处理检查结果，按检查结果，总结成败两方面的经验教训，成功的要纳入标准、规程，予以巩固；不成功的，出现异常时，应调查原因，消除异常，吸取教训，引以为戒，避免再次发生。

8)处理本循环尚未解决的问题，转入下一循环中去，通过再次循环求得解决。

随着循环管理的不停转动，原有的矛盾解决了，又会产生新的矛盾，矛盾不断产生而不断被克服，如此循环不止。每一次循环都把质量管理活动推向一个新的高度。

3. 7 种工具

工程质量控制中，常用的统计方法有排列图法、因果分析图法、分层法、直方图法、控制图法、相关图法和调查表法等 7 种方法。在园林工程质量控制中常用的方法主要有排列图法和因果分析图法。

统计分析方法通常分为以下 3 个阶段：

1)统计调查及整理阶段。这一阶段主要是进行数据的收集、整理和归纳，并以某些质量特征数来表示产品的质量性能。

2)统计分析阶段。这一阶段主要进行数据的统计分析，并找出内在的规律性，如波动的趋势及影响波动的因素等。

3)统计判断阶段。这一阶段主要是根据统计分析的结论对研究对象的现况及发展趋势作出科学的判断。

(1)调查表法

调查表法又称为调查分析法，它是利用专门设计的调查表(分析表)对质量数据进行收集、整理和粗略分析质量状态的一种方法。在质量控制活动中，利用调查表收集数据，简便灵活，便于整理，实用有效。此方法应用广泛，但没有固定格式，可根据实际需要和具体情况，设计出不同的调查表。常用的有分项工程作业质量分布调查表、不合格项目调查表、不合格原因调查表、施工质量检查评定调查表等。

(2)分层法

分层法又称为分类法、分组法，它是将调查收集的原始数据，根据不同的目的和要求，按某一性质进行分组、归类和整理的分析方法。分层的原则是使同一层内的数据波动(或意见差异)幅度尽可能小，而层与层之间的差别尽可能大。由于产品质量是多方面因素共同作用的结果，因而对同一批数据，可以按不同性质分层，从而能够从不同角度来考虑、分析产品存在的质量问题和影响因素。分层的方法很多，常用的有以下几种。

1)按操作班组或操作者分层。

2)按使用机械设备型号分层。

3)按操作方法分层。

4)按原材料规格、供应单位、供应时间或等级分层。

5)按施工时间分层。

6)按检查手段、工作环境等分层。

(3)排列图法

排列图法是利用排列图寻找影响质量主次因素的一种有效方法。排列图又称为巴雷特图或主次因素分析图，它是由两个纵坐标、一个横坐标、几个连起来的直方形和一条曲线组成的。左侧的纵坐标表示频数或件数，右侧纵坐标表示累计频率，横坐标表示影响质量的因素或项目，按影响程度大小(频数)从左至右排列，直方形的高度表示某个因素的影响大小(频数)。实际应用中，通常按累计频率划分为 0 ~ 80%，80% ~ 90%，90% ~ 100% 3 部分，与其对应的影响因素分别为 A、B、C 3 类。A 类为主要因素，B 类为次要因素，C 类为一般因素。根据右侧纵坐标，画出累计频率曲线，又称为巴雷特曲线。

(4)因果分析图法

因果分析图又称为树枝图或鱼刺图，是一种逐步深入研究和讨论质量问题的图示方法。运用因果分析图有助于制订对策，解决工程质量上存在的问题，从而达到控制质量的目的。

在工程实践中,任何一种质量问题的产生,往往都是由多种原因造成的。这些原因有大有小,把它们依照大小次序分别用主干、大枝、中枝和小枝图形表示出来,便可一目了然地系统地观察出产生质量问题的原因。

因果分析图的绘制步骤与图中箭头方向恰恰相反,是从结果开始将原因逐层分解的,具体步骤如下。

1)明确质量问题(结果)。作图时首先由左至右画出一条水平主干线,箭头指向一个矩形框,框内注明研究的问题,即结果。

2)分析确定影响质量特性大的原因(质量特性的大枝)。一般来说,影响质量因素有5方面,即人、机械、材料、方法、环境等,另外还可以按产品的生产过程进行分析。

3)将每种大原因进一步分解为中原因、小原因,直至分解的原因可以采取具体措施加以解决为止。

4)检查图中的所列原因是否齐全,可以对初步分析结果广泛征求意见,并做必要的补充及修改。

5)从最高层次的原因中选取和识别少量看起来对结果有最大影响的原因,做出标记"△",以便对它们做进一步的研究,如收集资料、论证、试验、控制等。

(5)直方图法

直方图又称为频数分布直方图、质量分布图、矩形图。它是将收集到的质量数据进行分组整理,绘制成频数分布直方图,用以描述质量分布状态的一种分析方法。

通过直方图的观察与分析,可以了解产品质量的波动情况,掌握质量特性的分布规律,以便对质量状况进行分析判断。同时,还可通过质量数据特征值的计算,估算施工生产过程总体的不合格率,评价过程能力等。但其缺点是不能反映动态变化,而且要求收集的数据较多(50个以上),否则难以体现其规律。

(6)控制图法

控制图又称为管理图,是在直角坐标系内画有控制界限,描述生产过程中产品质量波动状态的图形。利用控制图区分质量波动原因,判明生产过程是否处于稳定状态的方法称为控制图法。质量波动一般有两种情况:一种是偶然性因素引起的质量波动,通常称之为正常波动;另一种是系统性因素引起的波动,属于异常波动。质量控制的目标就是要查找异常波动的因素,并加以排除,使质量只受正常波动的影响,符合正态分布的规律。

控制图上一般有3条线:在上面的一条虚线称为上控制界限,用符号UCL表示;在下面的一条虚线称为下控制界限,用符号LCL表示;中间的一条实线称为中心线,用符号CL表示。中心线标志着质量特性值分布的中心位置,上、下控制界限标志着质量特性值。

(7)相关图法

相关图又称为散布图,就是把两个变量之间的相关关系,用直角坐标系表示出来,借以观察判断两个质量数据之间的关系的图形。它可以通过控制容易测定的因素达到控制不宜测定的因素的目的,以便对产品或工序进行有效的控制。质量数据之间的关系多属于相关关系,一般有3种类型:一是质量特性和影响因素之间的关系;二是质量特性和质量特性之间的关系;三是影响因素和影响因素之间的关系。

我们可以用y和x分别表示质量特性值和影响因素,通过绘制相关图,计算相关系数等,分析研究两个变量之间是否存在相关关系,以及这种关系的密切程度如何,进而通过对相关程度密切的两个变量中的一个变量的观察控制，去估计控制另一个变量的数值，以达到保证产品质量的目的。这种统计分析方法，称为相关图法。

五、全面质量控制的步骤

1. 工程施工质量与工程施工质量系统

工程施工质量是质量体系中的一个重要组成部分，是实现工程产品功能和使用价值的关键阶段，施工阶段质量的优劣，对工程质量起决定作用。施工阶段工程质量系统如图 5-7 所示。

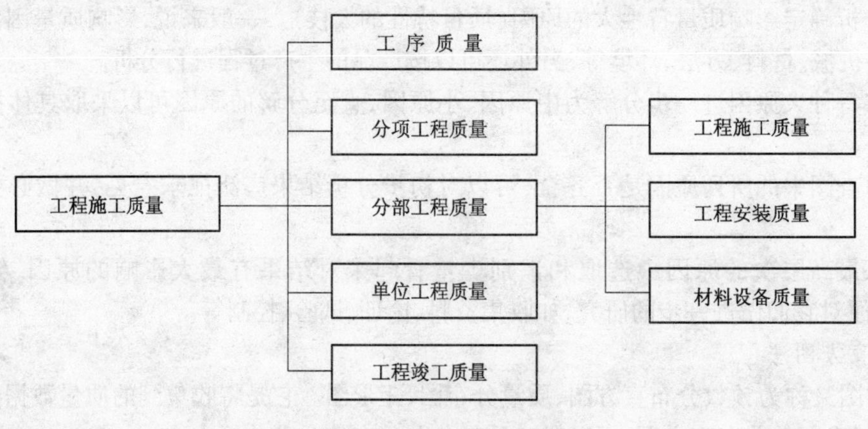

图 5-7　工程施工质量系统

2. 施工质量控制的步骤

施工质量控制，概括地讲，就是用于满足质量要求，满足工程合同、规范标准所采取的一系列措施、方法和手段。施工质量控制的一般步骤如下。

(1) 制订推进计划

制订推进计划是指根据全面质量管理的基本要求，结合施工工程的实际情况，提出分阶段的全面质量管理目标，进行方针目标管理，以及实现目标的措施和办法。

(2) 建立综合性的质量管理机构

建立综合性的质量管理机构是指选拔热衷于全面质量管理、有组织能力、精通业务的人员组建各级质量管理机构，负责推行全面质量管理工作。

(3) 建立工序管理点

建立工序管理点是指在工序的薄弱环节或关键部位设立管理点，保证园林建设工程的质量。

(4) 建立质量体系

建立质量体系是指以一个施工项目作为系数，建立完整的质量体系。项目的质量体系由各部门和各类人员的质量职责和权限、组织机构、所必需的资源和人员、质量体系各项活动的工作程序等组成。

(5) 全面开展过程的质量管理

全面开展过程的质量管理就是对施工准备工作、施工过程、竣工交付和竣工后服务的全过程进行质量管理。

根据工程施工质量的构成过程及相应的影响因素，可对质量控制目标进行分解，如图 5-8 所示。

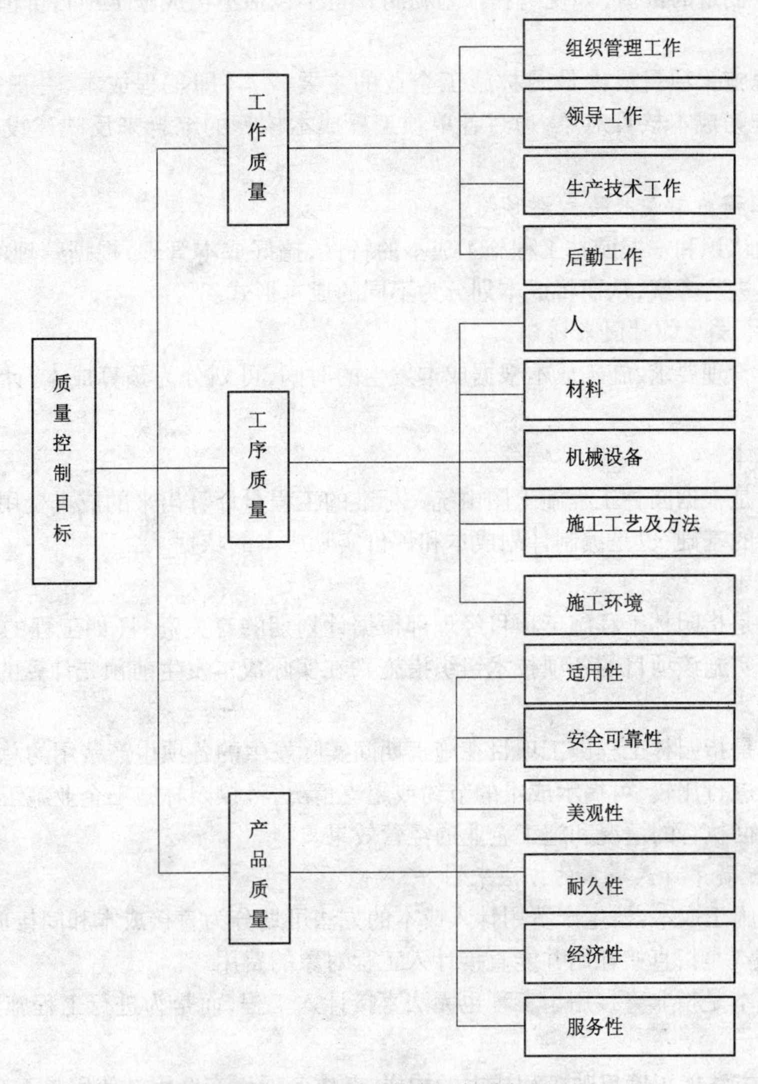

图 5-8 工程质量控制目标分解图

第五节 园林工程施工成本管理

一、园林工程施工成本概述

园林工程施工成本控制的目的在于降低项目成本,提高经济效益。

1. 园林工程施工成本的含义

园林工程施工成本是指园林施工企业以园林工程作为成本核算对象,在现场施工过程中所耗费的生产资料转移价值和劳动者的必要劳动所创造的价值的货币形式。通俗地讲,就是某园林工程在施工现场所发生的全部费用的总和,包括所消耗的主、辅材料、构配件及周转材料的摊销费(或租赁费)、施工机械的台班费(或租赁费)、支付给生产工人的工资、奖金以及施工项目经理部为组织和管理工程施工所发生的全部费用。施工成本不包括劳动者为社会所创造的价值(如税金和计划利润),也不包括不构成施工项目价值的一切非生产性支出。

园林工程施工项目成本是园林施工企业的主要成本,即工程成本,一般以所建设项目的单项工程作为成本核算对象,通过各单项工程成本核算的综合来反映建设项目的施工现场成本。

2. 园林工程施工成本的主要形式

为了明确认识和掌握园林工程施工成本的特性,搞好成本管理,根据管理的需要,可从不同的角度对其进行考察,从而将成本划分为不同的成本形式。

(1)从成本发生的时间来划分

根据成本管理要求,施工成本根据成本发生的时间,可划分为预算成本、计划成本和实际成本。

1)预算成本。

预算成本是根据园林工程施工图由统一标准的工程量计算出来的成本费用。预算成本是确定工程造价的基础,也是编制计划成本和评价实际成本的依据。

2)计划成本。

计划成本是指园林工程施工项目经理部根据计划期的有关资料(如工程的具体条件和园林施工企业为实施该项目的各项技术组织措施),在实际成本发生前预先计算的成本。

3)实际成本。

实际成本是指园林工程施工项目在施工期间实际发生的各项生产费用的总和。把实际成本与计划成本进行比较,可揭示成本的节约或超支情况,考核园林施工企业施工技术水平及技术组织措施贯彻执行的情况和施工企业的经营效果。

(2)按生产费用计入成本的方法来划分

园林工程施工成本,按生产费用计入成本的方法可划分为直接成本和间接成本两种。

1)直接成本是指直接耗用并能直接计入工程对象的费用。

2)间接成本是指非直接用于工程也无法直接计入工程,而是为进行工程施工所必须发生的费用。

这种分类方法能正确反映工程成本的构成,考核各项生产费用的使用是否合理,便于找出降低成本的途径。

(3)按生产费用和工程量的关系来划分

园林工程生产费用按其与工程量的关系可划分为固定成本和变动成本。

1)固定成本。

固定成本是指在一定期间和一定的工程量范围内,其发生的成本额不受工程量增减变动的影响而相对固定,如折旧费、设备大修费、管理人员工资、办公费、照明费等。

2)变动成本。

变动成本是指发生总额随着工程量的增减变动而呈正比例变动的费用,如直接用于工程的材料费、实行计划工资制的人工费等。

3. 园林工程施工成本控制的意义

随着园林施工项目管理在广大园林业企业中逐步推广普及,施工项目成本控制的重要性也日益为人们所认识。园林工程施工成本控制工作,贯穿于施工生产及经营管理活动的全过程和各个层面，对施工企业的生存和发展起着至关重要的作用。可以说，施工成本管理是园林施工项目管理不可缺少的内容，体现了园林施工项目管理的本质特征，具有重要的意义和作用。

园林工程施工成本控制主要是通过技术（如施工方案的制订比选）、经济（如核算）和管理（如施工组织管理、各项规章制度等）活动达到预定目标，实现赢利的目的。园林工程施工成本控制的内容很广泛，贯穿于施工管理活动的全过程和各方面，例如，从园林工程中标、签约甚至参与投标活动开始到施工准备、现场施工直至竣工验收，以至后期的养护管理，每个环节都离不开成本管理工作。

二、园林工程施工成本构成

园林施工企业在工程施工中为提供劳务、作业等过程中所发生的各项费用支出，按照国家规定计入成本费用。按成本的经济性质和《施工、房地产开发企业财务制度》的规定，施工企业工程成本由直接成本和间接成本组成。

1. 直接成本

直接成本也就是直接费，是指施工过程中直接消耗费并构成工程实体或有助于工程形成的各项支出，直接费由直接工程费和措施费组成。

(1)直接工程费

直接工程费是指工程施工过程中耗费的构成工程实体的各项费用，包括人工费、材料费、施工机械使用费。

1)人工费。

人工费是指直接从事工程施工的生产工人开支的各项费用，它包括直接从事工程项目施工操作的工人和在施工现场进行构件制作的工人，以及现场运料、配料等辅助工人的基本工资、浮动工资、工资性津贴、辅助工资、工资附加费、劳保费和奖金等费用。

人工费不包括下列人员工资：行政管理和技术人员；材料采购、包管和驾驶各种机械、车辆的人员；材料到达工地仓库前的搬运工人；专职工会人员；医务人员；以及其他由施工管理费或营业外支出开支的人员。这些人员的工资应分别列入有关费用的相应项目。

2)材料费。

材料费是指在施工过程中耗用并构成工程项目实体的各种主要材料、外购结构构件和有助于工程项目实体形成的其他材料费用，以及周转材料的摊销（租赁）费用。材料费包括材料原价（或供应价）、供销部门手续费、包装费、材料自来源地运至工地仓库或指定堆放地点的装卸费、运输费、途耗费、采购及保管费。

3)施工机械使用费。

施工机械使用费是指使用自有施工机械作业所发生的机械使用费和租用外单位的施工机械所发生的租赁费，以及机械安装、拆卸和进出场费用。具体包括：折旧费、大修费、经修费、安拆费及场外运输费、燃料动力费、人工费以及运输机械养路费、车船使用税和保险费等。

(2)措施费

措施费是指为完成工程项目施工，发生于该工程施工前和施工过程中非工程实体项目的费用，由施工技术措施费和施工组织措施费组成。

1)施工技术措施费（表5-2）。

2)施工组织措施费（表5-3）。

表5-2　施工技术措施费具体内容

内　容	说　明
大型机械设备进出场及安拆费	指大型机械整体或分体自停放场地运至施工现场或由一个施工地点运至另一个施工地点所发生的机械进出场运输转移费用,及机械在施工现场进行安装、拆卸所需的人工费、材料费、机械费、试运转费和安装所需的辅助设施的费用
混凝土、钢筋混凝土模板及支架费	指混凝土施工过程中需要的各种钢模板、木模板、支架等的支、拆、运输费用及模板、支架的摊销(或租赁)费用
脚手架费	指施工需要的各种脚手架搭、拆、运输费用及脚手架的摊销(或租赁)费用
施工排水、降水费	指为确保工程在正常条件下施工,采取各种排水、降水措施所发生的各种费用
其他施工技术措施费	指根据各专业、地区及工程特点补充的技术措施费用

表5-3　施工组织措施费具体内容

内　容	说　明
环境保护费	指施工现场为达到环保部门要求所需要的各项费用
文明施工费	指施工现场文明施工所需要的各项费用。一般包括施工现场的标牌设置,施工现场地面硬化,现场周边设立围护设施,现场安全保卫及保持场貌、场容整洁等发生的费用
安全施工费	指施工现场安全施工所需要的各项费用。一般包括安全防护用具和服装,施工现场的安全警示、消防设施和灭火器材,安全教育培训,安全检查及编制安全措施方案等发生的费用
临时设施费	指施工企业为进行建筑工程施工所必须搭设的生活和生产用的临时建筑物、构筑物和其他临时设施等发生的费用。临时设施包括临时宿舍,文化福利及公用事业房屋与构筑物,仓库,办公室,加工厂(场)以及在规定范围内的道路、水、电、管线等临时设施和小型临时设施。临时设施费用包括临时设施的搭设、维修、拆除费或摊销费
夜间施工增加费	指因夜间施工所发生的夜班补助费、夜间施工降效、夜间施工照明设备摊销及照明用电等费用
缩短工期增加费	指因缩短工期要求发生的施工增加费,包括夜间施工增加费、周转材料加大投入量所增加的费用等
二次搬运费	指因施工场地狭小等特殊情况而发生的二次搬运费用
已完工程及设备保护费	指竣工验收前,对已完工程及设备进行保护所需的费用
其他施工组织措施费	指根据各专业、地区及工程特点补充的施工组织措施费用

2. 间接成本

间接成本是指企业的各项目经理部为施工准备、组织和管理施工生产所发生的全部施工间接支出费用,间接费由规费、企业管理费组成。

(1)规费

规费是指政府和有关政府行政主管部门规定必须缴纳的费用,具体内容如表5-4所示。

表5-4　规费具体内容

内　容	说　明
工程排污费	指施工现场按规定缴纳的工程排污费
工程定额测定费	指按规定支付工程造价管理机构的技术经济标准的制订和定额测定费
社会保障费	包括养老保险费、失业保险费和医疗保险费等 1)养老保险费是指企业按规定标准为职工缴纳的基本养老保险费 2)失业保险费是指企业按照规定标准为职工缴纳的失业保险费 3)医疗保险费是指企业按照规定标准为职工缴纳的基本医疗保险费

续表

内　　容	说　　明
住房公积金	指企业按规定标准为职工缴纳的住房公积金
危险作业意外伤害保险费	指按照《建筑法》规定,企业为从事危险作业的建筑安装施工人员支付的意外伤害保险费

(2)企业管理费

企业管理费是指建筑安装企业组织施工生产和经营管理所需的费用,详细内容如表5-5所示。

表5-5　企业管理费具体内容

内　　容	说　　明
管理人员工资	指管理人员的基本工资、工资性补贴、职工福利费、劳动保护费等
办公费	指企业管理办公用的文具、纸张、账表、印刷、邮电、书报、会议、水电、烧水和集体取暖(包括现场临时宿舍取暖)用煤等费用
差旅交通费	指职工因公出差、调动工作的差旅费、住勤补助费,市内交通费和误餐补助费,职工探亲路费,劳动力招募费,职工离退休、退职一次性路费,工伤人员就医路费,工地转移费以及管理部门使用交通工具的油料、燃料、养路费及牌照费等
固定资产使用费	指管理和试验部门及附属生产单位使用的属于固定资产的房屋、设备仪器等的折旧、大修、维修或租赁费
工具、用具使用费	指管理使用的不属于固定资产的生产工具、器具、家具、交通工具和检验、试验、测绘、消防用具等的购置、维修和摊销费
劳动保险费	指由企业支付离退休职工的异地安家补助费、职工退职金、6个月以上的长病假人员工资、职工死亡丧葬补助费、抚恤费、按规定支付给离休干部的各项经费
工会经费	指企业按职工工资总额计提的工会经费
职工教育经费	指企业为职工学习先进技术和提高文化水平,按职工工资总额计提的费用
财产保险费	指施工管理用财产、车辆保险等费用
财务费	指企业为筹集资金而发生的各种费用
税金	指企业按规定缴纳的房产税、车船使用税、土地使用税、印花税等
其他	包括技术转让费、技术开发费、业务招待费、绿化费、广告费、公证费、法律顾问费、审计费、咨询费等

三、园林工程施工成本计划

1. 园林工程施工成本计划的概念

园林工程施工成本计划是指以货币形式编制园林工程在计划期内的生产费用、成本水平、成本降低率以及为降低成本所采取的主要措施和规划的书面方案,它是建立园林工程施工成本管理责任制、开展成本控制和核算的基础。可以说,成本计划是目标成本的一种形式。

2. 园林工程施工成本计划的作用

1)园林工程成本计划是施工企业加强成本管理的重要手段,是落实成本管理经济责任制的重要依据。

2)园林工程成本计划是调动企业内部各方面的积极因素,合理使用一切物质资源和劳动资源的措施之一。

3)园林工程成本计划为施工企业编制财务计划、核定企业流动资金定额,确定施工生产经营计划利润等提供了重要依据。

3. 园林工程施工成本计划的编制原则及依据

(1)园林工程施工成本计划的编制原则

1)园林工程施工成本计划应从企业实际出发,既要使计划尽可能先进,又要实事求是、留有余地。只有这样,才能有效地调动园林施工企业职工的积极性,更好地起到挖掘企业内部潜力的作用。

2)园林工程施工成本计划的编制,必须以先进的施工定额为依据,即要以先进合理的劳动定额、材料消费定额和机械使用定额为依据。

3)园林工程施工成本计划应同其他有关计划密切配合,成本计划的编制应以施工计划、技术组织措施、施工组织设计、物资供应计划和劳动工资计划为依据。这些计划是工程成本计划得以实现的技术保障。

(2)园林工程施工成本计划的编制依据

园林工程施工成本计划的编制依据包括:合同报价书、施工预算;施工组织设计或施工方案;人、料、机市场价格;公司颁布的材料指导价格、公司内部机械台班价格、劳动力内部挂牌价格;周转设备内部租赁价格、摊销损耗标准;已签订的工程合同、分包合同(或估价书);结构件外加工计划和合同;有关财务成本核算制度和财务历史资料;其他相关资料。

4. 园林工程施工成本计划的编制方法

编制施工现场成本计划的目的是保证施工项目在工期合理、质量可靠的前提下,以尽可能低的成本来完成工程项目。科学的成本计划应建立在成本预测和成本决策的基础上,使之保持计划指标的合理性,同时又兼顾对施工项目降低成本的要求。编制方法主要有试算平衡法、定额预算法及成本决策优化法3种。

(1)试算平衡法

用试算平衡法编制施工成本计划,是指在提出施工项目总体成本降低程度的情况下,充分考虑和分析各项重要因素对成本降低的影响程度,并根据历史资料来估算各成本项目的降低率和降低额;再汇总求出总的降低率和降低额后,将所得结果与提出的降低要求相比较,如果没有达到要求,可以再次试算平衡,直至达到或超过成本降低目标为止。

(2)定额预算法

定额预算法是先编制施工预算,然后结合施工项目现场施工条件、环境、施工组织计划、材料实际价格,采取技术节约措施,通过对成本的试算平衡,来确定工程项目的计划成本。

(3)成本决策优化法

成本决策优化法是在预测与决策的基础上编制成本计划的方法。它是根据历史成本资料和管理人员经营,充分考虑施工项目内部和外部技术经济状况,以及材料供应和施工条件变化对成本的影响,作出成本预测,并在预测的前提下,对各种可能采用的方案进行决策,以选用最佳的成本降低方案。最后,在此基础上进行测算各种工作费用的计划成本。在成本预测和成本决策基础上编制的成本计划具有很强的科学性和现实性。

四、园林工程施工成本控制运行

园林工程施工成本控制是指在具体工程的施工过程中,对生产经营所消耗的人力资源、物质资源和费用开支进行指导、监督、调节和限制,及时纠正将要发生和已经发生的偏差,把各项生产费用控制在园林工程施工计划成本的范围之内,保证成本目标的实现。园林工程施工成本控制应贯穿施工项目从投标阶段开始到项目竣工验收的全过程,它是园林施工企业全面成本管理的重要环节。

1. 园林工程施工成本控制的原则

园林工程施工成本控制原则是企业成本管理的基础和核心,项目部在施工过程中进行成本控制时应遵循以下基本原则。

(1)成本最低化原则

园林工程施工成本控制的根本目的在于通过成本管理的各种手段,不断降低工程成本,以达到可能实现的最低目标成本的要求。在实现成本最低化原则时,应注意降低成本的可能性和合理的成本最低化。一方面挖掘各种降低成本的能力,使可能性变为现实;另一方面要从市场实际出发,制订相应的措施和方案,并通过主观努力达到合理的最低成本水平。

(2)全面成本控制原则

全面成本管理是全企业、全员和全过程的管理,也称为"三全"管理。项目成本的全员控制有一个系统的实质性内容,包括各部门、各单位的责任网络和班组经济核算等,应防止成本控制人人无责,人人不管。项目成本的全过程控制要求成本控制工作要随着项目施工进展的各个阶段连续进行,既不能疏漏,又不能时紧时松,应使施工项目成本自始至终置于有效的控制之下。

(3)动态控制原则

施工企业项目是一次性的,成本控制应强调项目的中间控制,即动态控制。因为施工准备阶段的成本控制只是根据施工组织设计的具体内容确定成本目标、编制成本计划、制订成本控制的方案,为今后的成本控制做好准备;而竣工阶段的成本控制,由于成本盈亏已经基本成为定局,即使发生了差错,也已来不及纠正。

(4)目标管理原则

目标管理的内容包括目标的设定和分解,目标的责任到位和执行,检查目标的执行结果,评价目标和修正目标,形成目标管理的计划、实施、检查、处理循环,即 PDCA 循环。一个工程项目是由许多单项工程组成的,每个单项工程也应具有相应的成本目标。因此,应将一个工程项目的总成本目标逐个细化,落实到施工班组,签订成本管理责任书,使成本管理自上而下形成良性循环,从而达到参与工程施工的部门、个人从第一道工序起就注重成本管理的目的。

(5)责、权、利相结合的原则

在施工过程中,项目部各部门、各班组在肩负成本控制责任的同时,享有成本控制的权利,同时项目经理要对各部门、各班组在成本控制中的业绩进行定期的检查和考评,实行有奖有罚。只有真正做好责、权、利相结合的成本控制,才能收到预期的效果。

2. 园林工程施工成本控制的内容

园林工程施工成本控制的内容按工程项目施工的时间顺序,通常可以划分为以下 3 个阶段:计划准备阶段、施工执行阶段和检查总结阶段,或者又称为事先控制、事中控制(过程控制)和事后控制。各个阶段按时间发生的顺序,进行循环控制。

(1)计划准备阶段

计划准备控制又称为事先控制,是指在园林工程现场施工前,对影响成本支出的有关因素进行详细分析和计划,建立组织、技术和经济上的定额成本支出标准和岗位责任制,以保证完成施工现场成本计划和实现目标成本。

1)对各项成本进行目标管理。

对成本进行目标管理，就是根据目前园林施工企业平均水平的施工劳动定额、材料定额、机械台班定额及各种费用开支限额、预定成本计划或施工图预算，来制订成本费用支出的标准，建立健全施工中物资使用制度、内部核算制度和原始记录、资料等，使施工中成本控制活动有标准可依，有章程可循。

2)落实现场成本控制责任制。

根据现场单元的大小或工序的差异，对项目的组成指标进行分解，对施工企业的管理水平进行分析，并同以往的项目施工进行比较，规定各生产环节和职工个人单位工程量的成本支出限额和标准，最后将这些标准落实到施工现场的各个部门和个人，建立岗位责任制。

(2)施工执行阶段

施工执行阶段又称为过程控制或事中控制，是在开工后工程施工的全过程中，对工程进行成本控制。它通过对成本形成的内容和偏离成本目标的差异进行控制，以达到控制整个工程成本的目的。

3. 园林工程施工成本控制的主要项目

(1)人工费控制管理

人工费控制管理主要是改善劳动组织，减少窝工浪费；实行合理的奖惩制度；加强技术教育和培训工作；加强劳动纪律，压缩非生产用工和辅助用工，严格控制非生产人员比例。

(2)材料费控制管理

材料费控制管理主要是改进材料的采购、运输、收发、保管等方面的工作，减少各个环节的损耗，节约采购费用；合理堆置现场材料，避免和减少二次搬运；严格材料进场验收和限额领料制度；制订并贯彻节约材料的技术措施，合理使用材料，综合利用一切资源。

(3)机械费控制管理

机械费控制管理主要是正确选配和合理利用机械设备，搞好机械设备的保养修理，提高机械的完好率、利用率和使用效率。

(4)间接费及其他直接费控制

间接费及其他直接费控制主要是精减管理机构，合理确定管理幅度与管理层次，节约施工管理费等。

4. 园林工程施工中降低施工成本的措施

在园林工程施工过程中，降低施工项目成本的措施主要有以下几个方面。

(1)加强施工管理，提高施工组织水平

在园林工程施工前，应选择最为合理的施工方案，并布置好施工现场；施工过程中，应采用先进的施工方法和施工工艺，组织均衡施工，搞好现场调度和协作配合，注意竣工收尾工作，加快工程施工进度。

(2)加强技术管理，提高施工质量

在具体的园林工程施工中，应推广采用新技术、新工艺和新材料以及其他技术革新措施；制订并贯彻降低成本的技术组织措施，提高经济效益；加强施工过程的技术检验制度，提高施工质量。

(3)加强劳动工资管理，提高劳动生产率

改善劳动组织，合理使用劳动力，减少窝工浪费；执行劳动定额，实行合理的工资和奖励制度；加强技术教育和培训工作，提高工人的文化技术水平和操作熟练程度；加强劳动纪律，提高工作效率；压缩非生产用工和辅助用工，严格控制非生产人员的比例。

(4)加强机械设备管理，提高机械设备使用率

正确选择和合理使用机械设备，搞好机械设备的保养修理，提高机械的完好率、利用率和使用效率，从而加快施工进度，降低机械使用费。

(5)加强材料管理，节约材料费用

改进材料的采购、运输、收发、保管等方面的工作，减少各个环节的损耗，节约采购费用；合理堆放材料，组织分批进场，避免和减少二次搬运；严格材料进场验收和限额领料制度；制订并贯彻节约材料的技术措施，合理使用材料，施行节约代用、修旧利废和废料回收措施，综合利用一切资源。

(6)加强费用管理，节约施工管理费

精简管理机构，减少管理层次，压缩非生产人员。实行人员满负荷运转，并一专多能；实行定额管理，制订费用分项、分部门的定额指标，有计划地控制各项费用开支。

五、园林工程施工成本核算

施工成本核算是指按照规定开支范围对施工费用进行归集，计算出施工费用的实际发生额，并根据成本核算对象，采用适当的方法，计算出该施工项目的总成本和单位成本。施工成本核算所提供的各种成本信息是成本预测、成本计划、成本控制、成本分析和成本考核各个环节的依据。

1. 成本核算对象的确定

1)园林绿化工程一般应以每一独立编制施工图预算的单位工程为成本核算对象，这是因为按单位工程确定实际成本，便于与园林工程施工图预算成本相比较，以检查园林工程预算的执行情况。对大型园林工程(如主题公园施工)应尽可能以分部工程作为成本核算对象。

2)规模大、工期长的单位工程，可以将工程划分为若干部位，以分部位的工程作为成本核算对象。

3)同一工程项目，由同一单位施工，同一施工地点、同一结构类型、开工竣工时间相近、工程量较小的若干个单位工程，可以合并作为一个成本核算对象。这样可以减少间接费用分摊，减少核算工作量。

4)一个单位园林工程由几家施工企业共同施工时，各个园林施工企业应都以此单位工程为成本核算对象，各自核算本企业完成部分的成本。

5)喷泉、大树移植等若干较小的单位工程，可以将竣工时间相近、属于同一园林项目的各个单位工程合并作为一个成本计算对象。这样也可以减少间接费用分摊，减少核算工作量。

2. 成本核算程序

成本核算程序为：对所发生的费用进行审核，以确定应计入工程成本的费用和计入各项期间费用的数额；将应计入工程成本的各项费用，区分为哪些应当计入本月的工程成本，哪些应由其他月份的工程成本负担；注意将每个月应计入工程成本的生产费用，在各个成本对象之间进行分配和归集，计算各工程成本；对未完工程进行盘点，以确定本期已完工程实际成本；将已完工程成本转入“工程结算成本”科目中；结转期间费用。

3. 工程成本的计算与结转

已完工程成本的计算与结转，应根据工程价款的结算方法来决定。实行工程竣工后一次结算工程价款的工程，平时应按期将该工程施工中发生的工程成本，登记到“工程成本卡”中

的生产成本加总,该加总数就是该工程的完工实际成本。实行按月或按季分段结算工程价款的工程,月末应汇总“工程成本卡”汇集的工程成本,并对该工程进行盘点,确定“已完工程”与“未完施工”的数量,然后采用一定的计算方法计算已完工程的实际成本,并按已完工程的预算价格向建设单位收取工程价款,补偿已完工程的实际成本并结转实际的赢利。已完施工实际成本的计算步骤和方法如下。

(1)汇总本期施工的生产成本

根据各成本计算对象的“工程成本卡”汇总本月施工所发生的生产成本。为了防止记账与汇总时发生差错,各成本核算对象汇总的本月生产应与“工程成本明细账”中的汇总生产成本数相核对,然后再与“工程施工”总账本月发生数相核对,保证账账相符。

(2)未完工施工成本的计算

未完工施工成本是指已经进行施工,但尚未完成预算定额所规定的全部内容的分部工程所发生的支出。已完工程实际成本的计算,必须首先计算未完施工的实际施工,这是因为本月某成本计算对象施工发生的生产成本,既包括已完施工工程发生的耗用,也包括未完施工所发生的耗用。只有从本月的生产成本中扣除未完施工成本,加上月未完工程的生产成本,才能计算出本月已完工程的实际成本。由于园林绿化工程的各个分部工程组成内容不同,因而不像一般工业企业的成本计算,即将生产成本总额在完工产品和在产品之间平均分配,确定在产品实际成本。园林施工企业未完施工成本只能先折合为完工产品数量,套用预算单价计算其预算成本,并以计算的未完施工预算成本代替其实际成本,从生产成本总额中减去未完施工的成本。

第六节 园林工程施工材料管理

一、园林工程施工材料管理的任务与内容

1. 园林工程施工材料管理的任务

本着施工材料必须全面管供、管用、管节约和管回收的原则,把握好供应、管理、使用3个主要环节,以最低的材料成本,按质、按量、及时、配套供应施工生产所需的材料,并监督和促进材料的合理使用。

1)提高计划管理质量,保证材料及时供应。

2)提高材料供应管理水平,保证工程进度。

3)加强施工现场材料管理,坚持定额用料。

4)严格经济核算,降低成本,提高效益。

2. 园林工程施工材料管理的内容

园林施工材料供应与管理的主要内容包括两个领域、3个方面和8项业务。

(1)两个领域

两个领域是指在物资流通领域的材料管理和生产领域的材料管理。

1)物资流通领域是组织整个国民经济物资流通的组织形式。园林施工材料是物资流通领域的组成部分。物资流通领域的材料管理是指在企业材料计划指导下组织货源,进行订货、采购、运输和技术保管,以及对企业多余材料向社会提供资源等活动的管理。

2)生产领域的材料管理是指在生产消费领域中,实行定额供料,采取节约措施和奖励办法,鼓励降低材料单耗,实行退料回收和修旧利废活动的管理。园林施工企业的施工队是施工

材料供应、管理、使用的基层单位，它的材料工作重点是管理，工作的好与坏，对管理的成效有明显作用。基层把工作做好了，不仅可以提高企业经济效益，还能为材料供应与管理打下基础。

(2) 3个方面

3个方面是指园林施工材料的供应、管理、使用。三者是紧密结合的。

(3) 8项业务

8项业务是指材料计划、组织货源、运输供应、验收保管、现场材料管理、工程耗料核销、材料核算和统计分析8项业务。

二、园林施工现场材料管理

凡项目所需的各类材料，自进入施工现场至施工结束清理现场为止的全过程所进行的材料管理，均属施工现场材料管理的范围。

施工现场是园林施工企业从事施工生产活动，最终形成园林产品的场所。在园林工程建设中，造价70%左右的材料费，都是通过施工现场投入消费的。施工现场的材料管理，属于生产领域里材料耗用过程的管理，与企业其他技术经济管理有着密切的关系，是园林施工企业材料管理的出发点和落脚点。

现场材料管理是在现场施工过程中，根据工程类型、场地环境、材料保管和消耗特点，采取科学的管理办法，从材料投入到成品产出全过程进行计划、组织、协调和控制，力求保证生产需要和材料的合理使用，最大限度地降低材料消耗。

现场材料管理的好坏是衡量园林施工企业经营管理水平和实现文明施工的重要标志，也是保证工程进度、工程质量，提高劳动效率，降低工程成本的重要环节。加强现场材料管理是提高材料管理水平，克服施工现场混乱和浪费现象，提高经济效益的重要途径之一。

施工项目经理是现场材料管理全面领导责任者；施工项目经理部主管材料的人员是施工现场材料管理直接责任人；班组料具员在主管材料员的业务指导下，协助班组长组织和监督本班组合理领、用、退料。现场材料人员应建立材料管理岗位责任制。

1. 施工现场材料管理的原则和任务

1)全面规划，保障园林施工现场材料管理有序进行。在园林工程开工前作出施工现场材料管理规划，参与施工组织设计的编制，规划材料存放场地、运输道路，做好园林工程材料预算，制订施工现场材料管理目标。全面规划是使现场材料管理全过程有序进行的前提和保证。

2)合理计划，掌握进度，正确组织材料进场。按工程施工进度计划，组织材料分期分批有秩序地进场。一方面保证施工生产需要，另一方面可以防止形成大批剩余材料。计划进场是现场材料管理的重要环节和基础。

3)严格验收，严格把好工程质量第一关。按照各种材料的品种、规格、质量、数量要求，严格对进场材料进行检查，办理收料。验收是保证进场材料品种、规格符合设计要求，质量完好、数量准确的第一道关口，是保证工程质量，实现降低成本的重要保证条件。

4)合理存放，促进园林工程施工的顺利进行。按照现场平面布置要求，做到适当存放，在方便施工、保证道路畅通、安全可靠的原则下，尽量减少二次搬运。合理存放是妥善保管的前提，是生产顺利进行的保证，是降低成本的重要方面。

5)进入现场的园林材料应根据材料的属性妥善保管。园林工程材料各具特性，尤其是植物材料，其生理生态习性各不相同，因此，必须按照各项材料的自然属性，依据物资保管技术要求和现场客观条件，采取各种有效措施进行维护、保养，保证各项材料不降低使用价值，植物材料成活率高。妥善保管是物尽其用,实现降低成本的又一保证条件。

6)控制领发,加强监督,最大限度地降低工程施工消耗。施工过程中,按照施工操作者所承担的任务,依据定额及有关资料进行严格的数量控制,提高工程施工组织与技术规范。

7)加强材料使用记录与核算,改进现场材料管理措施。用实物量形式,通过对消耗活动进行记录、计算、控制、分析、考核和比较,反映消耗水平。准确核算既是对本期管理结果的反映,又为下期提供改进的依据。

2. 施工现场材料管理的内容

(1)材料计划管理

项目开工前,向企业材料部门提出一次性计划,作为供应备料依据;在施工中,根据工程变更及调整的施工预算,及时向企业材料部门提出调整供料月计划,作为动态供料的依据;根据施工平面图对现场设施的设计,按使用期提出施工设施用料计划,报供应部门作为送料的依据;按月对材料计划的执行情况进行检查,不断改进材料供应。

(2)材料进场验收

为了把住质量和数量关,在材料进场时必须根据进料计划、送料凭证、质量保证书或产品合格证,进行材料的数量和质量验收;验收工作按质量验收规范和计量检测规定进行;验收内容包括品种、规格、型号、质量、数量等;验收要做好记录、办理验收手续;对不符合计划要求或质量不合格的材料应拒绝验收。

现场材料人员接到材料进场的预报后,要做好以下5项准备工作。

1)检查现场施工便道有无障碍及平整通畅,车辆进出、转弯、调头是否方便,还应适当考虑回车道,以保证材料能顺利进场。

2)按照施工组织设计的场地平面布置图的要求,选择好适当的堆料场地,要求平整、没有积水。

3)必须进现场临时仓库的材料,按照"轻物上架、重物近门、取用方便"的原则准备好库位,防潮、防霉材料要事先铺好垫板,易燃易爆材料一定要准备好危险品仓库。

4)夜间进料要准备好照明设备,在道路两侧及堆料场地,都应有足够的亮度,以保证安全生产。

5)准备好起卸设备、计量设备、遮盖设备等。

现场材料的验收主要是检验材料品种、规格、数量和质量。验收步骤如下。

1)查看送料单,是否有误送。

2)核对实物的品种、规格、数量和质量,是否和凭证一致。

3)检查原始凭证是否齐全正确。

4)做好原始记录,填写收料日记,逐项详细填写;其中验收情况登记栏,必须将验收过程中发生的问题填写清楚。

根据材料的不同,其验收方法也不一样。

1)水泥需要按规定取样送检,经试验安定性合格后方可使用。

2)木材质量验收包括材种验收和等级验收,数量以材积表示。

3)钢材质量验收分外观质量验收和内在化学成分、力学性能验收。

此外,园林建筑小品材料验收要详细核对加工计划,认真检查规格、型号和数量。

园林植物材料验收时应确认植物材料形状尺寸(树高、胸径、冠幅等)、树形、树势、根的状态及有无病虫害等，搬入现场时还要再次确认树木根系与土球状况、运输时有无损伤等，同时还应该做好数量的统计与确认工作。

(3)材料的储存与保管

进库的材料应验收入库，建立台账；现场的材料必须防火、防盗、防雨、防变质、防损坏；施工现场材料的放置要按平面布置图实施，做到位置正确、保管处置得当、合乎堆放保管制度；要日清、月结、定期盘点、账实相符。

园林植物材料坚持随挖、随运、随种的原则，尽量减少存放时间，如需假植，应及时进行。

(4)材料领发

凡有定额的工程用料，凭限额领料单领发材料；施工设施用料也实行定额发料制度，以设施用料计划进行总控制；超限额的用料，用料前应办理手续，填制限额领料单，注明超耗原因，经签发批准后实施；建立领发料台账，记录领发状况和节超状况。

针对现场材料管理的薄弱环节，材料发放中应做好以下几方面的工作。

1)必须提高材料人员的业务素质和管理水平，要对在建工程的概况、施工进度计划、材料性能及工艺要求有进一步的了解，便于配合施工生产。

2)根据施工生产需要，按照国家计量法规定，配备足够的计量器具，严格执行材料进场及发放的计量检测制度。

3)在材料发放过程中，认真执行定额用料制度，核实工程量、材料的品种、规格及定额用量，以免影响施工生产。

4)严格执行材料管理制度，大堆材料清底使用，水泥先进先出，装修材料按计划配套发放，以免造成浪费。

5)对价值较高及易损、易坏、易丢的材料，发放时领发双方须当面点清，签字认证，并做好发放记录。实行承包责任制，防止丢失损坏，以免重复领发料的现象发生。

3. 加强材料消耗管理，降低材料消耗

材料消耗过程的管理就是对材料在施工生产消耗过程中进行组织、指挥、监督、调节和核算，借以消除不合理的消耗，达到物尽其用，降低材料成本，增加企业经济效益的目的。在园林建设工程中，材料费用占工程造价的比重很大，施工企业的利润，大部分来自材料采购成本的节约和降低材料消耗，特别是要求降低现场材料消耗。

为改善现场材料管理水平，强化现场材料管理的科学性，达到节约材料的目的，施工企业不但要研究材料节约的技术措施，更重要的是研究材料节约的组织措施。组织措施比技术措施见效快、效果大，因此要特别重视施工规划(施工组织设计)对材料节约技术组织措施的设计，特别重视月度技术组织措施计划的编制和贯彻。

第七节　园林工程施工资料管理

一、园林工程施工资料的主要内容

1)工程项目开工报告(表5-6)。

2)中标通知书和园林工程承包合同。

3)工程项目竣工报告(表5-7)。

4)工程开工/复工报审表(表5-8)。

表 5-6　开工报告

施工单位：　　　　　　　　　　　　　　　　　　　　　　　　　　　　报告日期：

工程编号		开工日期	
工程名称		结构类型	
建设单位		建筑面积	
施工单位		建筑造价	
设计单位		建设单位联系人	
监理单位		总监理工程师	
项目经理		制表人	

说明

施工单位意见： 签名(盖章)： 年　月　日	监理单位意见： 签名(盖章)： 年　月　日	建设单位意见： 签名(盖章)： 年　月　日

注:本表一式 4 份,施工单位、监理单位、建设单位盖章后各一份,开工 3 天内报主管部门一份。

表 5-7　工程竣工报告

工程名称		绿化面积		地　点	
建设单位		结构类型		造　价	
施 工 员		计划工期		实际工期	
开工日期		竣工日期			
技术资料齐全情况					
竣工标准达到情况					
甩项项目和原因					

本工程已　年　月　日全部竣工,请于　年　月　日在现场派人验收。 技术负责人： 项目经理： 年　月　日	监理单位审核意见： 签名(公章)： 年　月　日	建设单位审批意见： 签名(公章)： 年　月　日

表 5-8　工程开工/复工报审表

工程名称：　　　　　　　　　　　　　　　　　　　　　　　　　　　　编号

致：

我方承担的___________工程,已完成以下各项工程,具备了开工/复工条件,特此申请施工,请核查并签发开工/复工指令。

附:1. 开工报告

2.（证明文件）

承包单位(章)
项目经理
日　期

审查意见：

项目监理机构
总监理工程师
日　期

5）园林工程联系单（表5-9）。

表5-9　××园林工程公司工程联系单

编号　绿字第　　　　号　　　　　　　　　　　　　　　　　　联系日期：

工程名称		
建设单位		
抄送单位		
联系内容		
	提出者：	主管：　　　　（盖章）
建设单位		签字：　　　　（盖章）
监理单位		签字：　　　　（盖章）

6）设计图样交底会议纪要（表5-10）。

表5-10　设计图样交底会议纪要

建设单位：　　　　　　　　设计单位：
施工单位：　　　　　　　　工程名称：　　　　　　交底日期：

出席单位	出席会议人员名单
建设单位	
设计单位	
施工单位	
监理单位	

注：交底内容在纪要后附报告纸。

7）园林工程变更单（表5-11）。

表5-11　园林工程变更单

工程名称：　　　　　　　　　　　　　　　　　　　　　　　　编号：

致：＿＿＿＿＿＿（监理单位）

由于＿＿＿＿＿＿＿＿＿＿＿＿＿＿＿＿＿＿＿＿＿＿＿＿＿＿＿＿原因，兹提出工程变更（内容见附件），请予以审批。

附件

提出单位：＿＿＿＿
代 表 人：＿＿＿＿
日　　期：＿＿＿＿

一致意见：

建设单位代表	设计单位代表	项目监理机构
签字：	签字：	签字：
日期：	日期：	日期：

8）技术变更核定单（表5-12）。

表5-12　技术变更核定单

第　页　共　页　　　　　　　　　　　　　　　　　　　　　　　　　　　　　　编号：

建设单位		设计单位	
工程名称		分项部位	
施工单位		工程编号	

项　次	核　定　内　容

主送或抄送单位	会　签	签　发

9）工程质量事故发生后调查和处理资料（表5-13、表5-14）。

表5-13　工程质量一般事故报告表

工程名称：　　　　　　　　　　填报单位：　　　　　　　　　　填报日期：

分部分项工程名称				事故性质		
部　位				发生日期		
事故情况						
事故原因						
事故处理						
返工损失	事故工程量					
	事故费用	材料费（元）		合计	元	
		人工费（元）				
		其他费用（元）				
	耽误工作日					
备注						

质监负责人：　　　　　　　　　　　　　　　　　　　　　　制表人：

表 5-14　重大工程质量事故报告表

填报单位:(盖章)

工程名称		设计单位	
建设单位		施工单位	
工程地点		事故发生时间	
损失金额(元)		人员伤亡	
工程概况、事故情况及主要原因			
备　注			

填表人:　　　　报出日期:　　　　年　月　日

10)水准点位置、定位测量记录、沉降及位移观测记录(表 5-15)。

表 5-15　测量复核记录

工程名称		施工单位	
复核部位		日　期	
原施测人签字		复核测量人签字	
测量复核情况(草图)			
备　注			

11)材料、设备、构件的质量合格证明资料(表 5-16)。

表 5-16　进场设备报验表

工程名称		表号	监 A-02
施工合同编号		编号	

致＿＿＿＿＿＿(监理单位)

下列施工设备已按合同规定进场,请查验签证,准予使用。

设备名称	规格型号	数　量	生产单位	进场日期	技术状况	拟用何处	备　注

项目经理　　日期　　承包商(盖章)

监理单位审定意见:

监理工程师　　日期
监理单位(盖章)

注:本表由承包商呈报 3 份,查验后监理方、建设单位、承包商各持一份。

这些证明材料必须如实地反映实际情况,不得擅自修改、伪造和事后补制。对有些重要材料,应附有关资质证明材料、质量及性能资料的复印件。

12)试验、检验报告。各种材料的试验检验资料(表 5-17),必须根据规范要求制作试件或取样，进行规定数量的试验，若施工单位对某种材料的检验缺乏相应的设备，可送具有权威性、法定性的有关机构检验。植物材料必须要附有当地植物检疫部门开出的植物检疫证书（见表5-18～表5-20）。试验检验的结论只有符合设计要求后才能用于工程施工。

表5-17　工程材料报验表

工程名称		表号	监A-06
施工合同编号		编号	

致＿＿＿＿＿＿（监理单位）

下列建筑材料经自检试验，符合技术规范及设计要求，报请验证，并准予进场使用。

附件1. 材料清单（材料名称、产地、厂家、用途、规格、准用证号、数量）

2. 材料出厂合格证
3. 材料复试报告
4. 准用证

项目经理　　日期　　承包商（盖章）

监理单位审定意见：

监理工程师　　　日期

监理单位（盖章）

注：本表由承包商呈报3份，审批后监理方、建设单位、承包商各执一份。

表5-18　植物检疫证书（省内）

林（　　）检字

产　地					
运输工具		包　装			
运输起讫	自　　　　至				
发货单位（人）及地址					
收货单位（人）及地址					
有效期限	自　年　月　日至　年　月　日				
植物名称	品名（材种）	单　位		数　量	
合　计					

签发意见：上列植物或植物产品，经（　　）检疫未发现森林植物检疫对象及本省（区、市）补充检疫对象，同意调运。

签发机关（森林植物检疫专用章）　　检疫员

签证日期　　年　　月　　日

注：1. 本证无调出地森林植物检疫专用章和检疫员签字（盖章）无效。

2. 本证转让、涂改和重复使用无效。
3. 一车（船）一证，全程有效。

13）隐蔽检查与验收记录及施工日志（表5-21～表5-23）。

14）竣工图。

15）质量检验评定资料（表5-24～表5-26）。

16）工程竣工验收及资料（表5-27～表5-31）。

表 5-19　植物检疫证书（出省）

林（　　）检字

产　　地			
运输工具		包　　装	
运输起讫	自　　　　　　至		
发货单位（人）及地址			
收货单位（人）及地址			
有效期限	自　　年　　月　　日至　　年　　月　　日		
植物名称	品名（材种）	单　　位	数　　量
合计			

签发意见：上列植物或植物产品，经（　　）检疫未发现森林植物检疫对象，本省（区、市）及调入省（区、市）补充检疫对象，调入省（区、市）要求检疫的其他植物病虫，同意调运。

委托机关（森林植物检疫专用章）

签发机关（森林植物检疫专用章）
检疫员

签证日期　　年　　月　　日

注：1. 本证无调出地省级森林植物检疫专用章（受托办理本证的须再加盖承办签发机关的森林植物检疫专用章）和检疫员签字（盖章）无效。
2. 本证转让、涂改和重复使用无效。
3. 一车（船）一证，全程有效。

表 5-20　植物材料进场报验单

工程名称：　　　　　　　　　　　　合同号：

致：

下列园林工程植物材料，经自查符合设计，植物检疫及苗木出圃要求，报请验证进场。

施工单位：　　　　　　　　　　　　日期：

植物名称	植物产地	规　　格	数量（株）	植物检疫证	进场日期

监理意见：

日期：

表 5-21　隐蔽工程检查记录

年　　月　　日　　　　　　　　　　编号

工程名称		施工单位	
隐检项目		隐检部位	
隐检内容			
检查情况			
处理意见			

签字	施　工　单　位	监　理　单　位	建　设　单　位	设　计　单　位

注：本表一式 4 份：建设单位、监理单位、设计单位、施工单位各一份。

表 5-22　隐蔽工程验收记录

编号：　　　　　　　　　　　　　　　　　　　　　　　　年　　月　　日

<table>
<tr><td colspan="3">单位工程名称</td><td colspan="2">建 设 单 位</td><td colspan="2">施 工 单 位</td></tr>
<tr><td colspan="3"></td><td colspan="2"></td><td colspan="2"></td></tr>
<tr><td rowspan="2">隐蔽工程内容</td><td colspan="3">分部分项工程名称</td><td>单位</td><td>数量</td><td>图样编号</td></tr>
<tr><td colspan="3"></td><td></td><td></td><td></td></tr>
<tr><td rowspan="2">验收意见</td><td>施工负责人</td><td colspan="5"></td></tr>
<tr><td>专职质量员</td><td colspan="5"></td></tr>
<tr><td rowspan="3">建设单位</td><td rowspan="3"></td><td rowspan="3">监理单位</td><td rowspan="3"></td><td rowspan="3">施工单位</td><td>施工负责人</td><td></td></tr>
<tr><td>质量员</td><td></td></tr>
<tr><td>验收日期</td><td></td></tr>
</table>

表 5-23　施工日志

年　月　日　　　最高　　　　　　　　　　　上午(晴、多云、阴、小雨、大雨、雪)

　　　　　　气温　　　　　　　　　　　气候

星期　　　　　最低　　　　　　　　　　　下午(晴、多云、阴、小雨、大雨、雪)

<table>
<tr><td>工种</td><td></td><td></td><td></td><td></td><td></td><td></td></tr>
<tr><td>人数</td><td></td><td></td><td></td><td></td><td></td><td></td></tr>
<tr><td>专业</td><td colspan="5">施 工 情 况</td><td>记录人</td></tr>
<tr><td></td><td colspan="5"></td><td></td></tr>
</table>

存在问题(包括工程进度与质量)：

记录人：______

处理情况：

记录人：______

其他(包括安全与停工等情况)：

记录人：______

项目经理：______

表 5-24　园林单位工程质量综合评定表

工程名称：　　施工单位：　　开工日期：　　年　月　日

工程面积：　　绿化类型：　　竣工日期：　　年　月　日

项　次	项　目	评 定 情 况	核 定 情 况
1	分部工程评定汇总	共：　分部 其中：优良　分部 优良率　% 土方造型分部质量等级 绿化种植分部质量等级 建筑小品分部质量等级 其他分部质量等级	
2	质量保证资料	共核查　项 其中：符合要求　项 经鉴定符合要求　项	
3	观感评定	应得　分 实得　分 得分率　%	

企业评定等级： 企业经理： 企业技术负责人： 公章 年　月　日	园林绿化工程质量监督站： 部门负责人： 建设单位或主管： 站长或主管： 部门负责人： 公章 年　月　日

制表人：　　年　月　日

表 5-25　栽植土分项工程质量检验评定表

工程名称：　　　　　　　　　　　　　　　　　　　　编号

	项目	质量情况
保证项目	栽植土壤及下水位深度，必须符合栽植植物的生长要求；严禁在栽植土层下有不透水层	

		项目	质量情况										等级
基本项目			1	2	3	4	5	6	7	8	9	10	
	1	土地平整											
	2	石砾、瓦砾等杂物含量											

		项目			允许偏差（cm）	实测值（cm）									
允许偏差项目						1	2	3	4	5	6	7	8	9	10
	1	栽植土深度和地下水位深度	大、中乔木		>100										
			小乔木和大、中灌木		>80										
			小灌木、宿根花卉		>60										
			草木地被、草坪、一二年生草花		>40										
	2	栽植土块块径	大、中乔木		<8										
			小乔木和大、中灌木		<6										
			小灌木、宿根花卉		<4										
	3	石砾、瓦砾等杂物块径	树木		<5										
			草坪、地被（草本、木本）、花卉		<1										
	4	地形标准	全高	<1m	±5										
				1～3m	±20										
				>3m	±50										

检查结果	保证项目	合格
	基本项目	检查　　项，其中优良　　项，优良率　　%
	允许偏差项目	实测　　点，其中合格　　点，合格率　　%

评定等级	项目经理： 工长： 班组长： 承包商（公章）： 年　月　日	监理单位核定意见： 签名公章： 年　月　日

表 5-26 植物材料分项工程质量检验评定表

工程名称: 编号

保证项目	项目	质量情况
保证项目	植物材料的品种必须符合设计要求,严禁带有重要病、虫、草害	

基本项目			项目	质量情况 1	2	3	4	5	6	7	8	9	10	等级
基本项目	1	树木	姿态和生长势											
			病虫害											
			土球和裸根树根系											
	2	草块和草根茎												
	3	花苗、草木地被												

允许偏差项目			项目		允许偏差(cm)	实测值(cm) 1	2	3	4	5	6	7	8	9	10
允许偏差项目	1	乔木	胸径	<10cm	-1										
				10~20cm	-2										
				>20cm	-3										
			高度		+50, -20										
			蓬径		-20										
	2	灌木	高度		+50, -20										
			蓬径		-10										
			地径		-1										
	3	球类	蓬径和高度	<100cm	-10										
				100~200cm	-20										
				>200cm	-30										
	4	土球、裸根树木根	直径		+0.2										
			深度		+0.2*D*										

检查结果		
检查结果	保证项目	
	基本项目	检查 项,其中优良 项,优良率 %
	允许偏差项目	实测 点,其中合格 点,合格率 %

评定等级		
评定等级	项目经理: 工长: 班组长: 承包商(公章): 年 月 日	监理单位核定意见: 签名公章: 年 月 日

表 5-27　工程竣工报验单

工程名称:　　　　　　　　　　　　　　　　　　　　　　　　编号

致:　　　　　　　　(监理公司)

我方已按合同要求完成了________________________工程,经自检合格,请予以检查和验收。

附件

承包单位(章)

项目经理

日　　期

审查意见:

经初步验收,该工程

1. 符合/不符合我国现行法律法规要求
2. 符合/不符合我国现行工程建设标准
3. 符合/不符合设计文件要求
4. 符合/不符合施工合同要求

综上所述,该工程初步验收合格/不合格,可以/不可以组织正式验收。

项目监理机构

总监理工程师

日　　期

表 5-28　绿化工程初验收单

工程名称		工程性质		绿地面积(m^2)	
		工程类别		园建面积(m^2)	
具体地段			水体面积(m^2)		
建设单位		设计单位		施工单位	
监理单位		质监单位			
开工日期		完成日期		实际日期	
工程完成情况					
确认意见	本工程确认于　年　月　日完工,并进行初检。				
初验意见					

施 工 单 位	建 设 单 位	设 计 单 位
参加验收人员(签名):	参加验收人员(签名):	参加验收人员(签名):
监 理 单 位	质 监 单 位	接 收 单 位
参加验收人员(签名):	参加验收人员(签名):	参加验收人员(签名):

注:1. 初检意见中应包含苗木的密度数量查验评定结果。

2. 工程性质为:新增或改造。

3. 工程类别为:道路绿化或庭院绿化。

表 5-29 绿化工程交接单

<table>
<tr><td>工程名称</td><td colspan="5"></td></tr>
<tr><td>具体地段</td><td colspan="5"></td></tr>
<tr><td>交接时间</td><td colspan="5"></td></tr>
<tr><td rowspan="3">移交内容</td><td>绿地面积(m^2)</td><td colspan="2"></td><td>工程类别</td><td></td></tr>
<tr><td>园建面积(m^2)</td><td colspan="2"></td><td>工程性质</td><td></td></tr>
<tr><td>水体面积(m^2)</td><td colspan="2"></td><td></td><td></td></tr>
<tr><td rowspan="2">参加交接</td><td colspan="2">建 设 单 位</td><td colspan="2">施 工 单 位</td><td>接 管 单 位</td></tr>
<tr><td colspan="2"></td><td colspan="2"></td><td></td></tr>
<tr><td rowspan="5">参加人员</td><td colspan="3">单 位 名 称</td><td colspan="2">姓 名</td></tr>
<tr><td colspan="3"></td><td colspan="2"></td></tr>
<tr><td colspan="3"></td><td colspan="2"></td></tr>
<tr><td colspan="3"></td><td colspan="2"></td></tr>
<tr><td colspan="3"></td><td colspan="2"></td></tr>
<tr><td>备 注</td><td colspan="5"></td></tr>
</table>

表 5-30 绿化施工过程检查表

工程项目名称： 地点：

<table>
<tr><td colspan="2">项目负责人</td><td>检查部门/检查</td><td></td></tr>
<tr><td>序</td><td>检 查 项 目</td><td colspan="2">质 量 情 况</td></tr>
<tr><td>1</td><td>□种植土壤</td><td colspan="2"></td></tr>
<tr><td>2</td><td>□种植地形</td><td colspan="2"></td></tr>
<tr><td>3</td><td>□种植穴</td><td colspan="2"></td></tr>
<tr><td>4</td><td>□施肥</td><td colspan="2"></td></tr>
<tr><td>5</td><td>□苗木形态（规格、球径、病虫害、根系、枝叶）</td><td colspan="2"></td></tr>
<tr><td>6</td><td>□苗木种植（复土、浇水、支撑）</td><td colspan="2"></td></tr>
<tr><td>7</td><td>□修剪</td><td colspan="2"></td></tr>
<tr><td>8</td><td>□养护</td><td colspan="2"></td></tr>
<tr><td>9</td><td>□其他</td><td colspan="2"></td></tr>
<tr><td colspan="2">检查结论</td><td colspan="2">被检查人： 检查人：</td></tr>
</table>

记录： 总包负责人： 分包负责人： 日期：

注：在检查项□中打√。

表 5-31　绿化养护过程(检查)记录

工程项目名称：　　　　　　　　　　　　　　　　　　编号：

日期	养护内容记录								
	灌溉	排水	除草	施肥 品种、用量(kg)	修剪整形	支撑	围护	补植	说明
结论意见	项目负责人：　　年　月　日								

检查记录人：　　　　　　　　　　　　　　　　　　日期：　　年　月　日

注：对实施的内容打√。

二、施工阶段的资料管理

1. 施工资料管理规定

1)施工资料应实行报验、报审管理。施工过程中形成的资料应按报验、报审程序，通过相关施工单位审核后，方可报建设(监理)单位。

2)施工资料的报验、报审应有时限要求。工程相关各单位宜在合同中约定报验、报审资料的申报时间及审批时间，并约定应承担的责任。当无约定时，施工资料的申报、审批不得影响正常施工。

3)建筑工程实行总承包的，应在与分包单位签订施工合同中明确施工资料的移交套数、移交时间、质量要求及验收标准等。分包工程完工后，应将有关施工资料按约定移交。

承包单位提交的竣工资料必须由监理工程师审查完之后，认为符合工程合同及有关规定，且准确、完整、真实，便可签证同意竣工验收的意见。

2. 施工资料管理流程

1)工程技术报审资料管理流程(图 5-9)。

2)工程物资选样资料管理流程(图 5-10)。

3)物资进场报验资料管理流程(图 5-11)。

4)工序施工报验资料管理流程(图 5-12)。

5)部位工程报验资料管理流程(图 5-13)。

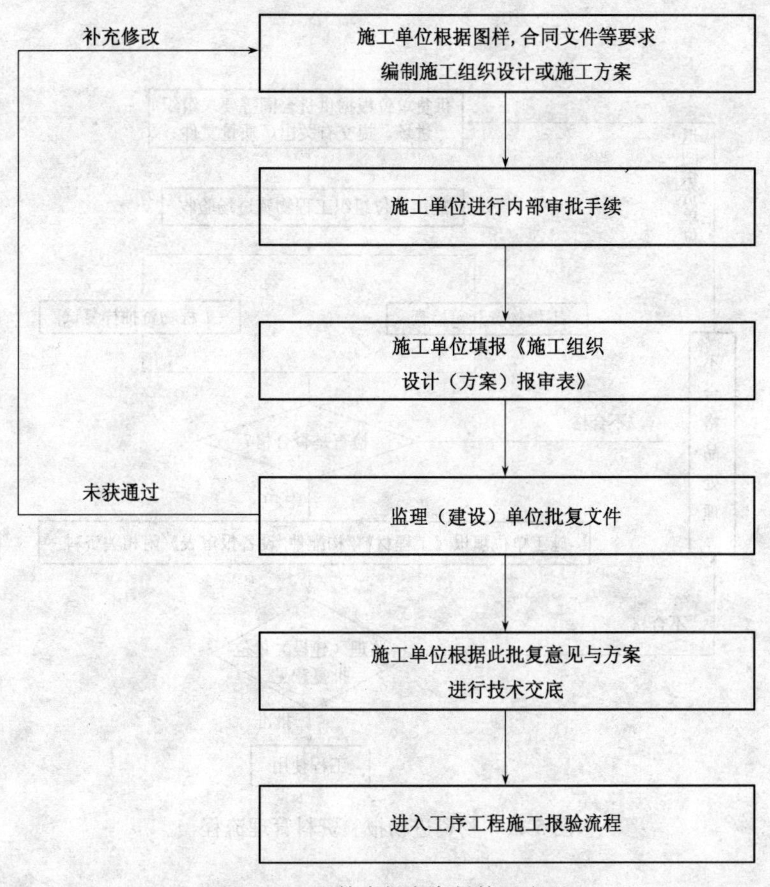

图 5-9　工程技术报审资料管理流程

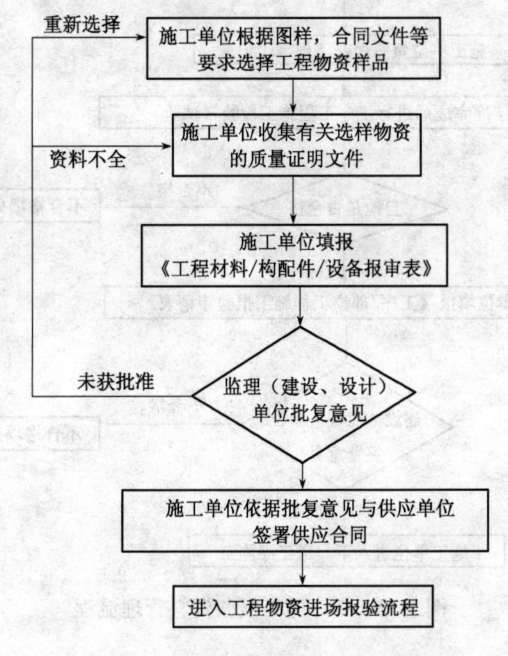

图 5-10　工程物资选样资料管理流程

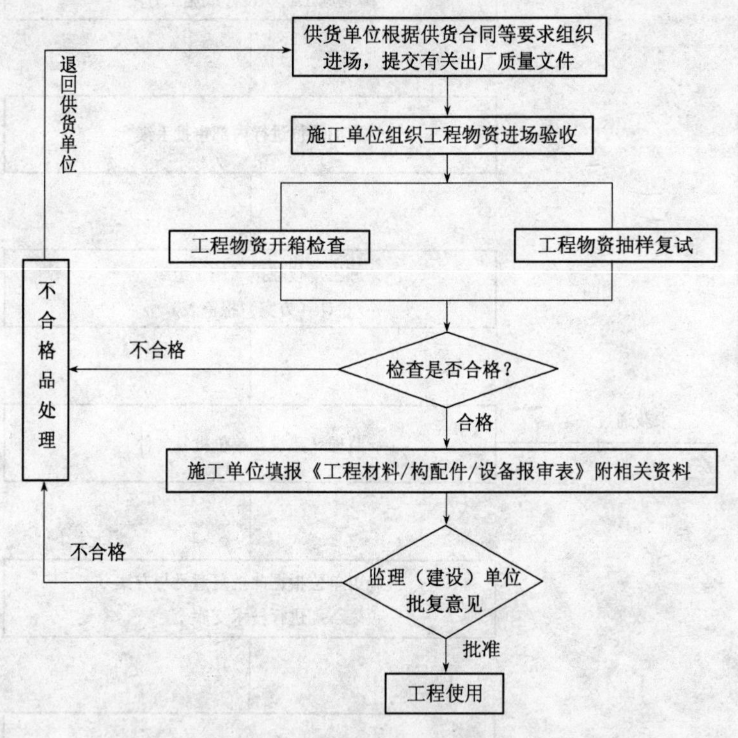

图 5-11 物资进场报验资料管理流程

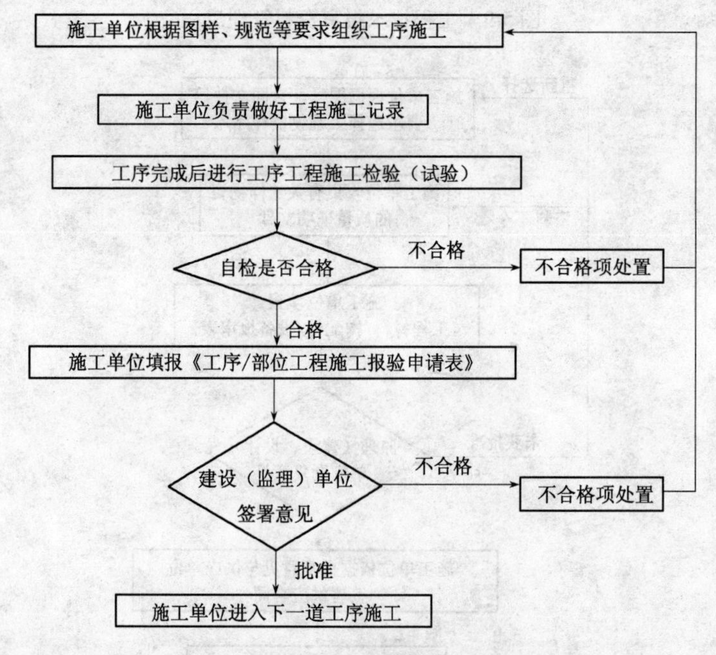

图 5-12 工序施工报验资料管理流程

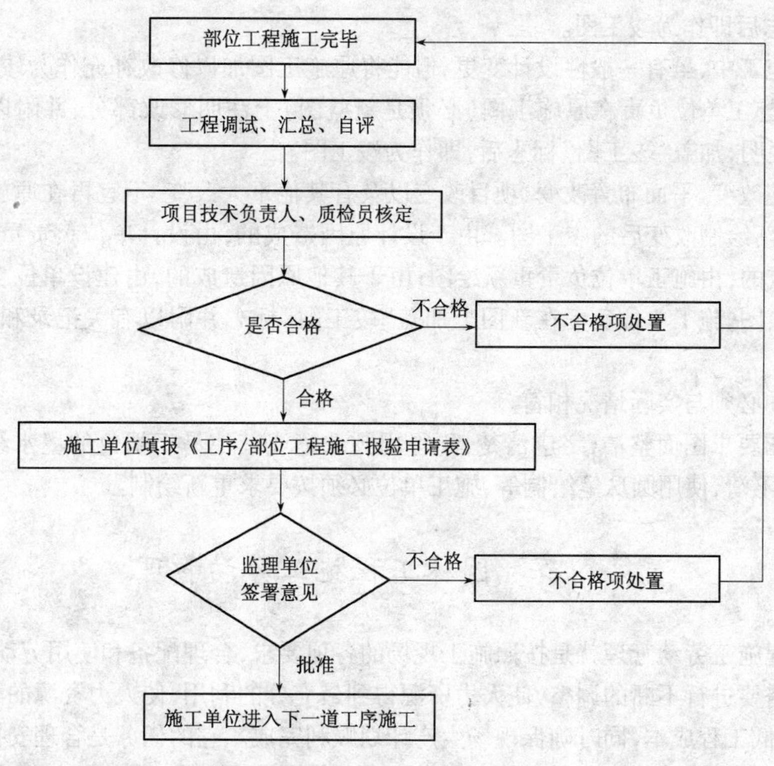

图 5-13　部位工程报验资料管理流程

6）竣工报验资料管理流程（图 5-14）。

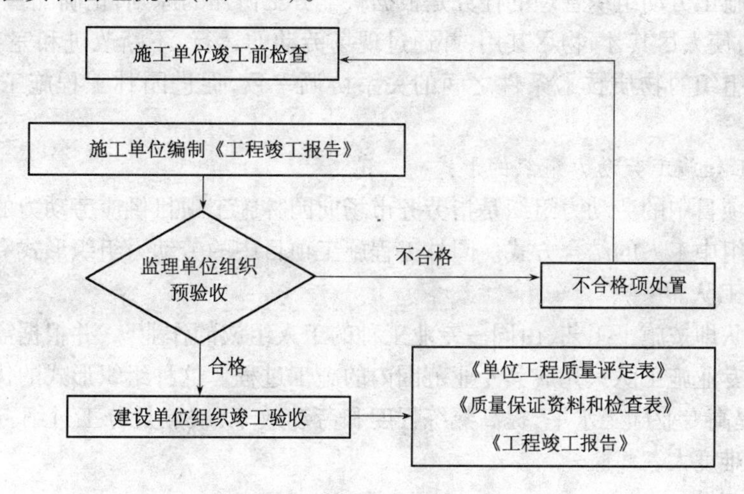

图 5-14　竣工报验资料管理流程

3. 园林工程竣工图资料管理

园林工程项目竣工图是真实地记录各种地下、地上园林景观要素等详细情况的技术文件，是对工程进行交工验收、维护、扩建、改建的依据，也是使用单位长期保存的技术资料。一般规定，施工单位提交竣工图必须符合以下要求。

1）凡按图施工没有变动的，则由施工单位（包括总包和分包施工单位）在原施工图上加盖

“竣工图”标志后即作为竣工图。

2)凡在施工中,虽有一般性设计变更,但能将原施工图加以修改补充作为竣工图的,可不重新绘制,由施工单位负责在原施工图(必须是新蓝图)上注明修改部分,并附以设计变更通知单和施工说明,加盖“竣工图”标志后,即作为竣工图。

3)凡工艺改变、平面布置改变、项目改变以及有其他重大改变,不宜再在原施工图上修改补充者,应重新绘制改变后的竣工图。由于设计原因造成的,由设计单位负责重新绘图;由于施工原因造成的,由施工单位负责重新绘图;由于其他原因造成的,由建设单位自行绘图或委托设计单位绘图,施工单位负责在新图上加盖“竣工图”标志并附以有关记录和说明,作为竣工图。

4)竣工图必须与实际情况相符。

5)竣工图要求图面整洁,字迹清楚,不得用圆珠笔或其他易于褪色的墨水绘制。若图面不整洁,字迹不清,使用圆珠笔绘制等,施工单位必须按要求重新绘制。

第八节 园林工程施工劳动管理

园林工程施工劳动管理就是按照施工现场的各项要求,合理配备和使用劳动力,并按园林工程的实际需要进行不断的调整,使人力资源得到最充分的利用,使人力资源的配置结构达到最佳状态,降低工程成本,同时确保现场生产计划顺利完成。它的任务是合理安排和节约使用劳动力,正确贯彻按劳分配原则,充分调动全体职工的劳动积极性,不断提高劳动生产率。

1. 园林工程施工劳动组织管理

园林工程施工劳动组织管理的任务是根据科学分工协作的原则,正确配备劳动力,确立合理的组织机构,使人尽其才、物尽其用,并通过现场劳动的运行,不断改进和完善劳动组织,使劳动者与劳动组织的物质技术条件之间的关系协调一致,促进园林工程施工劳动生产率的提高。

(1)园林工程施工劳动力组织的形式

园林施工项目中的劳动力组织是指劳务市场向园林施工项目供应劳动力的组织方式及园林工程施工班组中工人的结合方式。园林工程施工项目中的劳动力组织形式有以下几种。

1)专业施工队。

专业施工队即按施工工艺,由同一专业工种的工人组成的作业队,并根据需要配备一定数量的辅助工。专业施工队只完成其专业范围内的施工过程。这种组织形式的优点是生产任务专一,有利于提高专业施工水平,提高熟练程度和劳动效率;缺点是分工过细,适应范围小,工种间协作配合难度大。

2)混合施工队。

混合施工队是按施工需要,将相互联系的多工种工人组织在一起形成的施工队。可以在一个集体中进行混合作业,工作中可以打破每个工人的工种界限。其优点是便于统一指挥,利于生产和工种间的协调配合;其缺点是其组织工作要求严密,管理要求得力,否则会产生相互干扰和窝工现象。

施工队的规模一般应依据工程任务大小而定,施工队需采取哪种形式,则应以节约劳动力,提高劳动生产率为前提,按照实际情况进行选择。

(2)园林工程施工劳动组织的调整与稳定

园林工程施工劳动组织要服从施工生产的需要,在保持一定的稳定性情况下,随现场施工生产的变化而不断调整。

1)根据施工对象特点选择劳动组织形式。

根据不同园林工程施工对象的特点,如技术复杂程度、工程量大小等,分别采取不同的劳动组织形式。

2)尽量使劳动组织相对稳定。

施工作业层的劳动组织形式一般有专业施工队和混合施工队两种。对项目经理部来说,应尽量使作业层正在使用的劳动力和劳动组织保持稳定,防止频繁调动。当现场的劳动组织不适应任务要求时,应及时进行劳动组织调整。劳动组织的调整应根据园林工程具体施工对象的特点采用不同劳动组织形式,以利于工种间和工序间的协作配合。

3)技工和普工比例要适当。

为保证园林工程施工作业需要和工种组合,技术工人与普通工人的比例要适当、配套,要使技术工人和普通工人能够密切配合,既节约成本,又保证工程进度和质量。

园林工程施工劳动组织的相对稳定,对保证现场的均衡施工,防止施工过程脱节具有重要作用。劳动组织经过必要的调整,使新的组织具有更强的协调和作业能力,从而提高劳动效率。

(3)园林工程施工劳动管理的内容

1)上岗前的培训。

园林工程项目经理部在准备组建现场劳动组织时,若在专业技术或其他素质方面现有人员或新招人员不能满足要求时,应提前进行培训,再上岗作业。培训任务主要由企业劳动部门承担,项目经理部只能进行辅助培训,即临时性的操作训练或试验性的操作训练,进行劳动纪律、工艺纪律及安全作业教育等。

2)园林工程施工劳动力的动态管理。

根据园林工程施工进展情况和需求的变化,随时进行人员结构、数量的调整,不断达到新的优化。当园林施工工地需要人员时立即进场,当出现过多人员时则向其他工地转移,使每个岗位负荷饱满,每个工人有事可做。

3)园林工程施工劳动要奖罚分明。

园林工程施工的劳动过程就是园林产品的生产过程,工程的质量、进度、效益取决于园林工程施工劳动的管理水平、劳动组织的协作能力及劳动者的施工质量和效率。所以,要求每个工人的操作必须规范化、程序化。施工现场要建立考勤及工作质量完成情况的奖罚制度。对于遵守各项规章制度,严格按规范规程操作,完成工程质量优秀的班组或个人给予奖励;对于违反操作规程,不遵守各项现场规章制度的班组或个人给予处罚,严重者遣返劳务市场。

4)做好园林工程施工工地的劳动保护和安全卫生管理。

园林工程施工劳动保护及安全卫生工作较其他行业复杂,不安全、不卫生的因素较多,因此必须做到以下几个方面的工作:首先,建立劳动保护和安全卫生责任制,使劳动保护和安全卫生有人抓,有人管,有奖罚;其次,对进入园林工程施工工地的人员进行教育,增强工人的自我防范意识;再次,落实劳动保护及安全卫生的具体措施及专项资金,并定期进行全面的专项检查。

(4)园林工程施工劳动力管理的任务

1)园林施工企业劳务部门的管理任务。

由于园林施工企业的劳务部门对劳动力进行集中管理,故它在施工劳务管理中起着主导作用,应做好以下几方面工作。

① 根据施工任务的需要和变化,从社会劳务市场中招募和遣返(辞退)劳动力。

② 根据项目经理部所提出的劳动力需要量计划与项目经理部签订劳务合同,并按合同向作业队下达任务,派遣队伍。

③ 对劳动力进行企业范围内的平衡、调度和统一管理。施工项目中的承包任务完成后收回作业人员,重新进行平衡、派遣。

④ 负责对企业劳务人员的工资奖金进行管理,实行按劳分配,兑现合同中的经济利益条款,进行合乎规章制度及合同约定的奖罚。

2)施工现场项目经理的管理任务。

项目经理是项目施工范围内劳动力动态管理的直接责任者,其责任主要内容如下。

① 按计划要求向企业劳务管理部门申请派遣劳务人员,并签订劳务合同。

② 按计划在项目中分配劳务人员,并下达施工任务单或承包任务书。

③ 在施工中不断进行劳动力平衡、调整,解决施工要求与劳动力数量、工种、技术、能力、相互配合中存在的矛盾,达到劳动力优化组合的目的。

④ 按合同支付劳务报酬。解除劳务合同后,将人员遣返内部劳务市场。

2. 定额与劳动定额

(1)定额

1)定额的概念。

定额是指在正常的施工条件、先进合理的施工工艺和施工组织条件下,采用科学的方法制定每完成一定计量单位的质量合格产品所必须消耗的人工、材料、机械设备及其价值的数量标准。正常的施工条件、先进合理的施工工艺和施工组织,是指生产过程按生产工艺和施工验收规范操作,施工条件完善,劳动组织合理,机械运转正常,材料储备合理。在这样的条件下,采用科学的方法对完成单位产品进行的定员(定工日)、定质(定质量)、定量(定数量)、定价(定资金),同时还规定了应完成的工作内容、达到的质量标准和安全要求等。

实行定额的目的,是为了力求用最少的人力、物力和财力的消耗,生产出符合质量标准的合格建筑产品,取得最好的经济效益。

建设工程定额中的任何一种定额,都只能反映出一定时期生产力水平,当生产力向前发展,定额就会变得不适应。所以说,定额具有显著的时效性。

2)定额的分类。

定额按其内容、形式、用途等不同,可以作如下分类。

① 按生产要素分类:劳动定额、材料消耗定额、机械台班使用定额。

② 按定额用途分类:施工定额、预算定额、概算定额、概算指标和估算指标。

③ 按定额单位和执行范围分类:全国统一定额、专业专用和专业通用定额、地方统一定额、企业补充定额、临时定额。

④ 按专业和费用分类:建筑工程定额、安装工程定额、其他工程和费用定额、间接费定额。

定额的形式、内容和种类是根据生产建设的需要而制定的,不同的定额及其在使用中的作用也不完全一样,但它们之间是相互联系的,在实际工作中有时需要相互配合使用。

(2)劳动定额

1)劳动定额的概念。

劳动定额又称劳动消耗定额或人工定额,是指企业在正常生产条件下,在社会平均劳动熟练程度下,为完成单位产品而消耗的劳动量。所谓正常的生产条件,是指在一定的生产(施工)组织和生产(施工)技术条件下,为完成单位合格产品,所必需的劳动消耗量的标准。这个标准是国家和企业对工人在单位时间内完成的产品数量、质量的综合要求。园林工程的劳动定额,是根据该地区园林工程施工平均的技术水平和劳动熟练程度制定的。

2)劳动定额的作用。

① 劳动定额为工种人员配备提供依据。

劳动定额是确定定员标准和合理组织施工的依据。劳动定额为施工工种人员的配备提供了可靠的数据。只有按劳动定额进行定员编制、组织生产、合理配备与协调平衡,才能充分发挥施工生产效率。

② 劳动定额为工程的施工组织设计的编制提供依据。

园林工程施工组织设计的编制是园林工程施工组织与管理的重要组成内容,而劳动定额可以为工程施工组织设计的编制提供科学可靠的依据。如施工进度计划的编制、施工作业计划的编制、劳动力需要量计划的编制、劳动工资计划的编制等,都以劳动定额为依据。

③ 劳动定额是衡量劳动效率的依据。

利用劳动定额可以衡量劳动生产效率,从中发现效率高低的原因,并总结先进经验,改进落后作业方式,不断提高劳动生产效率。利用劳动定额可以把完成施工进度计划、提高经济效益和个人收入直接结合起来。

3)劳动定额制定的基本原则。

① 定额水平"平均先进"。

这样才能代表社会生产力的水平和方向,推进社会生产力的发展。所谓平均先进水平,是指在施工任务饱满、动力和原料供应及时、劳动组织合理、企业管理健全等正常施工条件下,多数工人可以达到或超过,少数工人可以接近的水平。平均先进的定额水平,既要反映各项先进经验和操作方法,又要从实际出发,区别对待,综合分析利弊,使定额水平做到合理可行。

② 结构形式"简明适用"。

定额项目划分合理,步距大小适当,文字通俗易懂,计算方法简便,易于工人掌握和运用,在较大范围内满足不同情况和不同用途的需要。

③ 编制方法"专群结合"。

劳动定额要有专门机构负责组织专职定额人员和工人、工程技术人员相结合,以专职人员为主进行编制。同时,编制定额时,必须取得工人的配合和支持,使定额具有群众基础。

上述编制定额的3个重要原则是相互联系、相互作用的,缺一不可。

4)劳动定额编制的基本方法。

劳动定额的制定要有科学的根据,要有足够的准确性和代表性,既考虑先进技术水平,又考虑大多数工人能达到的水平,即所谓先进合理的原则。劳动定额编制的基本方法有以下几种。

① 经验估算法。

经验估算法是指根据定额人员、生产管理技术人员和老工人的实践经验,并参照有关技术资料,通过座谈讨论、分析研究和计算而制定定额的方法。其优点是:定额制定较为简单,工作量小,时间短,不需要具备更多的技术条件。缺点是:定额受估人员的主观因素影响大,技术数据不足,准确性差。此种方法只适用于批量小,不易计算工作量的生产过程。通常作为一次性定额使用。

② 统计分析法。

统计分析法是指根据一定时期内生产同类产品各工序的实际工时消耗和完成产品数量的统计,经过整理分析制定定额的方法。其优点是:方法简便,与经验估计法相比有较多的统计资料为依据。缺点是:原有统计资料不可避免地包含着一些偶然因素,以致影响定额的准确性。此种方法适用于生产条件正常、产品稳定、批量大、统计工作制度健全的生产过程定额的制定。

③ 比较类推法。

比较类推法是指按过去积累的统计资料,经过分析、整理,并结合现实的生产技术和组织条件确定劳动定额的一种方法。该法比经验估算法准确可靠,但对统计资料不加分析也会影响劳动定额的准确性。这种方法简便、工作量少,只要典型定额选择恰当,切合实际,具有代表性,类推出的定额水平一般比较合理。如果典型选择不当,整个系列定额都会有偏差。此种方法适用于定额测定较困难,同类型项目产品品种多,批量少的施工过程。

④ 技术测定法。

技术测定法是指在分析研究施工技术及组织条件的基础上,通过对现场观察和技术测定的资料进行分析计算,来制定定额的方法。它是一种典型的调查研究方法。其优点是:通过测定可以获得制定定额工作时间消耗的全部资料,有充分的依据,准确度较高,是一种科学的方法。缺点是:定额制定过程比较复杂,工作量较大、技术要求高,同时还需要做好工人思想工作。这种方法适用于新的定额项目和典型定额项目的制定。

上述 4 种方法可以结合具体情况具体分析,灵活运用,在实际工作中常常是几种方法并用。

5)劳动定额的表现形式。

劳动定额按其表现形式可分为时间定额和产量定额两种。

① 时间定额。

时间定额是指在一定的生产技术和生产组织条件下,某工种、某技术等级的工人小组或个人,完成单位合格产品所必须消耗的劳动时间。

这里的劳动时间包括有效工作时间(准备时间 + 基本生产时间 + 辅助生产时间),不可避免的中断时间以及工人必需的工间休息时间等。用公式表示为

定额工作时间 = 工人的有效工作时间 + 必需的工间休息时间 + 不可避免的中断时间

时间定额以工日为单位,每一个工日按 8h 计算,计算方法为

$$\text{单位产品时间定额(工日)} = \frac{1}{\text{每工产量}}$$

$$\text{单位产品时间定额(工日)} = \frac{\text{小组成员工日数的总和}}{\text{台班产量(班组完成产品数量)}}$$

② 产量定额。

产量定额是指在一定的生产技术和生产组织条件下,某工种、某技术等级的工人小组或个

人,在单位时间(工日)内完成合格产品的数量。其计算方法为

$$产量定额=\frac{1}{单位产品时间定额(工日)}$$

$$台班产量=\frac{小组成员工日数总和}{单位产品时间定额(工日)}$$

产量定额的计量单位,以单位时间的产品计量单位表示,如立方米、平方米、吨、块、根等。

③ 时间定额与产量定额之间的关系。

时间定额和产量定额都表示同一劳动定额,但各有用处。时间定额是以工日为单位,便于综合,计算比较方便。产量定额是以产品数量为单位,具有形象化的特点,在工程施工时便于分配任务。

时间定额是计算产量定额的依据,产量定额是在时间定额基础上制定的。当时间定额减少或增加时,产量定额也就增加或减少,时间定额和产量定额在数值上互成反比例关系或互为倒数关系。即

$$时间定额\times 产量定额=1$$

6)劳动定额管理需注意的事项。

① 维持定额的严肃性,不经规定手续,不得任意修改定额。

② 做好定额的补充和修订。对于定额中的缺项和由于新技术、新工艺的出现而引起的定额的变化,要及时进行补充和修订。但在补充和修订中必须按照规定的程序、原则和方法进行。

③ 做好任务书的签发、交底、验收和结算工作。把劳动定额与班组经济责任制和内部承包结合起来。

④ 统计、考核和分析定额执行情况。建立和健全工时消耗原始记录制度,使定额管理具有可靠的基础资料。

第九节 园林工程施工安全管理

一、园林工程施工安全管理主要内容

在园林工程施工过程中,安全管理的内容主要包括对实际投入的生产要素及作业、管理活动的实施状态和结果所进行的管理和控制,具体包括作业技术活动的安全管理、施工现场文明施工管理、劳动保护管理、职业卫生管理、消防安全管理和季节施工安全管理等。

1. 作业技术活动的安全管理

园林工程的施工过程体现在一系列的现场施工作业和管理活动中,作业和管理活动的效果将直接影响施工过程的施工安全。为确保园林建设工程项目施工安全,工程项目管理人员要对施工过程进行全过程、全方位的动态管理。作业技术活动的安全管理主要内容如下。

(1)从业人员的资格、持证上岗和现场劳动组织的管理

园林施工单位施工现场管理人员和操作人员必须具备相应的执业资格、上岗资格和任职能力,符合政府有关部门规定。现场劳动组织的管理包括从事作业活动的操作者、管理者,以及相应的各种管理制度,操作人员数量必须满足作业活动的需要,工种配置合理,管理人员到

位，管理制度健全，并能保证其落实和执行。

(2)从业人员施工中安全教育培训的管理

园林工程施工企业施工现场项目负责人应按安全教育培训制度的要求，对进入施工现场的从业人员进行安全教育培训。安全教育培训的内容主要包括：新工人“三级安全教育”、变换工种安全教育、转场安全教育、特种作业安全教育、班前安全活动交底、周一安全活动、季节性施工安全教育、节假日安全教育等。施工企业项目经理部应落实安全教育培训制度的实施，定期检查考核实施情况及实际效果，保存教育培训实施记录、检查与考核记录等。

(3)作业安全技术交底的管理

安全技术交底由园林工程施工企业技术管理人员根据工程的具体要求、特点和危险因素编写，是操作者的指令性文件。其内容主要包括，该园林工程施工项目的施工作业特点和危险点，针对该园林工程危险点的具体预防措施，园林工程施工中应注意的安全事项，相应的安全操作规程和标准，发生事故后应及时采取的避难和急救措施。

作业安全技术交底的管理重点内容主要体现在两点上，首先，应按安全技术交底的规定进行实施和落实；其次，应针对不同工种、不同施工对象，或分阶段、分部、分项、分工种进行安全交底。

(4)对施工现场危险部位安全警示标志的管理

在园林工程施工现场入口处、起重设备、临时用电设施、脚手架、出入通道口、楼梯口、孔洞口、桥梁口、基坑边沿、爆破物及危险气体和液体存放处等危险部位应设置明显的安全警示标志。安全警示标志必须符合《安全标志》(GB 2894—2008)、《安全标志及其使用导则》(GB 2894—2008)的规定。

(5)对施工机具、施工设施使用的管理

施工机械在使用前，必须由园林施工企业机械管理部门对安全保险、传动保护装置及使用性能进行检查、验收，填写验收记录，合格后方可使用。使用中，应对施工机具、施工设施进行检查、维护、保养和调整等。

(6)对施工现场临时用电的管理

园林工程施工现场临时用电的变配电装置、架空线路或电缆干线的敷设、分配电箱等用电设备，在组装完毕通电投入使用前，必须由施工企业安全部门与专业技术人员共同按临时用电组织设计的规定检查验收，对不符合要求处须整改，待复查合格后，填写验收记录。使用中由专职电工负责日常检查、维护和保养。

(7)对施工现场及毗邻区域地下管线、建(构)筑物等专项防护的管理

园林施工企业应对施工现场及毗邻区域地下管线，如供水、供电、供气、供热、通信、光缆等地下管线，相邻建(构)筑物、地下工程等采取专项防护措施，特别是在城市市区施工的工程，为确保其不受损，施工中应组织专人进行监控。

(8)安全验收的管理

安全验收必须严格遵照国家标准、规定，按照施工方案或安全技术措施的设计要求，严格把关，并办理书面签字手续，验收人员对方案、设备、设施的安全保证性能负责。

(9)安全记录资料的管理

安全记录资料应在园林工程施工前，根据建设单位的要求及工程竣工验收资料组卷归档的有关规定，研究列出各施工对象的安全资料清单。随着园林工程施工的进展，园林施工单位

应不断补充和填写关于材料、设备及施工作业活动的有关内容，记录新的情况。当每一阶段施工或安装工作完成，相应的安全记录资料也应随之完成，并整理组卷。施工安全资料应真实、齐全、完整，相关各方人员的签字齐备、字迹清楚、结论明确，与园林施工过程的进展同步。

2. 文明施工管理

文明施工可以保持良好的作业环境和秩序，对促进建设工程安全生产、加快施工进度、保证工程质量、降低工程成本、提高经济和社会效益起到重要作用。园林工程施工项目必须严格遵守《建筑施工安全检查标准》(JGJ 59—1999)的文明施工要求，保证施工项目的顺利进行。文明施工的管理内容主要包括以下几点。

(1)组织和制度管理

园林工程施工现场应成立以施工总承包单位项目经理为第一责任人的文明施工管理组织。分包单位应服从总包单位的文明施工管理组织统一管理，并接受监督检查。

各项施工现场管理制度应有文明施工的规定，包括个人岗位责任制、经济责任制、安全检查责任制、持证上岗制度、奖惩制度、竞赛制度和各项专业管理制度等。同时，应加强和落实现场文明检查、考核及奖惩管理，以促进施工文明管理工作的实施。检查范围和内容应全面周到，包括生产区、生活区、场容场貌、环境文明及制度落实等内容，对检查发现的问题应采取整改措施。

(2)建立收集文明施工的资料及其保存的措施

文明施工的资料包括：关于文明施工的法律法规和标准规定等资料，施工组织设计(方案)中对文明施工的管理规定，各阶段施工现场文明施工的措施，文明施工自检资料，文明施工教育、培训、考核计划的资料，文明施工活动各项记录资料等。

(3)文明施工的宣传和教育

通过短期培训、上技术课、听广播、看录像等方法对作业人员进行文明施工教育，特别要注意对临时工的岗前教育。

3. 职业卫生管理

园林工程施工的职业危害相对于其他建筑业的职业危害要轻微一些，但其职业危害的类型是大同小异的，主要包括粉尘、毒物、噪声、振动危害以及高温伤害等。在具体工程施工过程中，必须采取相应的卫生防治技术措施。这些技术措施主要包括防尘技术措施、防毒技术措施、防噪技术措施、防震技术措施、防暑降温措施等。

4. 劳动保护管理

劳动保护管理的内容主要包括劳动防护用品的发放和劳动保健管理两方面。劳动防护用品必须严格遵守国家经贸委《劳动防护用品配备标准》的规定和1996年4月23日劳动部颁发的《劳动防护用品管理规定》等相关法规，并按照工种的要求进行发放、使用和管理。

5. 施工现场消防安全管理

我国消防工作坚持"以防为主，防消结合"的方针。"以防为主"就是要把预防火灾的工作放在首要位置，开展防火安全教育，提高人群对火灾的警惕性，健全防火组织，严密防火制度，进行防火检查，消除火灾隐患，贯彻建筑防火措施等。"防消结合"就是在积极做好防火工作的同时，在组织上、思想上、物质上和技术上做好灭火战斗的准备。一旦发生火灾，就能及时有效地将火扑灭。

园林工程施工现场的火灾隐患明显小于一般建筑工地，但火灾隐患还是存在的，如一些易燃材料的堆放场地、仓库、临时性的建(构)筑物、作业棚等。

6. 季节性施工安全管理

季节性施工主要指雨季施工或冬季施工及夏季施工。雨季施工,应当采取措施防雨、防雷击,组织好排水,同时,应做好防止触电、防坑槽坍塌,沿河流域的工地还应做好防洪准备,傍山施工现场应做好防滑塌方措施,脚手架、塔式起重机等应做好防强风措施。冬季施工,应采取防滑、防冻措施,生活办公场所应当采取防火和防煤气中毒措施。夏季施工,应有防暑降温的措施,防止中暑。

二、园林工程施工安全管理制度

园林工程施工安全管理制度主要包括安全目标管理、安全生产责任制、安全生产资金保障制度、安全教育培训制度、安全检查制度、三类人员考核任职制和特种人员持证上岗制度、安全技术管理制度、生产安全事故报告制度、设备安全管理制度、安全设施和防护管理制度、特种设备管理制度、消防安全责任制度等。建立健全工程施工安全管理制度是实现安全生产目标的保证。

1. 安全目标管理

安全目标管理是建设工程施工安全管理的重要举措之一。园林工程施工过程中,为了使现场安全管理实行目标管理,要制定总的安全目标(如伤亡事故控制目标、安全达标、文明施工),以便制订年、月达标计划,进行目标分解到人,责任落实、考核到人。推行安全生产目标管理不仅能优化企业安全生产责任制,强化安全生产管理,体现"安全生产,人人有责"的原则,而且能使安全生产工作实现全员管理,有利于提高园林施工企业全体员工的安全素质。

安全目标管理的基本内容应包括目标体系的确定、目标责任的分解及目标成果的考核。

2. 安全生产责任制度

安全生产责任制度是各项安全管理制度中的一项最基本的制度。安全生产责任制度作为保障安全生产的重要组织手段,通过明确规定领导、各职能部门和各类人员在施工生产活动中应负的安全职责,把"管生产必须管安全"的原则从制度上固定下来,把安全与生产从组织上统一起来,从而强化园林施工企业各级安全生产责任,增强所有管理人员的安全生产责任意识,使安全管理做到责任明确、协调配合,使园林工程施工企业井然有序地进行安全生产。

(1)安全生产责任制度的制定

安全生产责任制度是企业岗位责任制度的一个主要组成部分,是企业安全管理中的一项最基本制度。安全生产责任制度是根据"管生产必须管安全"、"安全生产、人人有责"的原则,明确规定各级领导、各职能部门和各类人员在生产活动中应负的安全职责。

(2)各级安全生产责任制度的基本要求

1)园林施工企业经理对本企业的安全生产负总的责任。各副经理对分管部门安全生产工作负责任。

2)园林施工企业总工程师(主任工程师或技术负责人)对本企业安全生产的技术工作负总的责任。在组织编制和审批园林施工组织设计(施工方案)和采用新技术、新工艺、新设备、新材料时,必须制定相应的安全技术措施;对职工进行安全技术教育;及时解决施工中的安全技术问题。

3)施工队长应对本单位安全生产工作负具体领导责任。认真执行安全生产规章制度,制止违章作业。

4)安全机构和专职人员应做好安全管理工作和监督检查工作。

5)在几个园林施工企业联合施工时,应由总包单位统一组织现场的安全生产工作,分包单位必须服从总包单位的指挥。对分包施工企业的工程,承包合同要明确安全责任,对不具备安全生产条件的单位,不得分包工程。

(3)安全生产责任制度的贯彻

1)园林施工企业必须自觉遵守和执行安全生产的各项规章制度,提高安全生产思想认识。

2)园林施工企业必须建立完善的安全生产检查制度,企业的各级领导和职能部门必须经常和定期地检查安全生产责任制度的贯彻执行情况,视结果的不同给予不同程度的肯定、表扬或批评、处分。

3)园林施工企业必须强调安全生产责任制度和经济效益结合。为了安全生产责任制度的进一步巩固和执行,应与国家利益、企业经济效益和个人利益结合起来,与个人的荣誉、职称升级和奖金等紧密挂钩。

4)园林工程在施工过程中要发动和依靠群众监督。在制定安全生产责任制度时,要充分发动群众参加讨论,广泛听取群众意见;制度制定后,要全面发动群众的监督,“群众的眼睛是雪亮的”,只有群众参与的监督才是完善的、有深度的。

5)各级经济承包责任制必须包含安全承包内容。

(4)建立和健全安全档案资料

安全档案资料是安全基础工作之一,也是检查考核落实安全责任制度的资料依据,同时为安全管理工作提供分析、研究资料,从而便于掌握安全动态,方便对每个时期的安全工作进行目标管理,达到预测、预报、预防事故的目的。

根据建设部《建筑施工安全检查标准》(JGJ 59—1999)等要求,关于施工企业应建立的安全管理基础资料包括如下内容。

1)安全组织机构。

2)安全生产规章制度。

3)安全生产宣传教育、培训。

4)安全技术资料(计划、措施、交底、验收)。

5)安全检查考核(包括隐患整改)。

6)班组安全活动。

7)奖罚资料。

8)伤亡事故档案。

9)有关文件、会议记录。

10)总、分包工程安全文件资料。

园林工程施工必须认真收集安全档案资料,定期对资料进行整理和鉴定,保证资料的真实性、完整性,并将档案资料分类、编号、装订归档。

3. 安全生产资金保障制度

安全生产资金是指建设单位在编制建设工程概算时,为保障安全施工确定的资金。园林建设单位根据工程项目的特点和实际需要,在工程概算中要确定安全生产资金,并全部、及时地将这笔资金划转给园林工程施工企业。安全生产资金保障制度是指施工企业对列入建设工程概算的安全作业环境及安全施工措施所需费用,应当用于施工安全防护用具及设施的采购和更新、安全施工措施的落实、安全生产条件的改善，不得挪作他用。

安全生产资金保障制度是有计划、有步骤地改善劳动条件，防止工伤事故，消除职业病和职业中毒等危害，保障从业人员生命安全和身体健康，确保正常安全生产措施的需要，是促进施工生产发展的一项重要措施。

安全生产资金保障制度应对安全生产资金的计划编制、支付实用、监督管理和验收报告的管理要求、职责权限和工作程序作出具体规定，形成文件组织实施。

安全生产资金计划应包括安全技术措施计划和劳动保护经费计划，与企业年度各级生产财务计划同步编制，由企业各级相关负责人组织，并纳入企业财务计划管理，必要时及时修订调整。安全生产资金计划内容还应明确资金使用审批权限、项目资金限额、实施企业及责任者、完成期限等内容。

企业各级财务、审计、安全部门和工会组织，应对资金计划的实施情况进行监督审查，并及时向上级负责人和工会报告。

(1)安全生产资金计划编制的依据和内容

1)适用的安全生产、劳动保护法律法规和标准规范。

2)针对可能造成安全事故的主要原因和尚未解决的问题需采取的安全技术、劳动卫生、辅助房屋及设施的改进措施和预防措施要求。

3)个人防护用品等劳保开支需要。

4)安全宣传教育培训开支需要。

(2)安全生产资金保障制度的管理要求

1)建立安全生产资金保障制度。项目经理部必须建立安全生产资金保障制度，从而有计划、有步骤地改善劳动条件，防止工伤事故，消除职业病和职业中毒等危害，保障从业人员生命安全和身体健康，确保正常施工安全生产。

2)安全生产资金保障制度内容应完备、齐全。安全生产资金保障制度应对安全生产资金的计划编制、支付使用、监督管理和验收报告的管理要求、职责权限和工作程序作出具体规定。

3)制定劳保用品资金、安全教育培训转向资金、保障安全生产技术措施资金的支付使用、监督和验收报告的规定。

安全生产资金的支付使用应由项目负责人在其管辖范围内按计划予以落实，即做到专款专用，按时支付，不能擅自更改，不得挪作他用，并建立分类使用台账，同时根据企业规定，统计上报相关资料和报表。施工现场项目负责人应将安全生产资金计划列入议事日程，经常关心计划的执行情况和效果。

4. 安全教育培训制度

安全教育培训是安全管理的重要环节，是提高从业人员安全素质的基础性工作。按建设部《建筑业企业职工安全培训教育暂行规定》，施工企业从业人员必须定期接受安全培训教育，坚持先培训、后上岗制度。通过安全培训提高企业各层次从业人员搞好安全生产的责任感和自觉性，增强安全意识；掌握安全生产科学知识，不断提高安全管理业务水平和安全操作技术水平，增强安全防护能力，减少伤亡事故的发生。实行总分包的工程项目，总包单位负责统一管理分包单位从业人员的安全教育培训工作，分包单位要服从总包单位的统一领导。

安全教育培训制度应明确各层次、各类从业人员教育培训的类型、对象、时间和内容，应对安全教育培训的计划编制、实施和记录、证书的管理要求、职责权限和工作程序作出具体规定，形成文件并组织实施。

安全教育培训的主要内容包括:安全生产思想、安全知识、安全技能、安全规程标准、安全法规、劳动保护和典型事例分析等。施工现场安全教育主要有以下几种形式。

(1)新工人“三级安全教育”

三级安全教育是企业必须坚持的安全生产基本教育制度。对新工人,包括新招收的合同工、临时工、农民工、实习和待培人员等,必须进行公司、项目、作业班组三级安全教育,时间不得少于40学时。经教育考试合格者才准许进入生产岗位,不合格者必须补课、补考。对新工人的三级安全教育情况,要建立档案。新工人工作一个阶段后还应进行重复性的安全再教育,加深对安全感性、理性知识的认识。

(2)变换工种安全教育

凡变换工种或调换工作岗位的工人必须进行变换工种安全教育;变换工种安全教育时间不得少于4学时,教育考核合格后方可上岗。变换工种安全教育内容包括:新工作岗位或生产班组安全生产概况、工作性质和职责;新工作岗位必要的安全知识、各种机具设备及安全防护设施的性能和作用;新工作岗位、新工种的安全技术操作规程;新工作岗位容易发生事故及有毒有害的地方;新工作岗位个人防护用品的使用和保管等。

(3)转场安全教育

新转入施工现场的工人必须进行转场安全教育,教育实践不得少于8学时。转场安全教育内容包括:本工程项目安全生产状况及施工条件;施工现场中危险部位的防护措施及典型事故案例;本工程项目的安全管理体系、规定及制度等。

(4)特种作业安全教育

从事特种作业的人员必须经过专门的安全技术培训,经考试合格取得上岗操作证后方可独立作业。对特种作业人员的培训、取证及复审等工作严格执行国家、地方政府的有关规定。

对从事特种作业的人员进行经常性的安全教育,时间为每月一次,每次教育4学时。特种作业安全教育内容包括:特种作业人员所在岗位的工作特点,可能存在的危险、隐患和安全注意事项;特种作业岗位的安全技术要领及个人防护用品的正确使用方法;本岗位曾发生的事故案例及经验教训等。

(5)班前安全活动交底

班前安全活动交底作为施工队伍经常性安全教育活动之一,各作业班组长于每班工作开始前(包括夜间工作前)必须对本班组全体人员进行不少于15min的班前安全活动交底。班组长要将安全活动交底内容记录在专用的记录本上,各成员在记录本上签名。班前安全活动交底的内容包括:本班组安全生产须知;本班工作中危险源(点)和应采取的对策;上一班工作中存在的安全问题和应采取的对策等。

(6)周一安全活动

周一安全活动作为施工项目经常性安全活动之一,每周一开始工作前对全体在岗工人开展至少1h的安全生产及法制教育活动。工程项目主要负责人要进行安全讲话,主要内容包括:上周安全生产形势、存在问题及对策;最新安全生产信息;本周安全生产工作的重点、难点和危险点;本周安全生产工作的目标和要求等。

5. 安全检查制度

园林施工企业施工现场项目经理部必须建立完善安全检查制度。安全检查时发现并消除施工过程中存在的不安全因素，宣传落实安全法律法规与规章制度，纠正违章指挥和违章作业，提高各级负责人与从业人员安全生产自觉性与责任感，掌握安全生产状态与寻找改进需求的重要手段。

安全检查制度应对检查形式、方法、时间、内容、组织的管理要求、职责权限，以及对检查中发现的隐患整改、处理和复查的工作程序及要求作出具体规定，形成文件并组织实施。

园林施工企业项目经理部安全检查应配备必要的设备或器具，确定检查负责人和检查人员，并明确检查内容及要求。安全检查人员应对检查结果进行分析，找出安全隐患部位，确定危险程度。施工企业项目经理部应编写安全检查报告。

园林施工企业项目经理部应根据施工过程的特点和安全目标的要求，确定安全检查内容，其内容应包括：安全生产责任制、安全生产保证计划、安全组织机构、安全保证措施、安全技术交底、安全教育、安全持证上岗、安全设施、安全标识、操作行为、违规管理、安全记录等。

园林施工企业项目经理部安全检查的方法应采取随机取样、现场观察、实地检测相结合的方式，并记录检测结果。安全检查主要有以下类型。

1）日常安全检查，如班组的班前、班后岗位安全检查，各级安全员及安全值日人员巡回安全检查，各级管理人员检查生产的同时检查安全。

2）定期安全检查，如园林施工企业每季度组织一次以上的安全检查，企业的分支机构每月组织一次以上的安全检查，项目经理每周组织一次以上的安全检查。

3）专业性安全检查，如施工机械、临时用电、脚手架、安全防护措施、消防等专业安全问题检查，安全教育培训、安全技术措施等施工中存在的普遍性安全问题检查。

4）季节性安全检查，如针对冬季、高温期间、雨季、台风季节等气候特点的安全检查。

5）节假日前后安全检查，如元旦、春节、劳动节、国庆节等节假日前后的安全检查。

园林施工企业项目经理应根据施工生产的特点，法律法规、标准规范和企业规章制度的要求，以及安全检查的目的，确定安全检查的内容；并根据安全检查的内容，确定具体的检查项目及标准和检查评分方法，同时可编制相应的安全检查评分表；按检查评分表的规定逐项对照评分，并做好具体的记录，特别是不安全的因素和扣分原因。

6. 安全生产事故报告制度

安全生产事故报告制度是安全管理的一项重要内容，其目的是防止事故扩大，减少与之有关的伤害与损失，吸取教训，防止同类事故的再次发生。园林施工企业和施工现场项目经理部均应编制事故应急救援预案。园林施工企业应根据承包工程的类型，共性特征，规定企业内部具有通用性和指导性的事故应急救援的各项基本要求；单位项目经理部应按企业内部事故应急救援的要求，编制符合工程项目特点的，具体、细化的事故应急救援预案，直到施工现场的具体操作。

生产安全事故报告制度的管理要求建立内容具体、齐全的生产安全事故报告制度，明确生产安全事故报告和处理的“四不放过”原则要求，即事故原因不查清楚不放过，事故责任者和职工未受到教育不放过，事故责任未受到处理不放过，没有采取防范措施、事故隐患不整改不放过的原则，对生产安全事故进行调查和处理。

生产安全事故报告制度的管理要求办理意外伤害保险，制订具体、可行的生产安全事故应急救援预案，同时应建立应急救援小组和确定应急救援人员。

7. 安全技术管理制度

安全技术管理是施工安全管理的三大对策之一。工程项目施工前必须在编制施工组织设计(专项施工方案)或工程施工安全计划的同时,编制安全技术措施计划或安全专项施工方案。

安全技术措施是指为防止工伤事故和职业病的危害,从技术上采取的措施。在工程施工中,是指针对工程特点、环境条件、劳力组织、作业方法、施工机械、供电设施等制订的确保安全施工的措施。安全技术措施也是建设工程项目管理实施规划或施工组织设计的重要组成部分。

(1)安全技术措施编制的依据

1)国家和地方有关安全生产的法律、法规和有关规定。

2)国家和地方建设工程安全生产的法律法规和标准规程。

3)建设工程安全技术标准、规范、规程。

4)企业的安全管理规章制度。

(2)安全技术措施编制的要求

1)及时性。

2)针对性。

3)可行性。

4)具体性。

(3)安全技术管理制度的管理要求

1)园林施工企业的技术负责人以及工程项目技术负责人,对施工安全负技术责任。

2)园林工程施工组织设计(方案)必须有针对工程项目危险源而编制的安全技术措施。

3)经过批准的园林工程施工组织设计(方案),不准随意变更修改。

4)安全专项施工方案的编制必须符合工程实际,针对不同的工程特点,从施工技术上采取措施保证安全;针对不同的施工方法、施工环境,从防护技术上采取措施保证安全;针对所使用的各种机械设备,从安全保险的有效设置方面采取措施保证安全。

8. 设备安全管理制度

设备安全管理制度是施工企业管理的一项基本制度。企业应当根据国家、住房和城乡建设部、地方建设行政主管部门有关机械设备管理规定、要求,建立健全设备(包括应急救援设备、器材)安装和拆卸、设备验收、设备检测、设备使用、设备保养和维修、设备改造和报废等各项设备管理制度,制度应明确相应管理的要求、职责、权限及工作程序,确定监督检查、实施考核的办法,形成文件并组织实施。

对于承租的设备,除按各级建设行政主管部门的有关要求确认相应企业具有相应资质以外,园林施工企业与出租企业在租赁前应签订书面租赁合同,或签订安全协议书,约定各自的安全生产管理职责。

9. 安全设施和防护管理制度

根据《建设工程安全生产管理条例》规定:“施工单位应当在施工现场危险部位,设置明显的安全警示标志。”安全警示标志包括安全色和安全标志,进入工地的人员通过安全色和安全标志能提高对安全保护的警觉,以防发生事故。园林工程施工企业应当建立施工现场正确使用安全警示标志和安全色的相应规定,对使用部位、内容作具体要求,明确相应管理的要求、职责和权限,确定监督检查的方法,形成文件并组织实施。

安全设施和防护管理的管理要求是应制定施工现场正确使用安全警示标志和安全色的统一规定。

10. 消防安全责任制度

(1)消防安全责任制度的主要内容

消防安全责任制度是指施工企业应确定消防安全负责人,制定用火、用电、使用易燃易爆材料等各项消防安全管理制度和操作规程,施工现场设置消防通道、消防水源,配备消防设施和灭火器材,并在施工现场入口处设置明显标志。

(2)消防安全责任制度的管理要求

1)应建立消防安全责任制度,并确定消防安全负责人。园林施工企业各部门、各班组负责人及每个岗位的人员应当对自己管辖工作范围内的消防安全负责,切实做到“谁主管,谁负责,谁在岗,谁负责”,保证消防法律法规的贯彻执行,保证消防安全措施落到实处。

2)应建立各项消防安全管理制度和操作规程。园林施工现场应建立各项消防安全管理制度和操作规程,如制定用火用电制度、易燃易爆危险物品管理制度、消防安全检查制度、消防设施维护保养制度等,并结合实际,制定预防火灾的操作规程,确保消防安全。

3)应设置消防通道、消防水源、配备消防设施和灭火器材。园林施工现场应设置消防通道、消防水源、配备消防设施和灭火器材,并定期组织人员对消防设施、器材进行检查、维修,确保其完好、有效。

4)施工现场入口处应设置明显标志。

第六章　园林建设工程施工监理

第一节　园林建设工程监理概述

一、建设工程监理的概念、性质和任务

1. 建设工程监理的概念

所谓建设工程监理，是指具有相应资质的工程监理企业接受建设单位的委托，承担其项目管理工作，并代表建设单位对承建单位的建设行为进行监督控制的专业化服务活动。

建设工程监理概念的要点如下。

1）建设工程监理实施需要建设单位的委托和授权，委托不是聘用，委托也不是代理。监理企业是建设工程监理行为的主体，监理工作一定要独立自主地进行。

2）工程监理企业应根据监理委托合同和有关建设工程合同的规定实施监理。即监理工作是依法监理，凭数据说话，不得随心所欲。

3）对工程实施监督控制管理。监督是指对投资、进度、质量目标的监控，管理是指对合同、信息、现场文明施工、安全生产的管理，监督管理的中心工作是做好组织协调工作。

4）建设工程监理适用于工程投资决策阶段和实施阶段，我国目前实施的主要是建设工程施工阶段的监理。

2. 建设工程监理的性质

（1）服务性

监理单位是建筑市场的主体之一，建设监理是一种有偿技术服务，监理单位的服务对象是建设单位，服务的方法和手段主要是规划、控制、协调。服务性是监理单位的首要特性，为了搞好服务，监理单位还必须具备科学性、独立性和公正性。

（2）科学性

监理单位的科学性表现在领导决策层应由组织管理能力强、工程建设经验丰富的人员组成；执行层和操作层有充足的人员且技术职称结构合理，具有丰富的管理经验和应变能力；内部管理制度健全、管理手段现代化，管理理论、方法和手段先进，有充实的技术、经济资料和数据库。此外，监理单位的科学性还表现在实事求是的、科学的工作态度，严谨的工作作风和与时俱进的创新精神。

（3）独立性

独立性突出表现在依法监理，并在开展监理过程中建立自己的组织，根据自己的判断，按规定的工作计划、程序、流程、方法、手段，独立地开展工作。另外，在委托监理中，与承建单位没有隶属关系和其他利害关系。

（4）公正性

公正性是监理行业能够长期生存和发展的基本道德准则。监理企业的公正性具体体现在

建设工程监理过程中排除各种干扰，客观、公正地对待监理的委托单位和承建单位，以事实为依据，以法律为准绳，在维护建设单位的合法权益时，不损害承建单位的合法权益。

3. 建设工程监理的任务

1）建设工程监理的主要内容是控制工程建设的投资、建设工期和工程质量；进行工程建设合同管理、信息管理、安全生产管理和协调有关单位间的工作关系。

2）依照法律、行政法规及有关技术标准、设计文件和有关工程建设合同，运用自身的知识、技能、经验以及信息和必要的检测手段，对承建单位在施工质量、建设工期和建设资金使用等方面，代表建设单位实施监督，使建设单位在计划工期内将建设项目完成、投入使用并达到设计景观效果。

二、建设工程监理类型

建设工程监理有政府监理和社会监理之分，二者分别从宏观和微观层次进行监督管理，在职能性质和监理范围等方面有很大不同。

1. 政府监理

政府监理是指建设主管部门对建设单位的建设行为实施的强制性监理和对社会监理单位实行的监督管理。

（1）政府部门的概念

我国每一级政府都设有多个政府部门，如计划部门、建设管理部门、专门产业管理部门等。人们习惯上把各级政府建设管理部门称为“政府建设主管部门”，把各级和各个专门产业管理部门中的建设管理机构称为“政府专业建设管理部门”。

（2）政府对社会建设监理单位的管理

主要是对社会监理单位的资质管理，并为工商行政管理机关确认营业资格和颁发营业执照提供依据。内容包括：审查建设监理单位成立时是否符合成立的资质，标准考核与认证其监理工程师的资格、审定其资质等级和划定其监理业务范围等。此外，还要对其监理业务活动进行监督，包括监督其活动是否合法，调解其与建设单位之间的争议等。对监理单位的正当权益和活动要进行保护，确有困难时要帮助其克服，并为其创造良好的业务活动环境，特别是在建设监理单位的新创阶段更应如此。

2. 社会监理

社会监理是指监理单位受建设单位的委托，对工程建设实施的监理。它不是政府的建设监理机构或附属机构，不行使政府建设监理的职能，也不代表政府。它是企业或事业单位，只接受建设单位的委托和授权，行使建设单位管理工程建设的部分职能。

政府监理与社会监理相辅相成，共同构成了我国监理制度的完整系统。我国当前工程建设项目的决策阶段与实施阶段分别由不同的政府部门实施政府监理。决策阶段由计划、规划、土管、环保、公安等部门实施政府监理，实施阶段由政府建设主管部门实施政府监理。其框架和相互关系如图 6-1 所示。

在监理活动中各种机构的关系是不同的。建设单位与设计单位、施工安装单位、材料设备供应单位是合同关系；监理单位与设计单位、施工安装单位、材料设备供应单位之间是监理与被监理关系；监理单位与被监理单位间的关系是由建设单位与设计单位、施工安装单位、材料设备供应单位间的合同确定的。

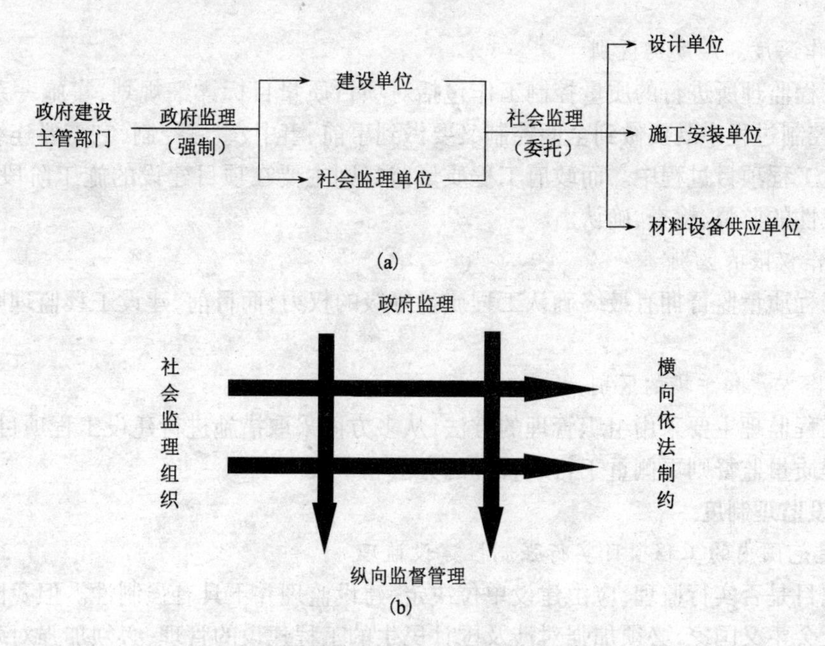

图 6-1 政府监理与社会监理的框架和关系

(a)框架;(b)关系

3. 建设工程监理与政府工程质量监督的区别

建设工程监理与政府工程质量监督都属于工程建设领域的监督管理活动,但二者是不同的,它们在性质、执行者、任务、工作范围、工作依据、工作深度和广度、工作权限以及工作方法和工作手段等诸多方面都存在着明显的差异。

(1)性质的区别

建设工程监理是一种社会的、民间的行为,是发生在建设工程项目组织系统范围内的平等经济主体之间的横向监督管理,是一种微观性质的、委托性的服务活动,是建设工程监理单位接受建设单位的委托和授权之后,为项目建设单位提供的工程技术服务工作。而政府工程质量监督则是一种行政行为,是建设工程项目组织系统外的监督管理主体对项目系统内的建设行为主体进行的一种纵向监督管理行为,是一种宏观性、强制性的政府监督行为。

(2)执行者的区别

建设工程监理的实施者是社会化、专业化的建设工程监理单位及其监理工程师。而政府工程质量监督的执行者则是政府工程建设主管部门的专业执行机构——工程质量监督机构。

(3)工作范围的区别

建设工程监理的工作范围伸缩性较大,它因建设单位委托范围大小而变化。工作范围是全过程、全方位的监理,内容包括整个建设项目的目标规划、动态控制、组织协调、合同管理、信息管理等一系列活动。而政府工程质量监督则只限于施工阶段的工程质量监督,工作范围变化较小,相对稳定。

(4)工作依据的区别

政府工程质量监督以国家、地方颁发的有关法律和工程质量条例、规定、规范等法规为基本依据,维护的是法规的严肃性。而建设工程监理则不仅以法律、法规为依据,还以工程建设合同为依据,不仅维护法律、法规的严肃性,还要维护合同的严肃性。

(5)工作深度和广度的区别

建设工程监理所进行的质量控制工作包括对项目质量目标详细规划,实施一系列主动控制措施,在控制过程中既要做到全面控制又要做到事前、事中、事后控制,它需要连续性地持续在整个建设工程项目过程中。而政府工程质量监督则主要在项目建设的施工阶段,对工程质量进行阶段性的监督、检查、确认。

(6)工作权限的区别

政府工程质量监督拥有最终确认工程质量等级的权力,而目前,建设工程监理则无权进行这项工作。

(7)工作方法和手段的区别

建设工程监理主要采用组织管理的方法,从多方面采取措施进行建设工程项目质量控制。而政府工程质量监督则更侧重于行政管理的方法和手段。

三、建设监理制度

1. 一定范围内的工程项目实行强制性建设监理

建设项目是否实行监理,应由建设单位决定,建设监理并不具有强制性。但我国是以公有制为主的社会主义国家,必须加强对涉及国计民生的工程建设的管理,必须加强对政府和国有企业投资的项目进行监理。另外,我国建设监理市场不发达,必须在一定范围内强化和加大建设工程监理的推行力度。因此,《建筑法》授权国务院可以规定实行强制监理的建筑工程的范围。1995 年 12 月 15 日,原建设部、国家计委联合发布《工程建设监理规定》明确了实行强制监理的建筑工程范围,主要包括:大、中型工程项目;市政、公用工程项目;政府投资兴建和开发建设的办公楼、社会发展事业项目和住宅工程项目;外资、中外合资、国外贷款、赠款、捐款建设的工程项目。

2. 建设工程监理单位实行资质管理

严格监理单位的资质管理,是保证工程建设市场秩序的重要措施。《建筑法》规定工程监理单位从事监理活动应当具备如下条件:有符合国家规定的注册资本,有与其从事的工程建设活动相适应的具有法定执业资格的专业技术人员,有从事相关工程建设活动所应有的技术装备,法律、行政法规规定的其他条件。同时,《建筑法》还要求建设工程监理单位必须按划定的资质等级,经资质审查合格,取得相应等级的资质证书后,方可在其资质等级许可的范围内从事工程建设活动。

3. 监理工程师实行考试和注册制度

实行监理工程师考试和注册制度,主要是限定从事监理工作的人员范围,保证监理工程师队伍具有较高的业务素质和工作水平。监理工程师执业资格考试、考核工作,由原建设部、人事部共同组织实施。监理工程师注册,由监理工程师所在监理单位提出申请,经本省或本部门监理工程师注册机关核准并报原建设部备案后,发给注册证书,予以注册。只有取得注册证书的人才能以监理工程师的名义上岗执业。

4. 建设工程监理的招标投标制

原建设部在《1998 年建设事业体制改革的工作要点》中提出"积极推进建设监理招标制",《招标投标法》中规定了有关的工程项目应实行建设监理招标投标。

建设监理招标投标制的全面实行将发挥以下几个方面的积极作用。

1)有利于规范建设单位行为,通过建设监理招标投标制,可转变建设单位的观念,加深社会对监理工作的认识，提高建设监理的地位，使建设单位自觉接受监理。

2）有利于规范监理单位的行为，促进监理单位自身素质的提高，促进监理单位加强管理，提高竞争能力。

3）有利于形成统一开放、竞争有序的监理市场，打破行业垄断、部门分割、权力保护，发挥市场机制作用，实现优胜劣汰。

5. 从事监理工作可以合法获取酬金

建设工程监理是高智力的技术服务，这种服务是有偿的，且报酬应高于社会平均水平。1992 年，原建设部和国家物价局联合发布了《关于发布建设工程监理费有关规定的通知》，为监理工作酬金的计取提供了参考标准。

第二节　园林建设工程组织机构与组织管理

一、园林建设工程的组织管理模式与监理模式

不同的组织管理模式有不同的合同体系和管理特点，而不同的组织管理模式又决定了其监理模式。监理模式和建设工程组织管理模式对建设工程的规划、控制、协调起着重要作用。

1. 平行承发包模式与监理模式

(1)平行承发包模式

所谓平行承发包，是指建设单位将建设工程的设计、施工及材料设备采购的任务经过分解分别发包给若干个设计单位、施工安装单位和材料设备供应单位，并分别与各方签订合同。各设计单位之间的关系是平行的，各施工安装单位之间的关系也是平行的，各材料设备供应单位的关系也是平行的。

采用这种模式首先应合理地进行工程建设任务的分解，然后进行分类综合，确定每个合同的发包内容，这样有利于选择承建单位。

进行任务分解与确定合同数量、内容时应考虑以下因素。

1）工程情况。建设工程的性质、规模、结构等是决定合同数量和内容的重要因素。一般规模大、范围广、专业多的建设工程往往比规模小、范围窄、专业单一的项目合同数量要多。项目实施时间的长短、计划的安排也对合同数量有影响。

2）市场情况。首先，各类承建单位的专业性质、规模大小在不同市场的分布状况不同，项目的分解发包应力求使其与市场结构相适应。其次，合同任务和内容要对市场具有吸引力。中小合同要对中小型承建单位有吸引力，又不妨碍大型承建单位参与竞争。另外，还应按市场范围和有关规定来决定合同的内容和大小。

3）贷款协议要求。对两个以上贷款人，可能对贷款使用范围和贷款人资格有不同要求，因此，需要在拟订合同结构时予以考虑。

(2)平行承发包模式的优缺点

这种模式的优点主要表现在以下几个方面。

1）有利于缩短工期。由于设计和施工任务经过分解分别发包，设计阶段与施工阶段有可能形成搭接关系，从而缩短整个建设工程工期。

2）有利于质量控制。整个工程经过分解分别发包给各承建单位，有合同约束与相互制约和评比，使每一部分能够较好地实现质量要求。如主体与装修分别由两个施工单位承包，当主

体工程不合格时，装修单位不会同意在不合格的主体上进行装修的，这相当于有了他人的控制，比自己控制更有约束力。

3）有利于项目建设单位择优选择承建单位。这种模式的合同内容比较单一，合同价值小、风险小，使各种类型、规模的承建单位都有可能参与竞争。建设单位可以在较大范围内选择承建单位，为提高择优性创造了条件。

其缺点表现在以下几个方面。

1）合同数量多，合同关系复杂，易造成合同管理困难。

2）投资控制难度大。这主要表现在：一是总合同价格不易确定，影响投资控制实施；二是工程招标任务量大，需控制多项合同价格，增加了投资控制难度。

（3）监理模式

监理模式有以下两种主要形式。

1）建设单位委托一家监理单位监理。

这种监理委托模式是指建设单位只委托一家监理单位为其进行监理服务。这种模式要求被委托的监理单位具有较强的合同管理与组织协调能力，并能做好全面规划工作。监理单位的项目监理机构可以组建多个监理分支机构，对各承建单位分别实施监理。

在具体的监理过程中，项目总监理工程师应重点做好总体协调工作，加强横向联系，保证建设工程监理工作的有效运行。

2）建设单位委托多家监理单位监理。

这种监理委托模式是指建设单位委托多家监理单位为其进行监理服务。采用这种模式，建设单位可分别委托几家监理单位针对不同的承建单位实施监理。由于建设单位分别与多个监理单位签订委托监理合同，所以各监理单位之间的相互协作与配合需要建设单位进行协调。采用这种模式，监理单位对象相对单一，便于管理。但工程项目监理工作被肢解，各监理单位各负其责，缺少一个对工程项目进行总体规划与协调控制的监理单位。

2. 设计或施工总分包模式与监理模式

（1）设计或施工总分包模式

所谓设计或施工总分包模式，是指建设单位将全部设计或施工安装任务发包给一个设计单位或一个施工单位作为总包单位，总包单位可以将其任务的一部分再分包给其他承包单位，形成一个设计主合同或一个施工主合同及若干个分包合同的结构模式。

（2）设计或施工总分包模式的优缺点

这种模式的优点主要表现在以下几方面。

1）有利于建设工程的组织管理。首先，由于建设单位只与一个设计总承包单位或一个施工总承包单位签订合同，工程合同数量比平行承发包模式要少很多，有利于建设单位的合同管理。其次，由于合同数量的减少，也使项目建设单位协调工作量减少，可发挥监理与总承包单位多层次协调的积极性。

2）有利于投资控制。总包合同价格可以较早确定，并且监理也易于控制。

3）有利于质量控制。由于总包单位与分包单位建立了内部的责、权、利关系，有分包单位的自控，有总包单位的监督，有建设工程监理的检查认可，这对质量控制有利。

4）有利于工期控制。总包单位具有控制的积极性，分包单位之间也有相互制约的作用，有利于总体进度的协调控制，以及监理工程师控制进度。

其缺点表现在以下几方面。

1）建设周期较长。由于设计图纸全部完成后才能进行施工总承包的招标，不仅不能将设计阶段与施工阶段搭接，而且施工招标需要的时间也较长。

2）总包的报价较高。对于规模较大的建设工程来说，通常只有大型承建单位才具有总包的资格和能力，竞争相对不甚激烈；另外，对于分包出去的工程内容，总包单位都要在分包报价的基础上加收管理费并向建设单位报价。

(3）监理模式

对设计或施工总分包模式，建设单位可以委托一家监理单位进行项目实施阶段全过程的监理，其优点是监理单位可以对设计阶段和施工阶段的工程投资、进度、质量控制统筹考虑，有利于总体规划协调，更可使监理工程师掌握设计思路与设计意图，有利于施工阶段的监理工作。建设单位也可分别按照设计阶段和施工阶段委托监理单位。

虽然总包单位对承包合同承担乙方的最终责任，但分包单位的资质、能力直接影响着工程质量、进度等目标的实现，所以，监理工程师必须做好对分包单位资质的审查、确认工作。

3. 项目总承包模式与监理模式

(1）项目总承包模式

所谓项目总承包模式，是指建设单位将工程设计、施工、材料和设备采购等工作全部发包给一家承包公司，由其进行实质性设计、施工和采购工作，最后向项目建设单位交出一个已达到动用条件的工程。按这种模式发包的工程也称“交钥匙工程”。

(2）项目总承包模式的优缺点

这种模式的优点主要表现在以下几方面。

1）合同关系简单，组织协调工作量小。建设单位与总承包单位之间只有一个主合同，使合同关系大大简化。监理工程师主要与项目总承包单位进行协调。相当一部分协调工作量转移给项目总承包单位内部与分包单位之间，这就使建设工程监理的协调量大为减少。

2）缩短建设周期。由于设计与施工由一个单位统筹安排，使两个阶段能够有机地融合，一般都能做到设计阶段与施工阶段相互搭接，因此对进度目标控制有利。

3）对投资控制有利。通过设计与施工的统筹考虑可以提高项目的经济性，但这并不意味着项目总承包的价格低。

其缺点表现在以下几方面。

1）招标发包工作难度大。合同条款不易准确确定，容易造成较多的合同纠纷。因此，虽然合同量最少，但是合同管理的难度一般较大。

2）建设单位择优选择承包方范围小。由于承包范围大、介入项目时间早、工程信息未知数多，因此承包方要承担较大的风险，而有此能力的承包单位数量相对较少，这往往导致合同价格较高。

3）质量控制难度大。其原因有二：一是质量标准和功能要求不易做到全面、具体、准确，质量控制标准的制约性受到影响；二是“他人控制”机制薄弱。因此，对质量控制要加大力度。

(3）监理模式

在工程项目总承包模式下，建设单位与总承包单位只签订一份项目总承包合同，一般宜委托一家监理单位进行监理。在这种模式下监理工程师需具备较全面的知识，做好合同管理工作。

4. 项目总承包管理模式与监理模式

(1)项目总承包管理模式

所谓建设工程总承包管理,是指建设单位将项目建设任务发包给专门从事项目组织管理的单位,再由它分包给若干设计、施工和材料设备供应单位,并在实施中进行项目管理。

项目总承包管理与项目总承包的不同之处在于,前者不直接进行设计与施工,没有自己的设计和施工力量,而是将承接的设计与施工任务全部分包出去,他们只专心致力于建设工程管理。而后者有自己的设计、施工实体,是设计、施工、材料和设备采购的主要力量。

(2)项目总承包管理模式的特点

1)项目总承包管理模式对合同管理、组织协调比较有利,对进度和投资控制也有利。

2)由于项目总承包管理单位与设计、施工企业是总包与分包关系,后者才是项目实施的基本力量,所以监理工程师对分包的确认工作就成了十分关键的问题。

3)项目总承包管理单位自身经济实力一般比较弱,而承担的风险相对较大,因此,工程项目采用这种承发包模式应持慎重态度。

(3)监理模式

项目总承包管理单位一般属管理型的"智力密集型"企业,其主要工作是工程项目管理。由于建设单位与项目总承包管理单位只签订一份项目总承包管理合同,因此建设单位宜委托一家监理单位进行监理,这样便于监理工程师对项目总承包管理合同和项目总承包管理单位进行分包等活动的管理。虽然总承包管理单位和监理单位均是进行工程项目管理,但两者的性质、立场、内容、责任等均有较大的区别,不可互为取代。

除以上模式外,目前还有一些新的模式,如 BOT 模式、Part-nering 模式。

二、园林建设工程项目监理机构

监理单位与建设单位签订委托监理合同后,在实施建设工程监理之前,应根据监理工作内容及工程项目特点建立与建设工程监理活动相适应的项目监理机构。项目监理机构的组织形式和规模,应根据委托监理合同规定的服务内容、服务期限、工程类别、规模、技术复杂程度、工程环境等因素确定。

1. 建立项目监理机构的步骤

监理单位在组建项目监理机构时,一般按以下步骤进行。

(1)确定项目监理机构目标

项目监理机构的建立,应根据建设工程委托监理合同中确定的监理目标制定总目标,并明确划分监理机构的分解目标。

(2)确定项目监理工作内容

根据监理目标和委托监理合同中规定的监理任务,明确列出监理工作内容,并进行分类归并及组合。对监理工作进行归并及组合应综合考虑该监理工程的组织管理模式、工程结构特点、合同工期要求、工程复杂程度、工程管理及技术特点,以及监理单位自身组织管理水平、监理人员数量、技术业务特点等因素。

如果建设工程实施阶段实行全过程监理,监理工作划分可按设计阶段和施工阶段分别归并和组合,如图 6-2 所示。如果建设工程只进行施工阶段监理,监理工作可按投资、进度、质量目标进行归并和组合,如图 6-3 所示。

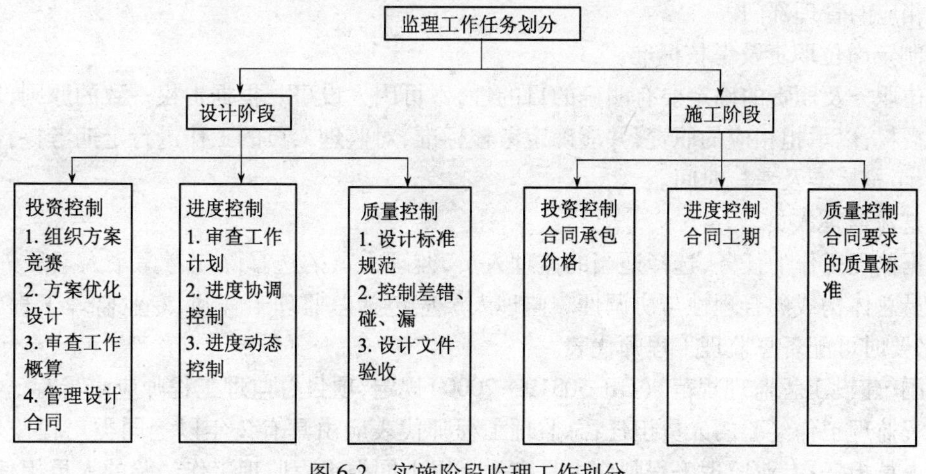

图 6-2　实施阶段监理工作划分

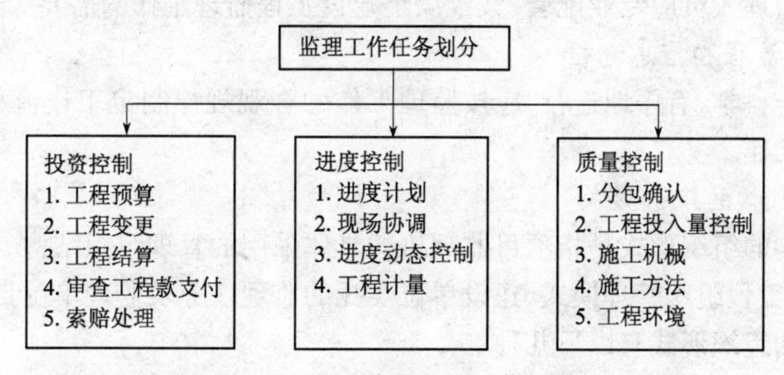

图 6-3　施工阶段监理工作划分

(3)项目监理机构的组织结构设计

1)选择组织结构形式。

由于建设工程规模、性质、建设阶段等的不同,设计项目监理机构的组织结构时应选择适宜的组织结构形式以适应监理工作的需要。组织结构形式选择的基本原则是:有利于工程合同管理、监理目标控制、决策指挥及信息沟通。

2)合理确定管理层次与管理跨度。

项目监理机构中一般应有 3 个层次。

① 决策层。由总监理工程师和其他助手组成,主要根据建设项目委托监理合同的要求和监理活动特点与内容进行科学化、程序化决策与管理。

② 协调层和执行层。由各专业监理工程师组成,具体负责监理规划的落实,监理目标控制及合同实施的管理,属承上启下管理层次。

③ 操作层。主要由监理员、检查员等组成,具体负责监理活动的操作实施。项目监理机构中管理跨度的确定应考虑监理人员的素质、管理活动的复杂性和相似性、监理业务的标准化程度、各项规章制度的建立健全情况、建设工程的集中或分散情况等,按监理工作实际需要确定。

3)项目监理机构部门划分。

合理划分各职能部门,应依据监理机构目标、监理机构可利用的人力和物力资源及合同结构情况,将投资控制、进度控制、质量控制、合同管理、组织协调等监理工作内容按不同职能活动形成相应的管理部门。

4）制定岗位职责及考核标准。

岗位职务及职责的确定要有明确的目的性，不可因人设事。根据责权一致的原则，应进行适当的授权，以承担相应的职责，并应确定考核标准，对监理人员的工作进行定期考核，包括考核内容、考核标准及考核时间。

5）选派监理人员。

根据监理工作的任务，选择适当的监理人员，监理人员的选择除应考虑个人素质外，还应考虑人员总体构成的合理性与协调性。监理人员应包括总监理工程师、专业监理工程师和监理员，必要时可配备总监理工程师代表。

我国《建设工程监理规范》（GB 50319—2000）规定，项目总监理工程师应由具有3年以上同类工程监理工作经验的人员担任；总监理工程师代表应由具有2年以上同类工程监理工作经验的人员担任；专业监理工程师应由具有1年以上同类工程监理工作经验的人员担任；并且项目监理机构的监理人员应专业配套、数量满足建设工程监理工作的需要。

(4) 制定工作流程和信息流程

为使监理工作科学、有序地进行，应按监理工作的客观规律制定工作流程和信息流程，规范化地开展监理工作。

2. 项目监理机构的组织形式

项目监理机构的组织形式是指项目监理机构具体采用的管理组织结构。应根据建设工程项目的特点、建设工程组织管理模式、建设单位委托的监理任务及监理单位自身情况而定。常用的项目监理机构组织形式有以下几种。

(1) 直线制监理组织形式

这种组织形式最简单，其特点是项目监理机构中任何一个下级只接受唯一一个上级的命令。各级部门主管人员对所属部门的问题负责，项目监理机构中不再另设职能部门。

这种组织形式可以适用于能划分为若干相对独立的子项目的大中型建设工程。总监理工程师负责整个工程的规划、组织和指导，并负责整个工程范围内各方面的指挥、协调工作。子项目监理组分别负责各子项目的目标值控制，具体领导现场专业或专项监理组的工作。

如果建设单位委托监理单位对建设工程实施全过程监理，项目监理机构还可按不同的建设阶段分解设立直线制监理组织形式。

对于小型的建设工程，监理单位也可以采用直线制监理组织形式。

直线制监理组织形式的主要优点是组织机构简单、权力集中、命令统一、职责分明、决策迅速、隶属关系明确；缺点是实行没有职能部门的“个人管理”，这就要求总监理工程师通晓各种业务，通晓多种知识技能，成为“全能”式人物。

(2) 职能制监理组织形式

职能制监理组织形式，是在监理机构内设立一些职能部门，把相应的监理职责和权力交给职能部门，各职能部门在本职能范围内有权直接指挥下级。此种组织形式一般适用于大中型建设工程。

这种组织形式的主要优点是大大加强了项目监理目标控制的职能化分工，能够发挥职能机构的专业管理作用，提高管理效率，减轻总监理工程师负担。但由于指挥权力分散，易造成职责不清。由于下级人员受多个上级领导,如果上级指令相互矛盾,会使下级在工作中无所适从。

(3)直线职能制监理组织形式

直线职能制监理组织形式是吸收了直线制监理组织形式和职能制监理组织形式的优点而构成的一种组织形式。这种组织形式把管理部门和人员分为两类:一类是直线指挥部门的人员,他们拥有对下级实行指挥和发布命令的权力,并对该部门的工作全面负责;另一类是职能部门的人员,他们是直线指挥人员的参谋,只能对下级部门进行业务指导,而不能对下级部门直接进行指挥和发布命令。

这种组织形式的主要优点,一方面保持了直线制组织形式实行直线领导、统一指挥、职责清楚,另一方面又保持了职能制使目标管理专业化的优点。缺点是职能部门与指挥部门易产生矛盾,信息传递路线长,不利于互通信息。

(4)矩阵制监理组织形式

矩阵制监理组织形式是由纵横两套管理系统组成的矩阵性组织结构,一套是纵向的职能系统,另一套是横向的子项目系统。

这种组织形式的优点是加强了各职能部门的横向联系,具有较大的机动性和适应性;实行上下左右集权与分权最优的结合;有利于解决复杂难题;有利于监理人员业务能力培养。缺点是纵横向协调工作量大,处理不当会造成扯皮现象,产生矛盾。

3. 项目监理机构的人员配备及职责分工

(1)项目监理机构的人员配备

项目监理机构中所配备监理人员的数量和专业应根据监理的任务范围、内容、期限、专业类别,以及工程的类别、规模、技术复杂程度、工程环境等因素综合考虑,并应符合委托监理合同中对监理深度和密度的要求,体现监理机构的整体素质,满足监理目标控制的要求。

1)项目监理机构的人员结构。

项目监理机构要有合理的人员结构才能适应监理工作的要求。合理的人员结构包括以下两方面的内容。

① 要有合理的专业结构。即项目监理机构应由与监理项目的性质(如工业项目,或民用项目,或专业性强的生产项目)及建设单位对项目监理的要求(是全过程监理,或是某一阶段如设计或施工阶段的监理;是投资、质量、进度的多目标控制,或是某一目标的控制)相称职的各类专业人员组成。也就是说各类专业人员要配套。

② 要有合理的技术职务、职称结构。为了提高管理效率和经济性,项目监理机构的监理人员应根据建设工程的特点和建设工程监理工作的需要确定其技术职称、职务结构。合理的技术职称结构应是高级职称、中级职称和初级职称的组成人员,并且应有与监理工作要求相匹配的比例。

2)项目监理机构监理人员数量的确定。

① 影响项目监理机构人员数量的主要因素。

a. 建设工程强度。建设工程强度是指单位时间内投入的建设工程资金的数量。它是衡量一项工程紧张程度的标准。建设工程强度计算公式为

$$建设工程强度=\frac{投资}{工期}$$

其中，投资是指由监理单位所承担的那部分工程的建设投资，工期也是指这部分工程的工期。一般投资费用可按工程估算、概算或合同价计算，工期可根据进度总目标及其分目标计算。显然，工程建设强度越大，投入的项目监理人力越多，因此，工程建设强度是确定项目监理人员数量的重要因素。

b. 建设工程复杂程度。每个建设工程都具有不同的情况，如工程设计活动、工程位置、工程所在地气候、工程地形、工程地质、施工方法、工期要求、工程性质、工程材料、设备供应方式、分散程度、后勤保障等内容不同，则投入的项目监理人力也就不同。

根据工程复杂程度的不同，可进行等级划分，不同等级的工程需要配备的项目监理人员数量有所不同。例如，可将工程复杂程度按 5 级划分：简单、一般、一般复杂、复杂、很复杂。显然，简单等级的工程需要的项目监理人员数量较少，而复杂的工程就要配置较多的项目监理人员。

对工程复杂程度的定级也可采用定量办法：对构成工程复杂程度的每一因素通过专家评估，根据工程实际情况给出相应权重，将各影响因素的评分加权平均后根据其值的大小以确定该工程的复杂程度等级。

c. 监理单位的业务水平。每个监理单位的业务水平和对某类工程的熟悉程度不完全相同，监理人员素质、专业能力、管理水平、工程经验及监理的设备手段等方面的差异，直接影响到监理效率的高低。高水平的监理单位可以投入较少的监理人力，而一个经验不多或管理水平不高的监理单位则需要投入较多的监理人力。因此，各监理单位应当根据自己的实际情况制定监理人员需要量定额。

d. 项目监理机构的组织结构和任务职能分工。项目监理机构的组织结构情况关系到具体的监理人员配备，务必使项目监理机构任务职能分工的要求得到满足。必要时，还需要根据项目监理机构的职能分工对监理人员的配备做进一步的调整。

② 项目监理机构人员数量的确定方法。

项目监理机构人员数量的确定方法可按以下步骤进行。

a. 项目监理机构人员需要量定额。根据监理工程师的监理工作内容和工程复杂程度等级，测定、编制项目监理机构监理人员需要量定额。

b. 确定建设工程强度。根据监理单位承担的监理工程，确定建设工程强度。

c. 确定工程复杂程度。按构成工程复杂程度的因素考虑，根据实际情况分别按 10 分制打分。

d. 根据工程复杂程度和建设工程强度套用监理人员需要量定额。从定额中可查到相应项目监理机构监理人员需要量。

e. 根据实际情况确定监理人员数量。

项目监理机构的监理人员数量和专业配备可随工程施工进展情况作相应的调整，从而满足不同阶段监理工作的需要。

(2) 项目监理机构各类人员的基本职责

监理人员的基本职责应按照建设工程阶段和建设工程的情况确定。

施工阶段，按照《建设工程监理规范》的规定，项目总监理工程师、总监理工程师代表、专业监理工程师和监理员应分别履行的职责如表 6-1 所示。

表 6-1 项目监理机构各类人员的基本职责

职责名称	具体内容
总监理工程师职责	1. 确定项目监理机构人员的分工和岗位职责 2. 主持编写项目监理规划、审批项目监理实施细则,并负责管理项目监理机构的日常工作 3. 审查分包单位的资质,并提出审查意见 4. 检查和监督监理人员的工作,根据建设项目的进展情况可进行人员调配,对不称职的人员应调换其工作 5. 主持监理工作会议,签发项目监理机构的文件和指令 6. 审定承包单位提交的开工报告、施工组织设计、技术方案、进度计划 7. 审核签署承包单位的申请、支付证书和竣工结算 8. 审查和处理工程变更 9. 主持或参与工程质量事故的调查 10. 调解建设单位与承包单位的合同争议、处理索赔、审批工程延期 11. 组织编写并签发监理月报、监理工作阶段报告、专题报告和项目监理工作总结 12. 审核签认分部工程和单位工程的质量检验评定资料,审查承包单位的竣工申请,组织监理人员对待验收的建设项目进行质量检查,参与建设项目的竣工验收 13. 主持整理建设工程的监理资料
总监理工程师代表职责	1. 负责总监理工程师指定或交办的监理工作 2. 按总监理工程师的授权,行使总监理工程师的部分职责和权力
专业监理工程师职责	1. 负责编制本专业的监理实施细则 2. 负责本专业监理工作的具体实施 3. 组织、指导、检查和监督本专业监理员的工作,当人员需要调整时向总监理工程师提出建议 4. 审查承包单位提交的涉及本专业的计划、方案、申请、变更,并向监理工程师提出报告 5. 负责本专业分项工程验收及隐蔽工程验收 6. 定期向总监理工程师提交本专业监理工作实施情况报告,对重大问题及时向总监理工程师汇报和请示 7. 根据本专业监理工作实施情况做好监理日记 8. 负责本专业监理资料的收集、汇总及整理,参与编写监理月报 9. 核查进场材料、设备、构配件的原始凭证、检测报告等质量证明文件及其质量情况,根据实际情况认为有必要时对进场材料、设备、构配件进行平行检验,合格时予以签认 10. 负责本专业的工程计量工作,审核工程计量的数据和原始凭证
监理员职责	1. 在专业监理工程师的指导下开展现场监理工作 2. 检查承包单位投入建设工程的人力、材料、主要设备及其使用、运行状况,并做好检查记录 3. 复核或从施工现场直接获取工程计量的有关数据并签署原始凭证 4. 按设计图及有关标准,对承包单位的工艺过程或施工工序进行检查和记录,对加工制作及工序施工质量检查结果进行记录 5. 担任旁站工作,发现问题及时指出并向专业监理工程师报告 6. 做好监理日记和有关的监理记录

总监理工程师不得将下列工作委托给总监理工程师代表。

1)主持编写项目监理规划、审批项目监理实施细则。

2)签发工程开工/复工报审表、工程暂停令、工程款支付证书、工程竣工报验单。

3)审核签认竣工结算。

4)调解建设单位与承包单位的合同争议、处理索赔。

5)根据建设工程的进展情况进行监理人员的调配,调换不称职的监理人员。

(3)项目监理机构所需设施

建设单位应提供委托监理合同约定的满足监理工作需要的办公、交通、通信、生活设施,以方便项目监理机构进行监理活动。

1)办公与生活设施。

由于监理工作的特殊性质,要求监理机构的办公与生活设施必须靠近工程项目地点,办公设施应满足监理人员的日常工作、监理资料的存放、监理人员的会议等需要。同时,为实施监理工作的计算机辅助管理需要,应明确有必要的计算机设备。

生活设施包括监理人员的住宿、饮食等设施。在工程项目的施工中,承包单位为保证连续施工的需要,经常实行三班制工作,监理人员经常在现场实施监理活动。因此,住宿设施是必不可少的。

2)通信设施。

3)检测设备和工具。

项目监理机构应根据工程项目类别、规模、技术复杂程度、工程项目所在地的环境条件,按委托监理合同的约定,配备满足监理工作需要的常规检测设备和工具。

三、园林建设工程监理实施程序和实施原则

1. 实施程序

对监理单位来说,监理实施程序应从制定监理大纲、参与监理项目的招标投标开始。具体程序如表6-2所示。

表6-2 园林建设工程监理实施程序

程序号	程序名称	程序内容和注重点
1	制定监理大纲,参与工程监理项目招投标或议标	由监理单位在承接工程任务时,在参与投标、拟订监理大纲时,应选派称职的人员主持该项工作,并作为该项目的总监及早介入工作
2	确定项目总监理工程师,成立项目监理机构	监理单位根据工程规模、类型、监理大纲、监理合同,由单位法人委派称职人员担任项目的总监理工程师,并授权其代表监理单位全面负责该工程监理工作,对外向建设单位负责,对内向监理单位负责
3	编制建设工程监理规划	要根据监理合同所确定的监理工作实际范围和深度来编写具体的建设工程监理规划
4	制定各专业监理实施细则	专业监理工程在监理规划的指导下,并结合建设工程实际情况编制
5	规范化地开展监理工作	规范化体现在工作的时序性、职责分工,严密性以及工作目标的确定性上(目标具体完成时间要限定,表格资料能考核检查工作效果)
6	参与验收,签署建设工程监理意见	建设工程施工完成后,监理单位应在正式验收前组织施工预验收,发现问题,提出整改要求,指令施工单位完成整改,参与建设单位组织的工程竣工验收,并签署监理单位意见
7	向建设单位提交建设工程监理档案资料	按委托监理合同规定,向建设单位提交监理资料,合同无明确规定的,一般应提交:设计变更、工程变更资料,监理指令性文件,各种签证资料等档案资料
8	监理工作总结	委托监理合同履行情况,监理任务或目标完成情况评价,监理工作(技术、方法、措施、组织协调)经验,存在的问题及改进的建议

2. 监理实施的5条基本原则

(1)公正、独立、自主

这是监理工程师维护建设工程参与各方的合法权益所必须具备的原则。

(2)权责一致

监理工程师承担的职责应与建设单位的授权相一致,并反映在委托监理合同和建设合同之中。

(3)总监理工程师负责制

总监理工程师是工程监理的责任主体,是工程监理的权力主体。

(4)严格监理、热情服务

依法对承建单位进行严格监督,为建设单位提供热情服务。严格不等于转嫁风险,热情应

是正当权益的维护。

(5)综合效益统一

实现建设单位的经济效益与社会效益和环境效益的有机统一。

四、园林建设工程监理的组织协调

1. 组织协调的概念

组织协调是监理工程师必须具备的能力,一个专业知识全面,熟谙监理程序而组织协调能力差的监理工程师,是很难实现监理目标的。

协调的范围分为系统内部协调和系统外部协调。前者是指项目监理机构内部的协调,后者是指项目监理机构以外的协调,包括近外层协调和远外层协调。近外层协调是指协调的对象与建设单位有合同关系。而远外层协调一般与建设单位没有合同关系,如与政府有关部门和与社会团体等单位间的协调。

2. 项目监理机构的组织协调内容和协调方法

(1)系统内部协调

1)项目监理机构内部的协调内容。

① 人际关系的协调。

② 组织关系的协调。

③ 需求关系的协调。

2)系统内部协调方法。

① 会议协调法。

a. 第一次工地会议。

b. 监理例会(每周召开一次)。

c. 专业性监理会议。

② 交谈协调法(无论是内部协调还是外部协调,这种方法用得最多,效果较实在)。

a. 面对面交谈。

b. 电话交谈。

③ 书面协调法(特点是能精确表达意见;具有合同效力)。

书面报告:报表、图表、指令和通知(在无须双方直接交流时采用)。

(2)系统外近外层协调

1)系统外近外层协调的内容。

① 与建设单位的协调。

a. 理解并吃透建设单位的意图。

b. 监理宣传让建设单位对监理工作尊重、理解和支持。

c. 尊重建设单位,让建设单位一起投入。

② 与承包商的协调。

a. 项目经理关系的协调。

b. 进度问题的协调。

c. 质量问题的协调。

d. 对承包商违约行为的处理。

e. 合同争议的协调。

f. 通过承包商对分包单位、协作单位的管理以及人际关系的处理。

③ 与设计单位的协调。

a. 工程变更的协调。

b. 设计变更的协调。

2)系统外近外层协调方法同系统内部协调方法一致。

(3)系统外远外层协调

1)系统外远外层协调的内容。

与政府部门及其他单位的协调。

① 与工程质量监督站就质量控制和质量问题的处理进行协调,在出现重大质量事故后,应敦促施工单位向政府有关部门报告。

② 就建设工程合同向公证机关提出公证。

③ 争取政府有关部门的支持与社会团体关系的协调。

④ 争取社会各界对建设工程的关心、呵护和支持。

2)系统外远外层协调方法。

① 访问协调法。

a. 走访:工程施工前或施工过程中,对与工程施工有关的各政府部门,公共事业机构,新闻媒介或工程毗邻单位等进行访问,向他们汇报,征求他们的意见。

b. 邀访:项目监理工程师单独或与建设单位代表邀请有关政府部门及其他单位代表到现场巡视及进行指导。

② 情况介绍法(内容同系统内部协调方法④)。

五、园林建设工程监理单位

1. 园林建设工程监理单位概述

(1)园林建设工程监理单位的概念

园林建设工程监理单位是指取得监理资质证书,具有法人资格的园林工程监理公司、监理事务所和兼承监理业务的工程设计、科学研究及建设工程咨询的单位。

建设工程监理单位是我国在工程建设领域推行建设工程监理制度后逐渐兴起的一类企业。这种企业的责任主要是向工程建设单位提供高智能的技术服务,对工程项目建设的投资、建设工期和工程质量进行监督管理,力求帮助建设单位实现建设项目的投资意图。

(2)园林建设工程监理单位的地位

建设监理制的实施意味着一种新型的建设工程管理体制在我国的出现。这种管理体制是在政府有关部门的监督管理下,由项目建设单位、承建商、建设工程监理单位三方直接参加的"三元"管理体制。

在园林建设工程市场中,建设单位和承建商是买卖的双方。承建商(包括建设工程的勘察、规划、设计、建筑构配件制造、施工等单位)是以物的形式出卖自己的劳动,是卖方;建设单位以支付货币的形式购买承建商的产品,是买方。监理单位是介于建设单位和承建商之间的第三方,为促进建设单位和承建商顺利开展交易活动而提供技术服务。因此,建设单位、监理单位和承建商构成了工程建设市场的3个基本支柱。

(3)建设监理单位的类别

监理单位是企业,是实行独立核算、从事营利性经营和服务活动的经济组织。根据不同的标准可分为不同的类别。

2. 园林建设工程监理单位组织机构的设立

(1)园林建设工程监理单位设立的条件和程序

1)园林建设工程监理单位设立的条件。

① 设立园林建设工程监理单位的基本条件。

a. 有自己的名称和固定的办公场所。

b. 有自己的组织机构,如领导机构、财务机构、技术机构等,有一定数量的专门从事园林工程监理工作的工程经济、技术人员,而且专业基本配套,技术人员数量和职称符合要求。

c. 有符合国家规定的注册资金。

d. 拟订有园林建设工程监理单位的章程。

e. 有主管单位同意设立监理单位的批准文件。

f. 拟从事监理工作的人员中,有一定数量的人已取得国家建设行政主管部门颁发的建设工程监理工程师资格证书,并有一定数量的人取得了园林工程监理培训结业合格证书。

② 设立园林建设工程监理单位应准备的材料。

a. 工程监理企业资质申请表。

b. 企业法人营业执照。

c. 企业章程。

d. 企业负责人和技术负责人的工作简历、监理工程师注册证书等有关证明资料。

e. 工程监理人员的监理工程师注册证书。

f. 需要出具的其他有关证书、资料。

2)园林建设工程监理单位设立的程序。

设立园林建设工程监理单位,或者申请兼承监理业务的单位必须经相应的资质管理部门申请资质审查。设立监理单位的申报、审批程序一般分为两步。

① 向工商行政管理机关申请登记注册,取得企业法人营业执照,工商行政管理部门对申请登记注册监理单位进行审查。经审查合格者,给予登记注册,并填发企业法人营业执照。园林建设工程监理单位营业执照的签发日期为园林建设工程监理单位的成立日期。

设立园林建设工程监理单位的申请书,应当包括下列内容:单位名称和地址;法定代表人或者组建负责人的姓名、年龄、学历及工作简历;拟担任监理工程师的人员一览表(包括姓名、年龄、专业、职称等);单位所有制性质及章程;上级主管部门名称;注册资金数额;业务范围。登记注册是对法人成立的确认,没有获准登记注册的,不得以申请登记注册的法人名称进行经营活动。

② 到建设监理主管部门办理资质申请手续。筹建单位在取得企业法人营业执照后,按照申报的要求,准备好各种申报材料到建设监理行政主管部门办理资质申请手续。建设监理行政主管部门首先对申报设立监理单位的资质进行审查,其次核定它开展建设监理业务活动的经营范围,并提出资质审查合格的书面材料。

(2)园林建设工程监理单位的资质管理

园林建设工程监理单位资质管理,主要是指对监理单位的设立、定级、升级、降级、变更、终止等资质审查或批准及资质证书管理等。

园林建设工程监理单位的资质,是指从事监理业务应当具备的人员素质、资金数量、管理水平及其管理业绩等,主要体现在监理能力及其监理效果上。监理能力是指能够监理多大规模和多么复杂程度的园林建设工程项目。监理效果,是指对园林建设工程项目实施监理后,在园林建设工程投资控制、质量控制、进度控制等方面取得的成果。

六、监理工程师及其基本工作方法

1. 监理工程师的素质与职责

(1)监理工程师概述

1)监理工程师的概念。

监理工程师是指取得国家监理工程师执业资格证书并经注册的监理人员。监理工程师是一种岗位技术职务,不是专业技术职称,不仅要解决工程设计与施工中的技术问题,而且要组织工程实施的协作,并管理工程合同,调解各方争议,控制工程进度、投资和质量等。监理工程师一经政府注册确定,即意味着具有相应岗位责任的签字权。建设行政主管部门对监理工程师必须具备的条件作出了如下规定。

① 按照国家统一规定的标准,已取得工程师、建筑师或经济师资格。

② 取得上述资格后,具有两年以上的设计或现场施工经验。

③ 取得试点城市或部门建设主管机关颁发的监理工程师临时证书。

2)监理工程师的资质与素质。

① 监理工程师的资质。

a. 获得高级建筑师、高级工程师、高级经济师、高级园林工程师等任职资格,或获得建筑师、工程师、经济师等任职资格后具有3年以上工程设计或施工实践经验,或从事园林设计、园林施工10年以上工作经历的初级职称者。

b. 经全国监理工程师资格统一考试合格,并通过注册对申请者的素质和岗位责任能力的进一步全面考查,经考查合格者,政府注册机关才能批准注册。

c. 监理工程师的工作单位为建设工程监理公司或建设工程监理事务所,或在科研单位和大专院校兼承建设监理业务的设计。

监理工程师退出所在建设监理单位或被解聘,由该单位报告原注册管理机关审核取消注册,收回监理工程师资格证书。要求再次从事监理业务的,应该重新申请注册。未经注册不得以监理工程师名义从事监理工程业务。监理工程师不得以个人名义承接建设监理业务。

② 监理工程师的素质。

a. 要有较高的学历和多学科专业知识。

b. 要有丰富的工程建设实践经验。

c. 要有良好的品德。

(2)监理工程师的主要职权

监理工程师的职权是通过委托监理合同和施工合同来规定的。其中一些主要职权如下。

1)向承包商发布信息和指令,如开工令、停工令等。

2)要求承包商制订详尽的工程进度计划,并予以审批,有权审查施工方案和用款计划。

3)评价承包商对所进行工作的建议,保证材料和工艺符合规定,接收并检验承包商报送的材料样品,批准或拒收材料,承包商如使用了不合格的材料,有权下令将该部分工程拆除。

4)对工程的每道工序进行开工审批及完工验收,上道工序不合格,下道工序不得开工。

5)监视工地,对重要工序要旁站监督。

6)批准分包合同。

7)解释合同中的歧义。

8)命令暂停施工。

9)警告承包商进度太慢。

10)证明承包商的违约行为。

11)决定计日工的使用。

12)批准或拒绝延期和费用赔款要求。

13)发布工程变更令。

14)确定变更工程和额外工程的价格。

15)批准并核对承包商已完成工作的工程量测量值,校核后向建设单位送交中期付款证书和最终付款证书等工作。

16)签发付款证书。

17)签发交工和工程移交证书。

18)签发工程质量缺陷责任证书。

(3)监理工程师职业守则

按照国际惯例,监理工程师(包括驻地监理工程师)在进行监理工作时,应遵守的职业守则主要内容如下。

1)按合同条件约定的职业道德办理,遵守当地政府的法律与法规。

2)必须履行监理合同协议书规定的义务,完成所承诺的全部任务。

3)主动积极、勤奋刻苦、虚心谨慎地工作。

4)不允许从事与监理项目的设计、施工材料和设备供应等业务的中间人的贸易活动。

5)不得泄露所监理项目的商务机密。

6)只能从监理委托中接受酬金,不得接受与合同业务有关的其他非直接支付。

7)监理业务的分包,或聘请专家协助监理时,应获得建设单位的同意。

8)监理工程师应成为建设单位的忠诚顾问,在处理建设单位和承包商的矛盾时,要依据法规和合同条款,公正、客观地促成问题的解决。

9)当需要发表与所监理项目有关的论文时,应经建设单位认可,否则,会被视为侵权。

监理工程师应严格遵守监理职业守则,出色地完成合同义务。如果不履行监理职业守则,建设单位有权用书面形式通知监理工程师终止监理合同。通知发出后15天,若监理工程师没有作出答复,建设单位即可认为终止合同生效。

2. 监理工程师的职业道德与工作纪律

监理工程师的职业道德与工作纪律的主要内容如下。

1)不许以个人名义在任何报刊上登载承揽监理业务的广告。

2)不许在政府部门和施工、材料设备生产和供应单位中兼职,不允许监理自己设计工程项目,不承包建设单位的工程项目,不向施工单位供应材料和设备,也不允许既是工程监理者,又充当与该工程设计、施工承包和材料设备相关业务的直接和间接中介人。

3)遵守国家的有关法律和当地政府的有关条例、规定和办法等。

4)履行建设工程监理委托合同中所承诺的义务和承担所约定的责任,只取委托监理合同中约定的监理酬金。

5)不允许泄露自己所监理的工程项目中需要保密的事项,在发表自己所监理工程项目的有关资料时,须取得建设单位的同意。

6)处理各方面的争议时,应坚持公平和公正的立场。

7)坚持科学的态度,对自己提出的建议、判断负责,不唯建设单位和上级的意图是从。

8)监理工程师实行注册制度,监理工程师不得出卖、出借、转让、涂改《监理工程师岗位证书》,若有此行为,由政府建设行政主管部门没收非法所得、收缴《监理工程师岗位证书》,并处以罚款。

9)项目建设监理实行总监理工程师负责制,总监理工程师行使合同赋予监理单位的权限,全面负责受委托的监理工作。

3. 监理工程师的基本工作方法

(1)项目监理工程师牵头负责制

建设工程项目一般分为设计阶段和施工阶段。对每个阶段各设立一个监理组实行监理工作。每个监理组中均设立职能控制组,使承包单位严格按建设单位要求进行设计,按图纸设计施工,严格履行合同规定的各项义务。

现场监理工作,由各个专业协调进行,各专业人员除必须熟悉自身的工作任务、职责外,还必须了解现场工程的总体,必须有一个主要牵头负责人,即由他负责各项工作的综合联络与组织协调。要求此人首先对本专业工作能全面胜任,其次对合同内容及工程情况比较熟悉。在他具体领导下由项目工程师负责进行现场日常工作的检查验收,主持分管项目的工作协调会,组织对承包商报送的局部问题的批复意见等。

(2)现场记录制

监理工程师在现场进行监理工作时,必须对各施工部位的各种情况做好详细记录(现场记录,又称监理日志)。现场记录是解决合同纠纷、审核工程进度、进行工程结算的基本资料,必须客观真实。现场记录的主要内容如下。

1)当日施工的工程部位进展情况,一般用表格或具体数量表达。

2)当日各部位投入的人力、机械、设备等情况。

3)当日施工中出现的各种问题、事故,监理人员对问题、事故的处理经过和结论意见。

4)建设单位、承包商、监理单位、设计单位之间的工作联系,各种会议的中心议题、参加人员、会议结论等。

5)施工、设计中的各种经验。

(3)产品审核制度

监理工程师的工作产品,就是工程建设各阶段的进度、质量、投资的意见和发布的各种监理文件,也包括各参加单位共同努力而完成的工程项目。以上各种产品在"生产"过程中,都要把好审核关,坚决贯彻"预防为主,防检结合,重在提高"的思想,并要通过各种审核进行检验和确认。为此要做到以下几方面。

1)监理工程师与建设单位和承包商的业务联系一律以书面文件为准。书面文字做到准确、周密,包括文件编号、日期等都应经拟稿、审核、打印、校对、签发等工序,不得出错。

2)对来自承包商的计划、措施、进度、报告等报表,应由专人审核其内容,指定有关专业或项目工程师进行复审并签署具体意见。对某些重要、复杂的问题,应以会审形式形成决议。

3)单项工程验收。必须在自检合格基础上,由监理工程师会同建设单位和二级有关质检部门进行诸项审核，一方面查看施工文件记录、内容，审查是否齐全，计算是否准确；另一方面查看工程实体，问题处理效果，依照国家颁布的各项技术标准，进行评定验收、确定质量等级，并签署工程验收凭证。

4）审核“工程日付款凭证”。必须按照工程完成数量、质量、价款逐一核实，做到公正合理地维护建设单位与承包商双方的正当权益。

5）定期作“监理情况报告”。各监理人员都必须按规定内容写出：当月或本季度工程进展的详细情况、质量方面的问题、处理方法等，经办公室工程师负责检查汇编上报总监理工程师。

（4）把好材料和试验关

土建、园林小品建筑、水景、园路等工程，都需要大量的钢筋、水泥、砖石、木材、砂、花卉苗木等原材料。这些材料在使用前必须经过质检部门按部颁标准进行检验合格并经监理工程师审核批准后才可使用。凡未经检验合格的产品一律不准进入施工现场，已运入现场的必须先隔离，施工前运出现场。这样既可避免造成操作失误，也可避免承包单位以次充好，偷工减料。监理工程师对每天所用材料的检验结果和使用部位都应有详细记录。

（5）严格控制工程进度和质量

1）工程进度。

开工前，对于承包商提交的施工进度计划及实施方案，监理工程师一定要认真审核或进行必要调整，做到计划周密，措施得力，次序合理。还要通过网络计划进行关键路线可行性分析。对于月进度计划，监理工程师要在限定的5～7d内认真审查，并及时发出批准或限期修改的通知。

2）工程质量。

控制工程质量主要通过以下手段进行。

① 进场控制。对于要进入现场的人、材料、机具等严格把关。坚持做到人力、材料、机具的检测、供应准备不足不准动工；未经检验和试验的材料不准使用；未经批准的图纸和变更设计不得施工；未经批准的施工工艺不得采用，前道工序未经检查验收，后道工序不准进行；不合格工程和手续不健全项目不予计量签证，未经计量的工程项目概不支付。

② 严格质量检查验收和登记。监理人员必须深入现场，随时掌握和控制工程质量、施工动态，杜绝任何质量不合格苗头。要根据操作规程进行检查验收，发现问题及时作出纠正的指令。

③ 严格检查基础工程质量，注重工序检查交接。监理工程师着重检查开挖尺寸、施工部位的尺寸，地基碾压程序和建筑混凝土的质量（强度、缺陷、配筋、配套设施、预留位置）等。填埋前有的还要进行复查。工序交接之前必须有已建成部分的质检合格证明。在施工全过程中都必须对质量高标准要求。对于较重大的质量问题，要分析工程质量事故原因，改进工艺，或采取返工、重来措施。

（6）把好付款关

工程付款签字权是监理工程师进行质量控制的重要手段。对承包商每月初报送的财务支付报表，监理工程师都应根据合同逐一审核工程结算项目、单价、总价等，剔除超报、错报、弄虚作假等不实部分。在支付计算中，必须坚持先计量后付款的原则和价款结算、质量签证制度。还要注意按合同执行的预付款、扣款、补充合同追加款、维修保证金等费用的调整。监理工程师都应做到严谨、廉洁、公正。

（7）把好索赔关

正确处理“索赔”，监理工程师在工作时要做到如下几方面。

1)加强预见性,吃透合同文件,熟悉地形、气候、地质条件。凡是建设单位不能按时向承包商提供的条件,建议建设单位签订合同时留有余地,尽量不违约。

2)项目相互干扰、影响施工的,做好协调工作,避免停工索赔。

3)因建设单位造成的暂停、中止合同可能引起索赔的,积极安排承包商进行其他项目的施工,减少索赔量。

4)必须索赔的要严格审查,按合同规定赔偿。

监理工程师在工作时应特别注意如下几方面。

1)监理工程师要尽量了解承包单位项目经理的能力、作风,以便制定相应的管理控制方法。

2)工程上出现质量问题时监理工程师完全有权自己决定,如修补、加固乃至推倒重建。有些工程质量问题发生在接近或已经完成的情况,要先听取项目经理的意见,也要告诉项目经理问题出在哪里,如何补救。当双方意见难以统一时,监理工程师应及时向总监理工程师汇报。

3)监理工程师要慎重行使处罚的权力。对承建单位采用的不合理材料与工艺除应立即制止外,还需采取必要的处理措施,如责令其将已使用的不合格材料撤换,并依据工程承包合同中的处罚条款和自身权限范围签署给承建单位函件。

4)监理工程师要保持廉洁公正,随时礼貌而坚决地拒收任何方面送来的礼物,各种优惠服务、赠品等,保持清醒头脑,始终把质量放于首位,在社会上树立良好形象。

第三节　园林建设工程监理目标控制

一、园林建设工程监理目标控制的概述

1. 控制理论简介

(1)控制的含义

控制是指管理人员按计划标准来衡量所取得的成果,纠正实际过程中发生的偏差,以保证预定的计划目标得以实现的管理活动。

控制过程可以用控制程序准确地表示出来,如图 6-4 所示。

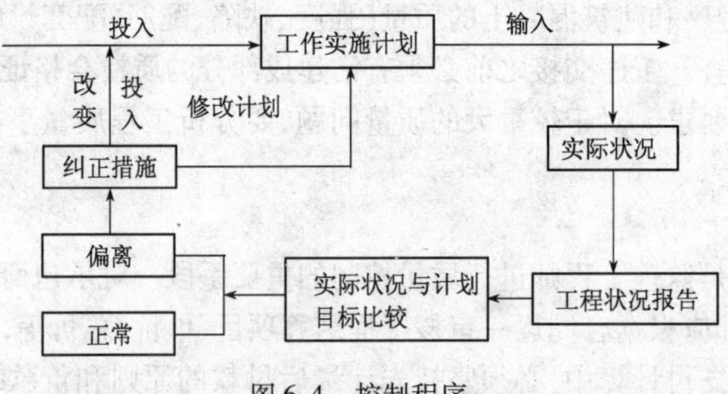

图 6-4　控制程序

由于园林建设工程项目受到外部环境和内部系统的各种因素变化的影响,实际输出的投资、进度、质量目标实现情况常常会偏离计划所预定的目标,有时甚至相差很大,为了最终实现计划所预定的目标,建设工程项目的各级控制人员要定期收集工程项目建设的实际情况和其

他工程项目建设有关的信息,将各种投资、进度、质量、数据和其他有关工程信息进行整理、分类和综合,提出工程状态报告。园林建设工程项目的控制部门则根据工程状态报告将建设工程项目实际完成的投资、进度、质量状况与相应的计划进行比较,来确定是否偏离了计划。

如果计划运行正常,那么就按原计划进行(计划运行正常,只表示当时的情况是正常的,并不表示整个建设工程项目的建设活动会始终处在正常状态);如果实际输出的投资、进度、质量目标已经偏离计划目标,或者预计将要偏离,就需要采取纠正措施,如改变投入、改变计划,或采取其他纠正措施,使计划呈现一种新的状态,使工程能够在新的计划状态下进行。当新的计划付诸运行之后,各级控制人员仍然需要定期收集工程项目建设的实际情况和其他工程项目建设有关的信息,将各种投资、进度、质量、数据和其他有关工程信息进行整理、分类和综合,提出工程状态报告。一个园林建设工程项目目标控制的全过程就是由这样的一个个循环过程组成的,循环控制要持续到建设工程项目建设成功。控制贯穿园林工程项目建设的整个过程。

(2)控制循环过程的基本环节

1)投入——按计划的要求进行投入。

控制过程首先从投入开始。计划所确定的资源数量、质量和投入的时间是保证计划得以顺利实施的基本条件,也是实现计划目标的基本保障。建设工程监理单位及其监理工程师如果能够把握对“投入”的控制,也就把握住了控制循环的起点要素。

2)转换——做好从投入到产出转换过程的控制工作。

转换是指向建设工程项目中投入的各种资源,综合作用后产出半成品到成品的过程,也是投入的材料、劳力、资金、方法、信息转变为产品的过程,如设计图纸、分项(分部)工程、单位工程、单项工程,最终输出完整的工程项目。建设工程监理单位及其监理工程师要做好从投入到产出的转换过程的控制工作,如跟踪了解工程项目建设的进展情况,掌握工程转换过程中的第一手资料,为今后分析偏差原因、确定纠正措施收集和提供可靠依据(最好是原始资料)。同时,对于那些可以及时解决的问题,采取“即时控制”措施。

3)反馈——控制过程中必不可少的基础工作。

反馈是指一项控制活动实施之后,导致结果的信息按照某种方式传递给控制者的过程。反馈给控制部门的信息内容包括已发生的工程状况、环境变化、未来工程预测等。信息反馈方式有正式和非正式两种。正式信息反馈是指书面的工程状况报告一类,是控制过程中采用的主要反馈方式;非正式信息反馈主要采用口头方式,也是控制过程中常采用的反馈方式。

4)对比——以确定是否偏离(测量器)。

对比是指将实际目标成果与计划目标进行比较,以确定是否偏离。一般需要做好两项工作:一是收集工程实际成果并加以分类、归纳,形成与计划目标相对应的实际情况的目标值;二是对比较结果进行分析、判断,并找出偏离的原因(是未按计划要求“转换”,还是计划制订得不合理),判断是否偏离及偏离的程度和偏离的缘由。

5)纠正——取得控制应有的效果(调节器)。

假如确实出现了实际目标成果偏离计划目标的情况,控制部门、控制人员就需要采取必要的措施加以纠正。例如,工程项目建设进度稍许拖延,可以采用适当增加人力、机械、设备等投入量的办法解决。如果实际目标成果与计划目标已经有了较大的偏离,原因是原有计划存在一定问题,则需要改变计划,重新确定目标,根据新目标制订新计划,使工程在新的状态下运行，或者是对局部计划进行修改。最好的纠偏措施是把管理的各项职能结合起来，采取系统的办法实施纠偏。

总之，每一次控制循环的结束都使建设工程项目的建设、内部管理呈现一种新的状态，使工程运行出现一种新气象。控制循环过程的5个基本环节之间的关系如图6-5所示。

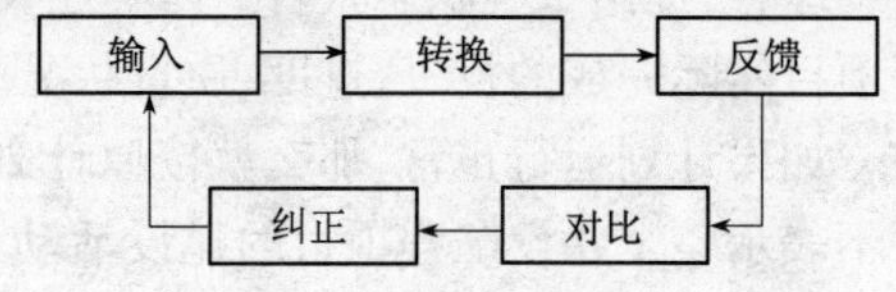

图6-5　控制循环过程的基本环节之间的关系

2. 园林建设工程目标的被动控制和主动控制

从建设工程监理的角度来看，一般将控制活动分为主动控制和被动控制两大类。

(1)主动控制

1)主动控制的含义。

主动控制是指控制部门、控制人员预先分析实际目标成果与计划目标偏离的可能性，并以此为前提拟订和采取各项预防性措施，以使计划目标得以实现。主动控制是一种面对未来的前馈式的事前控制。当控制人员根据已经掌握的可靠信息分析预测得出系统的输出将要偏离计划目标时，就制定纠正措施并向系统输入，以使系统因此而不发生目标的偏离。

2)主动控制的措施。

分析和预测实际目标成果偏离计划目标的可能性，常用的方法有以下几种。

① 详细调查并研究外部条件，以便确定存在着哪些影响目标实现和计划运行的有利和不利、已有和潜在的因素，识别风险，并将它们考虑到计划和其他管理职能当中。

② 用科学的方法制订计划，进行计划可行性分析，使得计划在资源、技术、经济和财务诸方面可行，保障工程实施能够有足够的时间、空间、人力、物力和财力，并在此基础上力求使计划优化。

③ 高质量地做好组织工作，使组织、目标和计划高度一致，把目标控制的任务与管理职能落实到适当的机构和人员，做到职权与职责明确，使全体成员能够通力协作，最大限度地减少信息反馈的时滞、措施出台的时滞和措施传达的时滞。

④ 制订必要的备用方案，以应付可能出现的影响目标或计划实现的情况。

⑤ 计划要留有一定余地，由于外在环境和内部因素的各种干扰，原定计划一般无法完全实现。在这种条件下制订计划的时候，就应该留有适当的松弛度，即“计划应留有余地”。这样，可以避免那些经常发生的、不可避免的干扰对计划的影响，减少“例外”情况产生的数量，使管理人员处于主动地位。

⑥ 加强信息管理工作。疏通信息流通渠道，加强信息收集、整理和研究工作，为预测工程未来发展提供全面、及时和可靠的信息是做好主动控制工作的重要内容。

(2)被动控制

1)被动控制的含义。

被动控制是指当系统按照计划进行时，管理人员对计划实施的实际情况进行跟踪，把它输出的工程项目建设信息进行加工、整理，再传递给控制部门，使控制人员从中发现问题，找出偏差，并寻求和确定解决问题、纠正偏差的方案，然后再回送给计划实施系统付诸实施，使得计划目标一旦出现偏离就能得以纠正。被动控制是一种反馈式的控制。在工程项目建设监理过程中，被动控制往往形成反馈闭合回路。对于监理工程师而言，被动控制仍然是一种积极的控制，也是一种十分重要的控制形式。

2)被动控制的特点。

被动控制是在发现偏差之后,研究偏离原因,采取纠偏措施。被动控制实际上就是传统的控制方式,与主动控制方式相比,它是一种针对当前工作事后的反馈式的控制方式。

(3)主动控制与被动控制的关系

主动控制和被动控制,都是在实现园林建设工程项目目标控制时经常运用的控制方式,缺一不可。因为一方面,主动控制中的主动,只是相对的,人们不可能完全预测出未来的情况;另一方面,被动控制是最基本的控制方式,一旦出现了未曾预料到的偏差情况,主动控制就不可避免地转变为被动控制。有效地控制是将主动控制与被动控制紧密地结合起来,力求加大主动控制在控制过程中的比例,同时进行定期、连续的被动控制。这样,才能完成建设工程项目目标控制的根本任务。

主动控制与被动控制相结合就是要求建设工程监理单位及监理工程师在进行目标控制的过程中,既要实施前馈控制又要实施反馈控制,既要根据实际输出的工程信息又要根据预测的工程信息实施控制,并将它运用在工程项目建设的监理工作中。控制工作的主要任务是通过各种途径找出工程项目建设的实际情况偏离工程建设计划的差距,采取一定的措施纠正潜在偏差和实际偏差,确保工程建设计划取得成功。

二、园林建设工程项目的控制系统

园林建设工程项目的控制系统一般由被动控制子系统、控制子系统和信息反馈子系统组成。信息反馈子系统把被控制子系统和控制子系统联系起来,使之成为一个完整的系统。

1. 园林建设工程项目目标控制点的设置

(1)园林建设工程项目目标控制点设置的目的和意义

1)园林建设工程项目目标控制点设置的目的。

园林建设工程项目目标控制点,简称控制点,是指为保证对园林建设工程项目目标实施有效的工程控制,对园林建设工程项目的重点控制对象或重点建设进程而设置的一种管理模式。按园林工程建设目标控制的内容,建设工程项目目标控制点分为园林建设工程项目投资控制点、进度控制点和质量控制点;按园林工程项目建设阶段,又可分为建设前期投资、进度和质量控制点,设计阶段的项目投资、进度和质量控制点,施工阶段的项目造价、进度和质量控制点等。

建设目标控制点设置的目的是通过对控制点的设置,将项目总目标分解为各控制点的分目标,然后对各控制点的分目标进行控制,达到对项目建设总目标的控制。工程项目总投资按项目划分分解,是对组成该建设项目的各子项目设置控制点(1 级控制点),如将总投资目标分解为 N 个子项目的投资分目标。如果每个子项目按工程类型或工程部位划分,又可以在子项目控制点下设置 2 级控制点,并获得 2 级控制点的投资分目标。

2)园林建设工程项目目标控制点设置的意义。

① 通过控制点设置,便于对建设目标的分解,可以将复杂工程项目建设目标控制转化为一系列简单分项的目标控制。

② 设置控制点,有利于控制管理人员及时地分析和掌握控制点处的建设环境条件的变化,易于分析各种干扰因素对有关分项目标产生的影响及其影响程度的测定。

③ 设置控制点,有利于控制管理人员监测分项控制目标,计算分项控制目标值与实际目标值的偏差。

④ 分项控制点目标单一,并且干扰因素便于测定,这样有利于控制管理人员制定和实施相应的纠偏措施和控制对策。

⑤ 通过对下层级控制点分项目标的实现,对上层级控制点分项目标协调提供保证,进而可以保证上层级控制点分项控制目标的实现,直到工程项目建设目标的最终实现。

⑥ 设置控制点,既可以对控制点分项实施单目标控制,如费用控制、进度控制、质量控制及信息与合同管理,又可以对控制点分项实施多目标的综合控制与综合协调。同时,对各控制点分项目标可以实施主动和被动的多重控制。

(2)控制点的设置原则

控制点设置的基本原则是"一点多控,重点突出,易于纠偏。"具体原则如下。

1)应选择在技术经济活动复杂、资源消耗大、外界影响因素多、易于发生质量事故的关键活动或关键节点作为控制点。

2)控制点要在建设的各个阶段和重要的建设技术经济活动过程中设置,有利于参与工程建设的不同主体从事工程控制活动。如对设计单位的总体方案及专业方案的制订、工艺路线及设备配置、专业工种配合与协调等活动,对施工单位的工程进度、工程部位、重要活动及重要建设资源供应,对其他各方参与建设的单位,如供货厂商、运输单位、监理单位等在参与工程项目建设的技术经济活动中,均设置相应的控制点,以确保建设合同规定的建设目标的实现。

3)保持控制点设置的灵活性和动态性。对于一些大型建设工程项目,必须根据建设进展的实际情况,对已设立的控制点随时进行必要的调整或增减,使控制点设置具有相应的灵活性和动态性,以达到对工程项目建设目标的全过程、全方位的控制。

2. 园林建设工程项目目标控制系统及其建立

(1)控制系统的构成

控制系统是与外部大环境相关联的开放系统,它由控制子系统、被控制子系统和信息反馈子系统组成。其中,被控制子系统是控制的对象。控制子系统是控制工作实施的主体,信息反馈子系统是这两者的联系者。控制子系统具有制定标准、评定绩效、纠正偏差的控制基本功能。

在建设单位、监理单位、设计单位、承包商四者之间,以及设计与设计分包之间、承包与分承包之间形成了控制与被控制的关系,即构成了控制系统,如图6-6所示。在监理单位与承包单位之间,监理方是控制系统,承包方是被控制系统,监理方与承包方两个子系统间通过信息反馈子系统联系起来,进行信息的交流与互换,实现控制与被控制的关系。

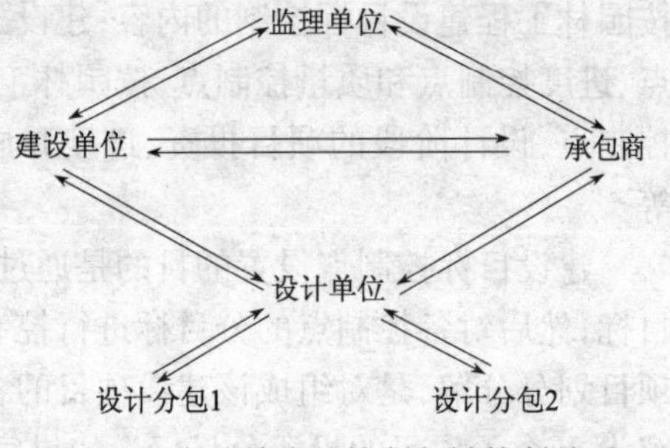

图6-6　有关单位的控制与被控制关系

(2)控制子系统的构成

在控制系统中,控制子系统居于主导地位。由存储分子系统、调整分子系统和信息反馈子系统构成。

1)存储分子系统。

存储分子系统首先接受目标规划和计划,并将它们存储于控制子系统内作为控制的基本依据。它接受来自信息反馈子系统的工程状况报告,将被控制子系统输出的实际目标值和计划运行情况与本系统内存储的各方面控制标准加以对比,并将结果送达调整分子系统中。

存储分子系统存放的内容如下。

① 工作范围细则。确定项目实施中每一项任务的具体内容,制定工作变动的基准。

② 职责划分细则。说明项目实施过程中各个部门或个人所应负责的工作,包括施工技术、工艺、计量、成本控制等方面。

③ 项目程序细则。规定设计子系统本身、被作用系统以及有关单位之间关于设计、采购、施工、作业前准备、质量保证与控制及信息沟通等方面协调活动的程序。

④ 技术范围文件。列出项目清单,制定项目设计依据以及所需的技术依据,将要使用的标准、规范、编码及手续步骤等。

⑤ 成本控制文件。包括项目总成本预算以及分解到各部门和各项工作的分预算,把不同的账户分类编号,列成表格。

⑥ 信息控制文件。规定各种文件、报表、图表的发送对象和方式、通信联系制度以及会议记录和工作记录的方法。

此外,根据不同项目内容,还可以增减项目控制文件。

2)调整分子系统。

调整分子系统根据存储分子系统送达过来的经过加工处理的工程输出信息及外部变化情况进行分析研究,提出解决工程偏差问题的方案。同时,分析预测工程发展趋势并提出预防目标偏离的措施。决策后,决策信息输入到目标规划和计划系统,并按此实施。同时,还要将经过调整的目标规划和计划传送到存储分子系统,存储分子系统将变化了的目标规划和计划、控制程序和评价偏差标准等重新存储起来以备下一循环用于控制。

3)信息反馈子系统。

信息反馈子系统专门从事对工程实施系统的监督工作,跟踪工程进展情况。它要监督从投入到输出的各个环节,并密切注意外部变化。将工程状况和相关的信息不断收集起来进行分类、加工、整理,向控制子系统和被控制系统传递。

信息反馈子系统通过信息的传递使整个控制系统成为一体化运行的动态系统。通过向外部环境输出并从外部环境收集信息,将控制系统乃至整个建设工程项目系统与外部环境联系起来,使控制系统成为开放系统。

信息反馈系统使用过程中应注意以下问题。

① 所有重要问题均应有书面材料和书面记录。任何问题都不能靠记忆,因为记忆错误会造成损失和扯皮,因此,反馈中必须使用书面材料。

② 文件、备忘录、会议材料等必须传达到有关部门、单位,并要说明由谁来处理文件中的事项。

③ 信息反馈过程中所有书面材料都应编号存档,说明并记录材料抄送给哪些有关的人员。如工程的变动,就要同时存入变动档案和技术档案中。

(3)目标控制系统的建立

为了实施有效控制,在项目监理机构和承包单位之间建立一种良好的信息反馈,这样不但有利于控制系统通过对工程的进展进行跟踪,检查输出结果得到反馈信息,而且有利于被控制系统自身主动向控制系统反馈信息,使得信息的反馈更加及时、全面。

国际上通行的“2R”(requst 请示、report 汇报)制度,对于在园林建设工程项目监理中加强信息反馈与控制可以起到很好的作用。“2R”制度是指承包单位必须每天就拟进行的工作内容、工作面、工作量和拟投入的材料，已完成的工作的准备状况向监理工程师书面请示和汇报。承包商只能在监理工程师认可的前提下操作。

1)"2R"制度的运作原理。

"2R"制度的具体运作是：承包商在从事永久性施工之前必须自费印制大量的"workrequst"(工作请示)和"workreport"(工作汇报)正式表格。他们在每一个工作日结束前必须就下一个工作日将进行的各种检查、检测，新的工作内容或工作面、工作量，施工方法，措施，各工作面领班姓名等填写在"工作请示"中报监理工程师批准。

在这种监理制度下，对新开始的工作，承包商要就准备工作提请检查；对持续的工作，他必须就头天工作质量和拟进行工作的准备情况均提请监理工程师检查。申请的内容还包括材料的监测和部分工作或工程分包。与此同时，承包单位还必须就当天已认可的工作完成情况填写"工作汇报"，作为获得明天工作批准的条件或参考。监理工程师根据自己看法对承包商工作请示表中的内容和工作量予以增删和特别指示。承包单位只能在批准的范围内工作，未经批准或超越批准的工作不能得到监理工程师的认可。监理工程师每日认可的"2R"同时又是承包商获得进度款的证明，承包单位任何未经监理工程师认可的投入(人力、材料、设备等)都将得不到补偿，这意味着，没有工程师的"request(请示)"批准，承包商不得自行进入下一道工序或工作面，不得将材料投入工程甚至置放现场，不得自行分包部分工程或工作。

2)约束项目风险的方式。

"2R"制度对工程质量、工程进度、工程投资均有很好的保障效果。在"2R"制度下，承包单位在向现场运进材料或进行一项新的工作内容(辅助性工作除外)之前，必须向监理工程师提出书面请示，否则算是违约，这样保证了原材料的合格；未经监理工程师的批准同意，没有下达施工开工令，承包商不得私自开工，承包商不得将现场的任何人员和材料或设备移进或移出场外；在规定的时间内承包商未能以工程师看来合理的资源投入，将视为违约，从而保证了施工的进度符合合同要求。建设项目的投资目标是工程必须在施工合同价之内完成，使得投资控制符合要求。

从"2R"制度的基本内容和运行机理来看，它把承包单位的每一项活动都置于监理工程师的监督之下。通过请示与汇报，监理工程师不但随时可以掌握工程信息，而且可以随时把自己的意见转达给承包单位。信息反馈系统的作用得到充分发挥。

3. 园林建设工程监理三大目标控制

作为一个园林监理工程师必须认识到：工程项目投资、进度、质量三大目标是一个相互关联的整体，监理工程师控制的是由三大目标组成的项目系统，属于建设项目管理中的目标控制范畴，它不同于施工项目和设计项目管理中的目标控制。

(1)投资控制

投资控制是指在整个建设工程项目的实施阶段开展管理活动，力求使建设工程项目在满足质量和进度要求的前提下，实现建设工程项目实际投资额不超过计划投资额。

1)工程投资控制的基本概念。

投资活动作为一种经济活动，是随着社会化生产的产生、社会经济和生产力的发展而逐渐产生和发展的。

① 建设项目投资，是指以经济主体为获取项目将来的收益而垫付资金用于项目建设的经济活动，所垫付资金就是建设项目投资。

园林建设工程项目投资，是指园林建设工程达到设计效益时所需全部建设资金（包括规划、勘察、设计、招标投标合同、施工及其竣工验收的全过程），是反映工程规模的综合指标。其构成除主体工程之外，应根据工程具体情况，还包括附属工程、配套工程、设备购置、占地等。

② 工程造价，是指工程项目实际所花费的费用，即一个施工企业在建设项目中所耗用的资源。工程造价是竣工决算所反映的项目的劳动投入量。计划投资是项目的起点，贯彻于项目的始终。工程造价围绕计划投资波动，直至工程竣工决算才算完全形成。

园林工程造价，也称工程净投资，是指工程项目实际所花的费用，是在工程项目总投资中扣除回收金额（如在工程建设过程中搭建的临时工程最后要拆除所回收资金，施工机械设备费所回收资金）、应核销投资（不应记入交付使用财产而应该核销其投资的各项支出，如生产职工培训费等）和与本工程无直接关系的转出投资（在工程建设阶段列入本工程投资项目下，完工后又移交给其他建设部门成为固定财产）后的余额。

园林工程项目投资额，是指园林工程项目投资资金的量值，也就是投资的资金数，分为计划投资额（也称目标投资额）和实际投资额（指在建设过程中实际发生的各种资源消耗，以货币的形式表示的总资金）。

园林工程成本，是指施工企业在创造生产的过程中为评价本企业生产利润的一种造价指标，可以说是施工单位在建设按章施工过程中支付的生产费用的总额。其内容按经济分为人工费、材料费、施工机械使用费、其他直接费和施工管理费5项。

③ 工程项目造价控制，是指投资控制机构和控制人员，为了使项目投资取得最佳经济效益，在投资全过程中所进行的计划、组织、控制、监督、激励、惩戒等一系列活动，它是一种技术、经济与管理的总和。其实只是建设单位使建设项目的实际总投资（包括建筑安装工程费用、设备购置费用和其他费用等），不超过该项目计划投资额（建设单位确定的投资目标）。

2）工程造价目标控制的含义。

① 在建设工程监理过程中工程造价控制是针对整个建设工程项目目标系统所实施的控制活动的一个组成部分，在实现工程造价控制的同时需要兼顾质量和进度控制目标。根据目标控制的原则，在实现工程造价控制时应当注意以下问题。

a. 对建设工程项目的造价目标进行确定或论证时应当综合考虑整个目标系统的协调和统一，既要使投资目标满足建设单位的需求，还要使进度目标和质量目标也能满足建设单位的要求。

b. 进行工程造价控制的过程中，要协调好与质量控制和进度控制的关系，做到三大控制目标的有机配合。当采取某项投资控制措施时，要考虑这项措施是否对其他两个建设工程项目目标控制产生不利影响。例如，采用限额设计进行设计投资控制时，一方面要力争使实际的建设工程项目设计投资限定在投资额度内，一方面又要保障建设工程项目的功能、使用要求和质量标准。

② 投资控制应具有全面性。

a. 建设工程项目总投资是工程项目建设的全部费用，是进行固定资产再生产和形成最低量流动资金的一次性费用总和。

b. 对建设工程项目投资要实施多方面的综合控制。监理工程师进行投资控制时要针对建设工程项目费用组成实施控制，对所有合同的付款实施控制，控制住整个合同价。监理工程师需要从建设工程项目系统性出发，进行综合性的工作，从多方面采取措施实施控制。

c. 建设工程监理投资控制是微观性投资控制。建设工程监理单位及其监理工程师所开展的建设工程项目投资控制,其着眼点是控制住一个具体建设工程项目的投资,而不是关于建设工程项目的投资方向、投资结构、资金筹措方式和渠道。为了控制建设工程项目的计划投资,监理工程师要从每个投资切块开始,从工程的每个分项分部工程开始,一步一步地进行控制,一个循环一个循环地进行控制。从小处着手,放眼整个建设工程项目;从多方面着手,实施全面投资控制。

3)监理工程师在项目实施的各个阶段投资控制的主要工作内容如表6-3所示。

表6-3 各个阶段投资控制

阶段	投资控制说明
工程建设决策阶段	通过对建设项目技术、经济和施工上是否可行,进行全面分析、论证和方案比较,确定项目投资估算数,它是建设项目设计概算的编制依据
设计阶段	通过工程初步设计,确定建设项目的设计概算,它是作为计划投资数的控制标准,不应突破。因为项目在设计阶段的主要工作是编制工程概算
项目施工准备阶段	编制招标标底,对投标的承包商的财务能力进行审查,确定标价合理的中标人
项目施工阶段	项目施工阶段投资管理的内容是造价控制,具体为审查承建单位提出的施工组织设计、施工技术方案和施工进度计划,财务执行计划,提出改进意见;监督、检查建设单位严格执行工程承包合同;协调建设单位与承建单位之间的争议;检查工程进度与施工质量,验收分项、分部工程,签署工程付款凭证,审查工程结算,提出竣工验收报告等。很重要的一方面工作是,通过施工过程中对工程费用的检测进行造价控制(即控制付款),防止和减少工程变更、索赔,预防和减少风险干扰,按照合同和财务计划付款,进行施工费用的结算和竣工决算
项目竣工后	项目竣工后通过项目决算,控制工程实际投资不突破设计概算,并进行投资回收分析,确保项目获得最佳投资效果

(2)进度控制

进度控制是指在实现建设工程项目总目标的过程中,监理工程师进行监督、协调工作,使工程项目建设的实际进度符合建设工程项目进度计划的要求,使建设工程项目按计划要求的时间动用和开展工作。

1)进度计划的表示方法。

在工程建设中,为了便于对工程进度进行控制,通常采用横道图和网络图两种方法进行规划、调控。

① 横道图法。横道图又叫条形图、横线图。它是以时间参数为依据,用横向线段代表各工作或工序的起止时间与先后顺序,表明彼此之间的搭接关系。此法简单直观,易懂适用,在绿地项目施工中得到广泛应用。其缺点是不能全面反映各工作或工序的相互关系及其彼此之间的影响,不能建立数理逻辑关系,因而无法进行系统的时间分析,不能确定重点、关键性工序或主攻对象,不利于充分发挥施工潜力,也不能通过计算机进行优化。这样会导致所编制的进度计划过于保守或与实际脱节,也难以准确有效预测、妥善处理和监控计划执行中出现的各种情况。

② 网络图法。网络图法又称统筹法,其基本原理为:将某个工程划分成多个工作(工序或项目),按照各工作之间的逻辑关系找出关键线路编成网络图,用以调整、控制计划,求得计划的最佳方案,以此对工程施工进行全面监测的指导。网络图是依据各工作面的逻辑关系编制的,是施工过程时间及资源耗用或占用的合理模拟,比较严密。目前,对大型工程,建设工序较复杂的工程,常采用网络图法。另外,应用于工程施工管理的网络图有单代号网络图和双代号

网络图两种。

在园林工程施工管理中,网络计划技术是现代化管理技术。它能集中反映施工的计划安排和资源的合理配置,工程总工期及必须重点管理的工序等。因此,在实际施工管理中,通过应用网络图可以达到缩短工期、降低费用、合理利用资源等目的。

2)进度目标控制的含义。

① 园林建设工程项目进度控制的总目标就是建设工程项目最终动用的计划时间,即园林建设工程项目达到负荷联动试车成功、交付使用的计划时间。具体到某个建设工程项目,或某个建设工程监理单位,监理单位和监理工程师开展进度控制工作的目标则取决于项目建设单位的委托要求,按照建设监理合同来决定。既可以是从立项起到建设工程项目正式动用的整个计划时间,也可能是某个实施阶段的计划时间,如设计阶段或施工阶段计划工期。

② 建设工程监理进度控制的总目标贯穿整个建设工程项目的各个阶段,因此,建设工程监理单位及其监理工程师就要实施全方位、全过程的进度控制。在进度控制过程中,进度控制包括以下几个方面。

a. 对工程建设全过程的控制。它包括设计准备阶段、设计阶段以及工程招标和动用准备等阶段,涵盖了工程项目建设的全过程。

b. 对整个建设工程项目结构的控制。进度控制是对组成建设工程项目的所有构成部分的进度都要进行控制,不论是红线内工程还是红线外工程,也不论是土建工程还是设备安装、给水排水、采暖通风、道路、绿化、电气等工程。

c. 对建设工程项目有关的工作实施进度控制。工程监理单位及其监理工程师在实施进度控制时要把多方面(如设计、施工准备、工作招标,以及材料设备供应、动用准备等列入进度控制的范围之内)的工作进行详细的规划、计划,使进度控制工作能够有条不紊、主次分明地进行,确保建设工程项目按计划动用。

d. 对影响进度的各项因素实施控制。对影响进度的各方面因素(如劳动力数量和素质质量、材料设备的数量和质量及供应情况、自然环境条件等)都要实施控制,采取措施减少或避免这些因素的影响。

e. 组织协调是有效实现进度控制的关键。在做建设工程项目进度控制工作时必须做好与有关单位的协调工作,如与项目建设单位、设计单位、施工企业、材料供应单位、设备供应厂家、资金供应单位、工程毗邻单位、监督管理工程建设的政府部门等。

(3)质量控制

质量控制是指在力求实现建设工程项目总目标的过程中,为满足建设工程项目总体质量要求所开展的有关的监督管理活动。

1)质量管理与质量保证的基本知识。

① 质量,是反映实体满足明确需要(在标准、规范、图纸、技术要求和其他文件中已经作出规定的需要)和隐含需要(建设单位和社会对实体的期望或人们公认的、不言而喻的不必明确的需要)的能力的特性(实体特有的性质)总和。

质量,狭义上讲,是指工程项目(产品)质量。广义上讲,包括工程项目(产品)质量和工作质量两方面。

工程项目质量,是指国家现行的有关法律、法规、技术标准、设计文件及其工程合同中对工程安全、使用、经济、美观等特性的综合要求。工程项目质量是在“合同环境”下形成的。合同条件中对工程项目的功能、使用价值及设计、施工质量等的明确规定都是建设单位的需要，是质量的内容。

工作质量，是指参与建设的各方为了保证工程项目质量所做的组织管理工作和生产全过程各项工作的水平和完善程度。反映工作质量的指标有产品的一次合格率、返修率和其他有关专业管理指标等。

工序质量，是指施工人员在某一工作面上，借助于某些工具或施工机械对一个或若干个劳动对象所完成的一切连续活动的综合。工序质量包括这些活动条件的质量和活动效果的质量。工序是工程施工过程的基本单元，是形成工程项目质量最基本的环节，因而每一道工序质量的好坏最终都直接或间接地影响工程项目质量。

② 质量控制，是指为了达到质量要求所采取的作业技术和活动。它贯穿于质量形成的全过程和各个环节，如控制的对象、标准、方法、检验方法和手段、解决差异的行动等。

工程项目质量有个产生、形成和实现的过程，如建设项目的可行性研究、设计、招标投标、设备采购、施工准备、施工试验和检验、安装和试运转、竣工验收、缺陷修补等一系列环节。只有将这一系列环节的作业技术和活动均置于严格的控制之下，才能最终得到满足规定质量要求的工程产品。

全面质量管理（TQM），是1961年由美国弗根堡姆（A. V. Feigenbaum）提出。其中心思想是“一个企业各部门都要做质量改进与提高的工作，以最经济的水平进行生产，使用户得到最大程度的满意”。它是从系统理论出发，将企业作为产品生产的整体，依靠全体人员，综合运用现代管理方法和科学技术，建立一套完整的质量保证体系，控制生产过程影响质量的各项因素，经济地研制和生产用户满意的产品的管理活动的总称。

全面质量管理的特点如下。

a. 全面的质量管理。从管理对象而言，全面质量管理不仅包括产品质量，而且包括影响质量所有方面的工作质量；从管理范围而言，质量不仅包括技术指标，而且包括性能、时间性、可信性、适应性、安全性、经济性等综合性质量指标，以及工期和使用服务等方面。

b. 全过程的质量管理。是从规划、勘测、设计、施工、使用和服务等全过程，都进行质量管理。如在施工中，对每一道工序、每一个环节以及人、机械、材料、工艺方法和环境等影响工程产品质量的因素，都进行管理。

c. 全员的质量管理。企业各部门、各岗位所有人员的工作质量，都对工程项目（产品）质量有所影响，动员和组织企业各部门和全体人员，保证自己的工作质量，共同对工程项目（产品）质量作出保证。

d. 多种多样的质量管理方法。综合运用近代科学技术以及先进的理论方法，特别是以概率论和数理统计方法为基础的多种工具和方法，使质量管理工作由定性管理发展为定量管理。

质量方针，是指由组织的最高管理者正式发布的该组织总的质量宗旨和方针。质量方针是总方针的一个组成部分，需要最高管理者批准。质量方针的内容应该用最简洁的语言，明确本组织及其最高管理者对质量的承诺，它应与其他方针相协调。质量方针是企业管理的“纲”。

质量策划，是指为实施质量管理所需的组织结构、程序、过程和资源。产品策划对质量特性进行识别、分类和比较，并建立其目标、质量要求和约束条件。管理和作业策划，为实施质量体系进行准备，包括组织和安排。编制质量计划和作出质量改进的规定。

2)质量目标控制的含义。

① 建设工程项目质量目标,是指对包括建设工程项目实体、功能和使用价值、工作质量各方面的要求或需求的标准和水平,也就是对建设工程项目符合有关法律、法规、规范、标准程度和满足项目建设单位要求程度作出以下明确规定。

a. 凡是构成建设工程项目实体、功能和使用价值的各方面,如建设地点、建筑形式、结构形式、材料、设备、工艺、规模和生产能力,以及使用者满意程度都应当列入建设工程项目的质量目标范围。同时,对所有参与工程项目建设的单位和人员的资质、素质、能力和水平,特别是对他们工作质量的要求也是建设工程项目质量目标不可缺少的组成部分。

b. 实现建设工程项目总体质量目标与形成质量的过程息息相关。工程项目建设的每个阶段都对建设工程项目质量的形成起着重要作用,对工程质量产生着重要影响。

c. 建设工程项目的实体质量、功能和使用价值、工作质量等均牵扯到设计、施工、供应、建设工程监理等多种因素。监理工程师负责对这些因素进行有效控制,以保障工程质量。

② 建设工程项目质量控制的具体要求如下。

a. 建设工程监理质量控制要与政府对工程质量监督紧密结合。因为工程项目建设的特殊性使它在城市规划、环境保护、安全可靠等方面产生重要的社会性影响。这样就需要建设工程监理单位及其监理工程师与政府的工程质量监督管理部门共同担负对建设工程项目的质量进行监督管理的任务。

b. 建设工程项目质量控制是一种系统过程的控制。建设工程项目的建成动用过程也就是质量形成的过程。如施工阶段是从"小"到"大"逐步建成建设工程项目实体的时期。这个时期,在各项工程或工作开始之前,要明确目标、制定措施、确定流程、选择方法、落实手段,做好人、财、物各项准备工作,并为其创造和建立良好环境;其后,在各项工程或工作开展的过程中,及时发现和预测问题并采取相应措施加以解决;最后,对完成的工程或工作的质量进行检查验收,把存在工程质量问题的查出来并集中处理,使建设工程项目最终达到总体质量目标的要求。

c. 建设工程项目质量要实施全面控制。质量控制的全面性表现在对建设工程项目的实体质量、功能和使用价值质量、工作质量的全面控制上,对影响工程质量的各种因素的控制上。使得工程项目从性能、功能、表面状态、可靠性、安全性直至可维修性方面都能达到质量的符合性要求和适用性要求。

③ 处理好工程质量事故。工程质量事故的处理实质就是纠正实际工程质量偏离了计划的质量目标。

(4)园林建设工程项目三大控制目标的关系

1)园林建设工程项目三大目标之间的对立关系。

建设工程项目的投资目标(投资省)、进度目标(工期短)、质量目标(质量优)之间首先存在着矛盾和对立的一面。例如,在通常情况下,如果项目建设单位对工程质量有较高的目标要求,那么就需要投入较多的资金和花费较多的建设时间;如果项目建设单位要抢时间,强调进度目标,就需要或者降低投资目标,或者降低质量目标;如果要降低投资、节约费用,那么势必要考虑降低建设工程项目的功能要求的质量标准,或者会造成工程难以在正常工期内完成,即强调投资目标,势必会导致质量目标或进度目标的降低。

2)建设工程项目三大目标之间的统一关系。

进度目标在一定条件下会促进投资目标的实现,例如,项目建设单位适当增加投资的数量，为工程承建商采取加快进度措施提供必要的经济条件，就可以加快建设工程项目的建设速度，使建设工程项目提前动用，投资能够尽早收回，建设工程项目的经济效益得到提高，质量目标也会在一定条件下促进投资目标的实现；如果项目建设单位适当提高建设工程项目功能要求和质量标准，虽然会造成一次性投资的提高和工期的延长，但能够节约建设工程项目动用后的运营费和维修费，降低产品的生产成本，从而使建设工程项目能够获得更好的投资经济效益；如果建设工程项目进度计划制订得既可行又优化，使工程进展具有连续性、均衡性，则不但可以使工期缩短，而且有可能获得较好质量和花销较低的费用。

3）建设工程项目的目标控制应着眼于整个建设工程项目目标系统的实现，为了达到此目的，项目监理单位和监理工程师在进行目标控制时要注意如下事项。

① 力求三大目标的统一。监理单位和监理工程师在对建设工程项目进行目标规划时，必须要注意统筹兼顾，合理确定投资目标、进度目标、质量目标三者的标准，在需求与目标之间，找准最佳均衡点，使三大目标辩证统一。

② 要针对整个目标系统实施控制。三大目标构成了一个统一的整体目标系统，建设工程项目的目标控制必须针对整个目标系统实施控制，防止在建设过程中发生盲目追求单一目标而冲击或干扰其他目标的现象。

③ 追求目标系统的整体效果。在实施目标控制过程中，应该以实现建设工程项目的整体目标系统作为衡量目标控制效果的标准，追求目标系统整体效果，做到各目标的互补。

④ 抓住监理工作的主要矛盾和矛盾的主要方面。在监理工作中，不同的时期，目标重要性是不同的，因而监理工程师要能够辩证地对待监理工作，在工作中抓住主要矛盾和矛盾的主要方面。

4. 园林建设工程项目实施各阶段目标控制的任务

（1）设计阶段工程项目实施目标控制的任务

设计阶段建设工程监理目标控制的基本任务是通过目标规划与计划、动态控制、组织协调、合同管理、信息管理，力求使工程设计能够达到保障建设工程项目的安全可靠性，满足适用性和经济性，保证设计工期要求，使设计阶段的各项工作能够在预定的投资目标、进度目标、质量目标内予以完成。具体来说有以下几个方面。

1）投资控制任务。

收集类似建设工程项目的投资数据和资料，协助项目建设单位制定建设工程项目投资目标规划；开展技术经济分析等活动，协调和配合设计单位力争使设计投资合理化；审核设计概（预）算，提出改进意见，优化设计，最终满足项目建设单位对建设工程项目投资的经济性要求。

2）进度控制任务。

根据建设工程项目的总工期要求，协助项目建设单位确定合理的设计工期要求；根据设计的阶段性输出，制订建设工程项目进度计划，为建设工程项目进度控制提供前提和依据；协调各设计单位一体化开展设计工作，力求使设计能按进度计划要求进行；按合同要求及时、准确、完整地提供设计所需要的基础资料和数据；与外部有关部门协调相关事宜，保障设计工作顺利进行。

3）质量控制任务。

了解项目建设单位的建设需求，协助项目建设单位制定建设工程项目质量目标规划（如设计要求文件);根据工程设计合同要求及时、准确、完整地提供设计工作所需的基础数据和资料;协调和配合设计单位优化设计,并最终确认设计符合有关法规要求,符合技术、经济、财务、环境条件要求,满足项目建设单位对建设工程项目的功能和使用要求。

4)合同管理工作。

协助项目建设单位选择并确定建设工程项目承发包模式、合同结构、合同方式;编制设计招标文件,起草勘察、设计合同条件,并参加合同谈判;协助项目建设单位签订材料和设备采购合同;处理本阶段合同争议;采取预防索赔措施,处理索赔事宜等。

5)设计阶段信息管理方面工作。

建立设计阶段信息目录和编码体系;确定本阶段信息流程;做好设计阶段信息收集、整理、处理、存储、传递、应用等各项信息管理工作;建立设计会议制度,并组织好各项会议等。

6)设计阶段组织协调工作包括协调各设计单位的关系;与项目建设单位协调本阶段的设计建设工程监理有关事宜;与政府建设管理部门和其他有关部门协调、办理设计审批等事宜;协调并处理建设单位与勘察、设计单位之间的有关事宜等。

(2)招标阶段建设工程项目目标控制的任务

通过编制施工招标文件、编制标底、做好投标单位资格预审、组织评标和定标、参加合同谈判等工作,根据公开、公正、公平的竞争原则,协助项目建设单位选择理想的施工承包单位,力求以合理的价格、先进的技术、较高的管理水平、较短的时间、较好的质量来完成工程施工任务。

1)协助项目建设单位编制施工招标文件。

建设工程监理单位及其监理工程师在协助项目监理单位编制施工招标文件时,应当为选择符合投资控制、进度控制、质量控制要求的施工企业打下基础,为合同价不超计划投资、合同工期符合计划工期要求、施工质量满足设计要求打下基础,为施工阶段进行合同管理、信息管理打下基础。

2)协助项目建设单位编制标底。

建设工程监理单位接受项目建设单位委托编制工程标底时,应当使工程标底控制在工程概算或预算以内,并用其控制工程承包合同价。

3)做好投标资格预审工作。

建设工程监理单位及其监理工程师应当将投标资格预审看做公开招标方式的第一轮竞争择优活动。要抓好这项工作,为选择符合目标控制要求的工程承包单位做好首轮择优工作。

4)组织开标、评标、定标工作。

通过开标、评标、定标工作,特别是评标工作,协助项目建设单位选择出报价合理、技术水平高、社会信誉好、保证施工质量、保证施工工期、具有足够财务能力和施工项目管理水平的施工承包单位。

(3)施工阶段建设工程项目目标控制的任务

1)投资控制的任务。

施工阶段建设工程监理投资控制的主要任务是通过工程付款控制、新增工程费控制、预防并处理好费用索赔、挖掘节约投资潜力来努力实现实际发生的费用不超过计划投资。

2)进度控制的任务。

施工阶段建设工程监理进度控制的主要任务是通过完善建设工程项目控制性进度计划、

审查施工单位施工进度计划、做好各项动态控制工作,协调各单位关系、预防并处理好工期索赔,以求实际施工进度达到计划施工进度的要求。

3)质量控制的任务。

施工阶段建设工程监理质量控制的主要任务是通过对施工投入、施工安装过程、产出品进行全过程控制,以及对参加施工单位和人员的资质、材料和设备、施工机械和机具、施工方案和方法、施工环境实施全面控制,以期按标准达到预定的施工质量等级。

5. 园林建设工程监理目标控制的措施

(1)组织措施

落实投资控制、进度控制、质量控制的部门及人员,确定他们实施目标控制的任务和管理职能,制定各建设工程项目目标控制的工作流程。对委任执行人员,授予相应职权,确定职责,制定工作考核标准,并力求使之一体化运行。

(2)技术措施

在工程项目监理机构中建立强有力的专业技术监理工程师、监理员队伍,他们不但能够理解承包单位采用的技术要点,而且能够根据项目特点提出自己独到的见解,对多个技术方案作技术可行性分析,对各种技术数据进行审核、比较,确定设计方案评选原则,通过科学试验确定新材料、新工艺、新方法的适用性,对各投标文件中的主要施工技术作必要的论证,对施工组织设计进行审查,在整个项目实施阶段寻求节约投资、保障工期和质量的措施等。

(3)经济措施

监理工程师收集、加工、整理大量的工程经济信息和数据,对各种实现预定目标的计划进行必要的资源、经济、财务诸方面的可行性分析,对经常出现的各种设计变更和其他工程变更方案进行技术经济分析,力求减少对计划目标实现的影响。同时,对工程概、预算进行审核,编制资金使用计划,对工程付款进行审查等。

(4)合同措施

监理工程师协助项目建设单位确定对目标控制有利的承发包模式和合同结构,拟订合同条款,参加合同谈判,处理合同执行过程中的问题,做好防止和处理索赔的工作等。

三、园林建设工程监理目标控制风险及其管理

项目风险是指影响项目控制目标实现的事件发生的可能性。监理工程师要保证项目控制目标的实现,必须进行有效的风险管理,对控制目标进行风险分析,制定防范性对策。

1. 风险及风险管理概述

工程建设各方都面临着诸多风险,这些风险都有可能造成巨大的经济损失和人员伤亡。一般来说,风险与赢利的机会同时存在,且经济活动的风险越大,赢利机会就越大,这其中的关键就在于是否善于进行风险管理。

(1)风险与风险管理

1)风险的概述。

风险是指因系统本身和环境条件的不确定性,而可能发生的系统产出与预期目标产出之间的偏离。此偏离有正有负,正偏离是人们所期望的,属于风险收益的范畴,激励人们勇于承担风险,获取风险收益。负偏离则是一种损失,是收益未达到预期值而引致的损失,应力求规避。

① 工程项目风险的基本因素(表6-4)。

表6-4 工程项目风险的基本因素

基本因素	说明
风险因素	指风险产生的诱因。常见的有两类:一类是技术性风险,如设计、施工、生产工艺技术等风险;另一类是非技术性风险,如自然及其社会环境等风险
风险事件	指各种风险因素可能诱发导致各种不确定性风险事件的发生,影响项目目标的实现。如异常的气候风险因素可能导致某工程在施工中发生持续高温、雨季延长、特大暴雨、特大洪水等风险事件
风险损失(风险后果)	指发生的风险事件所引起的对工程项目建设目标的影响。风险事件发生后是否产生风险损失,取决于风险事件对项目建设目标的影响方式或作用途径。工程项目风险的形成机理可表示为:风险因素—风险事件—作用途径—风险损失

② 工程风险的特征(表6-5)。

表6-5 工程风险的特征

特征	说明
风险的多样性	在一个项目中有多种风险存在,如政治风险、经济风险、法律风险、自然风险、合同风险、合作者风险等
风险的全程性	风险在项目整个生命期中都存在,如设计构思、可行性研究中方案失误、技术设计中专业不协调、施工过程中物价上涨、资金不到位、运行中产品不受欢迎、运行达不到设计要求、操作失误及自然环境异常变化等均会造成风险,影响项目达到目标要求
风险的全局性	风险的影响常常是全局性的,如反常的气候条件造成工程的停滞,会影响整个后期计划及所有参加者的工作,造成工期延长,费用增加,对工程质量造成危害。另外,局部的风险还会随着项目的发展,时间的推移逐渐扩大
风险的规律性	工程项目的环境变化、项目的实施有一定的规律性,所以风险的发生和影响也有一定的规律性,是可以进行预测的,重要的是人们要有风险意识,重视风险,对风险进行全面的控制

2)风险管理的概述。

风险管理是指确定和度量项目风险,制定并实施风险处理方案的过程。风险管理由以下5个步骤组成。

① 风险识别。目的是尽可能全面地辨别出影响项目目标实现的可能性并加以恰当地分在建设项目中。

② 风险分析及其评价。风险分析是对项目风险的不确定性定量化、评价项目风险潜在影响过程。

③ 规划并决策。即对风险管理的对策进行规划,确定项目风险管理的总目标,决策出最佳对策。

④ 实施决策。编制安全计划、应急计划、控制损失计划、选择保险公司,恰当的保险水平及保险费。

⑤ 检查。在项目实施过程中不断检查以上各个步骤的实施情况,并发现新的项目风险,从而为下一个循环的风险管理提供信息。

(2)风险的防范

1)风险的控制手段和措施。

① 风险回避。根据预测评估,事先就避开风险源地,或改变行为方式,以消除风险隐患。对大型建设项目来说,有些风险是无法避免的(如自然风险、经济风险),故采用风险回避措施要受到一定限制。

② 损失控制。在导致损失事件发生前要全面消除损失根源，或竭力减少损失事件发生的概率，在损失事件发生后要尽可能地减轻损失的严重程度。

③ 风险分散。是指通过增加风险单位以减轻总体风险的压力，达到共同分担风险的目的。这样既可以优势互补分担风险，又可以通过联营体间的优秀技术和管理降低风险发生的概率。

2）风险财务处理措施。风险财务处理，即通过事先的财务安排，取得对风险损失进行及时而充分补偿的经济保障。

① 非保险的风险转移，是指企业将自己不愿承担的、或超过自己承担能力的风险损失的经济补偿责任，通过正当、合法的非保险手段转移给其他经济单位。主要是通过各类合同条款的拟订与变更来实现风险转移，如工程承包中的分包、转包、租赁等。

② 保险，即购买保险。这是一种及时、有效、合理地分摊损失和实施经济补偿的方式和主要手段，是转移风险的好办法。但是，保险的作用是有限的，因为灾害和事故造成的恶果，不是保险公司支付了赔偿费就可以弥补的，仍需采取措施防止事故和灾害的发生，并阻止事故损失的扩大。

③ 风险自留，是将风险留给自己，不予转移，而以自身的财力直接承担风险损失的补偿责任。风险自留是一种处置残余风险的方式，是在其他风险防范技术无法有效处理风险时，企业被迫自己承担该风险所致的损失。自留风险的决定受企业自身经济实力的制约。

2. 监理单位和监理工程师的风险管理

（1）监理单位和监理工程师的风险

监理单位和监理工程师的风险主要有以下几种。

1）建设单位引起的风险。

① 建设单位对监理认识上的缺陷带来的问题。我国建设监理制度实行的时间不长，某些建设单位对建设监理的内涵和作用认识不清，主观上不想请监理。但是迫于建设监理的强制性政策，只能被动地委托监理，因此对监理工作不配合，使监理工作失去独立性和相应的权利，如建设单位成立“指挥部”、“筹建处”、“总监办”等机构与监理单位一起对项目实施双重管理；有些建设单位不授予监理人员相应的权利，如签证付款权；有的建设单位对监理人员工作横加干涉，使监理人员工作起来缩手缩脚，可是，一旦工程出了问题，建设单位则往往归咎于监理人员失职。

② 建设单位的行为不规范。有的建设单位在选择监理单位时，公然向监理单位索贿；有的盲目压价或拖欠监理费，在工作中刻意刁难监理单位，随意罚款或扣款；有些建设单位对监理人员的工作要求十分苛刻，如要求全过程旁站监理，但又不给监理人员提供必要的工作、生活条件，如交通、办公、通信等，使监理单位面临很大的经济风险。

③ 建设单位的资金不到位。有的建设单位资金不到位，要求承包商带资进场的工程，全由承包商唱主角，使得监理人员没有发言权。一旦工程出了问题，建设单位反而责怪监理人员控制不力，工作失职等，监理单位难免有被处罚的风险。

④ 建设单位不懂工程，不遵循建设规律。有些建设单位本身不懂工程，不遵循工程建设的客观规律，对工程提出过分的要求。例如，随意变更工程范围，提高工程标准，要求加快施工进度，使得投资难以控制及质量难以保证，由此导致监理单位的责任风险。

2）承包商引起的风险（表6-6）。

表 6-6 承包商引起的风险

风险	说明
承包商对监理认识不清，不配合监理工作	许多承包商认为监理是建设单位派来监督他们的，不愿意接受监理，不配合监理人员的工作。而工程一旦出了质量问题，承包商则将责任完全推给监理单位
承包商缺乏职业道德	通常情况下，承包商总是千方百计地争取监理人员手下留情，对其履约不力或质量不合格能网开一面，有时承包商采取行贿等非法手段拉拢腐蚀监理人员，以达到偷工减料、蒙混过关的目的，这都加大了监理单位的风险
承包商素质低	承包商素质低下，技术和管理力量不胜任工程。使得监理人员不但要监理，有时还要充当施工单位的技术人员，造成监理人员疲于应付。稍有不慎出现质量问题，又成了监理单位的责任
承包商不履约	承包商为了获得工程任务，在投标时往往报以低价。一旦获得项目后，施工过程中层层加码，要求提高承包价格。虽然监理工程师可以凭合同条款对其惩罚，甚至撤销合同，但这样做的结果往往两败俱伤。发生这种情况，建设单位常常迁怒于监理工程师，认为管理不严或迁就承包商，而监理工程师则有口难辩
承包商与建设单位关系密切	有的承包商与建设单位关系过于密切，甚至是上下级关系，此时，监理的指令无法贯彻实施，一旦出现质量问题，建设单位便要追究监理单位的责任
工程资金不到位，承包商垫资施工	工程资金不到位，个别严重短缺，致使承包单位人员工作情绪不稳，人心涣散，使得监理工程师手中的经济手段完全失灵，监理权基本丧失，对于建设单位、监理单位都潜伏着极大的风险
承包商多层次转包，挂靠承包	目前有不少工程层层转包或挂靠承包，造成直接参与施工的承包商不但技术和管理水平低下，而且能用于建设的资金越来越少，只有通过偷工减料才能有所赢利。这就不可避免地要出大的质量问题。在这种情况下，建设单位、监理单位都面临着很大风险

3）材料、设备供应商引起的风险。一些小的材料、设备生产厂家的产品质量低劣，供货商信誉差，不能及时供货，造成工程停工待料，但由于与建设单位、承包商有某种特殊关系而仍然应用于工程中，给工程质量埋下隐患。此时，建设单位往往迁怒于监理单位监管不力，安排不周。

4）上级主管部门行为不规范。由于某些主管部门的安排，上级主管部门向建设单位推荐施工队伍，这些"三无"队伍进行施工时，往往拒绝监理单位检验，给工程质量埋下隐患；另外，一些如表、箱配件等材料设备，有不少使用的是主管部门不正规的"推荐产品"，如果监理单位因质量原因提出异议，则很可能导致配套工作不落实，延误工程进度，这对建设单位和监理单位来说都是一种风险。

5）设计单位引起的风险。有些设计单位设计质量不高，有些设计要求与现场施工之间存在较大差异，在施工过程中，会提出设计变更。施工单位因设计变更提出索赔，建设单位却怪罪监理单位控制不力。设计单位向施工单位推荐关系单位的产品或因设计错误导致工程质量事故，监理单位也要承担一定的责任。

6）监理工程师的职业责任风险。作为一个监理工程师，必须有过硬的业务能力，高尚的职业道德，强烈的工作责任心。否则，均会给监理单位带来风险，给工程项目造成不可估量的损失，使得工程项目达不到预期的目标。

7）合同管理不善。许多监理单位为了获得监理任务，处处避让建设单位，使得合同条款有许多不利于自己的地方，如责任远远大于权利和利益。在合同实施过程中，监理单位不敢也不善于向建设单位索赔，对于建设单位违反合同的行为，不能及时有效地加以制止和反驳。最终，只能自己承担损失。

8）人身伤害风险。监理人员的工作场所在施工现场，某些自然灾害、重大质量事故，甚至在日常监理工作中，都有可能造成监理人员的人身伤害。

9)不可抗力风险。不可抗力风险的发生,会给监理单位带来财产损失,如检测设备损坏、房屋倒塌、办公设施损坏等,严重的灾害还会引发人身伤亡。这种情况下,监理单位的风险是无法避免的。

(2)监理单位和监理工程师的风险防范

监理单位和监理工程师必须提高风险意识,及时防范风险,保护自己的切身利益。为此,监理单位和监理工程师应做好以下工作。

1)坚持公正、独立、自主的原则。监理工程师在工程建设中必须尊重科学、尊重事实,组织各方协调配合,维护有关各方的合法权益。坚持公正、独立、自主的工作原则,使监理工程师自身的风险损失降低。

2)在工程建设中实现权责一致。监理工程师履行其职责而从事的监理活动,承担的职责应与建设单位授予的权限相一致。因此,监理工程师在明确建设单位提出的监理目标和监理工作内容要求后,应与建设单位协商明确相应的授权,达成共识后,明确反映在委托监理合同及承包合同中。

3)严格监理管理中的各项规章制度。要根据监理工作的特点和规律性,建立完善的管理制度并严格执行,通过层层把好质量关来努力消除和控制可能的各种风险损失。

4)提高监理工程师的个人素质和职业道德。工程监理是实践性很强的职业,要求从事这一行业的人员不仅精通业务,而且要有较宽的知识面,在实际工作中善于协作,责任心强,且具有较强的经营管理能力和开拓精神。

5)处理好与建设单位的关系,防范建设单位风险。要做好与建设单位的沟通工作,维护建设单位的利益,认真履行监理合同,防止建设单位索赔。

6)处理好与承包商的关系,防范承包商的风险。在工程监理过程中,监理工程师一方面要根据合同严格监理,另一方面要处理好与承包商的关系,争取他们的合作,以避免承包商引发的风险。

第四节　园林建设工程准备阶段的监理

园林建设工程项目施工准备工作是对拟建工程目标、资源供应和施工方案的选择,以及对空间布置和时间排列等方面进行的施工决策。园林建设工程的施工有其特殊性,主要表现在其工种繁多,且在种植工程方面也是其他如土木工程和建筑工程所没有的,使用的主要材料是正在生长的植物。种植工程的施工现场也多位于交通繁华的街道或住宅密集的地区,并且不少工程与土木建筑工程同时进行,在进行施工时需要事先做大量的准备工作。

施工准备及临时设施工程是园林工程的第一步,也是安全、高效、经济地实施园林工程的重要作业。施工准备工作的基本任务是,为拟建园林工程的施工建立必要的技术和物质条件,统筹安排施工力量和施工现场。施工准备工作不仅是施工企业搞好目标管理、推行技术经济承包的重要依据,同时还是土建施工、设备安装和种植工程顺利进行的根本保证。

一、园林建设工程施工准备工作的内容

园林建设工程施工准备工作按其性质及内容通常包括技术准备、物资准备、劳动组织准备、施工现场准备和施工场外准备。

1. 技术准备

技术准备是施工准备的核心。由于任何技术的差错或隐患都可能引起人身安全和质量事故,造成生命、财产和经济的巨大损失。因此必须认真地做好技术准备工作,具体内容如下。

(1)熟悉、审查施工图纸和有关的设计资料

1)审查拟建工程的地点、范围及主要建(构)筑物与区域、城市或地区规划是否一致;建筑物或构筑物的设计功能和使用要求是否符合景观、卫生、防火等规范;种植设计所使用的植物材料、规格、种植方式等是否符合要求。

2)审查设计图纸是否完整、齐全;设计图纸和资料是否符合国家有关工程建设的设计、施工方面的方针和政策。

3)审查设计图纸与说明书在内容上是否一致;设计图纸与其各组成部分之间有无矛盾和错误。

4)审查建筑总平面图与其他结构图在几何尺寸、坐标、标高、说明等方面是否一致,技术要求是否正确。

5)审查设备安装图纸与其相配合的土建施工图纸在坐标、标高上是否一致,掌握土建施工质量是否满足设备安装的要求。

6)审查地基处理与基础设计同拟建工程地点的工程水文、地质等条件是否一致,以及建筑物或构筑物与地下建筑物或构筑物、管线之间的关系。

7)明确拟建工程的结构形式和特点,复核主要承重结构的强度、刚度和稳定性是否满足要求,审查设计图纸中的工程复杂程度、施工难度和施工企业的管理水平能否满足工期和质量要求,并提出相应的技术措施加以保证。

8)明确工程建设期限、分期分批投产或交付使用的时间,明确工程所用的主要材料尤其是植物材料、设备的数量、规格、来源和供货日期。

9)明确建设、设计和施工等单位之间的协作、配合关系,以及建设单位可以提供的施工条件。

(2)原始资料的调查分析

1)自然条件的调查分析。地区水准点和绝对标高等情况;地质构造、土的性质和类别、地基上的承载力、地震级别和裂度等情况;表土的肥力、土层厚度、保水保肥能力、pH 值、不良杂质含量等情况;地下水位的高低变化情况;雨季的期限、最高与最低气温、年平均温度、积温等情况。

2)技术经济条件的调查分析。园林施工企业的状况;施工现场的动迁状况,当地可利用的地方材料状况;建筑材料供应状况;苗圃苗木供应状况,地方能源和运输状况;地方劳动力和技术水平状况;当地生活供应、教育和医疗卫生状况;当地消防、治安状况和参加施工企业的力量状况。

(3)编制施工图预算和施工预算

1)编制施工图预算。施工图预算是按照施工图确定的工程量、施工组织设计所拟订的施工方法、建筑与园林工程预算定额及其取费标准,由施工企业编制的确定建筑安装工程造价的经济文件,它是施工企业签订工程承包合同、工程结算、建设银行拨付工程价款、成本核算、加强经营管理等工作的重要依据。

2)编制施工预算。施工预算是根据施工图预算、施工图纸、施工组织设计或施工方案、施工定额等文件编制的,它直接受施工图预算的控制。它是施工企业内部控制各项成本支出、考

核用工、“两算”财经、签发施工任务单、限额领料、基层进行经济核算的依据。

(4) 编制施工组织设计

施工组织设计是施工准备工作的重要组成部分,也是指导施工现场全部生产活动的技术经济文件。园林施工生产活动的全过程是非常复杂的物质财富再创造的过程,为了正确处理人与物、主体与辅助、工艺与设备、专业与协作、供应与消耗、生产与储存、使用与维修以及它们在空间布置、时间排列之间的关系,必须根据拟建工程的规模、结构特点和建设单位的要求,在原始资料调查分析的基础上,编制出一份能切实指导该工程全部施工活动的科学方案,即为施工组织设计。

2. 物资准备

材料(包括植物材料)、构(配)件、制品、机具和设备是保证施工顺利进行的物资基础,这些物资的准备工作必须在工程开工之前完成。根据各种物资的需要量计划,分别落实货源,安排运输和储备,使其满足连续施工的要求。

(1) 物资准备工作的内容

物资准备工作主要包括建筑材料的准备;植物种植所需的苗木与材料的准备;构(配)件和制品的加工准备;建筑安装机具的准备和生产工艺设备的准备。

(2) 物资准备工作的程序

物资准备工作的程序是搞好物资准备的重要手段。通常按以下程序进行。

1) 根据施工预算、分部(项)工程施工方法和施工进度的安排,拟订国拨材料、统配材料、地方材料、构(配)件及制品、施工机具和工艺设备等物资的需要量计划。

2) 根据各种物资需要计划,组织货源,确定加工、供应地点和供应方式,签订物资供应合同。

3) 根据各种物资的需要量计划和合同,拟订运输计划和运输方案。

4) 按照施工总平面图的要求,组织物资按计划时间进场,在指定地点,按规定方式进行储存或堆放。

3. 劳动组织准备

劳动组织准备的范围既有整个园林施工企业的劳动组织准备,又有大型综合的拟建项目的劳动组织准备,也有小型简单的拟建单位工程的劳动组织准备。这里仅以一个拟建工程项目为例,说明其劳动组织准备工作的内容。

(1) 建立拟建工程项目的领导机构

根据拟建工程项目的规模、特点和复杂程度,确定拟建工程项目施工的领导机构人选,把有施工经验、有创业精神、有组织才能和实干精神的人选入领导机构。

(2) 建立精干的施工队组

考虑专业、工种的合理搭配建立施工队组。技工、普工的比例满足合理的劳动组织,且符合流水施工作业方式的要求,同时制订出该工程的劳动力需要量计划。

(3) 集结施工力量、组织劳动力进场

按照开工日期和劳动力需要量计划,组织劳动力进场。同时进行安全、防火和文明施工等方面的教育。

(4) 向施工队组、工人进行施工组织设计、计划和技术交底

施工组织设计、计划和技术交底的内容有工程的施工进度计划、月(旬)作业计划;施工组

织设计,尤其是施工工艺、质量标准、安全技术措施、降低成本措施和施工验收规范的要求;新结构、新材料、新技术和新工艺的实施方案和保证措施;图纸会审中所确定的有关部位的设计变更和技术核定等事项。交底工作应该按照管理系统逐级进行,由上而下直到工人队组。

(5)建立健全各项管理制度

为了保证各项施工活动的顺利进行,必须建立健全工地的各项管理制度,其主要内容包括:现场监理工程师(含协助监理工程师工作的监理人员)责任制;施工图纸学习、会审和技术交底制度;材料、构(配)件、机具设备质量检验和保养制度;材料出入库制度;隐蔽工程检查验收制度;设计变更、技术核定审批制度;分项、分部工程质量检查与验收制度;工程质量事故与缺陷处理制度;单位工程交工验收制度;质量监理的会议制度;安全操作制度;工程技术档案(包括质量整改通知等文件)管理制度;职工考勤、考核制度。

4. 施工现场准备

施工现场的准备工作,主要是为了给拟建工程的施工创造有利的施工条件和物资保证。其具体内容如下。

1)做好施工场地的控制网测量。按照设计单位提供的园林设计总平面图及给定的永久性坐标控制网和水准控制基桩。进行施工测量,设置施工现场的永久性坐标桩,水准基桩和工程测量控制网。

2)做好“四通一清”,认真设置消火栓。“四通一清”是指水通、电通、道路通畅、通信通畅和场地清理,应按消防要求,设置足够数量的消火栓。

3)做好施工现场的补充勘探。目的是为了进一步寻找枯井、防空洞、古墓、地下管道、暗沟和枯树根等隐蔽物,以便及时拟订处理隐蔽物的方案,并进行实施,为土方施工、基础工程施工创造有利条件。

4)按照施工总平面图的布置,建造临时设施。为正式开工准备好生产、办公、生活、住宿和储存等临时用房。

5)根据施工总平面图将施工机具安置在规定的地点或仓库,并在开工前进行检查、安装和试运转。

6)根据施工总平面图规定的地点和指定的方式对建筑构(配)件、制品、材料和植物材料、种子进行储存和堆放。

7)按照建筑材料的需要量计划,及时提供建筑材料的试验申请计划。如钢材的机械性能和化学成分等试验;混凝土或砂浆的配合比和强度等试验。

8)按照施工组织设计的要求,落实冬、雨季施工的临时设施和技术措施。

9)按照设计图纸和施工组织设计的要求,认真进行新技术项目的试制和试验。

10)按照施工组织设计的要求,根据施工总平面图的布置,建立消防、保安等组织机构和有关的规章制度,布置安排好消防、保安等措施。

5. 施工场外准备

施工准备除了施工现场内部的准备工作外,还有施工现场外部的准备工作。其具体内容如下。

(1)材料的加工和订货

做好与加工部门、生产单位的联系,签订供货合同,搞好及时供应,对于施工企业的正常施工是非常重要的;对于协作项目也是这样,除了要签订议定书之外,还必须做大量的有关方面的工作。

(2)做好分包工作和签订分包合同

根据工程量、完成日期、工程质量和工程造价等内容要求,若承建商独自难以完成,可与其他单位签订分包合同,保证按时实施。

(3)向上级提交开工申请报告

当材料的加工和订货及做好分包工作和签订分包合同等施工场外的准备工作就绪后,应及时填写开工申请报告,报上级批准。

6. 施工准备工作计划

为了落实各项施工准备工作,加强对其检查和监督,必须根据各项施工准备工作的内容、时间和人员,编制施工准备工作计划。

综上所述,各项施工准备工作不是孤立的,而是互为补充、相互配合的。为了提高施工准备工作的质量,加快施工准备工作的速度,必须加强建设单位、设计单位和施工企业之间的协调工作,建立健全施工准备工作的责任制度和检查制度,使施工准备工作有领导、有组织、有计划和分期分批地进行,并贯穿施工过程的始终。

二、园林建设工程项目开工前的监理组织协调

1. 监理组织协调的内容

(1)监理组织内部的协调

1)监理组织内部人际关系的协调。园林工程项目监理组织系统是由人组成的工作体系,工作效率在很大程度上取决于人际关系的协调程度,总监理工程师应首先抓好人际关系的协调,激励监理组织成员。

2)项目监理系统内部组织关系的协调。项目监理系统是由若干子系统(专业组)组成的工作体系。每个专业组都有自己的目标和任务。如果每个子系统都从项目的整体利益出发,理解和履行自己的职责,则整个系统就会处于有序的良性状态,否则,整个系统便处于无序的紊乱状态,导致功能失调,效率下降。

组织关系的协调要从以下几方面进行。

① 在职能划分的基础上设置组织机构,根据工程对象及监理合同所规定的工作内容,确定职能划分,并相应设置配套的组织机构。

② 明确规定每个机构的目标、职责和权限,最好以规章制度的形式作出明文规定。

③ 事先约定各个机构在工作中的相互关系。在工程项目建设中互相配合,才不致出现误事、脱节等贻误工作的现象。

④ 建立信息沟通制度,这样可使局部了解全局,服从并适应全局需要。

⑤ 及时消除工作中的矛盾或冲突。总监理工程师采用公开的信息政策,多倾听各个成员的意见、建议,鼓励大家同舟共济。

3)项目监理系统内部需求关系的协调。工程项目监理实施中有人员需求、材料需求、试验设备需求等,而资源是有限的,因此,内部需求平衡至关重要。

需求关系的协调可从以下环节进行。

① 抓计划环节,平衡人、财、物的需求。项目监理开始时,要做好监理规划和监理实施细则的编写工作,提出合理的监理资源配置。

② 平衡专业监理工程师的监理力量，抓住调度环节。一个工程包括多个分部工程和分项工程，复杂性和技术要求各不一样，监理工程师就存在人员配备、衔接和调度问题。监理力量的安排必须考虑到工程进展情况，作出合理的安排，以保证工程监理目标的实现。

(2) 监理与建设单位的协调

监理是受建设单位的委托而独立、公正地进行工程项目监理工作的。监理实践证明，监理目标的顺利实现与建设单位的支持和协调有很大的关系。

监理工程师应从以下几方面加强与建设单位的协调。

1) 监理工程师首先要理解项目总目标、了解建设单位的意图。对于未能参加项目决策过程的监理工程师，必须了解项目构思的基础、起因、出发点，了解决策背景，加强与建设单位的沟通，明确项目目标。

2) 利用工作之便做好监理宣传工作，增进建设单位对监理工作的理解，特别是对项目管理各方职责及监理程序的理解；主动帮助建设单位处理项目中的事务性工作，以自己规范化、标准化、制度化的工作去影响和促进双方工作的协调一致。

3) 尊重建设单位，尊重建设单位代表，与建设单位紧密合作一起投入项目建设的全过程。对建设单位提出的某些不适当的要求，只要不属于原则问题，都可先行进行，然后利用适当时机，采取适当方式加以说明或解释；对于原则性问题，可采取书面报告等方式说明原委，尽量避免发生误解，以使项目顺利进行。

(3) 监理与承包商的协调

监理目标的实现与承包商的工作密切相关，监理工程师对质量、进度和投资的控制都是通过承包商的工作来实现的，所以做好与承包商的协调工作是监理工程师组织协调工作的重要内容。

1) 尽可能多地了解承包商的有关情况，做到知己知彼，监理工程师应鼓励承包商将项目实施状况、实施结果和遇到的困难和意见向他汇报，以实现对目标控制的一致意见，双方了解得越多越深刻，彼此的对抗和争执就越少。

2) 讲究协调的艺术。协调不仅是方法问题、技术问题，更多的是语言艺术、感情交流和用权适度问题，有时尽管协调意见是正确的，但由于方式或表达不妥，反而会激化矛盾。而高超的协调能力则往往起到事半功倍的效果，令各方都满意。

3) 施工阶段协调的工作内容。施工阶段的协调工作，包括解决进度、质量、中间计量与支付的签证、合同纠纷等一系列问题。

(4) 监理与设计单位的协调

设计单位为工程项目建设提供图纸，作出工程概算，以及修改设计等工作，是工程项目主要相关单位之一。监理单位必须协调与设计单位的工作，以加快工程进度，确保质量，降低消耗。

1) 真诚尊重设计单位的意见。例如，组织设计单位向承包商介绍工程概况、设计意图、技术要求、施工难点等；在图纸会审时请设计单位交底，明确技术要求，把标准过高、设计遗漏、图纸差错等问题解决在施工之前；施工阶段，严格按图施工；做好结构工程验收、专业工程验收、竣工验收等工作，约请设计代表参加；若发生质量事故，认真听取设计单位的处理意见等。

2) 主动向设计单位介绍工程进展情况，以便促使他们按合同规定或提前出图。施工中发现设计问题，应及时主动向设计单位提出，以免造成大的直接损失；若监理单位掌握了比原设计更先进的新技术、新工艺、新材料、新结构、新设备时,可主动向设计单位推荐,支持设计单位技术革新等。为使设计单位有修改设计的余地而不影响施工进度,可与设计单位达成协议,限定一个期限,争取设计单位、承包商的理解和配合,如果逾期,设计单位要负责由此而造成的经济损失。

3)协调的结果要注意信息传递的及时性和程序性。监理工程师联系单、设计单位申报表或设计变更通知单的传递,要按设计单位(经建设单位同意)—监理单位—承包商之间的方式进行。

要注意的是,监理单位与设计单位都是由建设单位委托进行工作的,两者间并没有合同关系,所以监理单位主要是和设计单位做好交流工作,协调要靠建设单位的支持。建设工程监理的核心任务之一是使建设工程的质量、安全得到保障,而设计单位应就其设计质量对建设单位负责,因此《建筑法》中指出:工程监理人员发现工程设计不符合建设工程质量标准或者合同约定的质量要求,应当报告建设单位要求设计单位改正。

(5)监理与政府部门及其他单位的协调

园林工程项目的开展和其他工程一样也存在政府部门及其他单位的影响,如政府部门、金融组织、社会团体、服务单位、新闻媒介等,对工程项目起着一定的或决定性的控制、监督、支持、帮助作用,这层关系若协调不好,工程项目实施可能严重受阻。以下针对与政府部门、社会团体的协调作一说明。

1)与政府部门的协调。

① 工程质量监督站是由政府授权的工程质量监督的实施机构,对委托监理的工程,质量监督站主要是核查勘察设计、施工企业的资质和核定工程质量等级。监理单位在进行工程质量控制和质量问题处理时,要做好与工程质量监督站的交流和协调,工程质量等级认证应请工程质量监督站确认。

② 重大质量、安全事故,在配合承包商采取急救、补救措施的同时,应敦促承包商立即向政府有关部门报告情况,接受检查和处理。

③ 工程合同直接送公证机关公证,并报政府建设管理部门备案;征地、拆迁、移民要争取政府有关部门支持和协作;现场消防设施的配置,应请消防部门检查认可;施工中还要注意防止环境污染,特别是防止噪声污染,坚持做到文明施工,要敦促承包商和周围单位搞好协调。

2)协调与社会团体的关系。

园林工程项目建成后,不仅会给建设单位带来效益,还会给该地区的经济发展带来好处,同时给当地人民生活带来方便,因此必然会引起社会各界关注。建设单位和监理单位应把握机会,争取社会各界对园林建设工程的关心和支持。这是一种争取良好社会环境的协调。

对本部分的协调工作,从组织协调的范围看是属于远外层的管理,监理单位有组织协调的主持权,但重要协调事项应当事先向建设单位报告。根据目前的工程监理实践,对外部环境协调,建设单位负责主持,监理单位主要是针对一些技术性工作进行协调。如建设单位和监理单位对此有分歧,可在委托监理合同中详细注明。

2. 建设监理组织协调方法

组织协调工作涉及面广,受主观和客观因素影响较大。所以监理工程师知识面要宽,要有较强的工作能力,能够因地制宜、因时制宜地处理问题,这样才能保证监理工作顺利进行。监理工程师组织协调可采用如下方法。

(1)会议协调法

会议协调法是建设工程监理中最常用的一种协调方法,实践中常用的会议协调法包括第一次工地会议、监理例会、专业性监理会议等,具体内容如表 6-7 所示。

表 6-7　常见的会议协调法

方　法	说　　明
第一次工地会议	第一次工地会议是在项目总监理工程师下达开工令之前举行,会议由监理工程师和建设单位联合主持召开,是履约各方相互认识,确定联络方式的会议,也是检查开工前各项准备工作是否就绪,并且明确监理程序的会议
监理例会	监理例会是由驻地监理工程师组织与主持,项目总监理工程师(一般为驻地监理工程师代表)、其他有关监理人员、工程项目经理、承包商代表、建设单位代表等参加,按一定程序召开的,研究施工中出现的计划、进度、质量及工程款支付等许多问题的工地会议。监理工程师将会议讨论的问题和决定记录下来,形成会议纪要,供与会者确认和落实。监理例会应当定期召开,宜每周召开一次
专业性监理会议	除定期召开工地监理例会以外,还应根据需要组织召开一些专业性监理会议,如加工订货会、专业性较强的分包单位进场协调会等,均由监理工程师主持会议

(2)交谈协调法

监理协调中另一种常用的方式是交谈协调法。交谈包括面对面的交谈和电话交谈两种形式。这种方法使用频率相当高,其原因有以下 3 点。

1)它是一条保持信息畅通的最好渠道。由于交谈本身没有合同效力,而且其具有方便性和及时性,所以项目参与各方之间及监理机构内部都愿意采用这一方法进行。

2)它是寻求协作和帮助的最好方法。在寻求别人帮助和协作时,往往要及时了解对方的反应和意见,以便采取相应的对策。另外,相对于书面寻求协作,人们更难以拒绝面对面的请求。因此,采用交谈方式请求协作和帮助比采用书面方法实现的可能性要大。

3)它是正确及时地发布工程指令的有效方法。在实践中,监理工程师在发出书面指令前,一般都采用交谈方式先发布口头指令,这样,一方面可以使对方及时地执行指令,另一方面可以和对方进行交流,了解对方是否正确理解了指令,随后再以书面形式加以确认。

(3)书面协调法

当交谈不方便或不需要直接交流,或需要精确地表达自己意见的时候,就会用到书面协调法。书面协调法的一个特点是它具有合同效力,一般常用于以下几个方面。

1)不需双方直接交流的书面报告、报表、指令和通知等。

2)需要以书面形式向各方提供详细信息和情况通报的报告、信函和备忘录等。

3)事后对会议记录、交谈内容或口头指令的书面确认。

(4)访问协调法

访问协调法,有走访和邀访两种形式。走访是指监理工程师在项目施工前或施工过程中,对与项目施工有关的各政府部门、公共事业机构、新闻媒介或会对施工有影响的第三方进行访问,向他们解释工程的情况,了解他们的意见。邀访是指监理工程师邀请上述各单位(包括建设单位)代表到施工现场对工程进行指导性巡视,了解现场工作。因为在多数情况下,这些有关方面并不了解工程,不清楚现场的实际情况,如果进行一些不恰当的干预,会对工程产生不利影响。这时采用访问法可能是一种相当有效的协调方法。

(5)情况介绍法

情况介绍法通常与其他协调方法紧密结合在一起，它可能是在一次会议前，或是一次交谈前，或是一次走访或邀访前向对方进行的情况介绍。形式上主要是口头的，有时也伴有书面的。介绍往往作为其他协调的引导，目的是使他人首先了解情况。因此，监理工程师应重视任何场合下的每一次介绍，要使他人能够理解所介绍的内容、问题和困难以及你想得到的协助等。

此外，坚持监理程序和严格按合同办事有助于使协调工作规范化、科学化，使需待协调的方方面面得以较顺利地接受协调意见，减少因协调失误给各方带来的思想障碍和工作影响，有利于解决多年来一直存在于工程建设中的扯皮问题。

总之，组织协调是一种管理艺术和技巧，监理工程师尤其是总监理工程师需要掌握领导艺术、心理学、行为科学方面的知识和技能，如激励、交际、表扬和批评的艺术、开会的艺术、谈话的艺术、谈判的技巧等。只有这样，监理工程师才能进行有效地协调。

三、园林建设工程准备阶段监理工程师的任务

1)审查施工企业选择的分包单位的资质。

2)监督检查施工企业质量保证体系、安全技术措施，完善质量管理程序与制度。

3)监察设计文件是否符合设计规范及标准，检查施工图纸是否能满足施工需要。

4)协助做好优化设计和改善设计工作。

5)参加设计单位向施工企业的技术交底。

6)审查施工企业上报的实施性组织施工设计，重点对施工方案、劳动力、材料、机械设备的组织及保证工程质量、安全、工期和控制造价等方面的措施进行监督，并向建设单位提出监理意见。

7)在单位工程开工前检查施工企业的复测资料，特别是两个相邻施工企业的测量资料、控制桩橛是否交接清楚，手续是否完善，质量有无问题，并对贯通测量、中线及水准桩的设置、固桩情况进行审查。

8)对重点工程部位的中线、水平控制进行复查。

9)监督落实各项施工条件，审批一般单项工程、单位工程的开工报告，并报建设单位审查。

第五节　园林建设工程施工阶段的监理

一、园林建设工程施工阶段工作特点

园林建设工程施工过程是围绕园林构成的要素“山、水、树、石、路、建筑”，根据图纸设计将工程设计者的意图建设成为各种园林景观的过程，施工阶段的工作特点如下。

1)施工阶段工作量最大，在整个园林建设项目周期内，施工期的工作量最大，监理内容最多，工作量最繁重。因为在工程建设期间，70%～80%的工作量均是在此期间完成的。

2)施工阶段投入最多。从资金投放量上来说，施工阶段是资金投放量最大阶段，因为该阶段中所需的各种材料、机具、设备、人员全部要进入现场，投入工程建设的实质性工作中去，形成工程产品。

3)施工阶段持续时间长、动态性强。施工阶段合同数量多，存在频繁和大量的支付关系，又由于对合同条款理解上的差异，以及合同中不可避免地存在着含糊不清和矛盾的内容，再加上外部环境变化引起的分歧等,合同纠纷会经常出现,各种索赔事件的不断发生和矛盾增多,使得该阶段表现出时间长、动态性较强的特点。

4)施工阶段是形成建设工程项目实体的阶段,需要严格地进行系统过程控制。施工是由小到大将工程实体"作出来"的过程。施工之前各阶段工作做得如何,在施工阶段全部要接受检验,各项工作中存在的问题会大量地暴露出来。同时,在形成工程实体过程中,前道工程质量对后续工程质量有直接影响,所以需要进行严格地系统过程控制。

5)施工阶段涉及的单位数量多。在施工阶段,不但有项目建设单位、施工企业、材料供应单位、设备厂家、设计单位等直接参加建设的单位,而且涉及政府工程质量监督管理部门、工程毗邻单位等建设工程项目组织外的有关单位。因此,在监理过程中要做好与各方的组织协调关系。

6)施工阶段工程信息内容广泛、时间性强、数量大。在施工阶段,工程状态时刻在变化。各种工程信息和外部环境信息的数量大、类型多、周期短、内容杂。因此要求监理单位在监理过程中伴随着控制而进行计划的调整和完善,尽量以执行计划为主,不要更改计划,造成索赔。

7)施工阶段存在着众多影响目标实现的因素。在施工阶段往往会遇到众多因素的干扰,影响目标的实现。其中,以人员、材料、设备、机械与机具、设计方案、工作方法和工作环境等方面的因素较为突出。面对众多因素的干扰,监理单位和监理工程师要做好风险管理,减少风险的发生。

施工阶段园林建设工程监理的主要任务是在施工过程中根据施工阶段的预定的目标规划与计划,通过动态控制、组织协调、合同管理使建设工程项目的施工质量、进度和投资符合预定的目标要求。

二、园林建设工程施工阶段的质量控制

园林工程项目的质量控制,是监理工作三控制的主要内容之一,与建设的成效密切相关。监理工程师要以科学、公正的态度,坚持质量标准,尊重科学、尊重事实,秉公办事。质量控制是对工程项目全过程的控制,可分为事前控制、事中控制和事后控制。对于工程质量应重点在事前控制、事中严格监督,将事故消灭于萌芽状态。

1. 园林工程质量监理的职责

监理人员对施工质量的监理,除需在组织上健全,还必须建立相应的职责范围与工作制度,使监理人员明确在施工质量控制中的主要职责。一般规定的职责如下。

1)负责检查和控制工程项目的质量,组织单位工程的验收,参加施工阶段的中间验收。

2)审查工程使用的材料、设备的质量合格证和复验报告,对审查合格的给予签证。

3)审查和控制项目的有关文件,如承建单位的资质证件、开工报告、施工方案、图纸会审记录、设计变更,以及对采用的新材料、新技术、新工艺等的技术鉴定成果。

4)审查月进度付款的工程数量和质量。

5)参加对承建单位所制定的施工计划、方法、措施的审查。

6)组织对承建单位的各种申请进行审查,并提出处理意见。

7)审查质量监理人员的值班记录、日报。一方面将其作为分析汇总用,另一方面作为编写分项工程的周报使用。

8)收集和保管工程项目的各项记录、资料,并进行整理归档。

9)负责编写单项工程施工阶段的报告,以及季度、年度工作计划和总结。

10)签发工程项目的通知以及违章通知和停工通知。

2. 施工阶段质量控制的方法

在目前的工程监理过程中,多数都是工程建设施工阶段的监理,施工阶段的质量控制是一个系统的工程,监理工程师进行质量控制的依据是工程的相关合同、设计文件、技术规范,以及有关质量检验的专门技术标准、评定质量标准。

质量控制的程序为:由施工企业施工,完工后,施工企业组织质量监督管理人员进行自检,填报质量验收通知书,由监理人员进行质量检查,如质量合格,监理工程师签署质量验收单,进行下道工序的验收,各道工序均验收合格后,进行竣工验收。

(1)前期图纸审核、技术交底

监理工程师在工程施工前,应对所监理的工程进行环境和资料的熟悉,对施工企业的各项准备工程进行检查和控制,审查施工企业提交的施工组织设计和施工方案。重点审查施工程序、设备选择和施工方法,以及他们对保证工程的质量进度和费用的影响。对进场设备和材料进行检验,严格把好材料关。

监理工程师应组织设计单位向施工企业进行设计交底和图纸会审,对施工图中的具体问题,三方达成一致意见,并写出会议纪要。

严把工程开工关。监理工程师对现场准备工作检查合格后,方可下达书面的开工令。

(2)施工过程中的质量控制

监理工程师在对施工过程的监理过程中要对施工企业的质量控制自检系统进行监督。施工过程中,监理工程师进行现场跟踪和关键节点的旁站。对工程施工过程中的工程变更或图纸修改,均须由监理工程师发布变更指令方能生效。对施工过程中的质量异常,监理工程师有权行使质量控制权,下达停工令,及时进行整改。

(3)竣工验收的程序

当工程项目达到竣工验收条件后,施工企业应在自审、自查、自评工作完成后,认真填写工程竣工报验单,并将全部工程竣工资料报监理单位,申请竣工验收。

监理单位收到施工企业的竣工报验单及资料后,总监理工程师对竣工资料及专业工程的质量情况进行全面检查,对发现的问题,督促施工企业及时整改。

经监理单位对竣工资料及实物全面检查、验收,合格后由总监理工程师签署工程竣工报验单,并向建设单位提出质量评估报告。

3. 园林工程监理工程师对质量问题的处理

任何园林建设工程在施工中,都存在程度不同的质量问题。因此,监理工程师一旦发现有质量问题时就要立即进行处理。

(1)处理的程序

首先对发现的质量问题以质量单形式通知承建单位,要求承建单位停止对有质量问题的部位或与其有关联部位的下道工序施工。承建单位在接到质量通知单后,应向监理工程师提出"质量问题报告",说明质量问题的性质及其严重程度、造成的原因,并提出处理的具体方案。监理工程师在接到承建单位的报告后,即进行调查和研究,并向承建单位提出"不合格工程项目通知",作出处理决定。

(2)质量问题的处理方式

监理工程师对出现的质量问题,视情况分别做以下决定。

1)返工重做。凡是工程质量未达到合同条款规定的标准,质量问题亦较严重或无法通过修补使工程质量达到合同规定的标准的工程,监理工程师应该作出返工重做的处理决定。

2)修补处理。对于工程质量某些部分未达到合同条款规定的标准,但质量问题并不严重,通过修补后可以达到规定的标准的,监理工程师可以作出修补处理的决定。

(3)处理质量问题的方法

监理工程师对质量问题处理的决定是一项较复杂的工作,因为它不仅涉及工程质量问题,而且还涉及工期和工程费用的问题。因此,监理工程师应持慎重的态度对质量问题的处理作出决定,在作出决定之前,一般通过实验验证、定期观察和专家论证等方法,使处理决定能够更为合理。

(4)园林工程监理工程师对工程质量监理的手段

1)旁站监理就是监理人员在承建单位施工期间,全部或大部分时间是在现场对承建单位的各项工程活动进行跟踪监理。在监理过程中一旦发现问题,便可及时指令承建单位予以纠正。

2)测量贯穿工程监理的全过程。开工前、施工过程中以及已完的工程均要采用测量手段进行施工的控制。因此在监理人员中应配有测量人员,随时随地地通过测量控制工程质量,并对承建单位送上的测量放线报验单进行查验并作出结论。

3)试验对一些工程项目的质量评价往往以试验的数据为依据。采用经验、目测或观感的方法来对工程质量进行评价是不允许的。

4)通过严格执行监理程序,以强化承建单位的质量管理意识,提高质量水平。

5)指令性文件按国际惯例。承建单位应严格执行监理工程师对任何事项发出的指示。监理工程师的指示一般采用书面形式,因此也称为“指令性文件”。在对工程质量监理中,监理工程师应充分利用指令性文件对承建单位施工的工程进行质量控制。

6)拒绝支付它是监理工程师对工程质量控制的最主要手段,由于监理工程师掌握工程支付签认权,因而对承建单位的行为起到约束作用,能在施工的各个环节上发挥其监督和管理的作用。

以上6种手段,是园林工程监理工程师在工程质量监理中经常采用的,可以采用其中的一种,也可以同时采用几种。

三、园林建设工程施工阶段的进度控制

建设项目进度控制的总目标是建设工期,工程进度控制是动态控制过程,要不断将工程实际情况与计划进行对比,发现与实际工作有偏差,则找出偏差的原因,采取相应的措施。

1. 施工阶段的进度控制

施工阶段进行进度控制的总任务就是在满足工程项目建设总进度计划要求的基础上,编制或审核施工进度计划,并对其执行情况加以动态控制,以保证工程项目按期竣工交付使用。

根据监理工程的实际,在掌握施工企业的施工及管理水平的基础上,制定详细的进度控制细则,明确监理人员的分工,掌握进度控制的工作内容、工作流程及深度,制定进行进度控制的具体检查方式、技术措施、组织措施和经济措施,检查施工的工序和养护管理是否符合施工程序要求,各分包单位的进度是否相协调,是否满足总工期的要求。

在项目实施过程中应根据工程的进度,每周定期召开现场协调会,通报各自的进度情况、存在问题及下周工作安排,提出需要协调或解决的问题。关键工序交接多,平行、交叉

施工企业多的情况下，应及时召开工地协调会，监理工程师要随时整理进度资料，做好监理日志。

2. 实施过程中的调整方法

当检查到实际进度与计划进度出现偏差时，分析偏差对后续工序及总工期产生的影响，分析出现偏差是否是关键节点，确定必须采用的相应调整措施。

工程建设进度控制的主要控制措施为组织措施、技术措施、合同措施、经济措施和信息管理措施。在审查检查进度过程中发现问题，应及时向施工企业提出书面修改意见，其中重大问题应及时向建设单位汇报。

3. 园林工程常用进度控制形式

进度计划主要采用横道图和网络图表示，网络计划是对任务的工作进度进行时间安排和控制，以科学的管理手段，编制科学的管理计划。而在园林建设工程中，由于工序较为简单，各项工作关键节点的协调不太复杂，目前的施工进度计划常采用横道图来表示。

如施工企业对某工程的施工进度计划表，是根据主要项目内容和总工期进行计划安排的。主要对定位放线、地形改造、假山工程、场地平整、进种植土、土壤改良、乔灌木种植、草坪及地被铺种、成品清理保护、绿化修剪养护、清场扫尾等工序进行安排。

在施工进度的监理控制中，以横道图为基础，将实际完成进度与计划进度相比较，定期收集进度报表，监理人员及时检查进度计划的实际执行情况，随时督促施工企业按进度计划完成工作量。

四、园林建设工程施工阶段的造价控制

1. 园林建设工程项目施工阶段造价控制概述

由于建设工程的复杂性，影响因素的多变性，工程实施阶段往往会出现一些意想不到的费用。为了更好地对施工阶段的园林工程进行造价控制，应该做到：有效控制工程变更和现场经济签证；严格审核工程施工图预算；择优确定专业分包单位，防止少数垄断性行业任意抬价。

(1)施工阶段造价控制的目标

园林建设工程项目在施工阶段的造价控制目标值分为总目标值、分目标值、细目标值。在工程项目施工过程中要采用有效措施，控制投资的支出，将实际支出值与造价控制的目标值进行比较，作出分析及预测，加强对各种干扰因素的控制，确保建设项目造价控制目标的实现。

(2)施工阶段造价控制的任务

1)编制建设项目招标、投标、发包阶段投资控制详细的工作流程图和细则。

2)审核标底，将标底与投资计划进行比较；审核招标文件中与投资有关的内容(项目的工程量清单)；参加项目招标系列活动如项目的评标、决标，对投标文件主要施工技术方案作出技术经济论证等。

3)编制施工阶段造价控制详细的工作流程图和投资计划。

4)建立健全施工阶段造价控制的措施。

5)监督施工过程中各方合同的履行情况。

6)处理好施工过程中的索赔工作等。

7)依据施工合同的有关条款、施工图等，项目监理机构对工程项目造价目标进行风险分析，并制定防范性措施。

(3)施工阶段造价控制的措施

1)组织措施。

在园林建设工程项目管理班子中落实造价控制人员,进行任务分工和职能分工;编制本阶段造价控制工作计划和详细的工作流程图。

2)经济措施。

① 编制资金使用计划,确定、分解造价控制目标。

② 进行项目工程量复核,与已经完成实物工作量比较,准确进行工程计量。

③ 审核工程进度款清单,复核工程付款账单,签发付款证书。编制施工阶段详细费用支出计划,复核一切付款账单。

④ 在施工过程中进行投资跟踪控制,定期地进行投资实际支出值与计划目标值比较,发现偏差时,分析偏差产生的原因,采取措施纠正偏差。

⑤ 对工程施工过程中的投资支出做分析与预测,经常或定期向建设单位提交项目造价控制及其存在问题的报告。

3)技术措施。

对设计变更进行技术经济比较,严格控制设计变更;继续寻找通过设计挖潜节约投资的可能性;审核承包商编制的施工组织计划,对主要施工方案进行技术分析和经济分析。

4)合同措施。

做好工程施工记录。保存各种文件图纸,特别是注有实施变更情况的图纸,注意积累素材,为正确处理可能发生的索赔提供依据,参与处理索赔事宜;参与合同修改、补充工作,着重考虑合同对造价控制的影响。

2. 工程计量

(1)监理工程师对施工图、进度款的预算和结算审核

审核施工预算是对项目的预控,审核进度款是控制阶段拨款,审核结算是最终核定项目的实际投资。对监理公司来说,重点是审核结算。

1)审核工程量。

审核工程量必须先熟悉施工图纸、预算定额和工程量计算规则。监理工程师要亲自详细地计算出全部或部分性的工程量之后,与承包商提出的工程量逐项核对准确无误后,才真正达到审核工程量的目的。工程量计算要列清单,便于复核。

2)审查定额单价。

① 审查换算单价。"预算定额"规定允许换算部分的分项工程单价,应根据"预算定额"的分部、分项说明和有关附注按规定进行换算;"预算定额"规定不允许换算部分的分项工程单价,则不得强调工程特殊或其他原因,而任意加以换算,以保持定额的法令性和统一性。

② 审查补充单价。对于某些采用新结构、新技术、新材料的工程,定额缺少这些项目尚需编制补充单位估价时,就应进行审查。审查其分项项目和工程量是否属实,套用单价是否正确;审查其补充单价的工料分析是根据工程测算数据,还是估算数字确定的。

3)审查直接费。

由各分部、分项工程量及其预算定额(或单位估价表)单价决定直接费用。因此,审查直接费,也就是审查直接费部分的整个预算表,即根据经过审查的分项工程量和预算定额单价,审查单价套用是否准确,是否套错和应换算的单价是否已换算,换算是否正确等。

4）审查间接费。

依据施工企业性质、等级、规模和承包工程性质不同，间接费有按直接费也有按人工费为基础的百分比进行计算的。

（2）工程计量的程序、依据

1）工程计量的程序。

① 工程计量程序：承建单位按协议条款约定的时间（承建单位完成的工程分项获得质量验收合格证后）向监理工程师提交已完成工程的报告，监理工程师必须在接到报告后3天内按设计图纸核实已完成工程数量，并在计量24小时前通知承建单位，承建单位必须为监理工程师进行计量提供便利条件并派人参加予以确认（如承建单位无正当理由不参加计量，由监理工程师自行进行的计量结果亦视为有效），并作为工程价款支付的依据。但监理工程师在接到施工企业报告后3天内未进行计量，从第4天起，施工企业报告中开列的工程量即视为已被认可，可作为工程价款支付的依据。因此，无特殊情况，监理工程师对工程计量不能有任何拖延，另外，监理工程师在计量时必须按约定的时间通知承建单位参加，否则计量结果按合同规定视为无效。

② 应注意事项如下。

a. 严格确定计量内容。计量的根据是具体的设计图纸、材料和设备明细表中计算的各项工程的数量，方法是按照合同中所规定的计量方法、计量单位进行计量，监理工程师对承建单位超出设计图纸要求增加的工程量和自身原因造成返工的工程量，不予计量。

b. 加强隐蔽工程的计量。对隐蔽工程的计量，监理工程师应在工程隐蔽之前，预先进行测算，测算结果有时要经设计、监理与承建单位三方或两方的认可，并予签字为凭作为结算的依据，控制项目的投资。

2）工程计量的依据。

一般有质量合格证书，工程量清单前言，技术规范中的“计量支付”条款和设计图纸等。

3）工程计量的方法。

监理工程师一般对以下三方面的工程项目进行计量：一是工程量清单中的全部项目，二是合同文件中规定的项目，三是工程变更项目。具体的计量方法有：均摊法、凭据法、估价法、现场测量、图纸法和分解计量法。

园林工程的构成复杂，在工程计量时，工程内容和建筑、道路等相同，如园林建筑、园林小品、园林理水、置石与假山、园路与园桥、基础工程等参照建筑、道路、装饰等工程的计量方法；园林绿化应参照绿化的计量方法，如乔灌木、草花按株计量，草坪按覆盖面积计量，宿根、球根、水生花卉要按覆盖面积或芽、球数计量。

3. 园林建设工程项目投资的结算审核管理

按现行规定，园林工程价款结算依据一般工程投资结算的方式，根据不同情况采用多种形式。

（1）工程价款的结算方式

我国现行项目工程价款的主要结算方式有按月结算、竣工后一次结算、按双方约定的其他方式结算。

施工期间，不论工期长短，其结算款一般不应超过承包工程价值的95%，结算双方可以在5%的幅度内协商工程款项比例，并在工程承包合同中注明。尾款专户存入建设银行，等工程竣工验收后结算。

(2)在工程施工合同条件下工程费用的支付

1)工程支付的范围和条件。

① 工程支付的范围。在合同中一般规定的工程支付范围主要有两部分:一部分是工程量清单中的费用(是承包商在投标时,根据合同条件的有关规定提出的报价,并经建设单位认可的费用),另一部分是工程量清单以外的费用(但是在合同中却有明确的规定)。

② 工程支付的条件。必须是完工工程质量合格、符合合同条件、变更项目必须有监理工程师的变更通知、支付金额必须大于临时支付证书规定的最小限额、承包商的工作必须使监理工程师满意。

2)工程支付的项目。

① 工程量清单项目。

a. 一般项目的支付,是以经过监理工程师计量的工程数量为依据,乘以工程量清单中的单价。支付程序,一般通过签发期中支付证书支付进度款。

b. 暂定金额,指包括在合同中,供工程任何部分的施工,或提供货物、材料、设备或服务,或提供不可预料事件之费用的一项金额。这项金额按照监理工程师的指示可能全部或部分使用,或根本不予动用。承包商按照监理工程师的指示完成或使用暂定金额的费用。

c. 计日工,按合同中规定的项目和承包商在其投标书中所规定的费率计算。按计日工作实施的工程,承包商在该工程持续进行过程中,每天向监理工程师提交从事该工作的所有工人姓名、工种和工时的确切清单(一式两份),以及表明所有该项工程所用和所需材料、设备的种类和数量的报表(一式两份)。

② 工程量清单以外项目(表6-8)。

表6-8　工程量清单以外项目

项　目	说　　明
动员预付款	是建设单位借给承包商进驻场地和工程施工准备用款。预付款额度的大小,是承包商在投标时,根据建设单位规定的额度范围(一般是合同价的5% ~10%)和承包商本身资金情况,提出预付款的额度,并在标书附录中予以说明 动员预付款的付款条件是:建设单位与承包商签订的合同协议书;提供履约押金或履约保函;提供动员预付款的保函 在承包商完成上述3个条件的14天内,由监理工程师向建设单位提交动员预付款证书,建设单位收到监理工程师提交的支付动员预付款证书后在合同规定的时间内,按规定的钱币比例进行支付。按照合同规定,当承包商的工程进度款累计金额超过合同价款的10% ~20%时开始扣回,至合同规定的竣工日前3个月全部扣清。用这种方法扣回预付款,一般采用按月等额均摊法
材料设备预付款	是支付无息预付款,预付款按材料设备的某一比例(为材料发票价的70% ~80%,设备发票价的50% ~60%)支付。在支付时,承包商提供材料、设备供应合同的影印件,注明所提供材料的性质和金额情况,材料已经运到工地并经监理工程师认可其质量和储存方式。材料、设备预付款按合同中规定的条款从承包商应得的工程款中分批扣除。扣除次数和各次扣除金额随工程性质不同而异,一般要求在合同规定的完工日期前至少3个月扣清,最好是材料设备一用完,该材料设备的预付款即扣完
保留金	是为了确保在施工阶段,或在缺陷责任期间,由于承包商未能履行合同义务,由建设单位(或监理工程师)制定他人完成应由承包商承担的工作所发生的费用。在合同中规定保留金款额为合同总价的5%,从第一次付款证书开始,按期中支付工程款的10%扣留,直到累积扣留达到合同总额的5%为止 保留金的退还一般分两次进行,即当颁发整个工程的移交证书时,将一半保留金退还给承包商;当工程的缺陷责任期满时,另一半由监理工程师开具证书付给承包商。假若工程的缺陷责任期满,承包商仍有未完工程时,则监理工程师有权在剩余工程未完之前扣发他认为与需要完成的工程费用相应的保留金余额

续表

项　目	说　　明
工程费用变更	是工程支付的一个重要项目。其支付依据施工变更令和监理工程师对变更项目所确定的变更费用,支付时间和支付方式也是列入期中支付证书予以支付
索赔费用	支付依据是监理工程师批准的索赔审批书及其计算的结果,支付时间是随工程月进度款一并支付
价格调整费用	是指按合同条件有关规定的计算方法计算调整的款额,包括施工过程中出现的劳务和材料变更,后继的法规及其他政策的变化导致的费用变更等
迟付款利息	按照合同规定,建设单位未能在合同规定时间内向承包商付款,则承包商有权收取迟付利息。合同规定建设单位应付款的时间是在收到监理工程师颁发的临时付款证书的 28 天内或最终证书的 56 天内支付。假若建设单位未能在规定的时间内支付,则建设单位应按投标书附件中规定的利率,从应付之日起向承包商支付全部未付款额的利息。迟付款利息应在迟付款终止后的第一个月的付款证书中予以支付
违约罚金	对承包商的违约罚金主要包括拖延工期的误期赔偿和未履行合同义务的罚金。这类费用可从承包商的保留金中扣除,也可从支付承包商的款项中扣除

(3)工程费用支付的程序

工程费用支付的程序为:承包商提出付款申请—报驻地监理工程师办公室—上报高级驻地监理工程师办公室—上报总监—报告建设单位(建设单位审批及其支付)。

4. 工程变更控制

在施工过程中,会出现多种多样的变化,如工程内容变化、工程量变化、施工进度变化、发包方与承包方在执行合同中的争执等许多问题,以致工程出现变更。工程变更会引起工程内容和工程量的变化,可能使项目投资超出原来的预算投资。工程变更包括设计变更、进度计划变更、施工条件变更以及建设单位同意的新增工程项目变更等。

(1)工程变更控制程序

下面以承包商提出的设计变更为例,阐述监理工程师对其的控制程序。

1)承包商提出设计变更的要求。

2)监理工程师对设计变更进行审查。

3)原设计单位提供图纸和说明,若变更超过原设计标准和规模时,由原规划审批部门进行审查变更。

4)编制工程变更文件。具体包括以下文件。

① 工程变更令。具体内容如下。

a. 项目变更的原因和依据。

b. 拟采用的技术标准。

c. 项目变更的内容。

d. 估算工程变更前后项目的单价、数量和价格。

② 工程量清单。它同原合同中的工程量清单基本相同,区别在于每个项目都必须填写变更后的单价、数量和金额,目的是便于检查该变更对合同价的影响。

③ 设计图纸。

④ 其他有关文件。

5)监理工程师审查承包商提出的变更价款。

6)监理工程师同意,则调整合同价款;若监理工程师有异议,则上交总监理工程师。

7)总监理工程师与承包商协商,协商同意,则调整合同价款,否则申请仲裁。

(2)工程变更价款的确定

合同价款的变更价格，一般在双方的协商时间内，由承建单位提出变更价格，报监理工程师批准后调整合同价款及竣工日期。

如果监理工程师在颁发整个工程移交证书时，发现由于工程变更和工程量表上实际工程量的增加或减少(不包括暂定金额、计日工和价格调整)，使合同价格的增加或减少合计超过有效合同价(指不包括暂定金额和计日工补贴的合同价格调整)的15%时，经过监理工程师与建设单位和承包商协商后，应在合同价格中加上或减去承包商和监理工程师议定的一笔款额。若双方未能取得一致意见，则由监理工程师在考虑了承包商的现场费用和上级公司管理费用后确定此款额。该款额仅以超过或低于"有效合同价"15%的那一部分为基础。

(3)对设计变更的控制

1)设计变更的概述。

设计变更是指设计部门对原施工图纸和设计文件中所表达的设计标准状态的改变和修改。设计变更仅包含由于设计工作本身的漏项、错误或其他原因而修改、补充原设计的技术资料。设计变更和现场签证两者的性质是截然不同的，凡属于设计变更的范畴，必须按设计变更处理，而不能按现场签证处理。

设计变更费用一般控制在工程总造价的5%以内。由设计变更产生的新增投资额不得超过基本预备费的1/3。本部分着重说明施工图完成后设计变更的管理。

2)设计变更的原因。

设计变更的原因一般有：修改工艺技术，包括设备的改变；增减工程内容；改变工程使用功能；设计错误、遗漏；提高合理化建议；施工中产生错误；使用的材料品种改变；工程地质勘察资料不准确而引起的修改，如基础加深。由于以上原因所提出的变更，可能是建设单位、设计单位、施工企业或监理单位中的任何一个，也可是其中的几个。

3)设计变更的签发原则。

设计变更无论是由哪方提出，均应由监理部门会同建设单位、设计单位、施工企业协商，经过确认后由设计部门发出相应图纸或说明，并由监理工程师办理签发手续，下发到有关部门付诸实施。但在审查时应注意以下几点。

① 确属原设计不能保证工程质量要求，设计遗漏和确有错误以及与现场不符无法施工非改不可。

② 将变更后所产生的经济效益与现场变更后会引起施工企业的索赔所产生的损失加以比较，权衡轻重后作出决定。

③ 工程造价增建幅度是否控制在总概算的范围内，假若确需变更，变更后有可能超过概预算时，应慎重。

④ 设计变更应该说明变更的背景、原因，变更的具体使用位置，变更后施工材料有无变化，变更后会产生的经济后果等。

5. 施工索赔

(1)索赔的概述

1)索赔的定义。

索赔是指工程承包合同履行过程中，当事人一方因对方不履行或不完全履行既定的义务，或者由于对方的行为使权利人受到损失时，要求对方补偿损失的权利。索赔是工程承包合同履行过程中不可避免的现象。

2)索赔的证据。

① 索赔事件客观发生的证据,来源于施工过程中对所有偏离合同或履行合同中具体量化的工程事件的记录资料,如事件发生的时间、地点、气象资料,涉及的有关单位或具体人员、工程的某具体部位,以及能够证明事件已实际发生的各种资料和事件描述等,它们大多以照片、信件、电话、电报、施工日志等形式表现。

② 对某事件具有索赔权力的证据,主要是该工程的合同文件,包括该工程具体合同文件、招标阶段的文件,履行合同中的变更、会谈纪要、备忘录、工程图纸、工程地质勘察报告、工程通知材料、建筑材料及设备的采购、订货、运输、保管、压港压站等有关凭证及合同中规定的其他有索赔权力的有效证据。乙方在证明自己具有索赔权力时,必须详细指出所依据的文件的具体条款或内容,并按合同的解释顺序,不得断章取义。

③ 索赔事件所产生的不利影响的证据,主要是证明由于新情况的发生,对原施工计划、实际进度、施工顺序、施工机械、劳动力调配、材料供应、资金投入等方面受到干扰而影响了生产效率、工程效益。这类证据因事件不同所涉及的问题相当广泛,但只要有充分的理由证明的确对工程产生了不利影响,就可作为证据。

④ 额外费用计算方法及基数的证据。承包方在处理索赔过程中提出的一些合理、有力的计算方法及基数的证据。

(2)索赔费用的计算

1)索赔费用的组成。

一般承包商可索赔的具体费用内容如图6-7所示。

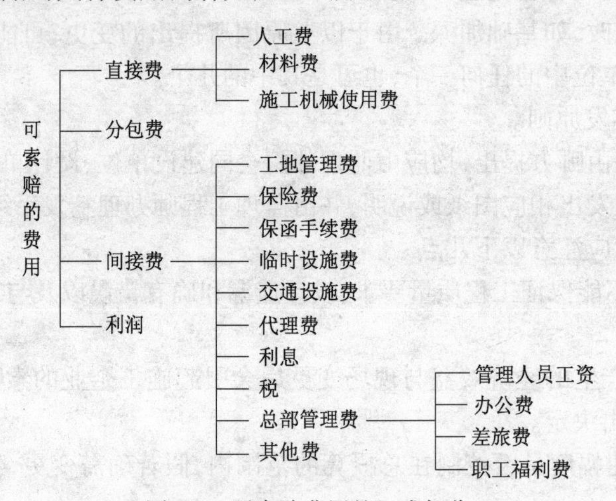

图6-7 可索赔费用的组成部分

2)索赔费用的计算方法(表6-9)。

表6-9 索赔费用的计算方法

方 法	说 明
实际费用法	是工程索赔计算时最常用的一种方法。是以承包商为某项索赔工作所支付的实际开支为依据,向建设单位要求费用补偿。每一项工程索赔的费用,仅限于在该项工程施工中所发生的额外人工费、材料费和施工机械使用费以及相应的管理费

续表

方　法	说　　明
总费用法	总费用法即总成本法,是指当发生多次索赔事件以后,重新计算该工程的实际总费用,实际总费用减去投标报价时的估算总费用为索赔金额,此法只有在难以采用实际费用法时才采用。即 索赔金额=实际总费用-投标报价估算总费用
修正的总费用法	是在总费用计算的原则上,去掉一些不合理的因素,使其更合理。修正内容如下: ① 计算索赔时间只限于受外界影响的时间,而不是整个工期; ② 只计算受影响时段内的某项工作所受影响的损失,而不是该时段上的所有工作; ③ 与该项工作无关的费用不列入总费用中; ④ 对投标报价费用重新计算,按受影响时段内该项工作的实际单价,乘以实际完成的该项工作的工程量,得出调整后的报价费用。其计算公式为 索赔金额=某项工作调整后的实际费用-该项工作的报价费用

3)索赔处理方式。

出现索赔事件后,凭监理工程师证明,与承包商协商后,一般可采取以下几种方法补偿建设单位损失。

① 从应付给承包商的中期进度付款内扣除。

② 从保留金(即滞留金)内扣除。

③ 履约保函内扣除或没收履约保函。

④ 如果承包商严重违反合同,给建设单位带来了即使采取上述各种措施也不足以补偿损失的话,还可以扣留承包商在现场的材料、设备、临时设施等财产作为补偿,或者按法律规定作为承包商的一种债务而要求赔偿。

对承包商延误工期的罚款应按照投标书附件规定的最高罚款限期内的拖期计算。但当整个合同的完工期或规定的分项工程完工期之前,如果已对其中部分工程或分项工程签发了接收证书,则全部工程或该分项工程剩余部分的拖延工期日罚款额,在合同中没有其他规定时,应按未发证书部分的工程金额除以整个工程或分项工程的总金额所得的比例来折减,但不影响罚款规定的最高限额。即

$$折减的罚款额(天)=合同规定罚款额(天)\times\frac{未颁发接收证书工程金额}{全部(或分项)工程总金额}$$

$$拖期罚款总额=折减的罚款额(天)\times延误天数\leqslant最高罚款限额$$

(3)反索赔

反索赔是指建设单位向承包商提出的索赔,是由于承包商不履行或不完全履行约定的义务,或者由于承包商的行为使建设单位遭受损失时,建设单位向承包商提出的索赔。反索赔的种类如表6-10所示。

表6-10　反索赔的种类

种　类	说　　明
工期延误反索赔	如果工程拖期的责任在承包商一方,则建设单位有权向承包商提出反索赔;拖期损失赔偿费的总额,一般不能超过该工程项目合同价格的一定比例(通常为10%)
施工缺陷反索赔	承包施工合同条件一般都规定,如果承包商施工质量不符合施工技术规程的规定,或使用的设备和材料不符合合同规定,或在缺陷责任期满以前未完成应进行修补的工程时,建设单位有权向承包商追究责任,要求补偿建设单位所受的经济损失
承包商不履行的保险费用索赔	如果承包商未能按照合同条款指定的项目投保,并保证保险有效,建设单位可以投保并保证保险有效,建设单位所支付的必要的保险费可在应付给承包商的款项中扣回

续表

种类	说明
对指定分包商的付款索赔	在工程承包商未能提供已向指定分包商付款的合理证明时，建设单位可以直接按照监理工程师的证明书，将承包商未付给指定分包商的所有款项（扣除保留金）付给这个分包商，并从应付给承包商的任何款项中如数扣回
建设单位合理地终止合同或承包商不合理地放弃工程的反索赔	如果建设单位合理地终止承包商的承包，或者承包商不合理地放弃工程，则建设单位有权从承包商手中收回由新的承包商完成工程所需的工程款与原合同未付部分的差额
其他损失反索赔	在施工索赔实践中，建设单位向承包商的反索赔要求，基本上属于两方面的范畴，即工程拖期建成反索赔和施工缺陷反索赔，由于承包商的原因使建设单位在其他方面受到经济损失时，建设单位仍可提出反索赔要求

(4)索赔程序

索赔事件发生后，从承包商提出索赔申请开始，到索赔事件的最终处理，大致可划分为5个阶段。

1)承包商提出索赔申请。

在合同实施过程中，凡不属于承包商责任导致工程拖期和成本增加事件发生后的28天内，必须以正式函件通知监理工程师声明对此事项要求索赔，同时仍须遵照监理工程师的指令继续施工。逾期申报时，监理工程师有权拒绝承包商的索赔要求。

正式提出索赔申请后，承包商应抓紧准备索赔的证据资料，包括事件的原因、对其权益影响的证据资料、索赔的依据，以及计算出的该项事件影响所要求的赔偿额和申请展延工期天数，并在索赔申请发出的28天内报出。如果索赔事件的影响继续存在，在28天内不可能准确地计算出索赔的款额和展延工期天数时，经监理工程师同意，可以定期（一般每隔28天）陆续报出索赔证据资料和索赔款额及要求展延工期天数。该索赔事件影响结束的28天以内，必须提出全面的索赔证据资料和累计索赔额报送监理工程师，并抄送建设单位。

2)监理工程师审核承包商的索赔申请。

正式接到承包商的索赔信件后，监理工程师应立即研究承包商的索赔资料，依据自己的同期记录资料客观分析事件发生的原因，重温有关的合同条款，研究承包商提出的索赔证据。必要时还可要求承包商进一步提交补充资料，包括索赔的更详细证明材料或索赔计算的依据。监理工程师通过对事件的充分分析，再进一步依据合同条款划清责任的归属，剔除承包商不合理要求部分，拟订出自己计算的合理索赔款额和工期展延天数。

3)监理工程师与承包商谈判。

双方各自依据对这一事件的处理方案进行友好协商，若能通过谈判达成一致意见，则该事件较容易解决。如果双方对该事件的责任、索赔款额或工期展延天数分歧较大，通过谈判达不成共识的话，按照条款规定监理工程师有权确定一个他认为合理的单价或价格作为最终的处理意见，报送建设单位并相应通过承包商。不论是监理工程师通过与承包商谈判达成的协议，还是监理工程师单方面的决定，计算的索赔款额和展延工期天数是在授予监理工程师的权限范围之内，即可签发变更指令，如果超过批准权限，则应报请建设单位批准。

4)建设单位审批监理工程师的索赔处理证明。

建设单位首先根据事件发生的原因、责任范围、合同条款审核承包商的索赔申请和监理工程师的处理报告，再根据工程建设的目的，投资控制、竣工投产要求，以及针对承包商在实施合同过程中的缺陷或不符合合同要求的地方提出反索赔方面的考虑,决定是否批准监理工程师的索赔报告。如果建设单位否定了承包商的索赔要求,则双方之间的分歧只能通过仲裁来解决。监理工程师的报告,经批准,即可签发支付证书或变更指令。

5)承包商是否接受最终的索赔决定。

承包商同意了最终的索赔决定,这一索赔事件即告结束。若承包商不接受监理工程师的单方面决定或建设单位删减的索赔款额或工期展延天数,就会导致合同纠纷。通过谈判和协商双方达成互让的解决方案是处理纠纷的理想方式。如果双方不能达成谅解就只能诉诸仲裁。

(5)监理工程师处理索赔的作用

1)监理工程师处理索赔的权限。

监理工程师是受建设单位委托在监理合同授予的权限范围内对项目建设的实施进行组织、协调、监督和控制工作。虽然承包商的索赔报告首先提交监理工程师审查批准,但在处理合同事件时他不同于建设单位代表,不是对承包商提出的一切索赔要求都有批准和承诺的权力。监理工程师在处理索赔事件时应注意以下几点。

① 监理工程师仅有权审查核实或批准承包商提出的合约内索赔要求,其他类型均由建设单位决定。

② 经监理工程师核定的批准承包商展延工期天数和经济补偿额的量值应该在建设单位授予的权限之内,凡超过权限的均须报请建设单位批准。

③ 监理工程师核定的索赔一般来说都与承包商的要求有一定的差距,可通过谈判协商达成一致意见。如果双方分歧较大,谈判达不成一致意见的话,监理工程师有权单方面决定一个他认为是合理的单价和价格。

2)处理索赔的工作内容。

① 建立索赔档案,接到承包商的索赔申请后,监理工程师应及时建立索赔档案。索赔档案包括两方面的内容:一是将承包商的索赔报告编号、记录内容、归档,并存入计算机;二是要立即对索赔项目(包括与此有关的施工项目)进行监督,特别要对这些项目的施工方法、劳务和设备的使用情况,以及事件影响的进一步发展进行详细的了解,并做好记录以备核查。

② 对索赔进行审核,监理工程师对单项索赔审核工作可分为判定索赔事项成立和核查承包商的索赔计算正确性两步进行。

承包商的索赔要求成立必须同时具备以下 4 个条件:

① 与合同相比较已经造成了实际的额外费用增加或工期损失;

② 造成费用增加或工期损失的原因不是由于承包商的过失;

③ 按合同规定不应由承包商承担的风险;

④ 承包商在事件发生后的规定时限内提出了书面的索赔意向通知。

上述 4 个条件没有先后主次之分,同时具备后监理工程师才能按照一定程序进行具体处理。

承包商可得到的索赔费用包括:人工费、机械设备费、材料费、分包费、保函费、保险费、利息、利润及管理费。

总之,索赔是一项综合性很强的复杂工作,除了需要有坚实的理论基础外,实践经验也非常重要,只有同时具备这两者,才能较好地评价和处理承包商的索赔。

第六节　园林建设工程监理信息与档案管理

一、园林建设工程监理信息管理的基本任务

1. 实施最优控制

控制是建设监理的主要手段。控制的主要任务是把计划执行情况与计划目标进行比较，找出差异，分析差异，排除和预防产生差异的原因，使总体目标得以实现。为了进行比较分析及采取措施来控制项目投资目标、质量目标及进度目标，监理工程师首先应掌握有关项目三大目标的计划值，还应了解三大目标的执行情况，监理工程师必须充分掌握、分析处理这两个方面的信息，以便实施最优控制。

2. 进行合理决策

建设监理决策的正确与否，直接影响着项目建设总目标的实现及监理公司、监理工程师的信誉。监理决策正确与否，取决于各种因素，其中最重要的因素之一就是信息。因此，监理工程师在工程施工招标、施工等各个阶段，都必须充分地收集信息、加工整理信息，只有这样，才能作出科学、合理的监理决策。

3. 妥善协调项目建设各有关单位之间的关系

工程项目的建设涉及众多的单位，如政府部门、承建商、项目建设单位、设计单位、材料设备供应单位、资金供应单位、外围工程单位、毗邻单位、运输单位、保险单位、税收单位等，这些单位都会对项目的实现带来一定的影响。为了与这些单位进行有机联系，需要加强信息管理，妥善协调各单位之间的关系。

二、园林建设工程监理信息管理的内容

1. 园林建设工程监理信息的收集

(1)工程建设前期信息收集

如果监理工程师未参加工程建设的前期工作，在受建设单位的委托对工程建设设计阶段实施监理时，应向建设单位和有关单位收集以下资料，作为设计阶段监理的主要依据。

1)批准的“项目建议书”、“可行性研究报告”及“设计任务书”。

2)批准的建设选址报告、城市规划部门的批文、土地使用要求、环保要求。

3)工程地质和水文地质勘察报告、区域图、地形测量图，地质气象和地震烈度等自然条件资料。

4)矿藏资源报告。

5)设备条件。

6)规定的设计标准。

7)国家或地方的监理法规或规定。

8)国家或地方有关的技术经济指标和定额等。

(2)工程建设设计阶段信息的收集

建设项目的初步设计文件包含大量的信息，如建设项目的规模、总体规划布置，主要建筑物的位置、结构形式和设计尺寸，各种建筑物的材料用量，主要设备清单，主要技术经济指标，建设工期，总概算等，还有建设单位与市政、公用、供电、电信、铁路、交通、消防等部门的协议文件或配合方案。

技术设计是根据初步设计和更详细的调查研究资料进行的,用以进一步解决初步设计中的重大技术问题,如工艺流程、建筑结构、设备选型及数量确定等。与初步设计文件相比,技术设计文件提供了更确切的数据资料,如对建筑物的结构形式和尺寸等进行修正并编制了修正后的总概算。

施工图设计文件则完整地表现建筑物外形、内部空间分割、结构体系、构造状况,以及建筑群的组成和周围环境的配合,具有详细的构造尺寸。它通过图纸反映出大量的信息,如施工总平面图、建筑物的施工平面图和剖面图、设备安装详图、各种专门工程的施工图、各种设备和材料的明细表等。此外,还有根据施工图设计所做的施工图预算等。

(3)施工招标阶段信息的收集

在工程建设招标阶段,建设单位或其委托的监理单位要编制招标文件,而投标单位要编制投标文件,在招标投标过程中及在决标以后招、投标文件及其他一些文件将形成一套对工程建设起制约作用的合同文件,这些合同文件是建设工程监理的法规文件,是监理工程师必须要熟悉和掌握的。

这些文件主要包括:投标邀请书、投标须知、合同双方签署的合同协议书、履约保函、合同条款、投标书及其附件、标价的工程量清单及其附件、技术规范、招标图纸、发包单位在招标期内发出的所有补充通知、投标单位在投标期内补充的所有书面文件、投标单位在投标时随投标书一起递送的资料与附图、发包单位发出的中标通知书、合同双方在洽谈合同时共同签字的补充文件等,除上述各种资料外,上级有关部门关于建设项目的批文和有关批示、有关征用土地、迁建赔偿等协议文件,都是十分重要的监理信息。

(4)工程施工阶段信息资料的收集

1)收集建设单位方的信息。建设单位作为工程建设的组织者,在施工过程中要按照合同文件规定提供相应的条件,并要不时发表对工程建设各方面的意见和看法,下达某些指令。因此,监理工程师应及时收集建设单位提供的信息。

当建设单位负责某些设备、材料的供应时,监理工程师需收集建设单位所提供材料的品种、数量、规格、价格、提货地点、提货方式等信息。例如,有一些项目合同约定建设单位负责供应钢材、木材、水泥、砂石等主要原料,建设单位就应及时将这些材料在各个阶段提供的数量、材质证明、检验(试验)资料、运输距离等情况告知有关方面,监理工程师也应及时收集这些信息资料。另外,建设单位对施工过程中有关进度、质量、投资、合同等方面的看法和意见,监理工程师也应及时收集,同时还应及时收集建设单位的上级主管部门对工程建设的各种意见和看法。

2)收集承包商提供的信息。在项目的施工过程中,随着工程的进展,承包商一方也会产生大量的信息,除承包商本身必须收集和掌握这些信息外,监理工程师在现场管理中也必须收集和掌握。这类信息主要包括开工报告、施工组织设计、各种计划、施工技术方案、材料报验单、月支付申请表、分包申请、工料价格调整申请表、索赔申请表、竣工报验单、复工申请、各种工程项目自检报告、质量问题报告、有关问题的意见等。承包商应向监理单位报送这些信息资料,监理工程师也应全面系统地收集和掌握这些信息资料。

3)建设工程监理的现场记录。现场监理人员必须每天利用特殊的方式或以日志的形式记录工地上所发生的事情,记录每月由专业监理工程师整理成书面资料上报监理工程师办公室。现场记录通常记录以下内容。

① 现场监理人员对所监理工程范围内的机械、劳力的配备和使用情况做详细记录。如承包人现场人员和设备的配备是否同计划所列的一致;工程质量和进度是否因人员或设备不足而受到影响,受到影响的程度如何;是否缺乏专业施工人员或专业施工设备,承包商有无替代方案;承包商施工机械完好率和使用率是否令人满意;维修车间及设施如何,是否存储有足够的备件等。

② 记录气候及水文状况。记录每天的最高、最低气温,降雨或降雪量,风力、河流水位;记录有预报的雨、雪、台风及洪水到来之前对永久性或临时性工程所采取的保护措施;记录气候、水文的变化影响施工及造成的细节,如停工时间、救灾的措施和财产的损失等。

③ 记录承包商每天工作范围,完成工程数量,以及开始和完成工作的时间,记录出现的技术问题,采取了怎样的措施进行处理,效果如何,能否达到技术规范的要求等。

④ 对工程施工中每步工序完成后的情况做简单描述,如工序是否已被认可,对缺陷的补救措施或变更情况等做详细记录。监理人员在现场对隐蔽工程应特别注意。

⑤ 记录现场材料供应和储备情况。如每一批材料的到达时间、来源、数量、质量、存储方式和材料的抽样检查情况等。

⑥ 对于一些必须在现场进行的试验,现场监理人员进行记录并分类保存。

4)工地会议记录。工地会议是监理工作的一种重要方法,监理工程师很重视工地会议,可建立一套完善的会议制度,以便于会议信息的收集。会议制度包括会议的名称、主持人、参加人、举行会议的时间及地点等,每次会议都应有专人记录,会后应有正式会议纪要,由与会者签字确认,这些纪要将成为今后解决问题的重要依据。会议纪要应包括:会议地点及时间;出席者姓名、职务及他们所代表的单位;会议中发言者的姓名及主要内容;形成的决议;决议由何人及何时执行;未解决的问题及其原因等。

工地会议一般每月召开一次,会议由监理人员、建设单位代表及承包商参加。会议主要内容包括:确认上次会议纪要、当月进度总结、进度预测、技术事宜、变更事宜、财务事宜、管理事宜、索赔和延期、下次工地会议及其他事宜。工地会议确定的事宜视为合同文件的一部分。

5)计量与支付记录。计量与支付记录包括所有计量及付款资料。应清楚地记录哪些工程进行过计量,哪些工程没有进行计量,哪些工程已经进行了支付、已同意或确定的费率和价格变更等。

6)试验记录。除正常的试验报告外,实验室应由专人每天以日志形式记录实验室工作情况,包括对承包商的试验的监督、数据分析等。记录内容包括:工作内容的简单叙述,如进行了哪些试验,其结果如何等;承包商试验人员配备情况,试验人员配备与承包商计划所列的是否一致,数量和素质是否满足工作需要,增减或更新试验人员的建议;对承包商试验仪器、设备配备、使用和调动情况的记录,需增加新设备的建议;监理试验室与承包商实验室所做的同一试验,其结果有无重大差异,何种原因所致等。

(5)工程竣工阶段信息的收集

在园林工程建设竣工验收阶段,需要大量与竣工有关的各种信息资料,这些信息资料一部分是在整个过程中,长期积累形成的;一部分是在竣工验收期间,根据积累的资料整理分析得到的,完整的竣工资料应由承包商收集和整理,经监理工程师及有关方面审查后,移交建设单位。

监理数据的管理应由总监理工程师负责,指定专人具体实施,在各监理阶段结束后做到及时整理归档、资料真实完整、分类有序。

2. 监理信息的加工整理和储存

(1)监理信息的加工整理

监理信息的加工整理是对收集来的大量原始信息,进行筛选、分类、排序、压缩、分析、比较、计算等的过程。监理工程师为了有效地控制工程建设的投资、进度和质量目标,提高工程建设的投资效益,应在全面、系统收集监理信息的基础上,加工和整理收集来的各种信息资料。

在建设项目的施工过程中,监理工程师加工整理的监理信息主要有以下几个方面。

1)现场监理日报表,是现场监理人员根据每天的现场记录及加工整理而成的报告。主要包括:当天的施工内容;参加施工的人员(工种、数量、施工企业等);施工用的机械的名称和数量等;当天发现的施工质量问题;当天的施工进度和计划进度的比较,若发生进度拖延,应说明原因;当天天气综合评语;其他说明及应注意的事项等。

2)现场监理工程师周报,是现场监理工程师根据监理日报加工整理而成的报告,每周向项目总监理工程师汇报一周内发生的所有重大事件。

3)监理工程师月报,是集中反映工程实况和监理工作的重要文件。一般由项目总监理工程师编写,每月上报建设单位一次。大型项目的监理月报,往往由各合同段或子项目的总监理工程师代表组织编写,上报总监理工程师审阅后报建设单位。

(2)监理信息的储存

监理信息储存的主要载体是文件、报告报表、图纸、音像材料等。监理信息的储存,主要就是将这些材料按不同的类型,进行详细的记录、存放,建立资料归档系统。该系统应简单且易于保存,但内容应足够详细,以便很快查出任何已归档的资料。监理资料归档,一般按一般函件、监理报告、计量与支付资料、合同管理资料、图纸、技术资料、工程照片等类型进行。

以上资料在归档的同时,要进行记录监理详细的目录表,以便随时调用、查询。监理信息的存储应尽量采用电子计算机及其他微缩系统,以提高检索、传递和使用的效率。

(3)监理信息的流动

监理信息在传递流动的过程中,形成各种信息流。

实际工作中,自下而上的信息流比较畅通,自上而下的信息流一般情况下渠道不畅或流量不够。因此,工程项目主管应当采取措施防止信息流通和传递的障碍,发挥信息流应有的作用,特别是对横向间的信息流动以及自上而下的信息流动,应给予足够的重视,增加流量,只有这样才能保证监理工程师及时得到完整、准确的信息,从而为监理工程师的科学决策提供可靠支持。

(4)监理信息的使用

经过加工处理的信息,要按照监理工作的实际要求,以各种形式提供给各类监理人员,如报表、文字、图形、图像、声音等。利用计算机进行信息管理,已成为更好地使用建设工程监理信息的前提条件。

三、园林建设工程竣工档案管理

1. 建设工程竣工档案的概念

建设工程竣工档案是工程在建设全过程中形成的文字材料、图表、计算材料、照片、录像带等材料的总称,它是工程进行维修、管理、改造的依据和凭证,也是竣工投入使用的必备条件。

目前,各地对建设工程文件档案资料归档工作相当重视,但在工作中对贯彻执行《建设工程监理规范》及《建设工程文件归档整理规范》两个文件的力度方面存在差异，各地区归档要求和归档内容等方面不统一，给归档工作造成一定的困难。

2. 建设工程归档文件的要求

1）建设工程档案材料的编制必须按统一规范和要求进行编制，真实确切地反映工程实际情况，严禁涂改、伪造。

2）工程竣工档案编制的工作要求具体包括以下几个方面。

① 精练。工程竣工档案的内容具有保存价值的同时要有代表性。

② 准确。工程竣工档案的内容变更文件材料、图纸，要完整、准确。

③ 规范。竣工档案整理组卷规范，卷内文件、案卷目录排列相互间要有内在联系。

④ 科学。组卷具有科学性，便于有效利用。

3）工程竣工档案编制的质量要求具体内容如下。

① 编制工程竣工档案，必须真实地反映工程竣工后的实际情况。文件材料、图纸必须完整、准确、系统，各种程序责任者的签章手续必须齐全。

② 编制工程竣工档案，必须采用不易褪色的碳素墨水进行书写和绘图；不得使用红色墨水、复写纸、铅笔和一般圆珠笔等不耐久的书写材料。

③ 文件材料尺寸统一使用中华人民共和国国家标准（GB/T 11822—2008）A4（297mm × 210mm）一种规格；图纸宜采用国家标准图幅。

⑤ 工程文件的纸张应采用能够长期保存的韧性大、耐久性强的纸张。图纸一般采用晒蓝图，竣工图应是新蓝图。计算机出图必须清晰，不得使用计算机出图的复印件。

⑥ 竣工图注意事项。第一，所有的竣工图均应加盖竣工图章，竣工图章的基本内容应包括："竣工图"字样、施工企业、编制人、审核人、技术负责人、编制日期、监理单位、现场监理和总监。尺寸为50mm × 80mm。第二，竣工图应使用不褪色的红印泥、应加盖在图标栏上方空白处。

⑦ 利用施工图改竣工图，必须标明变更修改、依据；凡施工图结构、工艺、平面布置等有重大改变，或变更部分超过图面1/3的，应重新绘制竣工图。

⑧ 不同图幅的工程图纸应按《技术制图复制图的折叠方法》（GB 10609.3—1989）统一折叠成 A4 幅面（297mm × 210mm），图标栏露在外面。

3. 建设工程档案的验收与报送

1）列入城建档案接收范围的工程，建设单位在组织工程竣工验收前，应提请城建档案管理机构对工程档案进行预验收。建设单位未取得城建档案管理机构出具的认可文件，不得组织竣工验收。

2）城建档案管理部门在进行工程档案预验收时，一般重点验收以下内容。

① 工程档案齐全、系统、完整。

② 工程档案的内容真实、准确地反映了工程建设活动和工程实际情况。

③ 竣工图绘制方法、图式及规格等符合专业技术要求，图面整洁，盖有竣工图章。

④ 文件的形成、来源符合实际，要求单位或个人签章的文件，其手续完备。

⑤ 文件材质、幅面、书写、绘图、用墨、托裱等符合要求。

3）列入城建档案室接收范围的工程，建设单位在工程竣工验收后 3 个月内，必须向城建档案室移交一套符合规定的工程档案。

4)停建、缓建的建设工程档案,暂由建设单位保管。

5)对改建、扩建和维修工程,建设单位应当组织设计单位、施工企业据实修改、补充和完善原工程档案。对改变的部位,应当重新编制工程档案,并在工程竣工验收后3个月内向城建档案室移交。

6)建设单位向城建档案室移交工程档案时,应办理移交手续,填写移交目录,双方签字、盖章后交接。

4. 建设工程归档范围和保管期限

基本建设项目档案的保管期限分为永久、长期、短期3种。其中,永久是指工程档案需要永久保存;长期保存是指工程档案的保存期限等于该工程的使用寿命;短期保存是指工程档案保存期限在20年以下。

第七章　园林种植工程管理

第一节　园林绿地施工管理

一、园林绿地施工依据及原则

1. 施工依据

1)凡列为工程的栽植工作应将设计图与现场核对,了解施工地段的地上、地下情况,包括对地上物的保留和处理要求等。平面及标高不符时,应由设计单位作变更设计;地下管线不符合种植规定时,应另定位置,并经过相关部门批准;了解地下管线特别是各种地下电缆及管线情况,以免施工时造成事故;施工现场的土质情况,以确定所需客土量;施工现场的交通状况、供水、供电情况等。

2)原绿地中植物调整时,应按设计远期效果进行。

3)明确设计意图及施工任务量。

4)编制施工组织计划。

2. 施工原则

园林绿地施工指的是按照正规的施工设计和计划,完成某一绿地的植物(乔木及花草,主要是树木)栽植和附属工程。绿地附属工程为艺术性较强的基建工程,除要由施工经验丰富的人员,按设计图纸严格施工外,为了保证施工质量,应重点做好种植工程的施工管理,并遵循以下原则。

1)施工人员应了解、熟悉设计意图,理解和弄清设计图纸,并严格按照设计图纸进行施工。

2)了解各种乔、灌木植物及花草的生物学特性和生态学习性,以及施工现场的状况。

3)抓住适宜的栽植季节,合理安排施工进度。

4)严格执行施工操作规程。

二、园林绿地施工程序

1. 园林绿地工程的基本施工程序

在不同规模的工程中园林绿地工程的施工程序会有不同的安排,一般程序构成如图 7-1 所示。

2. 园林绿地种植工程的主要程序

绿地种植施工的主要工序如图 7-2 所示。

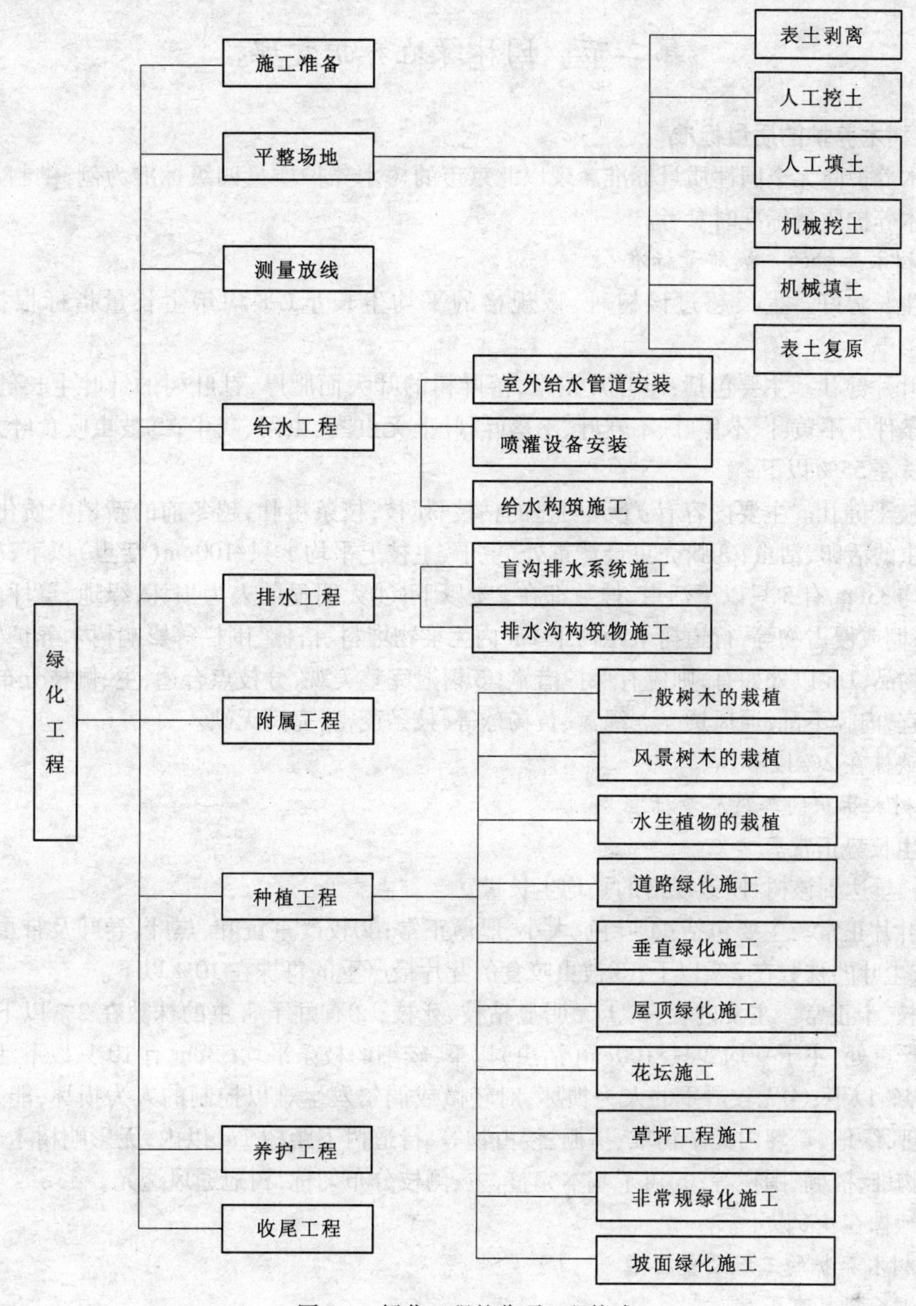

图 7-1　绿化工程的分项工程构成

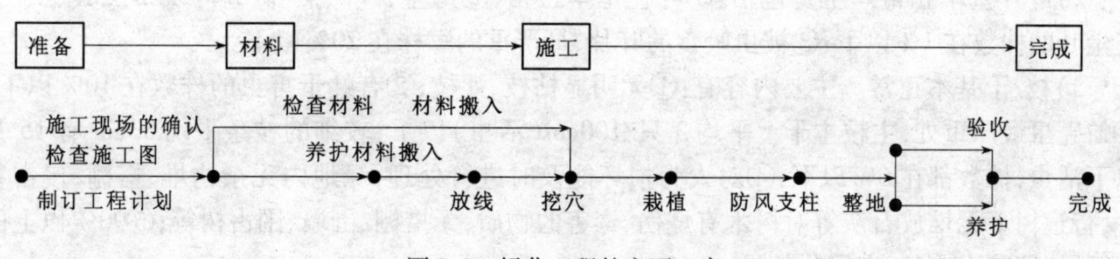

图 7-2　绿化工程的主要工序

第二节　园林绿地养护管理

一、树木养护的质量标准

树木养护尚无全国性质量标准。现以北京市的树木养护质量四级标准为例，供制定园林绿地树木养护质量标准时参考。

1. 树木养护的一级质量标准

1）生长势好。生长超过该树种、该规格的平均生长量（平均年生长量指标根据调查确定）。

2）叶片健壮。主要包括：①叶片正常，落叶树的叶大而肥厚，针叶树的针叶生长健壮，在正常的条件下不黄叶、不焦叶、不卷叶、不落叶；叶上无虫粪、虫网、灰尘；②被虫咬食叶片最严重的每株在55%以下。

3）枝干健壮。主要内容有：①无明显的枯枝、死枝；枝条粗壮，越冬前的新梢木质化；②无蛀干害虫的活卵、活虫；③蚧壳虫最严重处，主干、主枝上平均1只/100cm（活虫）以下，较细的枝条平均33cm有5只以下活虫，株数都在2%以下；④无明显的人为损坏，绿地、草坪内无杂物堆、搭棚或侵占物等，行道树下距树干1m内无堆物堆料、搭棚、围栏等影响树木养护管理和生长的物品，1m以外如有，则应有保护措施；⑤树冠完整美观，分枝点合适，主、侧枝分布匀称，数量适宜，内膛不乱，通风透光。绿篱、黄杨球等，枝条茂密，完满无缺。

4）缺株在2%以下。

2. 树木养护的二级质量标准

1）生长势正常。

生长量达到该树种、该规格的平均生长量。

2）叶片正常。主要包括：①叶色、大小、厚薄正常；②较严重黄叶、焦叶、卷叶及带虫粪、虫网、蒙灰尘叶的株数在2%以下；③被虫咬食的叶片最严重的每株在10%以下。

3）枝、干正常。主要内容有：①无明显枯枝、死枝；②有蛀干害虫的株数在2%以下；③蚧壳虫最严重处，主干平均2只/100cm（活虫）以下，较细的枝条平均33cm有10只以下活虫，株数都在4%以下；④无较严重的人为损坏，对轻微或偶尔发生难以控制的人为损坏，能及时发现和处理，绿地、草坪内无杂物堆、搭棚、侵占物等，行道树下距树1m以内，无影响树木养护管理的杂物堆、搭棚、围栏等；⑤树干基本完整，主、侧枝分布匀称，树冠通风透光。

4）缺株在4%以下。

3. 树木养护的三级质量标准

1）生长势基本正常。

2）叶片基本正常。主要包括：①叶色基本正常；②严重黄叶、焦叶、卷叶及带虫粪、虫网、灰尘叶的株数在1%以下；③被虫咬食的叶片，最严重的每株在20%以下。

3）枝、干基本正常。主要内容有：①无明显枯枝、死枝；②有蛀干害虫的株数在10%以下；③蚧壳虫最严重处，主枝主干上平均3只/100cm（活虫）以下，较细的枝条平均33cm有15只以下活虫，株数都在6%以下；④对人为损坏能及时进行处理，绿地内无杂物堆、搭棚、侵占物等，行道树下无堆放石灰等对树木有烧伤、毒害的物质，无搭棚、围墙、围占树等；⑤90%以上的树干、树冠基本完整，有绿化效果。

4)缺株在 6% 以下。

4. 树木养护的四级质量标准

凡符合下列条件的,均为树木养护的四级质量。

1)有一定的绿化效果。

2)被严重吃花的树叶(被虫咬食的叶片面积、数量都超过一半)的株数,在 20% 以下。

3)被严重吃光树叶的株数在 10% 以下。

4)严重焦叶、卷叶、落叶的株数在 2% 以下。

5)严重焦梢的株数,在 10% 以下。

6)有蛀干害虫的株数在 30% 以下。

7)蚧壳虫最严重处,主枝主干上平均 5 只/100cm(活虫)以下,较细的枝条平均每尺长内有 20 只以下活虫,株数都在 10% 以下。

8)缺株在 10% 以下。

二、树木的水肥管理

1. 灌溉与排水的基本原则

各类园林绿地,都应有各自完整的灌溉与排水系统。灌溉与排水时应掌握以下 4 项基本原则。

(1)根据不同的气候,确定灌水和排水量

干旱的天气就要实行灌溉,雨季或长时间降雨就要注意绿地的排水。即使在雨量比较充沛的春季,如出现短暂的高温干旱也要进行灌溉。为使树木安全越冬还应进行秋季灌水,华北地区在封冻前为宜,南方 9~10 月常有秋旱,灌水抗旱有利于树木越冬。

(2)根据树种、栽植年限不同确定灌水和排水量

观花树种,特别是花灌木的灌水量和灌水次数均比一般的树要多。对喜欢水湿的树种,如水杉、池杉、杨树、枫杨、柳树等,如果注意灌水,生长自然会更好。

刚刚栽种的树木一定要灌 3 次水,方可保证成活。新栽乔木连续灌 3~5 年。定植多年正常开花结实的乔木,除非大旱才灌水。灌木类中的花灌木、地被及绿篱,出现旱情要及时灌水。

(3)根据不同的土壤情况进行灌水和排水

盐碱地,就要"明水大浇"和"灌排结合"(即灌水与中耕松土相结合),最好采用河水灌溉。沙地容易漏水,保水力差,灌水次数应当增加,应小水勤浇,并施有机肥增加土壤的保水保肥性。低洼地也要小水勤浇,注意不要积水以及排水防碱。较黏重的土壤保水力强,灌水次数和灌水量应当减少,并施入有机肥和河沙,增加通透性。

(4)灌水应与施肥、土壤管理等相结合

"水肥结合"十分重要,特别是施化肥的前后,应该浇透水,这样既可避免肥力过大、过猛,影响根系吸收或遭毒害,又可满足树木对水分的正常需求。

此外,灌水应与中耕除草、培土、覆盖等土壤管理措施相结合。因为灌水和保墒是相辅相成的两个方面,保墒好可以减少土壤水分的消耗,满足树木对水分的要求,并可减少灌水的次数。

2. 灌水

(1)灌水时期

灌水时期是由树木在一年中各个物候期对水分的要求、气候特点和土壤水分的变化规律等决定的。除定植时要浇大量的定根水(即在新植株定植后,为了养根保活,必须灌足大量水

分，加速根系与土壤的结合，促进根系生长，保证成活，因此又称保活水）外，大体上可以分为休眠期灌水和生长期灌水两种。

1）休眠期灌水（又名冬水、冻水或封冻水）。

休眠期灌水，在秋冬和早春进行，我国北方干旱地区是非常必要的，而在南方地区雨量充沛，很少采用。

秋末或冬初的灌水（北京为11月上、中旬），可放出潜热能提高树木越冬能力，而且较高地温可推迟根系休眠使根系吸入充足的水分，供蒸腾消耗需要，防止早春干旱，故在北方地区，这次灌水是不可缺少的。对于边缘树种、越冬困难的树种以及幼年树木等，冻水更为必要。早春灌水，不但有利于新梢和叶片的生长，并且有利于开花与坐果，早春灌水可促使树木健壮生长，花繁果茂。

2）生长期灌水。

当长时间不降雨或因短期的高温干旱，树叶出现萎蔫状时，应及时灌水。一般没有具体的时间规定。生长期出现这种干旱症状就要采取灌溉措施。

花灌木要根据物候灌水，在北方地区尤为重要，在南方出现干旱少雨时，也应采取物候期灌水措施，确保植株生长发育正常。花前灌水，早春萌芽前结合花前追肥进行，促进树木萌芽、开花、新梢生长，还可防寒和防晚霜危害。花后灌水，多数树木在花谢后半个月左右是新梢迅速生长期，如水分不良会抑制新梢生长，此时出现干旱要及时灌水，以保持土壤适宜的湿度，这样可促进新梢和叶片生长，增强树势，对后期花芽分化也有一定的作用。花芽分化期灌水，在新梢停止生长前及时灌适量的水，可促进春梢生长而抑制秋梢生长，有利花芽分化及果实发育。

(2) 灌水量

灌水量受多方面因素的影响，如不同树种、品种、砧木、土质、气候条件、植株大小、生长状况等。在有条件灌溉时，即灌饱灌足，切忌表土打湿而底土仍然干燥。一般已达花龄的乔木，大多应使浇水渗透到80～100cm深处为宜。适宜的灌水量一般以达到土壤最大持水量的60%～80%为标准。

(3) 灌水方法

正确的灌水方式，可使水分均匀分布，节约用水，减少土壤冲刷，保持土壤的良好结构，并充分发挥水效。常用的灌水方法有以下4种。

1）人工浇水。

在山区及离水源较远处，人工挑水浇灌。浇水前应松土，并做好水穴（堰），深约15～30cm，大小视树龄而定。有大量树木要灌溉时，应根据需水程度依次进行，不可遗漏，有水源的可接水管直接浇灌。

2）地下灌水。

利用埋设在地下多孔的管道输水，水从管道的孔眼中渗出，浸润管道周围的土壤。用此法灌水不致土壤流失或引起土壤板结，便于耕作，节约用水，较地面灌水优越，但设备条件要求较高。同时，在碱土中必须注意避免“泛碱”。

3）喷灌。

喷灌是灌溉机械化中比较先进的一种技术，但需要输水管和喷头等全套设备。这种灌水的优点有：喷灌基本上不产生深层渗漏和地表径流，一般可节水20%以上，对渗漏性强，保水性差的沙土,可节省用水60% ~70%;减少对土壤结构的破坏,可保持原有土壤的疏松状态;调节公园及绿化区的小气候,减免低湿、高温、干风对树木的危害,对植物产生最适宜的生理作用,从而提高树木的绿化效果;节省劳力,工作效率高,便于田间机械作业的进行,为施化肥、喷农药和喷除草剂等创造条件;对土地平整的要求不高,地形复杂的山地亦可采用。

喷灌的缺点:有可能加重树木感染白粉病和其他真菌的病害;在有风的情况下,喷灌难做到灌水均匀,地面流失和蒸发损失可达10% ~40%。

4)滴灌。

滴灌是最能节约水量的办法,但设备价格高,需要一定的设备投资。在较发达地区,已有采用。

3. 排水

排水是防涝保树的主要措施。土壤水分过多,就会造成氧气不足,抑制根系呼吸,减退吸收能力;严重缺氧时,根系进行无氧呼吸,还容易积累酒精,使蛋白质凝固,引起根系死亡。对耐水力差的树种更应特别注意及时排水。

(1)明沟排水

在绿地内及树旁纵横开浅沟,内外联通,以排积水,这是绿地中一般采用的排水方法,关键在于做好绿地排水系统,使多余的水有总出口。

(2)暗管沟排水

在地下设暗管或用砖石砌沟,借以排除积水,其优点是不占地面,但设备费用较高,一般较少应用。在特别黏重的土壤中必须采用暗管沟排水措施才能保证种植树木正常成活和生长。

(3)地面排水

目前大部分绿地是采用地面排水至道路边沟的办法。利用自然坡度排水,应设置0.1% ~0.3%的坡度。

4. 施肥

(1)施肥的特点

1)以有机肥为主,适当施用化学肥料。

2)施肥方式以基肥为主,基肥与追肥兼施。

绿地树木种类繁多,在施肥种类、用量和方法等方面存在差异,应根据栽培环境特点采用不同的施肥方法。同时,绿地中对树木施肥时必须注意对环境的影响,避免发生恶臭,有碍人的活动,应做到施肥后随即覆土。

(2)施肥时应注意的事项

1)掌握植物在不同物候期内需肥的特性。

树木在整个生长期,树木的需肥量是不同的,开花、坐果和果实发育时期,植物对各种营养元素的需求较大;树木在春季和夏初需肥多,生长的后期,对氮和水分的需要一般很少,应控制灌水和施肥;树木除需要氮肥外,也需要一定数量的钾、磷等其他肥料。

2)掌握植物肥料吸收与外界环境的关系。

树木肥料吸收不仅取决于植物的生物学特性,还受外界环境条件(光、热、气、水、土壤反应、土壤溶液的浓度)的影响。光照充足,湿度适宜,光合作用强,根系吸肥量就多;反之,吸肥量就少。土壤水分含量与发挥肥效有密切关系;土壤水分亏缺施肥有害无利;积水或多雨地区肥分易失,降低了肥料的利用率。土壤的酸碱度对植物肥料吸收的影响较大,可影响某些肥料的溶解度。

3)肥料的性质与施肥时期的关系。

如易流失和易挥发的速效性或施后易被土壤固定的肥料,如碳酸氢铵,过磷酸钙等宜在植物需肥前施入;迟效性肥料如有机肥料,因需腐烂分解矿质化后才能被植物吸收利用,故应提前施用。同一肥料施用时期不同效果也会不同。

(3)基肥、追肥的施用时期

在生产上,施肥一般分基肥和追肥两个时期。施用基肥要早,追肥要巧。

1)基肥。

它是在较长时期内供给植物养分的基本肥料,所以宜施迟效性有机肥料,如腐殖酸类肥料,堆肥、厩肥、圈肥、鱼粉以及作物秸秆、树枝、落叶等,使其逐渐分解,供树木长期吸收利用大量元素和微量元素。基肥分秋施和春施两种施肥方法。

① 秋施基肥。

秋施基肥,正值根系秋季生长高峰,伤根容易愈合,并可发出新根。结合施基肥,如能再施入部分速效性化肥,可增加树体积累,提高细胞液浓度,从而增强树木的越冬性,并为来年生长和发育打好物质基础。增施有机肥可提高土壤孔隙度,使土壤疏松,有利于土壤积雪保墒,防止冬春土壤干旱,并可提高地温,减少根系冻害。

② 春施基肥。

春施基肥因有机质没有充分分解,肥效发挥较慢,早春不能及时供给根系吸收,到生长后期肥效发挥作用,往往会造成新梢二次生长,对树木生长发育不利,特别是对某些观花、观果类树木的花芽分化及果实发育不利。

2)追肥。

追肥的施用时期,在生产上分前期追肥和后期追肥。前期追肥又分为开花前追肥、落花后追肥和花芽分化期追肥3个时期。具体追肥时期与地区、树种、品种及树龄等有关,要严格按照各物候期特点进行追肥。

对观花、观果树木而言,落花后追肥与花芽分化期追肥比较重要,其中落花后追肥尤为重要,而对于开花较晚的花木,这两次肥可合为一次。同时,开花前追肥和后期追肥常与基肥施用相隔较近,条件不允许时则可以省去。因此,对于初栽2~3年内的花木、庭荫树、行道树及风景树等,每年在生长期进行1~2次追肥实为必要,至于具体时期,则需要视情况合理安排,灵活掌握。

(4)肥料的用量

施肥量受树种、土壤的肥瘠、肥料的种类以及各个物候期树木的需肥情况等多方面的影响。

不同树种对养分的要求不同,如木兰、樟树、含笑、茉莉、梧桐、梅花、桂花、牡丹、茶花等树种喜肥沃土壤;南酸枣、刺槐、悬铃木、湿地松、香椿、合欢等则耐瘠薄的土壤。开花结果多的大树应较开花结果少的小树多施肥;树势衰弱的也应多施肥。

不同的树种施用的肥料种类不同,观果树种如各种庭园果树、火棘等应增施磷肥;观花树种如杜鹃、山茶、栀子花、八仙花等适于酸性土壤的,应施酸性肥料,绝不能施石灰、草木灰等。幼龄针叶树不宜施用化肥。

注意施肥量过多或不足，对树木生长发育均有不良影响。施肥量既要符合树体要求，又要以经济施肥为原则。可根据对叶片的营养分析确定施肥量。此外，进行土壤分析确定施肥量也是科学和可靠的。

(5)施肥的方法

1)土壤施肥。

土壤施肥方法要与树木的根系分布特点相适应。具体施肥的深度和范围与树种、树龄、砧木、土壤和肥料性质有关。施肥方法有环状沟施肥、放射状开沟施肥、条沟状施肥、穴施、撒施、水施等。

① 环状沟施肥法。秋冬季树木休眠期，依树冠投影地面的外缘，挖 30 ~ 40cm 的环状沟，深度 20 ~ 30cm(可根据树木大小而定)，将肥料均匀撒入沟内，然后填土平沟。

② 放射状开沟施肥法以根际为中心，向外缘顺水平根系生长方向开沟，由浅至深，每株树开 3 ~ 6 条分布均匀的放射沟，施入肥料后填平。

③ 穴施以根际为中心挖一个圆形树盘，施入肥料后填土。也有在整个圆盘内隔一定距离挖小穴，一个大树盘挖 3 ~ 6 个小穴，施入肥料后填平。

④ 全面施肥法。即将整个绿地秋后翻土，普遍施肥。

2)根外追肥。

根外追肥也叫叶面喷肥，主要是通过叶片上的气孔和角质层进入叶片，而后运送到树体的各个器官。近年来由于喷灌机械的发展，大大促进了叶面喷肥技术的广泛应用。而对珍贵树木养护常采用树干注射的方法。

叶面喷肥，简单易行，用肥量小，发挥效用快，可及时满足树木的急需，并可避免某些肥料元素在土壤的化学和生物的固定作用。但叶面喷肥并不能代替土壤施肥，其肥效在转移上有一定的局限性。

在进行叶面喷肥前宜先做小型试验，然后再大面积喷施。喷施时间最好在上午 10 时以前和下午 4 时以后，以免气温高，溶液很快浓缩，影响喷肥效果或导致药害。

5. 中耕除草

(1)中耕

中耕是采用人工方法促使土壤表层松动。它可增加土壤透气性，促进肥料的分解，有利于根系生长；中耕还可切断土壤表层毛细管，增加孔隙度，以减少水分蒸发和增加透水性。

园林绿地需经常进行中耕，尤其是街头绿地、住宅小区绿地和小游园等，因游人多，土壤受践踏会板结，久而久之，影响树木正常生长。中耕深度依栽植树木而定，浅根性的中耕深度宜浅，深根性的则宜深，一般在 5cm 以上。如结合施肥则可加深深度。中耕宜在晴天，或雨后 2 ~ 3 天进行，土壤含水量在 50% ~ 60% 时最好。中耕次数：花灌木一年内至少 1 ~ 2 次；小乔木一年至少 1 次；大乔木隔年 1 次。夏季中耕结合除草同时进行，宜浅些；秋后中耕宜深些，可结合施肥进行。

(2)除草

除草要本着“除早、除小、除了”的原则。初春杂草生长时就要铲除，但杂草种类繁多，不可能一次除尽的，春夏季还要进行 2 ~ 3 次。杂草切勿让其结籽，否则翌年又会大量滋生。

风景林或片林内以及自然景观区的杂草，可增加地表绿地覆盖率，使黄土不见天，减少灰尘,减少地表径流,防止水土流失,同时也可增加生物多样性,增添自然风韵,可以不除草,但要进行修剪,尤其要剪掉过高的杂草,保证在16~20cm之间,使之整齐美观。

用化学除草剂除草方便、经济、除净率高,但会对环境产生污染,要少用。一般选择内吸选择性除草剂,如2,4-D丁脂,只杀死双子叶植物,而对禾本科植物无效。除草剂应在晴天喷洒。

三、树木的整形修剪

整形修剪技术是一项极为重要的管理技术。所谓整形,是指树木生长前期(幼树时期)为构成一定树形而进行的树体生长调整;所谓修剪,是指成形后的修剪,目的是维持和发展这一既定树形,同时,也包括对放任树木的树形改造。整形和修剪是互相依存、互相促进的同一事物的两个方面,是提高绿地管理水平不可缺少的重要技术。

1. 树木整形修剪的主要作用

(1)美化树形

经过整形修剪的树冠,各级枝序的分布和排列就更科学、更合理。

(2)协调比例

放任树木的生长,树冠往往太过庞大,只有通过合理的整形修剪加以控制,及时调节其与环境的比例,才能保持其种植的目的。

(3)调整树势

树木的各部位,由于光照条件、通风情况各异,所以各枝生长有强有弱。

(4)改善透光条件

自然生长的树木,或是修剪不当的树木,往往枝条密生,树冠郁闭,内膛细弱老化。

(5)增加开花量

正确修剪可使花灌木树体养分集中,促使大部分短枝和辅养枝成花果枝,形成较多的花芽,从而达到花开满树,果实满膛的效果。

2. 树木整形修剪的时期

(1)春、秋季修剪

春季为花木生长期或开花期,体内储存养分少,对花木本身来说处在消耗时期,这时修剪易造成早衰,但能抑制树高生长。

秋季为养分储存期,也是根活动期。秋季,修剪刀口易造成腐烂现象,植株因无法进入休眠而致树体弱小。

(2)冬季修剪

落叶树的冬季修剪对树冠构成、枝梢生长、花果枝的形成有重要影响。幼树,以整形为主;成形,观叶树,以控制侧枝生长,促进主枝生长旺盛为目的;成形花果树,着重于培养树形的主干、主枝等骨干枝,以早日成形,提前开花结果。冬末早春时,树液开始流动,这时进行修剪伤口愈合快。

常绿树生长活动期在4~10月,此时修剪较为适宜,一般避免冬季修剪。而通常在严冬季节已过的晚春,树木即将发芽萌动之前修剪为好。

(3)夏季修剪

夏季修剪主要是针对花灌木的。夏季是花木生长期,这时花木枝叶茂盛,甚至影响到树体内部的通风和采光,因此需要进行夏季修剪。

春末夏初开花的灌木，在花期以后对花枝进行短截，防止徒长，促进新的花芽分化，为来年开花做准备。

夏季开花的花木，花后应立即修剪，否则当年生新枝不能形成花芽，使来年开花量减少。

(4)随时修剪

树木要控制竞争枝，随时修剪内膛枝、直立枝、细枝、病虫枝，控制徒长枝的发育和长势，以集中营养供给主要骨干枝，使其生长旺盛。

3. 树木整形修剪的原则及程序

(1)树木整形修剪的原则

1)维护栽培目的。

高大乔木的修剪，要使树冠体态丰满美观、高大挺拔，可用强度修剪。绿篱和树墙的修剪，只要保持一定的高度和宽度即可。花木应从幼苗开始就整形，创造开心形的树冠，使树冠通风、透光。

2)不同树木区别对待。

大多数针叶树中心主枝优势较强，整形修剪要控制中心主枝上端竞争枝的发育，扶助中心主枝加速生长。阔叶树顶端优势较弱，在修剪时应当短截中心主枝顶梢，培养剪口壮芽，以此重新形成优势，代替原来的中心主枝向上生长。

3)根据树木的生枝习性。

不使枝与枝之间互相重叠、纠缠。主轴分枝习性的要短截强壮侧枝，不使之形成双叉树形。合轴分枝习性的宜短截中心枝顶端，以逐段合成主干向上生长。假二叉分枝和多歧分枝习性的宜短截中心主枝，改造成合轴分枝，使主干逐段向上生长。

4)根据树木年龄。

幼树的整形，各主枝应轻剪，以扩大树冠，快速成形。成年树以平衡树势，壮枝轻剪，缓和树势；弱枝重剪，增强树势。衰老树要复壮更新，通常采用重剪，以便保留的芽得到更多的营养而萌发壮枝。

5)根据树木生长势强弱。

生长旺盛的树木，修剪量宜轻；若重剪会造成枝条旺长，树冠密闭。衰老枝宜适当重剪，逐步恢复树势。

(2)树木整形修剪的程序

1)根据树木栽植的环境和所发挥的功能作用，确定树木的修剪形态。

2)先剪大枝，后剪小枝；先剪上部枝，后剪下部枝；先剪内膛枝，后剪外围枝。

4. 树木修剪常见的树形

(1)杯状形

这种"三主六枝十二杈"的树形，因中心空如杯形而得名。这种几何图形的规则分枝(见图7-3)，不仅整齐美观，而且因为它不允许冠内有直立枝、内向枝的存在，一经发现必须剪除，所以此形常见于城市行道树整形修剪之中。

(2)自然开心形

由杯状形改进而来。此形无中心主干，中心不空。分枝较低，3个主枝有一定间隔，自主干上放射而出(图7-4)。此树形能较好地利用立体空间，树冠内阳光通透，有利于花木结果，因此是观花树木常采用的整形修剪树形。

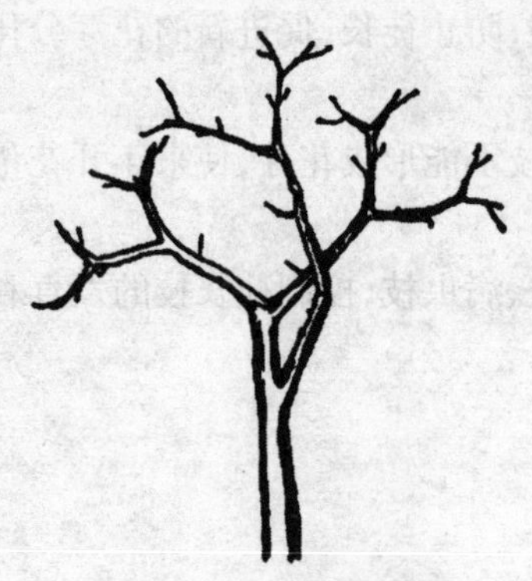
图 7-3　杯状形

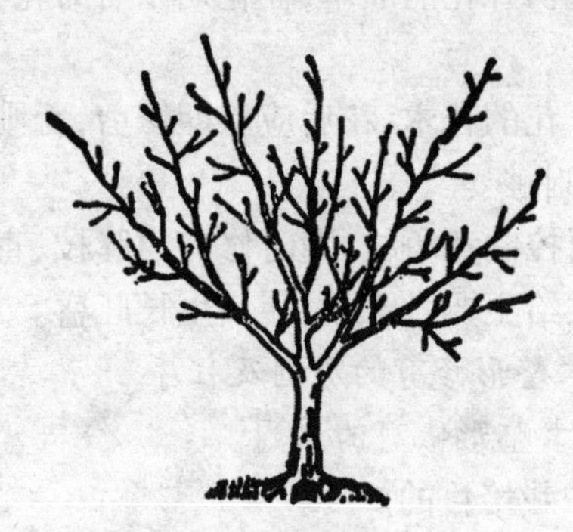
图 7-4　自然开心形

(3) 尖塔形(圆锥形)

近似于大多数主轴分枝式树木的自然形态(图 7-5)。有明显的中心主干,且主干均由顶芽逐年向上生长而成,主干自下而上发生多数主枝,下部较长,向上依次缩短,树形外观呈尖塔形(圆锥形)。

(4) 圆柱形(圆筒形)

树木体形几乎上下同粗,颇似圆柱(圆筒)(图 7-6)。与尖塔形的主要区别在于主枝长度自下而上虽有差别,但相差甚微。

图 7-5　尖塔形(圆锥形)

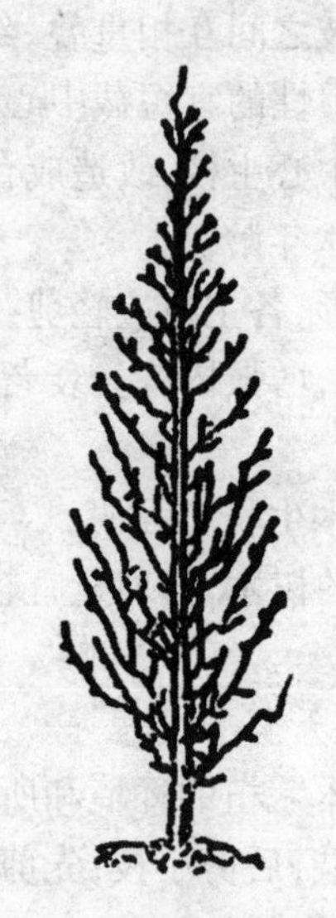
图 7-6　圆柱形(圆筒形)

(5) 合轴主干形

中心主干系剪除顶端枝条而由下部侧芽重新获得优势代替主干向上生长形成的树形(见图 7-7)。主枝数量较多,但分布没有规律,能形成高大主干。

(6) 圆球形

外形似圆球(图 7-8),被广泛用于园林绿地建设中。特点是:有一段极短的主干,在主干上分生多数主枝,各级主枝、侧枝均相互错落安排,利于通风透气。因叶幕层较厚,绿化效果较好。

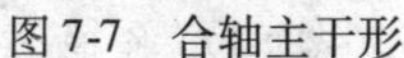

图 7-7　合轴主干形

图 7-8　圆球形

(7) 灌丛形

花木的主干不明显，自基部萌生很多枝条，呈灌丛状(图 7-9)。每株基部保留主枝9 ~ 12 个，其中保留 1 ~ 3 年生枝条各 3 ~ 4 个，每年剪去最老主枝 3 ~ 4 个。要保持主枝常新而强健，每年有开花结果的部分。

(8) 自然圆头形

在一明显的主干上，形成圆球形树冠(图 7-10)，主要用于常绿阔叶树形的修剪。幼苗长至一定高度时短截，在剪口下选留 4 ~ 5 个强壮枝作为主枝培养，使其各相距一定距离，且各占一个方向，不使交叉重叠生长。每年再短截这些长枝，以继续扩大树冠，在适当距离上选留侧枝，以便充分利用空间。

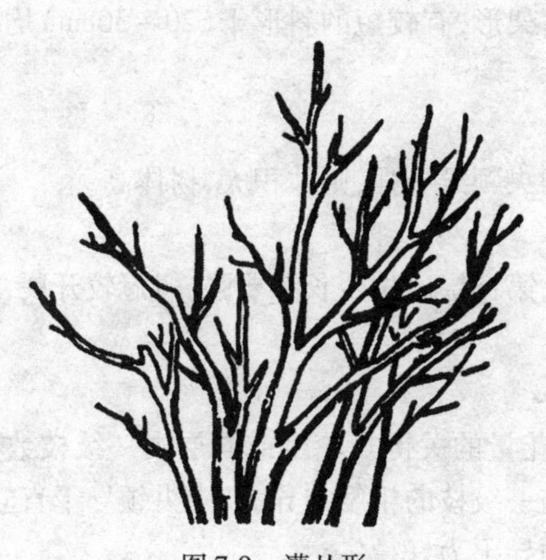

图 7-9　灌丛形

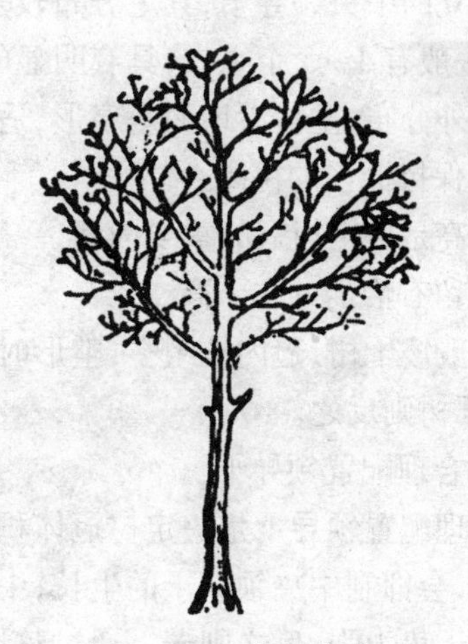

图 7-10　自然圆头形

(9) 疏散分层形

中心主干逐段合成，主枝分层，第一层 3 枝，第二层 2 枝，第三层 1 枝(图 7-11)。此形主枝数目较少，每层排列不密，光线通透性较好，主要用于落叶花果树的整形修剪。

(10) 伞形

树木有一明显主干，所有侧枝均下弯倒垂，逐年由上方芽继续向外延伸扩大树冠，形成伞形(图 7-12)。常用于入口对植，池边和路角点缀取景。

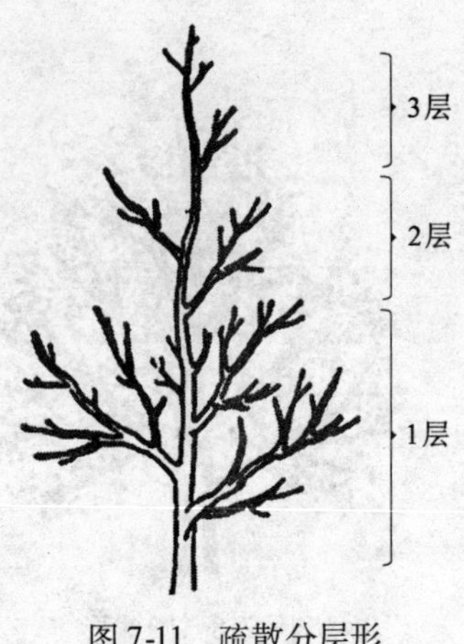

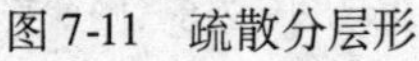
图 7-11　疏散分层形

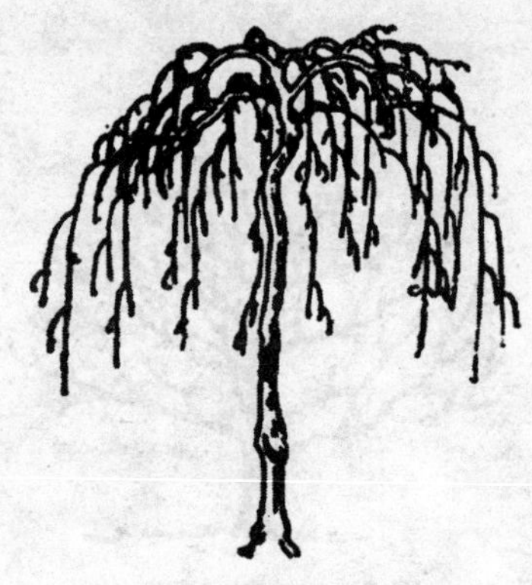

图 7-12　伞形

(11)棚架形

这种类型主要用于蔓生植物,凡有卷须、吸盘,或具缠绕习性的植物,可自行依支架攀援生长,不具备这些特性的藤蔓植物,则要兼用人工搭架引缚。其形状随搭架形式而定。

5. 树木整形修剪技艺

为了维护树木整体的平衡,枝条的合理分布,以构成强大的骨干结构,创造美观的树形,必须采用科学的整形和修剪方法。

(1)整形技法

依树体主干有无及中心干形态不同,树木的形态可分为以下几种类型:主干型,具有一个明显直立的中央领导干,其上分布较多主枝,形成高大的树冠;丛状形,为干形弱,分枝力强的树种,一般有 4 ~5 个主枝,具有明显的水平层次;架形,有较短的斜形干(20 ~30cm)均匀地沿地面向外分布,主枝沿地面呈扇形,适于蔓生树木。

1)保持恰当的树高

树高是决定树冠的重要因素,一般主枝多,中央领导干强,则体积大,树体高。

2)留有恰当的主干高

一般矮干树,冠内枝组多,整形时,主干要粗,第一层主枝生长势要强,树冠较开展,横向生长;高干树则反之。

3)合理配置领导干

合理配置领导干是决定树冠体积、树形和开花量的关键。轮生或同层内一级枝数在 3 个以上时,会抑制中央领导干的生长;中央领导干与一级枝的粗度差异大,中央领导干直立,则中央领导干势力强,反之则弱。通过整形,取中央领导干为好。

4)主枝的配置

适当增多主枝可增强树势,但是,主枝过多,会导致树冠密集,影响通风透光,通过整形可使主枝间分布协调。

(2)修剪技艺

1)短剪(短截)

把一年生枝条剪去一部分称短剪。修剪后,树木养分集中到留下的芽和枝上,可使树枝叶茂盛。短剪方法有轻剪、中剪、重剪、极重剪等 4 种。重剪,促使萌发强壮的枝条;轻剪,萌发出来的枝条弱。所以强枝要轻剪,弱枝要重剪,以调整树势。

① 轻剪:剪去枝条的顶梢,也可剪去顶大芽,促进产生更多的中短枝和形成更多花芽。多用于花木上强壮枝的修剪。

② 中剪:剪到枝条中部或中上部饱芽的上方。使顶端优势转移,刺激发枝。

③ 重剪:剪至枝条下部 3/4 ~ 2/3 处。适用于弱枝、老树、老弱枝的更新。

④ 极重剪:基本将枝条全部剪除,或留 2 ~ 3 个芽。

2)疏剪(疏删、删剪)

从枝条的基部将整个枝条全部剪掉称为疏剪。疏剪不会刺激母枝上的腋芽萌发,使分枝数减少。主要疏去内膛过密枝、枯老枝、病虫害枝、衰老下垂枝、竞争枝、徒长枝、根蘖条等。疏大枝、强枝和多年生枝,会削弱伤口以上的枝的长势,有利伤口以下枝条生长。但疏剪枝条不宜过多,多了会减少树体总叶面积,削弱母树生长力。

3)缩剪(回缩修剪)

短截多年生枝称缩剪(回缩修剪)。它可降低顶端优势位置,改善光照条件,使多年生枝基部更新复壮。切口方向应与切口下枝条伸展方向一致。

4)摘心(摘芽)

为了使枝叶成长健全,在树枝成长前用剪刀或手摘去当年新梢的生长点,称为摘心(摘芽)。摘心一般在生长季节进行,摘心后可以刺激下面 1 ~ 2 个芽发生二次枝。早摘心枝条的腋芽多在立秋前后萌发成二次枝,从而加快幼树树冠的形成。一般二次枝以上不再进行摘心。

5)除萌

将树木主干、主枝基部或大枝伤口附近长出的嫩枝剪除,称为除萌。除萌能减少树木本身养分的消耗,有利于树冠通风透光,宜在早春进行。

6)合理处理竞争枝

树体生长速度较快时,则削去竞争枝,以保持树势的平衡。两根较大的侧枝从母枝上同时发生,平行向前生长时,修剪去一根竞争枝条。多年生竞争枝(放任管理树木)处理,可把竞争枝回缩修剪到下部侧枝处,使其减弱生长。一年生竞争枝的下邻枝弱小,从基部一次剪除;下邻枝较强壮,可分两年剪除。竞争枝长势旺,原主枝弱小,竞争枝的下邻枝又很强,则应分两年剪除原主枝头,使竞争枝当头。

7)换头

将较弱的中央领导枝锯掉,促使树冠中下部的侧芽萌发形成丰满的树冠,称为换头。此法可防止树冠中空,压低开花部位,改变树冠外貌。

8)大枝剪截

为了大树移栽吸收和蒸发的协调,老龄树恢复生产力,防治病虫害,防风雪危害,要进行大枝剪截。要求残留的分枝点向下部凸起,使伤口小,易愈合。大枝修剪后,会削弱伤口以上的枝条长势,增强伤口下枝条长势。可采用多疏枝的方法,取得削弱树势和缓和上强下弱树形的效果。

直径在 10cm 以内的大枝,可离主干 10 ~ 15cm 处锯掉,再将留下的锯口由上而下稍倾斜削正。锯直径 10cm 以上的大枝时,首先从下方离主干 10cm 处自下而上锯一浅伤口,在离此伤口 5cm 处自上而下锯一小伤口,然后在靠近树干处从上而下锯掉残桩。这样可避免锯到半途时因树枝自身的重量而撕裂造成伤口过大不易愈合。为了避免雨水及细菌侵入伤口而致腐烂，锯后还应该用利刀修剪平整光滑，涂上消毒液或油性涂料。

9）剪口及剪口处芽的处理

平剪口在侧芽的上方呈近似水平状态，在侧芽的对面作缓倾斜面，其上端略高于芽5cm。优点是剪口小，易愈合。

留桩平剪口在侧芽上方呈近似水平状态，剪口至侧芽有一段残桩。优点是不影响剪口侧芽的萌发和伸展，缺点是剪口很难愈合，第二年冬剪时，需要剪去残桩。

大斜剪口倾斜过急，伤口过大，水分蒸发多，剪口芽的养分供应受阻，抑制剪口芽生长，促进下面一个芽的生长。

大侧枝剪口的平面容易凹进树干，影响愈合，故使切口稍凸成馒头状，较利于愈合。

10）无用枝修剪

在修剪过程中要注意剪去徒长枝、枯枝、萌生枝、萌蘖枝、轮生枝、内生枝、平行枝、直立枝等无用枝。

6. 树木修剪注意事项

（1）疏枝和短截结合不好

一般来说，对行道树的修剪只疏枝而不短截，对绿篱带的修剪只短截而不疏枝，很少有将两种修剪方法综合运用的。

疏枝由于剪除了病虫枝、过密枝、徒长枝，使植株内部通风透光，养分集中供应于有效枝条，可以促进整体和母枝的生长势。但是，由于疏枝后留下的枝条仍保留有顶芽，顶端优势强，因此新梢生长势较缓慢，抽生的短枝多。此外，如果疏除的不是无效枝而是普通的发育枝，则由于减少了生长点和叶面积，反而会削弱整体和母枝的生长势。

而短截则不同，由于短截去掉了枝端顶芽，一方面改变了顶端优势，另一方面由于剩余枝条局部储藏营养以及分生组织的比例增大，输导组织发育完善，使其对下部侧芽特别是剪口下第一芽的刺激作用远比疏枝明显，新梢成枝力强，生长势旺。然而，由于短截修剪对下部芽萌发的局部刺激作用明显，致使枝梢密度增加较快，使植株内膛光线变弱，进而影响组织分化，并为病虫害的发生提供了条件。

（2）修剪缺乏科学的尺度标准

每一棵树，即使是同一树种，由于所处环境条件的差异，其生长状况也各不相同，修剪的强弱没有因树而异。修剪量（即剪去枝叶的多少），应当遵循幼树轻剪，老树重剪，强树轻剪，弱树重剪的基本原则。

由于幼树的地上部分和地下部分均处于离心生长的旺盛阶段，修剪对幼树生长的影响突出表现为局部刺激和总体抑制的双重作用。首先，修剪减少了枝芽数量，使得在一定时期内植物蒸腾面积减少，根冠比增大，从而改善了剩余枝芽的水分供应和营养供应，促进了新梢的局部生长。但由于修剪同时减少了叶片总面积，并促使新梢生长推迟，造成同化养分向根系的供应减少，根系生长逐步减弱，最终将抑制地上部分的生长。修剪对于幼树总体生长的这种抑制作用会随着时间的推移而逐步显现。修剪愈重，抑制作用就显现得愈快也愈明显。

而对于老树，由于生长年限较长，树冠已经成形郁闭，内膛枝杂乱，营养生长渐趋衰弱，此时能够进行合理的修剪，疏除过多的、更新效能低的枝条和加以重剪，则剩余枝芽将从根干中获得相对较多的储藏养分，从而提高了植株整体的生理活性，延缓了衰老。对强树和弱树的修剪也是如此。

(3)修剪季节性的把握不够准确和量上的区分不够严格

对修剪时期的选择,落叶树一般以休眠后至严冬前为宜。首先,落叶树枝梢内的营养物质在进入休眠期前即向下运入茎干和根部,至开春时再由根、茎运向枝梢,休眠后修剪,枝芽减少,可以集中利用储藏营养,使来年新梢生长加强,剪口附近顶芽长期处于优势。其次,严冬前修剪到春季芽体萌动尚有一段时间,营养的重新分配可以促进剪口芽的分化和萌动,加强顶端优势,促进生长,减少分枝。

而常绿树一般以严冬后至春梢萌动前为宜。首先,许多常绿树的抗寒性较弱,修剪过早,修剪造成的伤口使剪口芽和附近组织容易引起冻伤,对越冬不利。其次,常绿树叶片中养分含量较高,但随叶龄增加而下降,尤其是落叶前下降最快,大都被重新利用,因此,在春梢抽生前老叶最多,而在许多老叶将脱落时修剪,树体储藏养分较足而养分损失最少。

夏季修剪与冬季修剪相比有着显著不同的特点,主要在于它作用于活跃状态的带叶植株,它对养分、水分、激素的平衡以及不同器官间的相互关系所产生的作用远比冬剪迅速而明显。对调节光照、调节枝密度、调节负载量的修剪只有在夏季才最直观、最准确、最合理。同时,要注意的是,由于夏季树体储藏养分较少,而新叶又因修剪而减少,在肥水条件不良的情况下,夏剪过重,对植株生长会产生抑制作用,对植株安全越冬和来年生长不利。如果水肥条件较好,植株生长旺盛,用夏剪促发副梢,扩大叶面积,后期光合效能好,就不一定对植株生长产生抑制作用,反而可能有助于扩大树冠,提早完成整形任务,减轻冬剪的修剪量。

四、树木的保护措施

1. 树体的保护和修补

树体保护首先应贯彻“防重于治”的精神,做好各方面预防工作,尽量防止各种灾害的发生。对树体上已有的伤口,应早治疗,防止扩大,并根据树干上伤口的部位、轻重和特点,采用不同的治疗和修补方法。

(1)树干伤口治疗

树木伤口的形成原因包括自然灾害、机械伤害和人工修剪。对树木伤口治疗应用锋利的刀刮净削平伤口四周,使皮层边缘呈弧形,然后用药剂(2% ~5% 硫酸铜溶液,或0.1L 汞溶液,或石硫合剂原液)消毒。

修剪造成的伤口,应将伤口削平然后涂以保护剂。伤口较大需保护剂较多时也可用黏土和鲜牛粪加少量的石硫合剂的混合物作为涂抹剂。消毒后用激素涂剂(如0.01% ~0.1% 的α-萘乙酸膏)涂在伤口表面可促进伤口愈合。

由于风吹使树木枝干折裂,应立即用绳索捆缚加固,然后消毒并涂保护剂;由于雷击使树木枝干受伤,应将烧伤部位锯除并涂保护剂。

(2)补树洞

补树洞是为了防止树洞继续扩大和发展,其方法有以下3种。

1)开放法。

树洞不深或树洞过大时采用,如伤孔不深无须填充的,必要时可按伤口治疗方法处理。如果树洞很大,给人以奇特之感,欲留供观赏就采用开放法。具体方法是:先将树洞内腐烂木质部彻底清除,刮去洞口边缘的死组织,直至露出新的组织为止;再用药剂消毒并涂防护剂,同时改变洞形,也可以在树洞最下端插入排水管,以利排水。

2)封闭法。

树洞经处理消毒后,在洞口表面钉上板条,以油灰(用生石灰和熟桐油以 1:0.35 比例配制,也可以用安装玻璃用的油灰)涂抹,再涂以白灰乳胶,倾斜粉面,以增加美感,还可以在上面压树皮状纹或钉上一层真树皮。

3)填充法。

填充物最好是水泥和小石砾的混合物,可就地取材。填充物从底部开始,每 20~25cm 为一层用油毡隔开,每层表面都向外略斜,以利排水。为加强填料与木质部连接,洞内可钉若干电镀铁钉,并在洞内两侧挖一道深约 4cm 的凹槽。填充物边缘应不超出木质部,以使形成层能在它上面形成愈伤组织,外层用石灰、乳胶、颜色粉涂抹。为了增加美观,富有真实感,可在最外面钉一层真树皮。

(3)树木植皮技术

为医治树木遭撞伤或人为破坏的脱皮现象,挽救树木,确保绿化的完整和美化的要求,施用植皮术也会收到很好的效果。

1)树木植皮时间。

一般来讲,应在树体地上部分生长期进行植皮,就节气而言,应在春分到秋分之间。树木皮层受损发生在树木生长期可随时进行植皮,但如果发生在地上部分休眠期,就要先行对受伤部位加以保护,待树木进入生长期后进行植皮。

2)植皮操作步骤。

① 受损面的处理:根据受损面的具体情况,将周边切成比较圆滑的曲线,然后用百菌清等稀释液清洗伤口,再用细胞分裂素 6-苄基腺嘌呤溶液(浓度 1mg/L)涂抹创伤面。

② 选皮:根据树干皮层受损面的大小及形状,选择健壮、无病虫害、面积略大的树皮。取皮部位的选择一般首先考虑同株次要部位(如主枝等),再考虑同种异株,最后是同属亲近植株。

③ 起皮:将被选中的树皮连带形成层一起取下,必要时也可连带部分木质部,并标记树皮的植物形态学上下端。

④ 植皮:将被选中的树皮有方向性地切成与创伤口同样的大小与形态,立即贴在受损面上,并涂抹百菌清等稀释液消毒。

3)包扎。

用塑料薄膜带将树皮紧紧缠绕在受损面上,不留一点缝隙,以免遭虫害、病害及雨水浸入造成腐烂。1 个月左右愈合后,去除包扎。

(4)涂白

树干涂白,目的是防治病虫害和延迟树木萌芽,避免日灼伤害。

涂白剂配制成分很多,常用的配方是:水 10 份,生石灰 3 份,石硫合剂原液 0.5 份,食盐 0.5 份,油脂少许。配制时要先化开石灰,把油脂倒入后充分搅拌,再加水拌成石灰乳,最后加入石硫合剂和盐水,也可加黏着剂,延长涂白的时间。

2. 防寒防冻

某些树木,尤其是南方树种北移,难以适应种植地气候,或早春树木萌发后,遭受晚霜之害,而使植株枯萎。为防止冻害发生,常采取以下措施。

(1)加强栽培管理

适量施肥、灌水,增加树木抗寒能力。

(2)灌冻水与春灌

使土壤中有较多水分,则土温波动较小,冬季土温不致下降过低,早春不致很快升高。北方早春土壤解冻时及时灌水,能降低土温,推迟根系的活动期,延迟花芽萌动和开花,免受冻害。

(3)保护根颈和根系

一般堆土要堆40~50cm高,并堆实。

(4)保护树干

入冬前用稻草或草绳将不耐寒树木的主干包起来,包裹高度1.5m或包至分枝处;用涂白剂涂白树干,减少树干对太阳辐射热的吸收,降低树体昼夜温差,避免树干冻裂。

(5)包裹树冠

棕榈科、苏铁类等树种的树冠不太大,没有分枝,可用塑料包裹防冻。

(6)搭风障

对新种植和引进树种或矮小的花灌木,在主风侧可搭塑料防寒棚,或用秫秸设防风障防风。

(7)打雪

及时打落树冠上的积雪,特别是冠大枝密的常绿树和针叶树,这样既可防止发生雪压、雪折、雪倒,也可防止树冠顶层和外缘的叶子受冻枯焦。

五、草坪的养护管理

1. 草坪养护管理的原则

草坪的养护管理包括很多方面,但应遵循一些共同的原则,其最终目的是促进草坪的生长,维护草坪优良的观赏性。

(1)草坪的养护管理应该提高草坪的观赏性

草坪与草地的区别在于草坪在生长的全过程中,要经常采取人工修剪、补植、更新等措施进行养护,以保持草坪整体的均一性,从而保持草坪的美观性,给人以开阔大气之感,满足人的审美需求。

(2)通过草坪的养护管理,延长草坪的寿命

通过适当的修剪,科学的施肥,适时的病虫害防治,有效的更新措施等,来达到延长草坪寿命的目的,这是草坪养护管理应遵循的一个重要原则。

(3)加强草坪的养护管理,延长草坪的绿叶期

草坪的绿叶期是鉴别草坪质量的一个重要指标,通过科学施肥、适时灌溉、合理修剪等措施,最终达到延长草坪绿叶期的目的。

(4)不同的草种应遵循不同的养护原则

冷季型草坪草种,如早熟禾、高羊茅等,与暖季型草坪草种,如狗牙根及地毯草等,由于生长的气候条件不同,草种自身的生物学特性不同,其养护管理的原则也就有所不同。

2. 草坪养护管理的质量标准

(1)绿叶期长

绿叶期基本一致,整齐。各草种在各地都不同,可根据实际情况确定。

(2)覆盖力较强

通过加强养护,草坪覆盖度要求达90%以上。

(3)草姿优美

外观上看高度一致,形成优美的草姿。

(4)色泽相近

色泽整体为绿色,避免由于肥力不均而产生黄绿相间。

(5)良好的弹性

根、根茎、匍匐茎等固着能力较强,并具有较好的弹性。

(6)杂草

杂草数量不超过5%。

(7)生长高度

经常修剪,保持高度不超过10cm。

(8)病虫害

叶部病虫害感病率低于5%,很少有地下害虫和食叶性害虫发生。

(9)线条

使草坪形成整齐的线条和明显的边界。

3. 土壤管理与增加肥力

施肥加土是保持草坪生命力强、叶色优美、生长茂盛的重要养护措施。施肥的主要原因如下:一是长期生长,土壤肥力不足;二是修剪次数增多,消耗养分必须补充。另外,加土不仅能改良土壤,保护草根安全越冬,而且能防止水土流失。

(1)草坪施肥

施肥是草坪养护管理的重要环节,通过科学施肥,可为草坪植物生长提供所需的营养物质,维持草坪植物的景观效果和生态功能。合理施肥还能增强植物的抗逆性,如抗旱、抗寒和抗病虫害能力,并促进草坪植株快速生长,提高与杂草的竞争能力。秋季适时施肥与其他养护措施相结合,可以延长草坪的绿叶期。

1)草坪植物缺少营养的诊断。

草坪植物生长发育和完成生命周期需要16种基本元素,而对氮(N)、磷(P)、钾(K)的需求量最大,一般来说,是否施氮肥可根据草坪草的生长状况(叶片颜色、剪去叶片的数量和草的密度)而定,而磷和钾等的施用可根据土壤化验结果来定。草坪植物缺乏氮素时,叶片失绿,而氮素较多时根系发育不良,抗性低,发病率高。

当长期缺乏某种元素时,植株就会表现出一定的症状(见表7-1)。只有通过科学合理的施肥,满足植物对各种元素的需求,才能保证草坪植株正常生长和正常生理功能的发挥。

表7-1 草坪植物基本元素的相对浓度和缺少营养的症状

元素	干组织浓度	缺少时症状
氮	2.5%~6.0%	较老叶子黄绿色,叶茎生长减少
钾	1.0%~4.0%	叶脉间变黄色,特别是较老叶子、叶尖和边缘枯焦
磷	0.2%~0.6%	较老叶子先深绿,然后呈紫色和红色
钙	0.2%~1.0%	新叶子红棕色,发育不好
镁	0.1%~0.5%	叶脉间缺绿,带形,边缘鲜红
硫	0.2%~0.6%	老叶发黄

续表

元素	干组织浓度	缺少时症状
铁	50～500mg/kg	新叶叶脉间呈黄色
锰	极少量	和缺铁的症状相似
铜	极少量	没有问题
锌	极少量	生长迟缓，叶子薄而皱缩，状如脱水
硼	极少量	缺绿，生长迟缓
钼	极少量	老叶灰绿色

2）草坪施用的肥料。

草坪施用的肥料有化学肥料与有机肥料两种。施用的化肥多以氮素肥料为主，以促进草茎叶繁茂；施用磷、钾肥则能增加草坪的抗病与防病能力。氮、磷、钾3种化肥的施用比例，通常应控制在5∶4∶3为宜。一般于每年早春、夏季和初秋各施氮肥一次，每次施用量按有效氮素3～5g/m^2为宜，可以采用撒施和叶面施肥方法，常用硫酸铵及尿素，叶面施肥浓度以1%～2%为宜。磷肥的种类有过磷酸钙、重过磷酸钙、磷酸铵和磷酸二氢钾，以磷酸二氢钾肥效较快（一般采用1%～2%浓度叶面施肥）。钾肥应在每年夏、秋两季施用，目前主要以磷酸二氢钾叶面施肥为主，每次浓度以不超过2%为宜。微量元素肥料一般于生长季施用，每年施用1～2次，多采用叶面喷施，缺铁时用3% $FeSO_4$ 溶液0.6～0.9g/m^2；缺锰时用0.1%～10%的 $MnSO_4$ 0.3g/m^2；缺锌时用0.5%～1%的 $ZnSO_4$ 0.1～0.2g/m^2。

草坪的有机肥过去常用厩肥与堆肥，由于厩肥有碍观瞻，且容易散发臭味，施用后会给草坪增添杂草种子，因此施用堆肥更为适宜。一般在早春和秋季追施有机肥，每次撒播一层，厚约0.5～0.8cm，立即用有弹性的耙子仔细耙搂几遍，以避免肥料压在草皮上，追施后立即浇水并加强管理。在土壤非常贫瘠及土壤质地较差时，可定期在草坪表面补施有机肥。

3）施肥计划。

肥料的施用量和施用次数、施肥种类和施肥季节是由多种因素决定的，如草坪品种、要求的草坪质量水平、天气条件、生长季的长短、土壤质地、提供的灌溉量以及草坪修剪剪下的碎草是否取走等。

① 不同的草坪品种对肥料的需求量不同，一般生长慢的品种如结缕草、细羊茅、假俭草、地毯草等要很少肥料或不施肥。

② 高质量的草坪要求勤施肥。

③ 环境条件影响施肥，如树荫下草坪常常比阳光下生长的草坪需肥量少。

④ 运动场草坪比一般绿化草坪需肥量多，且应多施氮、磷肥。

⑤ 天气条件对安排施肥影响很大，温度和水分条件有利于植物生长时，草坪生长旺盛，最需要营养，应及时施肥，且以氮素为主。当环境不适宜或发生病害时，应避免多施氮肥。

⑥ 冷季型草种和暖季型草种的施肥不同。冷季型草最主要的施肥时间是初春和夏末，秋末施肥能促进根系生长和春季较早返青；暖季型草最主要的施肥时间是春末，其次是夏季。

⑦ 施肥还与土壤质地有关，沙土储存养分的能力较低，淋溶性较大，同壤土和黏土相比，每次施肥量要少，但施肥次数要多。

⑧ 在重视氮、磷、钾大量元素的同时，不忽视铁、铜、锌、锰、钼等微量元素对草坪生长的

影响。

4)施肥方法。

施肥方法可分为撒施颗粒肥、叶面施肥及灌溉施肥3种。

① 撒施颗粒肥是尿素及氮、磷、钾复合肥常施用的方法。

② 叶面施肥是近几年发展起来的施肥新技术,一方面节省肥料,另一方面可以提高肥效,草坪叶面施肥的肥料主要是尿素、硫铵及磷酸二氢钾等,一般每$100m^2$使用12~20L的水肥混合液。

③ 灌溉施肥是经过灌溉系统施用营养,肥料经过灌溉管道与灌溉水一起经过喷头散布开来,目前主要用于一些高养护水平的高尔夫球场上。

(2)草坪刺孔、表层加土

刺孔不仅能促进水分渗透,还能使土壤内部空气流通。这项养护操作常被人们忽视,希望能引起注意。

草坪经过一年的践踏使用之后,应在秋、冬季使用钉齿滚(带有粗钉的滚筒)在草坪上滚动刺孔。草坪面积不大的可以使用叉土的叉子在草坪上扎洞眼。也可以对草坪进行耘耙,能将枯死的草叶连同幼小的野草除掉,并可使草坪土壤疏松透气,保持湿度,促使土层中养分分解等。如草坪土质为黏性,在刺孔或耘耙前适当在草坪场上撒一些沙子,有利于改良土壤。

表层加土是把一层薄土撒在草坪上,目的是控制枯草层,使运动草坪表面整平、促进受伤或生病草坪的恢复,改变草坪生长基质的性质等。覆土通常以含沙土壤效果为好,可以不用有机质,覆土厚度1.5mm左右。

4. 草坪浇水

(1)草坪浇水的主要作用

草坪浇水能及时解除草坪植物因干旱出现的“旱象”,促使其正常生长发育。一般来说,浇水能提高茎叶的韧度,使草的茎叶经得起踩踏,而茎叶缺水干燥时,则容易断裂破碎。

草坪施肥后要及时浇水,以促进养分的分解和吸收。运动场草坪在白天被踩踏后,傍晚及时浇水灌溉,数小时后新损伤的茎叶即可复苏,并可免于遭受次日烈日暴晒而干枯。

在北方冬季干旱少雪,春季又缺少雨水的地区,入冬前浇一次冬水,能使禾草根吸收充足的水分,增强抗旱越冬能力。南方草坪进行春灌,能促进其提早返青。

(2)草坪人工浇水

1)季节性浇水。

北方地区对已建成草坪,通常于春季禾草萌发前,秋季即将停止生长时,各进行一次草坪灌溉浇水,前者称“开春水”,后者称“封冻水”。这两次浇水,对北方草坪来说十分重要。

南方地区近年种植冷地型常绿草坪草,如高羊茅、草地早熟禾和黑麦草等,最突出的问题是怕气候炎热,即越夏困难。如能采取傍晚浇水降温措施,则能使嫩草在夏季高温下安全度过。因此,浇水降温已成为南方种植常绿草坪不可缺少的养护工作。

2)干旱浇水。

久旱不雨时,需连续浇水2~3次,否则难以解除旱情。正常情况下,无雨季节每周浇水1~2次。使用水管喷灌,应安装喷头,使喷水均匀。无固定喷灌设备者,浇水应先远后近,逐步后移,这样可以避免重复践踏。

3)浇水操作要求。

草坪浇水,最重要的是一次浇足浇透,避免只浇表层土,至少应该达到湿透土层5cm以上。如草坪过分干旱,土层的湿润度则应增至8cm以上,否则就难以解除旱象。

如草坪踩踏严重,表层土壤已干硬坚实,浇水一时难以渗透,则应于浇水前先用滚齿耙增添草坪表面刺孔,然后再浇水。

草坪浇水最忌在阳光暴晒下进行,应尽可能安排在早上与傍晚前后进行。

(3)浇水工具

草坪浇水常用工具主要有高压橡胶或塑料水管,接头,固定或可以移动的传动式喷灌喷头,松土用的钉齿滚,无自动式水源的携带机动提水设备潜水泵,抽水机,运水车等。

如果条件允许,可在绿地中的重要草坪内安装自动化喷灌设备,使草坪浇水基本上实现自动控制。

5. 草坪的修剪

修剪是草坪与自然草地的根本区别之一。修剪能够控制草坪植物的生长高度,使草坪经常保持平整美观,以适应人们游憩活动的需要。修剪还可以抑制草坪中混生的杂草开花结籽,使杂草失去繁衍后代的机会,促使其逐渐消除。

修剪的最大优点是,促进禾草根基分蘖,增加草坪的密集度与平整度。修剪次数越多,草坪的密集度越大。

草坪修剪还能增加"弹性"。这是由于多次修剪留下的"草脚基部"增多了,踩踏其上,不仅能使人产生"弹性感受",而且能增强草坪植物的耐磨性能。

暖地型草坪入冬前修剪,可以延长其绿色期;冷地型草坪夏季修剪,可以增强其越夏能力。

(1)草坪修剪的原则

1)正确掌握草坪的修剪时间,草坪生长娇嫩、细弱时少修剪;冷季型草坪在夏季休眠时应少修剪。

2)掌握草坪修剪标准。

由于草坪用途不同,各类草坪的修剪标准和留草高度也不一样。常用的修剪标准和留草高度如表7-2所示。

表7-2 各类草坪修剪标准与留草高度

草坪种类	剪草标准[生长高度(cm)]	留草高度(cm)
观赏草坪	6~8	2~3
休息活动草坪	8~10	2~3
草皮球场	6~7	2~3
护坡草坪	12	1~3

3)修剪前的草坪清理。

在草坪修剪前应进行一次检查,将草坪上的各种杂物,包括石块、三合土及树枝、废纸等全部清除,以利剪草机具等顺利工作,尤其是石块、铁丝、铁板等若不清除,则会碰伤滚刀,造成不必要的损失。

(2)草坪修剪的方法

草坪修剪主要靠草坪修剪机来完成。一般滚动式剪草机修剪草坪质量好,然而灵活性差,维护费用高,主要用于高尔夫球场、体育场、公园等草坪管理;悬刀式剪草机费用低、操作灵活方便、维护简便,是最常见的剪草机,主要服务于微地型、庭院草坪或其他设施草坪修剪;扫雷式剪草机有两种类型,一种是刀片可以折叠起来,主要服务于不需经常修剪的设施草坪,另一种是用尼龙绳高速旋转剪断草坪的割灌割草机,适宜修剪普通剪草机难以接近的地方或树丛之中以及街路的分车岛绿化区等。

剪草机在草坪上运行,通常采用条状平行方向进行;面积较大的草坪则多采用环条形方向运行,以免遗漏或重复。

运动场草坪的修剪方法不同于一般草坪。为了让运动场草坪减少磨损,或者磨损以后能够迅速恢复,宜采用条状花纹形式间歇修剪草坪。所谓间歇修剪,即将草坪的剪草分成两次来完成,第一次草车运行时,先修剪其中单数线条花纹,间歇一段时间后再修剪其中双数线条花纹。由于两次修剪时间不同,使得草坪球场显示出明显的条状花纹。

新建植草坪的草比较娇嫩,初次修剪时应特别小心。修剪时,草坪草的高度应高于维持高度的1/3。土壤太湿太松都不宜修剪,等到能修剪时草已超过应修剪高度,这时应逐渐降低修剪高度,直到达到所要求的高度为止。

草坪春季返青之前,应尽可能降低修剪高度,剪掉上部枯黄叶,以利于下部活叶片和土壤接受阳光,促进返青。

(3)草坪修剪后的碎草处理

在普通草坪上,只要剪下来的碎草不形成团块残留在草坪表面,就不会引起什么问题。经常修剪,并且掌握不在潮湿时修剪草坪,一般剪下来的叶片会落到草坪土壤上,也不会引起草坪质量的下降。由于切碎的叶片非常容易分解,也不会导致枯草层的形成。然而,高尔夫球场的草坪修剪后要移走,否则影响球道和美观。

剪下来的碎草内含有植物所需的营养元素,是重要的氮源之一。剪切的碎草含有78%~80%的水,3%~6%的氮,1%的磷和1%~30%的钾。归还这部分养分的含氮量可占草坪氮需要量的1/3,可减少化肥施用量,并使土壤肥力逐渐提高。如长期修剪并把剪下来的碎草都移走,最终会引起土壤养分平衡失调,需施用化肥来补足带走的养分。

6. 草坪杂草的防除

杂草防除是草坪建植和养护的一个关键环节,尤其是建植的新草坪,一旦不能有效控制杂草,很可能导致整片草坪彻底毁灭。

杂草作为一种野生植物,由于长期的生态适应,在任何地区都可以称做"乡土植物",具有顽强的生命力,所以杂草防除必须使用抑制杂草和防治杂草相结合的办法。

(1)人工拔除

人工拔除杂草目前在我国的草坪养护管理中仍普遍采用,它的最大缺点是费工费时,还会损伤新建植草坪的幼小草坪植物。

(2)生物拮抗抑制杂草

生物拮抗抑制杂草是新建植草坪防治杂草的一种有效途径,主要通过加大播种量,或混播先锋草种,或对目标草种的强化施肥(生长促进剂)来实现。

(3)合理修剪抑制杂草

大多数草坪植物的分蘖性很强,耐强修剪,而大多数的杂草,尤其是阔叶杂草则再生能力差,不耐修剪。所以,通过合理的修剪不仅可以促进草坪植物的生长,调节草坪的绿叶期以及减轻病虫害的发生，还可以抑制杂草的生长。

(4)化学防治

化学除草的成败受以下几方面因素的影响。

1)正确地选择除草剂，针对不同的杂草种类，选择不同的除草剂种类。

2)除草剂的使用剂量应当准确，既要考虑单位面积上的药剂量，又要考虑除草剂的使用浓度，剂量(浓度)过小，则除草效果不好，反之则可能产生药害。

3)在适当的时间使用能达到事半功倍的作用，反之，则可能效果不理想。

4)掌握正确的施用技术，做到均匀喷雾，防止局部药量过大而产生药害。

7. 草坪养护管理新技术

草坪养护管理领域在近几年里引进了许多新技术，如保水剂的应用，草坪的生长调节以及草坪染色技术等。这些新技术的广泛应用，给草坪业带来了一场新的革命，从而提高了草坪的养护管理水平。

(1)草坪保水剂的应用

保水剂是一种不溶于水的高分子聚合物，能吸收自身重量200倍左右的水分。由于分子结构交联，分子网络中所吸收的水分不能被简单物理方法挤出，故具有很强的保水性。

保水剂的使用方法有拌土、拌种、包衣和蘸根等，在草坪上使用主要是拌土法和拌种法，以M型和L型保水剂为主，对直播草坪或铺草皮，作业层一般可掺入25~100g/m^2 保水剂，采用喷播机喷播草籽时，也可混入保水剂。

保水剂的使用有利于草坪后期的养护管理。拌土法使用保水剂可节水50%~70%，节肥30%。M型和L型保水剂还可提高土壤的通透性，改良土壤结构和抗板结，并有一定的保温效果，返青期提前5~7天，绿叶期延长约10天。采用保水剂的最大直观效果是植株粗壮，色泽浓绿。

保水剂并非造水剂，首次使用时一定要浇足水，北方少雨地区还要在以后补水。含盐较高的地区，保水剂吸水能力会有所下降，各地区要根据土质、植物特点和雨水情况科学地使用，也可配合肥料、农药、微量元素和植物生长调节剂等成分和沙子一起使用。

(2)湿润剂

湿润剂是一种表面活性剂，也是一种有机高分子化合物，可增加水在疏水土壤或其他生长介质上的湿润能力。在草坪的养护管理中，适量湿润剂的使用是有益的。疏水性土壤中加入$(30\sim400)\times10^{-6}$湿润剂可有效地改进湿润性，因为湿润剂对土壤中微生物退化有影响，一个生长季节施用一两次即可保持足够的浓度。

湿润剂除了改善可湿性以外，还有其他的益处，如增加了水分和养分的有效性，促进草坪的生长，减少水分蒸发的损失，在草坪建植过程中减少土壤侵蚀，促进种子发芽，减少露、霜危害，减缓局部干燥等。但是，草坪上应用过量湿润剂或在热胁迫期间施用会伤害草坪。所以施用湿润剂后，应立即浇水，增加其有效性，同时减少叶面烧伤的可能性。

(3)草坪生长调节剂

草坪修剪是草坪管理中主要的管理措施之一。通过修剪，草坪草整齐划一，密度增加，从而维持了草坪的外观质量。然而，修剪常常是去掉草坪草上部活力旺盛的茎叶，重复修剪可导致养分消耗过多，尤其氮素消耗过多，最终导致养分缺乏，草坪变得稀疏、瘦弱，抗性和恢复能力降低。此时，可考虑采用植物生长调节剂来控制草坪草生长，减少修剪。

但是,必须看到,使用植物生长调节剂来控制草坪生长也有不利的一面。例如,连续重复使用某些调节剂可引起草坪根系分布变浅,草叶变黄和稀疏。生长抑制剂使植物生长受到限制,这使草坪植物易遭受病虫、杂草及其他环境胁迫的影响。合理的解决方法是寻找一种生长调节剂,既能限制草坪草纵向生长,又不影响叶片、分蘖、根茎和根系的正常生长。

1)常用的草坪生长调节剂。

① 嘧啶醇。

嘧啶醇是一种生长延缓剂,其作用主要是抑制节间伸长,使草坪草的叶片变深绿色,不能抑制顶端分生组织,不抑制草坪草根系的生长。用赤霉素可以消除其矮化作用。通过叶面喷施或土壤施用,嘧啶醇可被草坪草的叶片和根系吸收和传输。但是,嘧啶醇的使用浓度要求比较严格,在0.03%或更高浓度时,草坪草茎的生长将减少50%~75%,浓度高于0.01%时可完全抑制狗牙根地上部分的生长,其根茎生长也受到抑制。

② 矮壮素(CCC)。

矮壮素是一种生长延缓剂,目前已广泛应用于多种植物上,其作用机制是抑制内源赤霉素的生物合成,促进细胞分裂素含量的增加,这种抑制作用可被外用赤霉素解除。矮壮素的主要作用有:适宜浓度下抑制亚顶端细胞的分裂,即抑制茎的伸长,促进草坪草的分蘖,促进草坪草的生殖生长,使草坪草粗壮、矮绿、叶片增厚,增强草坪草的抗寒、耐旱和耐盐碱能力。

③ 矮化磷(CBBP)。

矮化磷进行土壤处理十分有效。在草坪上的主要作用为:抑制茎叶生长,抑制根的生长,使叶色变绿。矮化磷对狗牙根的作用效果要比对冷季型草坪更为明显。

④ 抑长灵(Embark)。

抑长灵是生长抑制剂和除草剂,抑制杂草、木本植物的生长和种子生长;抑制草坪草顶端分生组织细胞分裂和伸长生长;抑制某些阔叶杂草,如对狗牙根的生长具有较强的抑制作用,对早熟禾、高羊茅、钝叶草等具有较强的抑制作用,使叶片绿色加深,并促进根系的生长。

⑤ 乙烯利。

乙烯利是一种常用的激素类生长调节剂,对早熟禾、狗牙根生长的抑制效果较好,缩短叶片长度,并使叶片呈深绿色;促进草坪草的分蘖;抑制草坪草根茎的发育,促进节间的伸长生长。

⑥ 氟磺胺草醚。

氟磺胺草醚是一种除草剂,可以抑制根系的生长和草坪草的分蘖;短期内可使早熟禾、高羊茅等草坪稍有褪色,但草坪会很快恢复颜色,并使颜色变得更加深绿,氟磺胺草醚的使用浓度不能超过80mL/660m^2。

⑦ 多效唑(PP333)。

多效唑是农业上常用的生长抑制剂,其作用机制是抑制内源赤霉素的合成,也可降低生长素的含量,增加细胞分裂素的含量。多效唑可以通过茎叶吸收,也可以通过根系进入植物体内,因此,可以叶面喷施及土施。多效唑在草坪草体内的有效期为20~30d,可以抑制草坪草节间的伸长;促进草坪草的分蘖;使草坪草叶片变厚和增绿;不影响草坪草根系的生长和顶端分生组织的细胞分裂。

⑧ 丁酰肼(B9)。

丁酰肼是琥珀酸类白色结晶物质,具有内吸作用。它可以增强植物的耐寒性、耐旱性和耐病性,也可以抑制花卉的生长。在草坪上的主要效应有:抑制草坪草的顶端生长和节间伸长;增加草坪草的叶片厚度和叶绿素含量;诱导草坪草不定根的形成;刺激根系的生长。

2)草坪生长调节剂的施用。

① 施用方法。

植物生长调节剂的施用方法有喷施法和土施法。喷施法是调节草坪高度最常用的方法。该方法容易掌握,简便而且作用快速。适合采用喷施法的植物生长调节剂有嘧啶醇、矮壮素、抑长灵、乙烯利、青鲜素、丁酰肼等。如要抑制茎的生长,可采用土施法,适宜土施法的植物生长调节剂有多效唑、烯效唑、嘧啶醇、矮化磷和青鲜素等。土施多效唑不仅省药,而且有效期长,不易降解。

② 施用种类、浓度、次数。

在选择植物生长调节剂时,应依据草坪草的类别进行选择。一方面不同调节剂作用不同;另一方面不同植物对同一种抑制剂的反应不同。

植物生长调节剂最适浓度的确定,应考虑草坪草的种类。一般来讲,生长调节剂浓度过低时往往作用不明显,而浓度过高时则产生毒害,严重时导致草坪草死亡。因此,最好的方法是通过试验来确定一个最适范围。

影响施用草坪生长抑制剂的因素很多,为了既达到最佳控制效果,又不影响草坪草的质量,施用时应掌握以下几个原则。不要在草坪尚未成坪时施用。一方面幼苗期间抗性差,草坪草易受药害;另一方面,延缓成坪速度。选择草坪草旺盛生长季节施用,以便达到最优控制效果。冷季型草坪可在春季或秋季施用,而暖季型草坪最好在夏季施用。一年内施用1~2次即可,不要连续重复施用,以防止过度抑制而造成草坪退化。为了保证草坪外观质量,施用前需要对其进行修剪。

③ 植物生长调节剂配合施用。

植物生长调节剂配合施用,可以互补单一植物生长调节剂效应的不足,或者克服单一植物生长调节剂的副作用,或者利用生长调节剂的增益作用。如乙烯利和2,4-D按一定比例混合施用可以抑制草坪草生长,同时又防治阔叶杂草,事半功倍。

(4)草坪染色剂

草坪染色剂有不同用途,如在休眠的草坪上人工染色、装饰生病或褪色的草坪、用于草坪标记等。

最初染色剂主要用于冬季休眠的冷、暖季型草坪的染色。施用草坪上的颜色受染色剂特性、施用量、施用次数、处理前草坪的颜色的影响,一般为蓝绿色到鲜绿色。某些材料可以使草坪看起来像真的一样,其他的则产生不同的效果。

干燥后,大多数染色剂会被磨掉,一般可保持一个冬季。施用染色剂难以达到均匀一致,一般会出现明显的不均色斑。喷洒时,人在前,避免施后践踏,喷雾机要求压力足且喷雾细,以达均匀一致。在草坪干燥,温度在6℃以上喷洒效果最好。

对偶然的病虫害和其他类型损伤,也可以用染色剂来装饰。当然,染色剂不可代替良好的管理,一个退化了的草坪,除了颜色以外,整体景观与使用功能(运动场、车场)都与生长健壮的草坪不同。

六、地被植物的养护管理

地被植物是提高园林绿地覆盖率的重要组成部分,现已由常绿型走向多样化,由草皮转向观花型。由于地面覆盖植物属于成片的大面积栽培，在正常情况下，一般不允许，也不可能做到精细养护，只能以粗放管理为原则。

1. 防止水土流失

栽培地土壤必须保持疏松、肥沃，排水一定要好。一般情况下，应每年检查1～2次，暴雨后要仔细查看有无冲刷损坏。对水土流失情况严重的部分地区，应立即采取措施，堵塞漏洞，否则，流失之处会继续扩大，造成难以挽回的局面。

2. 增加土壤肥力

地被植物生长期内，根据各类植物的营养需要，及时补充肥力，尤其对一些观花地被植物更显得重要。

常用的施肥方法有喷施法，适合于大面积使用，是在生长期使用较为简便的施肥方法。以增施稀薄的硫酸铵、尿素、过磷酸钙、氯化钾等化肥为主。

撒施方法在早春和秋末，或植物休眠前后，结合加土进行，使用堆肥、厩肥、饼肥、塘泥及其他有机肥源。既增加土壤有机质含量，又对植物根部越冬有利。

3. 抗旱浇水

地被植物一般情况下，均选取适应性强的抗旱品种，可不必浇水，但出现连续干旱无雨时，为防止地被植物严重受害，应进行抗旱浇水。

近几年来，一些常规绿化花灌木树种被广泛应用于地被处理，这些灌木树种被高密度种植后，根系发育不太好，其抗旱能力降低，应加强抗旱浇水工作。

4. 防止空秃

在地被植物大面积栽培中，最怕出现空秃，尤其是成片的空秃发生后，很不雅观。因此一旦出现，应立即检查原因，翻松土层。土质欠佳时，应采取换土措施，并以同类型地被植物进行补秃，使草坪恢复美观。

5. 修剪平整

一般低矮类型品种，不需经常修剪，仍以粗放管理为主。

对于开花地被植物，少数残花或者花茎高的，须在开花后适当压低，或者结合种子的采取，适时修剪来控制高度。每年开春新芽萌动前进行强剪使高度压低，生长季节对徒长枝及时修剪。

6. 更新复苏

在地被植物养护管理中，常常由于各种不利因素，使成片的地被出现过早衰老现象。此时应根据情况，对表土进行刺孔，促使其根部土壤疏松透气，同时加强施肥浇水，促进其更新复壮。

对一些观花类的球根及鳞茎等宿根地被，则必须每隔5～6年左右进行一次分株翻种，否则会自然衰退。在分株翻种时，应将衰老的植株及病株除去，选取健壮者重新栽种。

对于一些林荫下的灌木地被，会出现杆细叶稀等不良现象，应及时重剪、重施肥，并加强乔木修剪，增加透光度，促进灌木地被的复壮。生长5年以上的部分灌木地被，长势衰退的应及时进行更新。

7. 地被群落的调整与提高

地被比其他植物栽培期长，而并非一次栽植后一成不变。除了有些品种具有自身更新复壮能力外，一般均需要从观赏效果、覆盖效果等多方面考虑，在必要时进行适当调整与提高，使之更加体现地被的群体美。

(1)注意绿叶期与观花期的交替

观花地被石蒜、忽地笑,花和叶不同时,在冬季光长叶,夏季光开花,而四季常绿的细叶麦冬周年看不到花,如能在成片的麦冬中,增添一些石蒜、忽地笑,则可达到互相补充的目的;在成片的常春藤、蔓长春花、五叶地锦等藤本地被中,添种一些铃兰、水仙等观花地被,可以在深色背景层内,衬托出鲜艳的花朵来;而在铁扁担、德国鸢尾群落中,播种一些白花射干花,则可增添野趣。

(2)花色协调,宜醒目,忌杂乱

在绿茵似毯的草地上适当布置种植些观花地被,其色彩容易协调,如低矮的紫花地丁,白花的白三叶,黄花的过路黄;在道路或草坪边缘种上太阳花、香雪球,则更显得高雅、醒目和华贵。

第三节　园林绿地病虫害防治管理

一、园林绿地病虫害防治的原则和方法

1. 园林绿地病虫害防治的原则

园林绿地病虫害防治必须贯彻“预防为主,综合防治”的方针,充分利用自然界有利条件,营建一个以综合栽培技术为基础的优良的生长发育环境,合理、协调应用生物、物理、化学等防治措施,以达到经济、安全、有效地控制病虫害的发生,使植株免受侵害,或将其造成的损失降低到最小。同时,还应特别注意科学地使用农药,以减少和防止农药对植物和居家环境的污染。

2. 园林绿地病虫害防治的方法

(1)加强检疫

在生产活动中由于种子、种球、苗木的频繁调运,人为地将一些危险性病虫害在国际、省际或地区间传播,给花卉苗木生产带来很大的危害并造成极大威胁,因此应严格执行植物检疫法规,避免病虫的人为传播。

1)应符合《进出境动植物检疫法》《植物检疫条例》。

2)从外地引入苗木、花卉、草被及绿化材料,必须先经植保专业人员检查,确定无检疫性病、虫、草害后,才能种植,若有其他严重病虫,必须经植保人员进行技术处理后方可种植。

3)本地苗圃出售苗木、花卉、草皮及绿化材料,严禁附带病虫原及杂草出圃。

4)对有检疫性病、虫、草害原的进口园林植物,必须在隔离温室或隔离区观察或处理,经一年以上确无危险病、虫、草后才能繁殖或定植。

(2)科学管理

采用合理和科学的栽培管理技术,包括选用抗病虫品种、合理的肥水管理措施,消灭越冬虫源,彻底清除病枯枝叶,保持园内和庭院的环境卫生,施用腐熟有机肥料等,使植株生长健壮、增强抵御病虫害和不良环境的侵袭能力。

1)在同一地区严禁种植互为转传寄生病虫原的园林植物(梨、桧、海棠、龙柏等)。

2)按照园林植物的生长特性,剪除病虫害枝和徒长枝。

3)随时伐(拔)除和处理已枯死和严重受病虫危害的园林植物。有土传病原的土壤,应及

时消毒。

4)在株际空隙处,应进行冬耕、翻晒。

5)夏秋生长季节应适量控制氮肥,增施磷、钾肥,严禁施用未腐熟的堆肥、厩肥、饼肥和植物残体。

6)保护好土表的无病原落叶或经粉碎的枝叶屑,养好、管好多层次的地被植物。

7)草坪要尽量创造适合的栽培环境,促使禾草植物生长茂盛健壮。如改善土壤透气性能,加强肥水管理,能大大降低霉菌、凋萎病的发生。

常用预防病虫害方法如表7-3所示。

表7-3　常用预防病虫害方法

方法	具体措施
间隔	花木种植,要保持一定的距离,以避免枝叶相互密接,防止蚧壳虫、蚜虫等害虫的迁移或扩散
修剪	修剪可促使花木健壮生长和改善通风透光条件,还可直接剪去病虫害枝,修剪后的病虫枝要及时烧毁
刷白	也称涂白。在6、7月于枝上涂以石灰浆,可防天牛产卵,并能避免枝干皮层被烈日灼伤;而冬季涂刷石灰浆,则可消灭枝干上越冬病虫,并防止枝干冻害
清除	不少花木的病虫喜欢在落叶中越冬,冬季要抓住时机清除花木上的残叶及扫除落叶,及时烧毁
刮除	潜藏在花木翘皮、裂皮内的害虫及暴露在枝干上、叶片正反面的蚧壳虫、黄刺蛾等越冬害虫,在冬季要用刮刀将裂皮、翘皮内虫体等刮除消灭;用刷子将蚧壳虫等刷除

(3)生物防治

利用有益生物或其产品来防治病虫害。即采用以菌治病,以菌治虫,或以虫治虫的防治方法。

1)在园林植物群落中,增植蜜源植物和鸟食植物。

2)保护和利用天敌资源,加强优势天敌的引迁繁殖、饲养以及助迁、招引等工作。红瓢虫是草履蚧的优势天敌,在已有此虫的地区要切实保护,在缺乏此虫地区应引迁。在防治大蓑蛾时,应注意保护伞裙追寄蝇。

3)积极推广和施用致病(或拮抗)细菌、真菌、病毒等微生物制剂。对鳞翅目食叶害虫的药物防治,应优先施用苏云金杆菌制剂(Bt乳剂),并安排在幼虫低龄期施用。在空气、土壤较湿润的环境条件下,可用白僵菌制剂。对黄尾毒蛾、斜纹夜蛾、蓑蛾、油桐尺蠖、粉蝶可应用多角体病毒制剂。对多种花卉植物的白绢病,可应用木霉菌制剂,对球根、宿根花卉细菌性病害,可应用抗生素(放线菌类代谢物)制剂;对植物病毒病可应用干扰素,桃根癌病可用K84等生物制剂。

4)利用自然或合成性信息激素,诱杀一次性交配的葡萄透翅蛾。

(4)化学防治

应用化学农药防治病虫害,是目前生产上普遍应用的防治途径和主要手段。药剂防治的优点是适用范围广、见效快、方法简便。目前用的化学农药的主要种类有杀虫剂、杀菌剂、除草剂等。

1)杀虫剂,用于防治害虫,具有使害虫触杀、胃毒、内吸和熏蒸而致死的作用。触杀剂防治虫口密度大、发生范围广的虫害。胃毒剂防治取食量大的食叶害虫,或较隐蔽的地下害虫而保护天敌。激素剂抑制害虫的生长发育或诱集、迷向,抑制其繁衍。熏蒸剂防治(或消毒)病虫原。药剂有有机磷类、氨基甲酸酯类、菊酯类等,药剂的使用方法有喷雾、喷粉、种籽处理、土壤消毒等。

2)杀菌剂,用于防治病害,起保护、治疗和铲除病原菌的作用。常用的保护剂有低浓度石硫合剂、波尔多液、代森锌、百菌清等,治疗剂有多菌灵、甲基托布津、粉锈宁等。铲除剂有高浓度的石硫合剂、甲醛等。

3)除草剂,用于铲除杂草及其传播的病虫害。保护剂、治疗剂、内吸剂防治多种植物病、虫、草害。除草剂的种类主要有苯氧羧酸类、苯甲酸类、二苯醚类等。

(5)物理防治

在成虫发生期应利用有一定装置规格的黑光灯(短光波3600~4000A)诱杀成虫,在诱杀害虫时应防止误伤益虫(主要开灯期5月下旬~6月下旬,8月中旬~9月中旬)。

利用热力(干温或湿温)处理种籽、种球以及植物组织,以消灭内、外病虫原。

(6)人工防治

摘除悬挂或依附在植物体和建筑物上的越冬虫茧、虫囊和卵块、卵囊等,休眠虫体。

剪除孵化初期未分散的幼虫枝叶。

直接捕杀个体大、危害性明显的害虫,以及有假死性或飞翔力不强的成虫。

二、主要病虫害种类及化学药剂防治管理

1. 主要病虫害种类

(1)叶部病虫害

叶部病害:白粉病、锈病、炭疽病、叶斑病、角斑病、黄花病。

食叶性害虫:刺蛾、蓑蛾、尺蛾、卷叶蛾、螟蛾、毒蛾、夜蛾、天蛾、大蚕蛾、粉蝶、叶甲、金色甲、负蝗、叶蜂、蜗牛、蛞蝓。

(2)茎干部病虫害

茎干部病害:枝枯病、腐烂病、溃疡病、菟丝子。

钻蛀性害虫:天牛、吉丁虫、木蠹蛾、透翅蛾、蛀螟。

(3)根部病虫害

根部病害:根癌病、立枯病、白绢病、菌核病、绵腐病、软腐病、疫病、枯萎病、紫纹羽病、线虫病。

根部(土壤或地下)害虫:蝼蛄、蛴螬、地老虎、鼠妇。

(4)刺吸性害虫及其引发病害

刺吸害虫:蚜虫、蚧虫、粉虱、蓟马、盲蝽、网蝽、叶蝉、叶螨、根螨、瘿螨、跗线螨。

刺吸害虫引发病害:煤污病、由刺吸害虫传播的主要病毒病。

(5)草坪病虫害

草坪病害:炭疽病、伏革菌红线病、猝倒病或幼苗凋萎病、镰刀霉枯萎病、叶斑病、长蠕孢菌病、白粉病、腐霉枯萎病、丝核菌褐斑病、锈病、核盘菌线斑病、黏菌病、赤霉病。

草坪虫害:线虫、尖头负蝗、小地老虎、蝼蛄、蛴螬、草地螟虫、黏虫、麦长蝽、蚂蚁螨类。

(6)园林杂草

园林杂草包括豚草、香附子、天胡荽、莲子草(水花生)。

2. 化学药剂防治指标

根据虫口密度、病情指数、虫害率(或发病率)制定防治指标,以确定化学农药防治的界限,是实施绿地生态及观赏价值的基本保证。在绿地植物病虫害的危害达到或超过临界指标时,必须采取病虫害化学农药防治方法。

(1)叶部病虫害

叶部病害,以病原(植物体表面附着或空中悬浮)基数,中心病株数,发病程度和病害症状(斑点、穿孔、萎蔫、皱缩、畸形、褪绿、丛生、粉霉、枯萎、毛毡)和病害程度来表示。可抽样计数、统计病株率、病叶率;也可分级计数,统计出病情指数。

食叶性虫害,以有虫株、有虫枝、有虫叶率,或以平均每株、枝、叶有虫数,每平方厘米有虫数表示受害程度,或根据透明斑、网状斑、缺刻、穿孔、卷叶、粘叶、缀叶等计数。

(2)茎干部病虫害

茎干部病害,以茎干部病斑、溃疡、腐烂、腐朽(高等担子菌)、烂心等症状的株受害率和受害程度,分级统计指数值。

茎干部虫害,以产卵孔、蛀入孔、排泄孔数、皮层剥离面积、生长势、死亡数等分级统计其为害率或指数值。

(3)根部病虫害

根部病害,以根部瘿瘤(细菌、线虫等引起)、变色、缢缩、腐烂等症状的株受害率;小苗可以一定面积的受害株数。根部虫害,以株受害率、缺苗率、死亡率;一定面积的虫口密度来统计其为害率。

(4)刺吸性害虫及其诱发病害

刺吸性害虫,以株、芽、叶的有虫率,平均有虫数或1cm×1cm,2cm×2cm,3cm×3cm面积的有虫数,每叶或每百叶有瘿数等。病叶率或以覆盖的面积,受害程度可分级计数,统计其指数值。

三、化学农药使用上的特点和要求

1. 农药使用上的特点

要注意保护观赏部位不受或少受损伤,喷药后不变形、不褪色。

用药时应选用气味小,或虽有气味但易被植物吸收和转化的农药,这样可以在较短时间内恢复周围空气的新鲜。

尽量选用生物农药或高效低毒农药,以免污染环境,破坏生态平衡。同时更应考虑农药对人们生活空间的环境污染问题,通过科学使用农药,使其污染降到最低程度。如乙酰甲胺磷是低毒、无污染的有机磷杀虫剂。

2. 安全使用化学农药的要求

病虫害发生普遍,一般都应用化学农药进行防治,而化学农药的种类和剂型繁多,使用浓度不一,因此在使用化学农药时应确保安全且又可达到防治病虫害的目的。为此需注意以下问题。

(1)农药的特点和使用要求

了解各种农药的特点和使用要求,对症下药。不同的病虫害应选择不同类型的农药。如乙磷铝(疫霜灵)和甲霜灵(瑞毒霉)对霜霉病和疫病有良好的防治效果,但对白粉病无效;抗蚜威对桃蚜有特效,但对瓜蚜效果差;敌敌畏的触杀效力虽比敌百虫大得多,但防治椿象类害虫,敌敌畏反而不及敌百虫。

(2)掌握用药时机和方法

根据病虫害发生规律,针对它的薄弱环节及时施药。如对种苗和土壤带菌的病害,在播种或移栽前进行药剂拌种或浸种或消毒土壤,以集中消灭侵染源;对蚧壳虫应抓住幼虫阶段施药。

(3)交替使用农药

不同类型和种类的药剂合理地交替使用,可有效提高农药的防治效果,防止病原物和害虫产生抗药性。如单用甲霜灵叶面喷雾,易使病菌产生抗药性。

(4)严格安全用药

严格禁止使用剧毒、高毒、高残留的农药。应选用高效、低毒、低残留的农药,要遵守农药安全使用规程,做到对植株、对人畜无伤害。不同种类或品种的植物,以及不同发育阶段对药剂的反应不同,用药时要严格掌握各种农药的使用浓度、施药数量和使用方法与时间,不能随意增加用药量,以免引起药害,造成损失。

配药和施药人员应严格按照农药包装上的使用说明,遵守安全防护条例和操作规程,对有刺激性或有定毒性的农药,操作时要注意自我保护,操作过程中不要抽烟、喝水或吃东西,工作完毕立即洗手、脸,特别是被污染处。发现中毒现象应立即就医,对症治疗。施药后的器械应在规定的地方清洗,以免污染池塘和水域。

3. 合理用药

应用化学药剂,必须严格执行《国家植物保护条例》、《国家农药使用防毒规程》和《农药安全使用规则》。

应用化学药剂,必须选用低毒、低残留(易分解)、无公害或基本无公害,对植物安全的药物。严禁施用有机氯、有机汞。涕灭威、呋喃丹应限在根际土壤深层施用。

用氰化物、磷化物、溴甲烷熏蒸,必须在密闭室内或密闭容器内进行;操作时必须带防毒面具。熏蒸盆栽植物、种苗、种球必须严格控制剂量。

在园林绿化环境中严禁施用以下药物:剧毒药剂,对害虫天敌(包括天敌昆虫、蛙、蟾蜍、鸟类等)有严重影响的药物(甲基对硫磷、久效磷、磷胺、五氯酚钠等;甲胺磷只限用于根、茎内吸),已有致畸、致癌机制报道的药物(杀虫脒、除草醚、有机汞等)。

同一种化学药剂,不宜连续施用,在一定植物群落范围内应针对性施药。化学药剂的应用,必须按单位面积有效成分的用量。化学药剂混用,必须掌握药剂的理化性及对植物的安全性。

在绿地范围内不得应用灭生性除草剂,严禁施用剧毒性除草剂,用药量应按规定施用,不得任意增加。应用选择性或激素类除草剂,必须先掌握药剂性能,对各类园林植物的敏感程度,施用时要防止引起药害。施用化学除草剂的机具(动力部分除外)必须专用,不得与防治病虫害的机具混用。

4. 化学农药的使用方法

(1)喷粉法

用喷粉机具喷撒粉剂叫喷粉。喷粉要求喷撒均匀周到,使苗木、花卉或病虫体表覆盖一层极薄的药粉。喷粉附着力较差,易风失,药效持续较短。

(2)喷雾法

将乳油或可湿性粉剂加水稀释成乳状液,用喷雾机械喷布叫喷雾。喷出药雾在苗木、花卉上附着比较均匀，比喷粉好，不易被风吹失，有抗雨淋湿的能力，药效维持时间较长；缺点是需要有方便的水源，工效较低。

(3)毒饵法

毒饵是用谷子或其他饵料与药剂混合配制而成的。主要用于防治地下害虫和地面活动的害虫。常用的毒饵有麦麸、米糠、谷糠、豆饼、花生饼、棉子饼、茶子饼、薯类、鲜草等。配制用的谷子或小米煮至半熟再拌药剂。使用的药剂要有强大的胃毒作用。用药量根据农药的种类而不同，一般为干饵料量的0.1% ~2%。

(4)熏烟法

用烟剂点燃发烟，或用原药直接加热发烟防治病虫，这种方法叫熏烟法。常用于森林、温室和仓库。室外应用必须严格注意气候条件、施药时间和地形。

(5)浇灌法

用较多的水，将药剂稀释浇灌苗木、花卉，利用农药的触杀或内吸作用防治病、虫、杂草。浇灌不需要机具，简单易行，工效高，也可与追肥结合进行。

(6)涂抹法

涂抹法是将农药制剂加上固着剂及水制成糊状，用于处理种子、树干、墙壁，防治病、虫的施药方法。此外，农药的使用方法还有内吸杀虫剂、包扎、注射、灌注等。

5. 园林植保人员的防护保健

直接操作施用药物的植保人员，必须正确选用质地较好的透气性工作服、胶鞋、胶皮手套，相对应的防毒面具或口罩、防护眼镜等。

在施用有毒化学农药时，作业人员不得喝酒、吸烟、饮水、进食，不得用手擦抹眼、脸和口鼻，不准嬉闹。

施药人员如有头疼、头昏、恶心、呕吐等症状时，应立即离开现场，脱卸污染衣物，用肥皂洗净手、脸和裸露皮肤上的沾染药物，然后在通风、清静处休息或送医院。

在进行有毒农药操作时，应要避免过累、过热、过冷；施药人员每日工作时间，不宜超过4小时；连续喷药4天后，应停止1天，一年中应有较多的休养期。

接触有毒农药人员，应有适当的保健津贴，标准参照农业部、国家林业局、劳动与社会保障部的有关规定办理。

怀孕期、哺乳期以及经期妇女均不得参与施用有毒农药。

四、常用杀菌、杀虫和杀螨剂及其防治作用

1. 常用杀菌剂

(1)波尔多液

波尔多液又名波尔多合剂，是最早也是最常用的杀菌剂。由硫酸铜溶液与生石灰悬浮液混合而成。根据硫酸铜、生石灰和水的不同比例配合，有等量式、少量式、多量式3种。首先用一半水将硫酸铜制成水溶液，另一半水将生石灰调成石灰乳，然后将两液混合在一起充分搅拌，成为天蓝色的黏稠性胶状混合悬浮液体。波尔多液不耐储藏，要在配制后即用。它适用于防治大部分叶部病害和某些花器病害，尤其在病害未发生前或刚开始发生时喷洒效果更好。

(2)石灰硫磺合剂

石灰硫磺合剂简称石硫合剂，也是一种较老的优良杀菌剂。用硫磺粉、生石灰和水按2∶1∶8混合后在高温下组成。调制时用两个铁锅(或铁桶)，一个将生石灰调成泥状，然后将硫磺粉加入少许热水，待搅拌成泥状，再加入石灰泥中混合在一起；另一个铁锅烧开水，水开后倒入配拌好的石灰硫磺锅中，用强火煮沸即可。在调制开始时，应少加开水，待液体煮沸时，在保持液体沸腾的情况下，不断加入开水，直至将定量水加完，再熬制15分钟左右即可停火。制成的液体叫原液或母液，一般在波美20°~30°，不能直接使用，要加水冲淡后再用。

(3)退菌特

退菌特是一种有机硫砷复合剂。一般多制成50%的可湿性粉剂，喷雾使用浓度为500~800倍的悬浮液。能防治多种病害，主要起保护作用。退菌特有较好的渗透力，因此对已侵入植株表层的病菌仍有杀伤作用。

(4)多菌灵

多菌灵为氨基甲酸酯类药剂，它是一种高效低毒的内吸杀菌剂。一般加工成10%、25%、50%的可湿性粉剂。用于喷雾的浓度为50%可湿性粉剂的1000倍稀释悬浮液。多用于防治叶部、嫩梢病害。

(5)代森锌

代森锌是一种有机硫剂，有粉剂和可湿性粉剂两种。可湿性粉剂含有效成分65%，加水稀释400~600倍，可代替波尔多液等铜素剂使用，药效7~10天，对人畜安全，但对人体黏膜有刺激性。

(6)托布津

托布津是一种广谱性内吸杀菌剂。有乙基托布津和甲基托布津两种，前者做成50%的可湿性粉剂，喷洒时稀释成500~1000倍悬浮液，适用于多种叶部病害，但不宜与铜制剂农药混用，而后者比前者药效高1/3，一般用1500倍液喷雾。

(7)福美双

可用于喷雾，主要用于种子和土壤处理。种子处理，对防治霜霉、猝倒、黑腐、黑粉病、褐斑病有效。土壤处理，对防治细菌性萎蔫病、猝倒、立枯、枯萎病有效。对人畜的毒力较福美砷低。

(8)代森铵

溶液能渗入植株体内，杀菌力强，不怕雨水冲洗。在花木体内分解后，还有肥效。用1000倍液喷雾可防治白粉病、霜霉病、立枯病害；用200~400倍液处理土壤，可防治土壤带菌的病害。

(9)五氯硝基苯

五氯硝基苯是一种有机氯化合物，残效期长，可达一年以上。对于防治由丝核菌引起的猝倒病有特效。也可用作土壤消毒，方法是先将药剂与50~100倍的细土混合制成药土，撒于播种沟中或撒覆在种子上。每亩用药剂2.5~3kg。对人畜无毒。

(10)敌克松

用于种子和土壤消毒。主要防治猝倒病和其他根部病害。用量为70%的可湿性粉剂，每亩0.25~0.5kg，做成药土使用。此药剂对人畜有毒。

(11)抗菌素

抗菌素是微生物的代谢产物，有灭菌作用。我国使用的抗菌素有春雷霉素与井岗霉素。春雷霉素能控制病菌菌丝体在组织中蔓延，限制病斑的扩展。井岗霉素对纹枯病有良好效果。这些抗菌素都是内吸治疗剂，在病菌侵入寄主后仍有治疗效果。

(12)百菌清

百菌清是一种广谱性杀菌剂。可预防及治疗多种植物的霜霉病、炭疽病、白粉病、锈病。既可用于种子与土壤处理,也可喷洒防治。

(13)过锰酸钾

强氧化剂,紫色柱状结晶,易溶于水。用0.5%的溶液浸种30分钟,可杀死镰刀菌。

(14)氟素剂

氟素剂有两种:一是氟硅酸钠,纯品是白色细小结晶体,有95%的粉剂,微溶于水,用作喷雾,防治锈病;二是氟硅酸,又称"907制剂",成品是淡黄色的透明液体,对花卉锈病、叶枯病、纹枯病都有疗效。

2. 常用杀虫杀螨剂

(1)乙酰甲胺磷

内吸杀虫剂,具有胃毒和触杀作用,并可杀卵,有一定的熏蒸作用,是一种缓效杀虫剂。在施药后初效作用缓慢,2~3天效果显著。如果与西维因、乐果等农药混合,有增效作用。适用于防治咀嚼式、刺吸式口器害虫和害螨。制剂有30%、40%、50%乙酰甲胺磷乳油,25%乙酰甲胺磷可湿性粉剂。

(2)马拉松(马拉硫磷)

非内吸性的广谱杀虫剂,有良好的触杀作用和一定的熏蒸作用。对刺吸式口器和咀嚼式口器的害虫均有效。制剂有25%、45%、50%马拉硫磷乳油,70%优质马拉硫磷乳油。

(3)乐果

内吸性有机磷杀虫、杀螨剂。杀虫谱广,对害虫和螨类有强烈的触杀作用,并有一定的胃毒作用。制剂有40%、50%乐果乳油。

(4)亚胺硫磷

广谱性杀虫剂,具有触杀和胃毒作用。有特殊的刺激性臭味。制剂有20%、25%亚胺磷乳油。

(5)杀螟硫磷

广谱性杀虫剂,对鳞翅目幼虫有特效,具触杀和胃毒作用,无内吸和熏蒸作用。可防治半翅目、鞘翅目、缨翅目等害虫,也可防治红蜘蛛。残效期中等。制剂有50%杀螟硫磷乳油。

(6)辛硫磷

高效低毒有机磷广谱杀虫剂,以触杀和胃毒为主。对鳞翅目幼虫有特效,残效期短(叶面喷施残效期2~3天,施入土中残效期1~2个月)。适于防治地下害虫,对卵也有一定的杀伤作用。制剂有45%、50%辛硫磷乳油。

(7)敌敌畏

敌敌畏是一种高效、速效、广谱的杀虫剂,具有熏蒸、胃毒和触杀作用。对咀嚼式和刺吸式口器害虫有良好的防治效果。中等毒性,对食蚜虻等天敌及蜜蜂有杀伤力。残留期短,无残留。制剂有80%敌敌畏乳油,50%敌敌畏油剂,20%敌敌畏塑料块缓释剂等。

(8)敌百虫

毒性低,杀虫谱广的杀虫剂。对害虫有强烈的胃毒作用,并有触杀作用,对植物具有渗透性,但无内吸传导作用。对多种害虫,特别是咀嚼式口器害虫有良好的防治效果。制剂有80%敌百虫可溶性粉剂,25%敌百虫油剂,50%敌百虫粉剂,80%敌百虫晶体。

(9)倍硫磷

有机磷神经毒剂,为广谱性杀虫剂。具有触杀和胃毒作用,对植物有一定的渗透作用,但无内吸传导作用。对多种害虫有较好的防治效果,对螨类也有效。残效期40天左右。制剂有50%倍硫磷乳油。

(10)西维因

广谱性杀虫剂,对害虫具有触杀和胃毒作用。对刺吸式口器害虫有很好防治效果,对咀嚼式口器害虫也有效,但对螨类和大多蚧壳虫毒力很小。毒杀速度较慢,药效期7天以上,喷药2天后才开始发挥药效。与马拉硫磷、乐果、敌敌畏等混用有明显增效作用。制剂有25%西维因可湿性粉剂。

(11)仲丁威

具有强烈触杀作用的杀虫剂,并有一定的胃毒、熏蒸和杀卵作用。低毒,残效期4~5天。制剂有25%、50%仲丁威乳油。

(12)辟蚜雾

具有触杀、熏蒸和渗透叶面作用,能防治对有机磷杀虫剂产生抗性的害虫。杀虫迅速,施药后数分钟杀死蚜虫。残效期短,不伤天敌。制剂有50%辟蚜雾可湿性粉剂,50%辟蚜雾水分散粒剂。

(13)速灭威

具有触杀和熏蒸作用,击倒力强。持效期3~4天,中等毒。制剂有25%速灭威可湿性粉剂,2%、4%速灭威粉剂。

(14)混灭威

防治叶蝉、飞虱、蓟马、造桥虫、棉蚜以及茶长白蚧壳虫等害虫。中等毒。制剂有50%混灭威乳油,25%混灭威速溶乳粉,3%混灭威粉剂。

(15)功夫

杀虫谱广,具有触杀、胃毒作用,无内吸作用。活性高,药效迅速,喷洒后耐雨水冲刷,但长期使用,害虫易产生抗性。对刺吸式口器和害螨有效,防治尺蠖、小绿叶蝉、青虫、夜蛾、蚜虫、红蜘蛛等害虫,但对螨类的使用剂量增加1~2倍。中等毒。制剂有25%功夫乳油。

(16)灭扫利

杀虫谱广,具有触杀、胃毒和一定的驱避作用,无内吸和熏蒸作用。可防治鳞翅目、半翅目、双翅目、鞘翅目等害虫及多种害螨,尤其是害虫害螨并发时,可虫螨兼治。中等毒,残效期长。制剂有20%灭扫利乳油。

(17)速灭杀丁

杀虫谱广,以触杀和胃毒为主。防治青虫、棉铃虫、尺蠖、夜蛾、蚜虫、蚧壳虫等害虫,对螨类无效。中等毒。制剂有20%速灭杀丁乳油。

(18)来福灵

杀虫谱广,以触杀和胃毒为主,活性较高。对螨类无效。主要防治蚜虫、棉铃虫、蛾类、尺蠖等害虫。中等毒。制剂有5%来福灵乳油。

(19)天王星

杀虫、杀螨剂,杀虫谱广,作用迅速。具有触杀和胃毒作用,在土壤中不移动,对环境较安全,残效期长,虫螨并发使用,省工、省时、省药。制剂有2.5%、10%天王星乳油。

(20)氯氰菊酯

杀虫谱广,药效迅速,具有触杀和胃毒作用,对卵也有杀伤作用。主要防治金龟子、潜叶蛾、食心虫、蚜虫等害虫,但对螨类和绿盲蝽防治效果差。中等毒,残效期长。制剂有10%氯氰菊酯乳油。

(21)溴氰菊酯

杀虫谱广,以触杀和胃毒作用为主,药效快,对害虫有一定的驱避与拒食作用。防治蚜虫、黏虫、食心虫、尺蠖、蓟马、蚧壳虫、蛾类等害虫,但对螨类无效。中等毒。制剂有2.5%溴氰菊酯乳油。

(22)扑虱灵

选择性杀虫剂,触杀作用强,也有一定的胃毒作用。低毒,对成虫没有直接杀伤力,但可缩短其寿命,减少产卵量,产出的卵多为不育卵,幼虫即使孵化也很快死亡。对半翅目害虫、叶蝉、粉虱及蚧壳虫有防治效果。药效期30天以上,对天敌安全。制剂有25%扑虱灵可湿性粉剂,10%扑虱灵乳油。

(23)杀虫双

对昆虫具有较强的触杀和胃毒作用,并具有很强的内吸作用,能被作物叶、根等吸收和传导,其根部吸收能力大于叶片,但在植物各部分的分布较均匀。中等毒。制剂有18%杀虫双水剂。

(24)三氯杀螨醇

杀螨谱广,杀螨活性较高,对天敌和植物安全。具有触杀作用,无内吸性,对卵、若螨、成螨均有效。低毒。制剂有20%三氯杀螨醇乳油。

(25)双甲脒

广谱性杀螨剂,具有多种毒杀机制,对叶螨各虫态都有效,但对越冬卵效果较差。中等毒。制剂有20%双甲脒乳油。

(26)尼索朗

新型杀螨剂,具有强烈的杀卵、若螨的作用,对成螨无效。残效期长达50天以上,药效较慢。对叶螨防效好,对锈螨、瘿螨防效较差。低毒,对天敌安全,可与波尔多液、石硫合剂等多种农药混用。制剂有5%尼索朗乳油,5%尼索朗可湿性粉剂。

(27)克螨特

低毒广谱杀螨剂,具有触杀和胃毒作用,无内吸和渗透作用。对成、若螨有效,杀卵效果差。制剂有73%克螨特乳油。

五、园林绿地植物保护的综合管理

1. 园林绿地植物保护效果要求

(1)现场面貌

植物体各组织、器官完整、健壮(无咬口、蛀孔、缺刻、穿孔、坏死或变色病斑等),表面没有排泄物、煤污、菌丝体、子实体,外形不畸变(瘿瘤、萎缩、扭曲)。

地面没有致病菌丝体(白绢病、紫纹羽病),无明显土道、甬道(根颈部),无排泄物,无附着病原物、害虫休眠体的枯枝落叶,无病原、虫原的枯死或垂死的朽木或待处理的立木。

土壤,根系无病态根瘤、根结、腐朽病菌和高等担子菌的子实体等。

不存在病虫残余活体,不同休眠状态的菌丝体、子实体,不同虫态的休眠体。

不存在恶性杂草,任意生长杂草,无香附子、莲子草(水花生)等。

(2)综合效益

保护生态环境,对空气、土壤、水质、天敌以及有益生物的影响。

维护社会效益,对群众生活、行业内外的相处和反应。

耗物耗资,在完成同一任务中,用工用物量,增产增值数对机具的维修保养程度。

2. 园林绿地植物保护的考核计量

(1)受害程度的表达

不分病原,不分害虫种类,只考核植物本身受害、受损、影响观瞻者,以及有重大影响的病虫休眠体基数。

(2)计量依据

植物各部位的受害状,由食叶性害虫造成的缺刻、穿孔、粘缀;刺吸性害虫引起的失绿、白斑、排泄物、煤污;钻蛀性害虫引起的蛀孔、排泄物、枯萎;根部害虫造成的萎蔫;真菌引起的病斑(溃疡、枯萎、腐烂);细菌形成的腐烂;根、根颈(含露根)及根际松土层的休眠病、虫原。

(3)计量单位

分受害叶率(%)、受害株率(%)及病虫休眠体和活虫头数。难以叶、株率计算者,以造成空、秃面积或比例计量。

3. 园林绿地植物保护的取样方法和评价

(1)取样方法

每一单位或每一个地区(处)从有代表性的好、中、差3处取样。

取样方法有随机取样、对角线或棋盘式取样、行植者定距间隔取样3种。取样数依树木、花卉种类和考核内容而定。

(2)记分和得分

将各级记分相加,除以记分的次数,即为考核的得分;将各类(树坛、花坛等)得分平均,即为该单位或该地区的园林植保得分。

(3)分级

分3个等级。一级:在允许受害范围,得保护分90~100分;二级:有一定受害程度要扣分,得保护分60~90;三级:为保护不合格,得59分以下。

4. 园林绿地植物保护分类考核标准

根据上海市《园林植物保护技术规程》,植物保护分类考核可分为3级。园林绿地植物保护管理可以参考以下标准记分和得分。一级为允许范围,可得满分,二级为要扣分的等级,三级为不合格。

(1)行道树和树坛植保

取样取有代表性的好、中、差3条道路,任意取或等距间隔取如每隔5~10株取1株;树坛,每单位取3个不同树种组合或地区的树坛;取样数,总数在50株以下者取1/4~1/2。也适用于孤立乔木。

(2)花坛和花灌木植保考核标准

定量间隔取样,或棋盘式取样;少于取样数时全取。也适用于草、木本、一年生、二年生、多年生球、宿根花卉。

(3)绿篱植物植保考核标准

取样以主要绿篱树种为主,分3处,每处定量间隔或连续取样。绿篱含落叶、常绿、观花、观果用作绿篱的植物。

(4)地被、草坪植保考核标准

取样应取好、中、差3处有代表性的植物，任意取或等距间隔取，或在总数在规定数以下全取。地被植物含矮生、匍匐性花灌木。

(5)藤本、攀援植物植保考核标准

取样方法应取好、中、差3处。害虫活体包括休眠的茧、蛹、卵等。

(6)专用绿地植保考核标准

为便于群众掌握，考核以株害率为主。取样取好、中、差3处平均。记分以程度衡量。

第八章　园林工程竣工验收与养护期管理

第一节　园林工程竣工验收概述

一、园林工程竣工验收的概念

竣工验收是在园林建设工程的最后阶段，根据国家有关规定评定质量等级，对建设成果和投资效果的总检验。

园林建设项目的竣工验收，按被验收的对象可分为单项工程、单位工程验收（称为“交工验收”）及工程整体验收（称为“动用验收”）。通常所说的建设项目竣工验收指的是“动用验收”，是指建设单位在建设项目按批准的设计文件所规定的内容全部建成后，向使用单位（国有资金建设的工程向国家）交工的过程。验收委员会或验收组听取有关单位的工作报告，审阅工程技术档案资料，并实地查验建筑工程和设备安装情况，对工程设计、施工和设备质量等方面作出全面的评价。

二、建设项目竣工验收的作用

1）全面考核建设成果，检查设计、工程质量、景观效果是否符合要求，确保项目按设计要求的各项技术经济指标正常使用。

2）通过竣工验收，建设双方可以总结工程建设经验，提高园林项目的建设和管理水平，使项目投资发挥最大的经济效益。

3）通过对财务资料的验收，可以检查各环节的资金使用情况，审查投资是否合理。

三、园林建设项目竣工验收的任务

园林建设项目通过竣工验收后，由施工单位移交建设单位使用，并办理各种移交手续，这时标志着建设项目全部结束，即建设资金转化为使用价值。建设项目竣工验收的主要任务如下。

1）建设单位、勘察和设计单位、施工单位分别对建设项目的决策和论证、勘察和设计以及施工的全过程进行最后的评价，对各自在建设项目进展过程中的经验和教训进行客观的评价和总结。

2）办理建设项目的验收和移交手续，并办理建设项目竣工结算和竣工决算，以及建设项目档案资料的移交和保修手续等。

第二节　园林工程竣工验收的内容

园林建设项目竣工验收的内容因建设项目的不同而有所不同，一般包括以下3个部分。

一、工程资料验收

工程资料验收包括工程技术资料、工程综合资料和工程财务资料的验收。

1. 工程技术资料验收的内容

1）工程地质、水文、气象、地形、地貌、建筑物、构筑物及重要设备安装位置、勘察报告、记录。

2）初步设计、技术设计或扩大初步设计、关键的技术试验、总体规划设计。

3）土质试验报告、基础处理。

4）园林建筑工程施工记录、单位工程质量检验记录、管线强度和密封性试验报告、设备及管线安装施工记录及质量检查、仪表安装施工记录。

5）验收使用、维修记录。

6）产品的技术参数、性能、图纸、工艺说明、工艺规程、技术总结。

7）设备的图纸、说明书。

8）涉外合同、谈判协议、意向书。

9）各单项工程及全部管网竣工图等资料。

10）永久性水准点位置坐标记录。

2. 工程综合资料验收内容

其内容包括项目建议书及批件、可行性研究报告及批件、项目评估报告、环境影响评估报告书、设计任务书，以及土地征用申报及批准的文件、承包合同、招标投标文件、施工执照、项目竣工验收报告、验收鉴定书。

3. 工程财务资料验收内容

1）历年建设资金供应（拨、贷）情况和应用情况。

2）历年批准的年度财务决算。

3）历年年度投资计划、财务收支计划。

4）建设成本资料。

5）支付使用的财务资料。

6）设计概算、预算资料。

7）施工决算资料。

二、工程验收条件及内容

国务院2000年1月发布的《建设工程质量管理条例》（第279号国务院令）规定，建设工程进行竣工验收时应当具备以下条件。

1）完成建设工程设计和合同规定的各项内容。

2）有完整的技术档案和施工管理资料。

3）有工程使用的主要建筑材料、建筑构配件和设备的进场试验报告。

4）有勘察、设计、施工、工程监理等单位分别签署的质量合格文件。

5）有施工单位签署的工程保修书。

工程内容验收包括建筑工程验收、安装工程验收、绿化工程验收。

1. 建筑工程验收内容

建筑工程验收，主要是运用有关资料进行审查验收，具体如下。

1）检查建筑物的位置、尺寸、标高、轴线、外观是否符合设计要求。

2）对基础及地上部分结构的验收，主要查看施工日志和隐蔽工程记录。

3）对装饰装修工程的验收。

2. 安装工程验收内容

安装工程验收是指建筑设备安装工程验收，主要包括园林中建筑物的上下水管道、暖气、燃气、通风、电气照明等安装工程的验收。应检查这些设备的规格、型号、数量、质量是否符合设计要求，检查安装时的材料、材质、材种，检查试压、闭水试验、照明。

3. 园林工程竣工验收主要检查内容

1）对道路、铺装的位置、形式、标高的验收。

2）对建筑小品的造型、体量、结构、颜色的验收。

3）对游戏设施的安全性、造型、体量、结构、颜色的验收。

4）检查场地平整是否满足设计要求。

5）检查植物的栽植，包括种类、大小、花色等是否满足设计及施工规范的要求。

第三节　园林工程竣工验收的依据和标准

一、园林工程竣工验收的依据

1）已被批准的计划任务书和相关文件。

2）双方签订的工程承包合同。

3）设计图样和技术说明书。

4）图样会审记录、设计变更与技术核定单。

5）国家和行业现行的施工技术验收规范。

6）有关施工记录和构件、材料等合格证明书。

7）园林管理条例及各种设计规范。

二、园林工程竣工验收的标准

园林建设项目涉及多种门类、多种专业，且要求的标准也各异，加之其艺术性较强，所以很难形成国家统一标准。因此，对工程项目或一个单位工程的竣工验收，可采用分解成若干部分，再选用相应或相近工种的标准进行（各工程质量验评标准内容详见有关手册）。一般园林工程可分解为园林建筑工程和园林绿化工程两个部分。

1. 园林建筑工程的验收标准

凡园林工程、游憩、服务设施及娱乐设施等建筑应按照设计图样、技术说明书、验收规范及建筑工程质量检验评定标准验收，并应符合合同所规定的工程内容及合格的工程质量标准。不论是游憩性建筑还是娱乐、生活设施建筑，不仅建筑物室内工程要全部完工，而且室外工程的明沟、踏步斜道、散水以及应平整建筑物周围场地都要清除障碍物，并达到水通、电通、道路通。

2. 绿化工程的验收标准

施工项目内容、技术质量要求及验收规范和质量应达到设计要求、验收标准的规定及各工序质量的合格要求，如树木的成活率、草坪铺设的质量、花坛的品种、纹样等。

1）园林绿化工程施工环节较多，为了保证工作质量，做到以预防为主，全面加强质量管理，必须加强施工材料（种植材料、种植土、肥料）的验收。

2）必须强调中间工序验收的重要性，因为有的工序属于隐蔽性质，如挖种植穴、换土、施肥等，待工程完工后已无法进行检验。

3）工程竣工后，施工单位应进行施工资料整理，作出技术总结，提供有关文件，于一周前向验收部门提请验收。提供有关文件如下。

① 土壤及水质化验报告。

② 工程中间验收记录。

③ 设计变更文件。

④ 竣工图及工程预算。

⑤ 外地购入苗木检验检疫报告。

⑥ 附属设施用材合格证或试验报告。

⑦ 施工总结报告。

4）验收时间。乔灌木种植原则上定为当年秋季或翌年春季进行。因为绿化植物是具有生命的，种植后须经过缓苗、发芽、长出枝条，经过一个年生长周期，达到成活方可验收。

5）绿化工程竣工后，是否合格、是否能移交建设单位，主要从以下几方面进行验收：树木成活率达到95%以上；强酸、强碱、干旱地区树木成活达到85%以上；花卉植株成活率达到95%；草坪无杂草，覆盖率达到95%；整形修剪符合设计要求；附属设施符合有关专业验收标准。

第四节　园林工程竣工验收的准备工作

竣工验收前的准备工作是竣工验收工作顺利进行的基础，承接施工单位、建设单位、设计单位和监理工程师均应尽早做好准备工作。

一、工程档案资料的内容

园林工程档案资料是园林工程的永久性技术资料，是园林工程项目竣工验收的主要依据。因此，档案资料的准备必须符合有关规定及规范的要求，必须做到准确、齐全，能够满足园林建设工程进行维修、改造和扩建的需要。一般包括以下内容。

1）有关部门对该园林工程的技术决定文件。

2）竣工工程项目一览表，包括名称、位置、面积、特点等。

3）地质勘察资料。

4）工程竣工图，工程设计变更记录，施工变更洽商记录，设计图样会审记录。

5）永久性水准点位置坐标记录、建筑物、构筑物沉降观察记录。

6）新工艺、新材料、新技术、新设备的试验、验收和鉴定记录。

7）工程质量事故发生情况和处理记录。

8）建筑物、构筑物、设备使用注意事项文件。

9）竣工验收申请报告、工程竣工验收报告、工程竣工验收证明书、工程养护与保修证书等。

二、施工单位竣工验收前的自验

施工自验是施工单位资料准备完成后在项目经理组织领导下，由生产、技术、质量、预算、合同和有关的工长或施工员组成预验小组，根据国家或地区主管部门规定的竣工标准、施工图和设计要求、国家或地区规定的质量标准的要求，以及合同所规定的标准和要求，对竣工项目按工程内容，分项逐一进行全面检查。预验小组成员按照自己所主管的内容进行自检，并做好记录，对不符合要求的部位和项目，要制订修补处理措施和标准，并限期修补好。施工单位在自验的基础上，对已查出的问题全部修补处理完毕后，项目经理应报请上级再进行复检，为正式验收做好充分准备。

1）种植材料、种植土和肥料等，均应在种植前由施工人员按其规格、质量分批进行验收。

2）工程中间验收的工序应符合下列规定。

① 种植植物的定点、放线应在挖穴、槽前进行。

② 种植的穴、槽应在未换种植土和施基肥前进行。

③ 更换种植土和施肥，应在挖穴、槽后进行。

④ 草坪和花卉的整地，应在播种或花苗（含球根）种植前进行。

⑤ 工程中间验收，应分别填写验收记录并签字。

3）工程竣工验收前，施工单位应于一周前向绿化质检部门提供下列有关文件。

① 土壤及水质化验报告。

② 工程中间验收记录。

③ 设计变更文件。

④ 竣工图和工程决算。

⑤ 外地购进苗木检验报告。

⑥ 附属设施用材合格证或试验报告。

⑦ 施工总结报告。

三、编制竣工图

竣工图是如实记录园林场地内各种地上、地下建筑物及构筑物，水电暖通信管线等情况的技术文件。它是工程竣工验收的主要文件。园林施工项目在竣工前，应及时组织有关人员根据记录和现场实际情况进行测定和绘制，以保证工程档案的完备，并满足维修、管理养护、改造或扩建的需要。

1. 竣工图编制的依据

其依据为原设计施工图、设计变更通知书、工程联系单、施工洽商记录、施工放样资料、隐蔽工程记录和工程质量检查记录等原始资料。

2. 竣工图编制的内容要求

1）施工中未发生设计变更、按图施工的施工项目，应由施工单位负责在原施工图纸上加盖"竣工图"标志，可将其作为竣工图。

2）施工过程中有一般性的设计变更，但没有较大结构性的或重要管线等方面的设计变更，而且可以在原施工图上进行修改和补充的施工项目，可不再绘制新图纸，由施工单位在原施工图纸上注明修改或补充后的实际情况，并附以设计变更通知书、设计变更记录和施工说明，然后加盖"竣工图"标志，也可作为竣工图。

3）施工过程中凡有重大变更或全部修改的，如结构形式改变、标高改变、平面布置改变等，不宜在原施工图上修改补充时，应重新绘制实测改变后的竣工图。由原设计原因造成的，由设计单位负责重新绘制；由施工原因造成的，由施工单位负责重新绘图；由其他原因造成的，由建设单位自行绘制或委托设计单位绘制。施工单位负责在新图上加盖"竣工图"标志，并附以有关记录和说明，作为竣工图。

竣工图必须做到与竣工的工程实际情况完全吻合,不论是原施工图还是新绘制的竣工图,都必须是新图纸,必须保证竣工图绘制质量完全符合技术档案的要求。坚持竣工图的校对、审核制度,重新绘制的竣工图,一定要经过施工单位主要技术负责人审核签字。

四、进行工程与设备的试运转和试验的准备工作

一般包括安排各种设施、设备的试运转和考核计划;各种游乐设施,尤其关系到人身安全的设施,如缆车等的安全运行,应是试运行和试验的重点;编制各运转系统的操作规程;对各种设备、电气、仪表和设施做全面的检查和校验;进行电气工程的全面试验,管网工程的试水、试压试验;喷泉工程试水试验等。

第五节　园林工程竣工验收程序

一、竣工项目的预验收

竣工项目的预验收是在施工单位完成自验并认为符合正式验收条件,在申报工程验收之后和正式验收之前的这段时间内进行的。对于委托监理的园林工程项目,总监理工程师应组织其所有各专业监理工程师来完成。竣工预验收要吸收建设单位、设计、质量监督人员参加,而施工单位也必须派人配合竣工验收工作。

预验收工作大致可分为以下两部分。

1. 竣工资料的审查

认真审查技术资料,不仅是正式验收的需要,也是为工程档案资料的审查打下基础。

(1)技术资料审查的主要内容

1)工程项目的开工报告,工程项目的竣工报告。

2)图纸会审及设计交底记录。

3)设计变更通知单。

4)技术变更核定单。

5)工程质量事故调查和处理资料。

6)水准点、定位测量记录。

7)材料、设备、构件的质量合格证书,试验、检验报告。

8)隐蔽工程记录。

9)施工日志。

10)竣工图。

11)质量检验评定资料。

12)工程竣工验收有关资料。

(2)技术资料审查方法

1)审阅。边看边查,把有不当的及遗漏或错误的地方记录下来,然后再对重点仔细审阅,作出正确判断,并与承接施工单位协商更正。

2)校对。监理工程师将自己日常监理过程中所收集积累的数据、资料,与施工单位提交的资料一一校对,凡是不一致的地方都记载下来,然后再与承接施工单位商讨。如果仍有不能确定的地方,再与当地质量监督站及设计单位的佐证资料进行核定。

3)验证。若出现几个方面资料不一致而难以确定时,可重新测量实物予以验证。

2. 工程竣工的预验收

在某种意义上说，园林工程的竣工预验收比正式验收更为重要。因为正式验收时间短促，不可能详细、全面地对工程项目一一查看，而这主要依靠对工程项目的预验收来完成。因此，所有参加预验收的人员均要以高度的责任感，并在可能的检查范围内，对工程数量、质量进行全面的确认，特别对那些重要和易于遗忘的部位都应分别登记造册，作为预验收的成果资料，提供给正式验收中的验收委员会参考和承接施工单位进行整改。

二、正式竣工验收

正式竣工验收是由国家、地方政府、建设单位以及单位领导和专家参加的最终整体验收。大中型园林建设项目的正式验收，一般由竣工验收委员会（或验收组）的主任（组长）主持，具体的事务性工作可由总监理工程师来组织实施。正式竣工验收的工作程序如下。

1. 准备工作

1）向各验收委员会单位发出请柬，并书面通知设计、施工及质量监督等有关单位。

2）拟定竣工验收的工作议程，报验收委员会主任审定。

3）选定会议地点、时间。

4）准备好一套完整的竣工图和验收的报告及有关技术资料。

2. 正式竣工验收

1）由验收委员会主任主持验收委员会会议。会议首先宣布验收委员会名单，介绍验收工作议程及时间安排，简要介绍工程概况，说明此次竣工验收工作的目的、要求及做法。

2）由设计单位汇报设计施工情况及对设计的自检情况。

3）由施工单位汇报施工情况以及自检自验的结果情况。

4）由监理工程师汇报工程监理的工作情况和预验收结果。

5）在实施验收中，验收人员可先后，也可分为两组分别对竣工验收的技术资料及工程实物进行验收检查。在检查中可吸收监理单位、设计单位、质量监督人员参加。在广泛听取意见、认真讨论的基础上，提出竣工验收的统一结论意见，如无异议，则予以办理竣工验收证书和工程验收鉴定书。

6）验收委员会主任或副主任宣布验收委员会的验收意见，举行竣工验收证书和鉴定书的签字仪式。

7）建设单位代表发言。

8）验收委员会会议结束。

三、建设项目竣工验收的质量核定

建设项目竣工验收的质量核定是政府对竣工工程进行质量监督的一种带有法律性的手段，是竣工验收交付使用必须办理的手续。质量核定的范围包括新建、扩建、改建的工业与民用建筑，设备安装工程，市政工程等。质量等级分为合格和不合格两个等级，合格的发给《合格证书》，不合格的不发给证书，待整改、验收合格后发给《合格证书》。

1. 申报竣工质量核定的工程条件

1）必须符合国家或地区规定的竣工条件和合同规定的内容。委托工程监理的工程，必须提供监理单位对工程质量进行监理的有关资料。

2）必须具备各方签认的验收记录。对验收各方提出质量问题，施工单位进行返修的工程，应具备建设单位和监理单位的复验记录。

3）提供按照规定齐全有效的施工技术资料。

4）保证竣工质量核定所需的水、电供应及其他必备的条件。

2. 质量核定的方法和步骤

1）单位工程完成之后，施工单位应按照国家检验评定标准的规定进行自验，符合有关规范、设计文件和合同要求的质量标准后，提交建设单位。

2）建设单位组织设计、监理、施工等单位，对工程质量评出等级，并向有关的监督机构提出申报竣工工程质量核定。

3）监督机构在受理竣工工程质量核定后，按照国家的《工程质量检验评定标准》进行核定，经核定合格或优良的工程，发给《合格证书》，并说明其质量等级。工程交付使用后，如工程质量出现永久缺陷等严重问题，监督机构将收回《合格证书》，并予以公布。

4）经监督机构核定不合格的单位工程，不发给《合格证书》，不准投入使用，责任单位在规定期限返修后，再重新进行申报、核定。

5）在核定中，如施工单位资料不能说明结构安全或不能保证使用功能的，由施工单位委托法定监测单位进行监测，并由监督机构对隐瞒事故者进行依法处理。

第六节　园林工程项目的移交

园林工程的交接，一般主要包括工程移交和技术资料移交两大部分内容。

一、工程移交

当竣工验收合格后，施工单位对一些漏项和工程缺陷进行修补，拆除临时设施，撤出施工场地，将工程移交给建设单位。当移交清点工作结束后，监理工程师签发工程竣工交接证书。签发的工程竣工交接书一式三份，建设单位、承接施工单位、监理单位各一份。

二、技术资料的移交

技术资料由建设单位、施工单位、监理单位三家共同提供，由施工单位整理，交监理工程师审阅，审阅无误后，装订成册后交给建设单位。

第七节　园林工程回访及保修

园林工程项目交付使用后，在一定期限内施工单位应到建设单位进行回访，对该项工程的相关内容进行养护管理和维修工作。对由于施工责任造成的使用问题，应由施工单位负责修理，直至达到能正常使用为止。

回访、养护及维修，体现了承包者对工程项目负责的态度和优质服务的作风，并可在回访、养护及保修的同时，进一步发现施工中的薄弱环节，以便总结经验、提高施工技术和质量管理水平。

一、回访的方式

工程移交后，由项目经理组织相关人员，到建设单位查看现场、听取意见、做好记录，对发现的问题制定整改措施，进行整改，具体方式如下。

（1）季节性回访

一般是雨季回访屋面、墙面的防水情况，自然地面、铺装地面的排水组织情况，植物的生长情况;冬季回访植物材料的防寒措施搭建效果,池壁驳岸工程有无冻裂现象等。

(2)技术性回访

主要了解园林施工中所采用的新材料、新技术、新工艺、新设备的技术性能和使用后的效果,新引进的植物材料的生长状况等。

(3)保修期满前的回访

主要是在保修期将结束时,提醒建设单位注意各设施的维护、使用和管理情况,并对遗留问题讲行处理。

二、保修保活的范围和时间

(1)保修、保活范围

一般来讲,凡是园林施工单位的责任或由于施工质量不良而造成的问题,都应该实行保修。

(2)养护保修保活时间

自竣工验收完毕次日起,绿化工程一般为1年,由于竣工当时不一定能看出所栽植的植物材料的成活情况,需要经过一个完整的生长期的考验,因此1年是最短的期限。土建工程的结构工程为整个寿命期,防水工程一般为5年;水、电、卫生和通风等工程,一般保修期为1年;采暖工程为1个采暖期。保修期长短也可以承包合同为准。

三、经济责任

园林工程一般比较复杂,修理项目的问题往往由多种原因造成,所以经济责任必须根据修理项目的性质、内容和修理原因等诸多因素,由建设单位、施工单位和监理工程师共同协商处理。一般本着责任自负的原则,即由谁引起由谁负担经济责任。

第八节 园林工程养护期管理

园林工程的施工完工并不意味着工程的结束,一般情况下还要按照有关规定对所承包的工程进行一定时间的养护管理,以确保工程的质量合格。竣工后的养护期根据不同的工程情况时间长短也不相同,一般为1~3年。俗话说:"三分种植,七分养护",这说明了养护管理的重要性。根据不同花木的生长需要与道路景观的要求及时对花木进行浇水、施肥、除杂草、修剪、病虫害防治等工作,这是苗木赖以生存的根本。由于园林工程所特有的生物特点,对种植材料的养护管理几乎成为所有园林工程养护计划的重中之重,要细致规划、认真实施,以确保所种植的植物的成活率。

一、园林工程绿地养护管理措施

1. 浇水

土壤、水分、养分是植物生长必不可少的3个基本要素。在土壤已经选定的条件下,必须保证植物生长所需的水分和养分,以利于尽快达到绿化设计要求和景观效果。

1)浇水原则。根据不同植物生物学特征(树木、花、草)、大小、季节、土壤干湿程度确定。需做到及时、适量、浇足浇遍、不遗漏地块和植株。生长季节及春旱、秋旱季节适时增加叶面喷水,保证土壤湿度及空气湿度。

2)浇水量。根据不同植物种类、气候、季节和土壤干湿度确定。一般情况下,乔木30~40kg/(次·株),灌木20~30kg/(次·m^2),草坪10~20kg/m^2,深度达根部、土壤不干涸为宜。

气候特别干旱时,除浇足水外,还应增加叶面喷水保湿,减少蒸发。要求浇遍浇透。

3)浇水次数。开春后植物进入生长期,需及时补充水分。生长期应每天浇水,休眠期每半月或一个月浇水一次,花卉草坪应按生长要求适时浇水。各种植物年浇水次数不得少于下列值:乔木6次;灌木8次;草坪18次。

4)浇水时间。浇水时间集中于春、夏、秋末。夏季高温季节应在早晨或傍晚时进行,冬季宜午后进行。每年9月至次年5月,每周对灌木进行冲洗,确保植物叶面干净。

5)浇水方式。无论是用水车喷洒或就近水桩灌溉,都必须随时满足浇水所用工具和机具运行良好。最好采用漫灌式浇水。土壤特别板结或泥沙过重水分难以渗透时,应先松土,草坪打孔后再浇。肉质根及球根植物浇水以土壤不干燥为宜。

6)雨季注意防涝排洪,清除积水,防止树木倒伏,必要时可用支柱扶正。

2. 施肥

1)肥料是提供植物生长所需养分的有效途径。城市本身土质较差,空气污染较严重,土壤肥力较低,施肥工作尤为重要。

2)施肥主要有基肥和追肥。植物休眠期内施基肥,以充分发酵的有机肥最好。追肥可用复合有机肥或化肥,花灌木在开花后,要施一次以磷钾为主的追肥。秋季采用磷、钾肥后期追肥,施肥以浇灌为主,结合叶面喷洒等辅助补肥措施施行。

3)施肥量。根据不同植物、生长状况、季节确定。应量少次多,以不造成肥害为度,同时满足植物对养分的需要。追肥因肥料种类而异,如尿素亩用量不超过20kg。

4)施肥次数。根据不同植物、生长状况、季节确定,如乔木基肥每年不少于1次,追肥每年不少于2次;草坪、花卉追肥1次以生态有机肥为主,适量追加复合肥。追肥通常安排在春夏两季。特殊情况下,如有特殊要求以及花卉应增加施肥次数。地被植物氮、磷、钾肥按10∶8∶6的比例在每年春秋雨季,结合浇水进行追肥,用量为$3.0g/m^2$,同时施用生态有机肥与灌沙打孔工作结合进行,以增加植物抗性及长势,秋冬季结合疏草、打孔、切根、追肥、供水。

5)新栽植物或根系受伤植物,未愈合前不应施肥。

6)施肥应均匀,基肥应充分腐熟埋入土中,化肥忌干施,应充分溶解后再施用,用量应适当。

7)施肥应结合松土、浇水进行。

3. 松土、除草

1)松土。生长季节进行,用钉耙或窄锄将土挖松,应在草坪上打孔、打洞改善根系通气状况,调节土壤水分含量,提高施肥效果。将打孔、灌沙、切根、疏草结合进行,一般采用50穴$/m^2$,穴间距为15cm×5cm,穴径为1.5~3.5cm,穴深为8cm,每年不能少于2次。

2)除草。掌握“除早、除小、除了”的原则。绿地中应随时保持无杂草,保证土壤的纯净度。除草应尽量连根除掉。杂草采用人工除草与化学除草相结合,一旦发现杂草,除用人工挑除外,还可用化学除草剂,如用2.4-D类杀死双子叶杂草。应正确掌握和了解化学除草剂的药理。但应先实验后使用,以不造成药害为度。

4. 植物的修剪

1)修剪应根据植物的种类、习性、设计意图、养护季节、景观效果进行,修剪后要求达到均衡树势、调节生长、花繁叶茂的目的。

2)修剪包括剥芽、去蘖、摘心摘芽、疏枝、短截、疏花疏果、整形、更冠等技术方法,宜多疏少截。

3）修剪时间。天竺桂等落叶乔木在休眠期进行，灌木根据设计的景观造型要求及时进行。

4）修剪次数。乔木不能少于1次/年，造型色彩灌木4～6次/年，结合修剪清除枯枝落叶。球形植物的弧边要求修剪圆阔。

5）花灌木定型修剪。分枝点上树冠圆满，枝条分布均匀，生长健壮，花枝保留3～5个，随时清除侧枝、蘖芽。球形灌木应保护树冠丰满，形状良好。色块灌木按要求的高度修剪，平面平整，边角整齐。绿篱式灌木观赏的三方应整齐。

6）对某种植物进行重度修剪时或操作人员拿不准修剪尺度时，须通知监理工程师，在其指导下进行。

7）修剪须按技术操作规程和要求进行，同时须注意安全。

5. 病虫害防治

1）植物病虫害防治可以保证植物不受伤害，达到理想的生长效果，是养护管理的重要措施，必须及时有效地抓好该项工作。

2）病虫害防治必须贯彻"预防为主，综合防治"的植保方针，病虫害发生率应控制在5%以下。尽可能采用综合防治技术，使用无污染、低毒性农药把农药污染控制在最低限度。

3）掌握植物病虫发生、发展规律，以防为主，以治为辅，将病虫控制和消灭在危害前，要求勤观察发现，及时防治。

① 食叶害虫，在幼虫盛卵期采用90%晶体敌百虫1000～1500倍液，25%溴氢菊酯400倍液喷施防治；冬季结合修校整形剪除上部越冬虫口，并将剪下虫苞集中销毁。防治蚧壳虫、螨类、蚜虫等，先用40%氧化乐果1500～2000倍液，40%速蚧克、速补杀进行防治。

② 植物病害，结合乔、灌木具体树种针对进行，养护管理期，应加强管理，注意通风，控制温度，增施磷、钾肥，增强植物抗病能力，及时清除病枝、病叶。在药剂方面最好在早春发芽前喷2%～3% Be石硫合剂，以杀死越冬病菌。发病期喷25%粉锈宁可湿性粉剂1500～2000倍液或70%甲基托布津，50%代森铵等可湿性粉剂800～1500倍液，以控制蔓延，时间要求每隔10d左右一次，连续2～3次用药，防治锈病、白粉病、黑斑病等症状。力争做到预防为主，综合防治。

4）正确掌握各种农药的药理作用，充分阅读农药使用说明书，注意农药的使用，对症下药，配制准确，使用方法正确。混合充分、喷洒均匀，不造成药害。

5）防治及时、不拖不等。乔木3～5次/年；灌木5～8次/年；草坪8～12次/年。

6）农药应妥善保管，严格按操作规程使用，特别是道路绿化区域的特殊情况，应高度注意自身及他人安全。

6. 补栽

1）补栽应按设计方案使用同品种，同规格的苗木。补栽的苗木与已成形的苗木胸径相差不能超过0.5cm，灌木高度相差不能超过5cm，色块灌木高度相差不得超过10cm。

2）补栽须及时，不得拖延。原则上自行确定补栽时间，当工程管理部门通知补栽时不得超过5个工作日。

3）补栽的植物须精心管理，保证成活，尽快达到同种植物标准。

7. 支柱、扶正

1）道路绿地车流量大，人员流动量大，常会发生因人为因素损坏植物的情况，加上绿地区域空旷，夏季风大难免造成树木倾斜和倒伏，因此扶正和支柱非常重要。

2）支柱所用材料为杉木杆或竹竿，一般采用三角支撑方式，原则上以树木不倾斜为准。不得影响行人通行，并且满足美观、整齐的要求。

3）扶正和支柱须每月有一次专项检查。采用铁丝作捆扎材料，一定时期应检查捆扎材料对树木有无伤害，如有伤害应及时拆除捆扎材料，另想他法。

8. 绿地清洁卫生

1）每天8:00～12:00，14:00～18:00必须有保洁人员在现场，随时保持绿地清洁、美观。

2）及时清除死树、枯枝。

3）及时清除垃圾、砖头、瓦块等废弃物。

4）及时清运剪下的植物残体。

二、高温与寒冷季节绿地养护措施

1. 高温季节的养护技术措施

1）对于树冠过于庞大的苗木进行适当修剪、抽稀，减少苗木地上部分的水分蒸发。

2）在每日早晚进行喷水养护，保持苗木地上部分潮湿的环境，建立苗木生长小环境。

3）针对一些不耐高温及新种苗木采取遮阴措施，但是傍晚必须扯开遮阴网，保证苗木在晚上吸收露水。

4）经常疏松苗木根部的土壤，如果有必要一些大乔木还可以根部培土，保证土壤保水能力以及植物生长需要。

2. 防寒养护技术措施

1）加强栽培管理，适量施肥与灌水，促进树木健壮生长，叶量、叶面积增多，光和效率高，光和产物丰富，使树体内积累较多的营养物质，增加抗寒力。

2）灌冻水。在冬季土壤易冻结地区，于土地封冻前，灌足一次水，叫“灌冻水”。灌冻水的时间不宜过早，否则会影响抗寒力，一般以“日化夜冻期”灌为宜。

3）根茎培土。冻水灌完后结合封堰，在树木根茎部培起直径80～100cm、高40～50cm的土堆，防止冻伤根茎和树根。同时也能减少土壤水分的蒸发。

4）复土。在土地封冻以前，可将枝条柔软、树身不高的乔灌木压倒固定。覆细土40～50cm，轻轻压实。这样不仅能防冻，还可以保持技干的温度，防止有枯梢。

5）架风障。为减低寒冷、干燥的大风吹袭，造成树木冻旱的伤害。可以在树的上方架设风障，高度要超过树高，并用竹竿或杉木桩牢牢钉住，以防备大风吹倒，漏风处再用稻草在外披覆好，或者在席外抹泥填缝。

6）涂白。用石灰加石硫合剂对树干涂白，可以减少向阳皮部因昼夜温差大引起的危害，还可以杀死一些越冬病虫害。

7）春灌。早春土地开始解冻后，及时灌水，经常保持土壤湿润，可以降低土温，防止春风吹袭使树枝干枯。

8）培月牙形土堆。在冬季土壤冻结、早春干燥多风的大陆性气候地区，有些树种虽耐寒，但易受冻旱的危害而出现枯梢。针对这种原因，对于不便弯压埋土防寒的植株，可在土壤封冻前，在树木北面，培一向南弯曲、高30～40cm的月牙形土堆。早春可挡风，根系能提早吸水和生长，即可避免冻旱的发生。

9）卷干、包草：冬季湿冷的地方，对不耐寒的树木（尤其是新栽树），用草绳绕干或用稻草包裹主干和部分主枝来防寒。

第九章　园林经济管理

第一节　园林企业经营

一、园林企业经营概述

1. 园林企业经营

(1)园林企业经营的概念

园林企业经营是园林企业的经济系统根据企业所处的外部环境和条件,把握机会,发挥自身的特长和优势,为实现企业总目标而进行的一系列有组织的活动。园林企业经营包含了企业为实现其预期目标所进行的一切经济活动,包括企业经营目标、经营方针、经营思想、经营计划、经营战略,以及生产、供应、销售、服务等活动的全部内容。

(2)园林企业经营的构成要素

园林企业经营是以园林商品的生产、流通、服务等经济活动为主要内容。园林企业经营是以园艺植物为中心的生产经营活动,企业经营应具备土地、人力、物力、财力、技术、管理和信息等基本要素。

(3)园林企业经营的特征

园林企业有着与一般企业相类似的基本特征,其经营管理与一般企业有许多相似之处。但由于种植资源的特殊性,种植对象的个体差异性,种植管理技术的专业性,园林企业提供的产品和服务又表现出与一般企业所不同的特征。

1)园林企业经营周期长。其经营成果受自然界因素的制约。

2)园林企业经营的多层次性。我国园林行业的特点和管理机制,决定了园林企业经营是多元化经营、多目标经营、多层次经营。

3)园林企业的地域性经营突出。由于园艺植物受气候、土壤等自然环境因素影响较大,导致园林企业地域性经营明显。

由于园林企业的地位和功能,企业的经营越来越受到外部环境的影响。经营方式多样,经营方法灵活,经营渠道畅通,讲求经营效益是园林企业经营的核心。

2. 园林企业经营思想

园林企业在经营过程中需要处理的关系涉及方方面面,其经营思想的内容相当广泛。由于人们对企业经营中的主要关系的认识存在差异性,因此,对园林企业经营思想的主要内容的认识也存在区别。

1)市场观念,是指园林企业处理自身与顾客之间关系的经营思想。顾客需求是企业经营活动的出发点和归宿,是园林企业的生存发展之源。

2)竞争观念,是指园林企业处理自身与竞争对手之间关系的经营思想。竞争就其本质而言,就是优胜劣汰。竞争存在于企业生产经营活动的全过程。

3)效益观念，是指园林企业处理自身投入与产出之间关系的经营思想。

4)质量观念，质量是指一定标准的使用价值，一般包括产品性能、寿命、可靠性和安全性。以产品质量和数量满足社会需要，是企业存在的社会性目的。

5)创新观念，是指园林企业处理现状和变革之间关系的经营思想。企业的创新观念主要体现在以下3个方面：一是技术创新，包括新产品开发、老产品的改造、新技术和新工艺的采用以及新资源的利用；二是市场创新，即新市场的开拓；三是组织创新，包括变革原有的组织形式，建立新的经营组织。

6)长远观念，是指园林企业处理自身近期利益与长远发展关系的经营思想。企业领导者如何兼顾这对矛盾，是长远观念的核心。

7)人才观念，涉及“识才”、“育才”、“用才”问题。园林企业在人才观念上要做到用人所长，德长为本，才长为主，扬长避短，优化人才结构。

8)信息观念。当今社会已进入信息时代，信息是一种重要的资源。与园林企业经营有关的信息主要有市场需求信息、原材料及半成品供应信息、货币和资本市场信息等。

9)社会观念，是指园林企业处理自身发展关系的经营思想。企业之所以能存在，就在于能对社会作出某些贡献。企业的发展为社会作出了贡献，社会的发展又为企业的发展创造了一个良好的外部环境。

二、园林企业经营形式

园林企业经营形式是在一定的所有制条件下，实现园林企业再生产过程的经营组织、结构、规模、责权利关系及生产要素的组合形式。

园林企业经营形式的核心在于明晰其责权利关系。使之实现恰当的结合，以调动生产经营者的积极性。

1. 承包经营与租赁经营

(1)承包经营

园林企业承包经营是按照所有权和经营权分离的原则，以承包合同的形式明确所有者与经营者的责权利关系，使经营者实行自主经营、自负盈亏的一种经营形式。

(2)租赁经营

园林企业租赁经营，是在所有权不变的前提下，园林企业将一部分(或全部)生产资料租赁给集体或个人经营，承租方向出租方交付租金并对企业实行自主经营，在租赁关系终止时，返还所租财产。

2. 股份合作制

股份合作制企业是以合作制为基础，实行以劳动合作与资本合作相结合。按劳分配与按股分红相结合，职工共同劳动，共同占有生产资料，利益共享，风险共担，股权平等，民主管理的企业法人组织。

3. 股份制企业

股份制企业是指两个或两个以上的利益主体，以集股经营的方式自愿结合的一种企业组织形式。

(1)股份制企业的类型

股份制企业主要有3种类型，一是法人持股的股份制，二是企业内部职工持股的股份制，三是向社会公开发行股票的股份制。我国股份制企建设单位要有股份有限公司和有限责任公司两种组织形式。

(2)股份制企业的特点

1)发行股票,作为股东入股的凭证,一方面借以取得股息,另一方面参与企业的经营管理。

2)建立企业内部组织结构,股东代表大会是股份制企业的最高权力机构,董事会是最高权力机构的常设机构,总经理主持日常的生产经营活动。

3)具有风险承担责任,股份制企业的所有权收益分散化,经营风险也随之由众多的股东共同分担。

4)具有较强的动力机制,众多的股东都从利益上去关心企业资产的运行状况,从而使企业的重大决策趋于优化,使企业发展能够建立在利益机制的基础上。

(3)股份制企业和股份合作制企业在经营上的主要区别

1)在集资方式上,股份制企业面向社会募集股份;股份合作制企业向企业内部募股。

2)在合资方式上,股份制一般仅是资本的联合;而股份合作制是在劳动合作的基础上的资本联合,企业职工共同劳动,共同占有和支配生产资料。

3)在表决方式上,股份制实行一股一票制,股份越多,表决时越有发言权;而股份合作制则实行一人一票制,企业实行民主管理,决策体现多数人的意愿。

4)在股份的操作上,股份公司的个人股份经批准可上市交易;而股份合作制的职工个人股不得上市交易,企业职工利益共享,风险共担。

5)在分配方式上,股份制实行按股分红;而股份合作制除了按股分红外,还有按劳分配。

6)在适用范围上,股份制作为现代企业的一种资本组织形式,不具有基本制度属性;而股份合作制是我国城乡群众在改革中产生的新事物,是公有制的组成部分。

4. 现代企业制度

(1)现代企业

现代企业是建立在劳动分工基础上拥有现代企业制度、现代科学技术、现代经营技术、经营权完整的经济组织。

(2)现代企业制度

1)现代企业制度的含义

现代企业制度是指以市场经济为前提,以规范和完善的企业法人制度为主体,以有限责任制度为核心,适应社会化大生产要求的一整套科学的企业组织制度和管理制度。现代企业制度的核心内容包括规范和完善的企业法人制度,严格而清晰的有限责任制度,科学的企业组织制度,科学的企业管理制度。其运行环境是市场经济体制,生产技术条件是社会化大生产。

现代企业制度有着十分丰富的内涵,它是当前最为发达的一种企业体制。我国社会主义市场经济条件下建立的现代企业制度,主要包括现代企业产权制度、现代企业组织制度、现代企业管理制度3个方面的主要内容,三者之间相辅相成,共同构成了现代企业制度的总体框架。

2)现代企业制度的基本特征

现代企业制度的基本特征可以概括为产权清晰、权责明确、政企分开、机制灵活、管理科学等方面。

① 产权清晰。是指产权在法律上和经济上的清晰。产权在法律上的清晰是指有具体的

部门和机构代表国家对国有资产行使占有、使用、处置和收益等权利,以及国有资产的边界要“清晰”。产权在经济上的清晰是指产权在现实经济运行过程中是清晰的,它包括产权的最终所有者对产权具有极强的约束力,以及企业在运行过程中要真正实现自身的责权利的内在统一。

② 权责明确。健全的法人制度使企业各方权责明确,即合理区分和确定企业所有者、经营者和劳动者各自的权利和责任。法人制度的核心是法人财产制度,法人财产制度的核心则是确立企业法人产权。

③ 政企分开。基本含义是实现“三分开”,一是实现政资分开,即政府的行政管理职能与国有资产的所有权职能的分离,二是在政府所有权职能中实现国有资产的管理职能同国有资产的营运职能的分离,三是在资本营运职能中实现资本的经营同财产经营的分离。

④ 机制灵活。企业在经营管理活动过程中,完全按照国内外市场需求组织生产经营活动,面向市场。在国家宏观调控下,各类企业在市场中平等竞争,优胜劣汰,实现企业和社会生产的良性发展。

⑤ 管理科学。这是一个具有广泛意义的概念。从广义上看,它包括了企业组织合理化的含义,如“横向一体化”、“纵向一体化”、公司结构的各种形态等。一般而论,规模较大、技术和知识含量较高的企业,其组织形态趋于复杂。从较为具体的意义上说,管理科学要求企业管理的各个方面,如质量管理、生产管理、供应管理、销售管理、研究开发管理、人事管理等方面科学化。

5. 园林企业经营战略

(1)园林企业经营战略的特点

1)全局性。园林企业的经营战略是以企业的全局为对象,根据企业总体发展需要制定的。

2)长远性。园林企业的经营战略,既是企业谋取长远发展要求的反映,又是企业对未来较长时期内如何生存和发展的通盘筹划。

3)抗争性。园林企业经营战略是关于企业在激烈的竞争中如何与竞争对手抗衡的行动方案,同时也是针对来自各方面的诸多冲击、压力、威胁和困难,迎接这些挑战的行动方案。

4)纲领性。园林企业经营战略规定的是企业总体的长远目标、发展方向、发展重点和前进道路,以及所采取的基本行动方针、重大措施和基本步骤,这些都是原则性的、概括性的规定,具有行动纲领的意义。

(2)园林企业经营战略的构成要素

1)经营范围。是指园林企业从事生产经营活动的领域。又称为企业的定域。它反映出园林企业目前与其外部环境相互作用的程度,也可以反映出企业战略计划与外部环境发生作用的要求。

2)资源配置。是指园林企业过去和目前资源和技能配置的水平和模式。资源配置的好坏会极大地影响园林企业实现自己目标的程度。

3)竞争优势。是指园林企业通过其资源配置的模式与经营范围的决策,在市场上所形成的与其竞争对手不同的竞争地位。竞争优势主要来自产品成本和质量,企业拥有的特殊资产和专门知识。

4)协同作用。是指园林企业从资源配置和经营范围的决策中所能寻求到的各种共同努力的效果，包括投资协同作用、作业协同作用、销售协同作用、管理协同作用。

三、园林企业文化建设

1. 园林企业文化结构

企业文化和企业形象是关系到企业生存与发展的一个重要的观念。近年来，企业文化的建设、企业形象的树立越来越受到众多园林企业的重视。

企业文化是企业在发展中形成的一种企业员工共享的价值观念和行为准则，是运用文化的特点和规律，以提高人的素质为基本途径，以尊重人的主体地位为原则，以培养企业经营哲学、企业价值观和企业精神等为核心内容，以争取企业最佳综合效益为目的的管理理论、管理思想和管理方式。

狭义的企业文化是指企业生产经营实践中形成的一种基本精神和凝聚力，以及企业全体员工共有的价值观念和行为准则。

广义的企业文化除了上述内容外。还包括企业员工的文化素质，企业中有关文化建设的措施、组织、制度等。

园林企业文化的构成要素有企业环境、价值观念、企业规章制度、企业英雄、企业形象等。

园林企业文化具有导向功能、约束功能、激励功能、凝聚功能、辐射功能。

2. 园林企业文化建设

(1) 园林企业文化建设的内容

1) 园林企业物质文化

园林企业物质文化是由企业员工创造的产品和各种物质设施等构成的器物文化，它是一种物质形态的表层企业文化，是企业行为文化和企业精神文化的显现和外化结晶。

① 企业环境。是企业文化的一种外在象征，它体现了企业文化的个性特点，包括工作环境和生活环境两部分。工作环境就是要为员工提供良好的劳动氛围，生活环境包括企业员工的居住、休息、娱乐等客观条件和服务设施等方面。

② 企业器物。包括企业产品、生产资料、文化实物等方面的内容。其核心内容是企业产品。产品以市场为存在前提，其存在价值体现出企业精神。

③ 企业标志。是企业文化的可视象征之一，是体现园林企业文化个性化的标志，包括企业名称、企业象征物等。

2) 园林企业行为文化

园林企业行为文化是企业在生产经营、人际关系中产生的活动文化，它是以人的行为为形态的中层企业文化，以动态形式作为存在形式。

① 企业目标，是以企业经营目标形式表达的一种企业观念形态的文化。企业目标作为一种意念、一种符号、一种信号传达给企业员工，引导企业员工的行为。

② 企业制度，是一种行为规范，是为了达到某种目的，维护某种秩序而人为制定的程序化、标准化的行为模式和运行方式。

③ 企业民主，是企业政治文化问题。它作为企业文化的一个方面，包括员工的民主意识、民主权利、民主义务等内容。充分发挥企业民主，有利于确定企业员工的主人翁地位，有利于改善干群关系，有利于提高企业在市场竞争中的应变能力。

④ 企业文化活动，是企业员工在生产经营、学习娱乐中产生的文化，具有功能性、开发性和社会性的特点。园林企业文化活动有文体娱乐性活动、福利性活动、技术性活动、思想性活

动等形式。

⑤ 企业人际关系，是园林企业员工在社会生活中发生的人际交往关系，包括企业中领导与被领导之间的纵向关系和同事之间的横向关系。

3)园林企业精神文化

园林企业精神文化，是指企业在生产经营中形成的一种企业意识和文化观念，它是一种以意识形态为存在形式的深层企业文化，是由企业的精神力量形成的一种文化优势，是由企业的文化心理积淀的一种群体意识，是企业文化中的核心文化。

① 企业哲学，是对企业全部行为的一种根本指导。企业哲学的根本问题是企业中人与物、人与经济规律的关系问题。

② 企业价值观，是企业决策者对企业性质、经营目标、经营方式的取向所作出的选择。价值观是企业生存、发展的内在动力和企业行为规范制度的基础。

③ 企业精神，是现代意识与企业个性结合的一种群体意识。现代意识是由现代社会意识、市场意识、质量意识、信念意识、效益意识、文明意识、道德意识等汇集而成的一种综合意识。企业个性是企业的价值观念、发展目标、服务方针和经营特色等的具体体现。

④ 企业道德，是调整企业之间、员工之间关系的行为规范的总和。一方面，企业道德是企业经营管理理论与实践的一种必然产物；另一方面，企业道德又是人们在实践中求生存、谋发展的主体性的强烈表现。

(2)园林企业文化建设的程序

1)分析评估阶段。在规划园林企业文化建设时，首先要调查了解企业的历史、现状和特点以及企业的社会环境，企业在同行业中的地位等资料，认真分析研究，作出科学的定位和评估。

2)设计阶段。在调查分析的基础上，根据园林企业本身的特点，结合企业目标、企业精神、企业价值观、企业道德、企业制度、企业风貌等方面，发动广大员工参与讨论和设计，提出具有本企业特色的企业文化建设的目标，成为大家共同遵守的行为准则。

3)培育和执行阶段。企业文化建设的目标一经提出，就应加以具体化。在培育和执行园林企业文化时，应着重从以下 4 个方面入手：一是要企业领导者强有力的指挥；二是要将目标层层分解，使其落实到各个管理层次；三是要发动企业全体成员参加；四是要大力宣传和提倡，以便形成舆论导向，使新的观念不断深入人心，久而成俗，为广大员工认同和接受。

4)总结和提高阶段。企业文化在培育执行过程中，一方面，会经常暴露出一些问题，需要不断地加以分析研究和改进；另一方面，企业外部环境和企业内部条件在不断变化，企业文化的内容就应不断地进行总结和优化，使其成为适应我国市场经济体制需要的具有中国特色的园林企业文化。

3. 园林企业文化与企业形象

(1)企业形象

1)企业形象的含义

企业形象一词来源于英文 Corporate Identity，在国外又称为 Corporate Image，缩写为 CI，译为“企业形象”或“企业识别”。

企业形象可以从不同的角度予以界定。就企业与公众的关系而言，企业形象是公众对企业在运作过程中表现出来的行为特征和精神风貌的总体性评价和综合性反映，是企业的外观现象和内在本质、物质文明和精神文明的有机统一。就企业角度而言,企业形象是企业的无形资产,是企业文化的集中体现。

2)企业形象的功能

① 树立良好的企业形象。企业形象是企业文化建设的重要组成部分,它不仅对创建品牌、增强企业竞争力、提高企业经营管理水平和经济效益等方面发挥重要作用,同时还有助于企业赢得顾客信任、吸引优秀人才、获得企业间的协助与合作,帮助企业推进社会主义精神文明建设。

② 增强消费信心。社会公众对企业的印象和评价,实际上裁定的是企业可信与否。良好的企业形象,使社会公众产生信任和依赖感,愿意与之发生经济利益上的联系。显然,增强公众对企业的信任和赞誉,就意味着企业有了广阔的市场发展空间和良好的前景。

③ 提升消费文明。企业取信于民,对内可以产生强大的凝聚力,对外可引导消费潮流和提升消费文明。因为企业负有推动经济进步和社会发展的责任,只有企业形象卓著的企业,才能带动和引导消费文明,建立企业与社会的和谐相处,形成共同发展的良好局面。

④ 创造良好的经营环境。企业诚信可靠,形象良好,社会公众拥戴,不仅会带来资金融通上的便利,政府主管部门也会大力支持其发展,企业的产、供、销、服务就易于协调和畅通,而且会不断扩大贸易伙伴的范围,有更自由的选择空间。

(2)园林企业形象的构成要素

园林企业形象是企业实态的外在反映,它由不同要素构成,基本上可分为有形要素、无形要素和企业员工三大类。

具体而言,园林企业的有形要素包括企业的产品、技术设备、企业内外环境、广告与产品包装等内容。园林企业的无形要素包括企业的经营理念、企业精神、企业知名度与美誉度等内容。园林企业员工包括员工素质、职业道德、言谈举止等内容。这些要素从不同侧面体现出园林企业的整体形象。其中,对企业影响较大的有产品形象、环境形象、员工形象、企业信誉等。

(3)塑造园林企业形象的基本原则

1)差异性原则。塑造企业形象必须体现园林企业的个性特征,让公众在众多企业中所记忆、识别,并产生良好评价。园林企业形象塑造要突出行业特点,特别是体现本企业鲜明的个性和过人之处。形成与同行企业的明显区别,才能在市场中独树一帜,易为消费者和公众识别、记忆,进而产生印象和评价。贯彻差异性原则,可以确保企业形象的塑造与传播收到圆满的效果。

2)客观性原则。园林企业形象的树立以切实有效的行动为基础,消费者和社会公众最终评判企业优劣的尺度,是企业在社会经济中真实的行为。园林企业塑造企业形象要真实和可信,只有这样,其在公众中的传播与弘扬才会收到良好的预期效果。

3)系统性原则。园林企业形象的塑造应以战略眼光看待长远的发展,分阶段、分步骤从点滴做起。企业内部各部门应统一动作,协调配合,全方位出击,企业作为一个整体的形象,才能逐渐在社会中得以确立。同时,企业形象塑造应遵循严格的科学要求和技术性原则,以经营理念为核心,以行为输出为体现,以具有冲击力的视觉识别符号为表现形式,才能达到公众认识、识别企业和塑造良好企业形象的目的。

4)全员认同原则。园林企业形象关乎企业的发展和全体员工的利益,因而它不仅仅是企业领导或某一部门的事。确立企业形象必须让全体员工参与,让全体员工全身心地投入到企业形象的塑造工作中去。否则,企业形象塑造只能流于形式,难以取得实际的效果。

(4)企业文化与企业形象的关系

企业文化与企业形象密不可分,从一定意义上讲,企业形象是企业文化的一个组成部分,是企业文化的外化,是企业文化在传播和对外交往中的映射。企业文化则是企业形象的核心和灵魂。企业文化决定企业形象。企业形象与企业文化是一种标和本的关系,是从不同的角度反映企业特色。企业文化是从内部管理的角度反映企业优劣,企业形象是从社会评价的角度反映企业的好坏。两者之间的关系表现为以下几个方面。

1)企业文化是一种客观存在,而企业形象则是企业文化在人们头脑中的反映,属于主观意识形态范畴。如果没有业已存在的企业文化,就不会有公众心目中的企业形象。因此,企业文化是企业形象的根本前提,企业文化决定企业形象。

2)企业形象对企业文化的反映有一个过程。由于人们的认识过程受到客观条件和自身认识水平的限制,公众心目中形成的企业形象不一定是企业文化的客观真实或全面的反映,这就会造成企业文化和企业形象之间在某些方面存在着差距。随着公众对企业认识过程的不断深入,两者之间的差距会逐渐缩小。

3)企业形象不是对企业文化的全部反映。由于企业出于自身需要,企业文化的有些内容是不会通过媒介向外传播的,所以,企业文化与企业形象在内涵上存在差别。

4)企业形象的塑造对企业文化建设具有促进作用。企业树立起来的良好形象一旦广为传播,这种形象反过来又会给企业带来压力,从而约束企业的行为,迫使企业练好"内功",提高内在素质。同时也给企业员工带来自豪感和工作动力。

第二节　园林生产要素管理

一、人力资源管理

1. 人力资源概念

所谓人力资源,狭义地讲是指能够推动整个经济和社会发展的具有智力劳动和体力劳动能力的人的总和,它包括数量和质量两个方面。从广义来说,智力正常的、有工作能力或将会有工作能力的人都可视为人力资源。

人力资源作为国民经济资源中一个特殊的部分,既有质、量、时、空的属性,也有自然的生理特征。一般来说,人力资源的特征主要表现在生物性、可再生性、能动性、时代性与时效性、高增值性、可控性、变化性与不稳定性、开发的连续性、个体的独立性、消耗性与内耗性等。

现代经济理论认为,经济增长主要取决于以下 4 个方面的因素。

1)新的资本资源的投入。

2)新的可利用的自然资源的发现。

3)劳动者的平均技术水平和劳动效率的提高。

4)科学的、技术的和社会的知识储备的增加。

显然,后两项因素均与人力资源密切相关。因此,人力资源决定了经济的增长。

2. 园林人力资源规划

人力资源规划处于人力资源管理活动的统筹阶段,它为人力资源管理确定了目标、原则和方法。人力资源规划的实质是决定企业的发展方向,并在此基础上确定组织需要什么样的人力资源来实现企业最高管理层确定的目标。

(1)人力资源规划的含义

人力资源规划又称人力资源计划,是指企业根据内外环境的发展制定出有关的计划或方案,以保证企业在适当的时候获得合适数量、质量和种类的人员补充,满足企业和个人的需求。人力资源规划是系统评价人力资源需求,确保必要时可以获得所需数量且具备相应技能的员工的过程。

人力资源规划主要有以下3个层次的含义。

1)一个企业所处的环境是不断变化的。在这样的情况下,如果企业不对自己的发展做长远规划,只会导致失败的结果。所谓"人无远虑,必有近忧",现代社会的发展速度之快前所未有,在风云变幻的市场竞争中,没有规划的企业必定难以生存。

2)一个企业应制定必要的人力资源政策和措施,以确保企业对人力资源需求的如期实现。例如,内部人员的调动、晋升或降职,人员招聘和培训以及奖惩都要切实可行,否则就无法保证人力资源计划的实现。

3)在实现企业目标的同时,要满足员工个人的利益。这是指企业的人力资源计划还要创造良好的条件,充分发挥企业中每个人的主动性、积极性和创造性,使每个人都能提高自己的工作效率,提高企业的效率,使企业的目标得以实现。与此同时,也要切实关心企业中每个人在物质、精神和业务发展等方面的需求,并帮助他们在为企业作出贡献的同时实现个人目标。这两者都必须兼顾,否则就无法吸引和招聘到企业所需要的人才,难以留住企业已有的人才。

许多企业管理者都非常重视经营计划、开发计划等,但对人力资源计划并不是十分重视。企业不愿进行人力资源规划的原因主要有以下几种。

1)人力资源规划成效不太显著,或者根本看不到什么成效。也许人们只认识到企业的经营计划、市场营销计划等是重要的,而人力资源规划不是直接和企业的效益挂钩的,所以就显示不出多少价值。

2)人力资源规划工作量太大。如果企业没有一个计算机管理系统的员工信息库,仅前期普查工作就让人望而生畏。

3)人力资源部门大部分时间被一些具体事务占领。

(2)人力资源规划的作用与原则

人力资源规划的作用主要表现在以下几个方面。

1)有利于企业制定长远的战略目标和发展规划。一个企业的高层管理者在制定战略目标和发展规划以及选择方案时,总要考虑企业自身的各种资源,尤其是人力资源的状况。

2)有助于管理人员预测员工短缺或过剩情况。人力资源规划,一方面,对目前人力现状予以分析,以了解人事动态;另一方面,对未来人力需求作出预测,以便对企业人力的增减进行通盘考虑,再据以制定人员增补与培训计划。

3)有利于人力资源管理活动的有序化。人力资源规划是企业人力资源管理的基础,它由总体规划和各分类执行规划构成,为管理活动,如确定人员需求量、供给量、调整职务和任务、培训等提供可靠的信息和依据,以保证管理活动有序化。

4)有助于降低用人成本。企业效益就是有效地配备和使用企业的各种资源,以最小的成本投入达到最大的产出。人力资源成本是组织的最大成本,因此,人力的浪费是最大的浪费。

5)有助于员工提高生产力,达到企业目标。人力资源规划可以帮助员工改进个人的工作技巧，把员工的能力和潜能尽量发挥，满足个人的成就感。人力资源规划还可以准确地评估每个员工可能达到的工作能力程度，能避免冗员，因而每个员工都能发挥潜能，对工作有要求的员工也可获得较大的满足感。

人力资源规划的原则如下。

1）充分考虑内部、外部环境的变化。

2）开放性原则。其强调园林企业在制定发展战略中，要消除一种不好的倾向，即狭窄性——考虑问题的思路比较狭窄，在各个方面考虑得不是那么开放。

3）动态性原则。该原则是指在园林企业发展战略设计中一定要明确预期。这里所说的预期，就是对企业未来的发展环境以及企业内部本身的一些变革，要有科学的预期性。

4）使企业和员工共同发展。人力资源管理不仅为园林企业服务，而且要促进员工发展。企业的发展和员工的发展是互相依托、互相促进的关系。

5）人力资源规划要注重对企业文化的整合。园林企业文化的核心就是培育企业的价值观，培育一种创新向上，符合实际的企业文化。

（3）人力资源规划的分类

按照规划时间的长短不同，人力资源规划可以分为短期规划、中期规划和长期规划三种。一般来说，一年以内的计划为短期计划，这种计划要求任务明确、具体，措施落实。中期规划一般为1～5年的时间跨度，其目标、任务的明确与清晰程度介于长期与短期规划之间，主要是根据战略来制定战术。长期规划是指跨度为5年或5年以上的具有战略意义的规划，它为企业的人力资源的发展和使用指明了方向、目标和基本政策。长期规划的制定需要企业对内外环境的变化作出有效的预测，才能对自身的发展具有指导性作用。

按照性质不同，人力资源规划可以分为战略规划和策略规划两类。总体规划属于战略规划，它是指计划期内人力资源总目标、总政策、总步骤和总预算的安排；短期计划和具体计划是战略规划的分解，包括职务计划、人员配备计划、人员需求计划、人员供给计划、教育培训计划、职务发展计划、工作激励计划等。这些计划都由目标、任务、政策、步骤及预算构成，从不同角度保证人力资源总体规划的实现。

（4）人力资源规划的制定

1）人力资源规划内容

企业人力资源规划包括以下内容。

① 人力资源总体规划。这是指在计划期内人力资源开发利用的总目标、总政策、实施步骤及总预算的安排。

② 人力资源业务计划。它包括人员补充计划、人员使用计划、人员接替和提升计划、教育培训计划、工资激励计划、退休解聘计划以及劳动关系计划等。

2）人力资源成本分析

进行人力资源规划的目的之一，就是为了降低人力资源成本。人力资源成本是指通过计算的方法来反映人力资源管理和员工的行为所引起的经济价值。人力资源成本是企业组织为了实现自己的组织目标，创造最佳经济和社会效益，而获得开发、使用、保障必要的人力资源及人力资源离职所支出的各项费用的总和。人力资源成本分为获得成本、开发成本、使用成本、保障成本和离职成本5类。

① 人力资源获得成本，是指企业在招募和录用员工过程中发生的成本，主要包括招募、选

择、录用和安置员工所发生的费用。

② 人力资源开发成本,是指企业为提高员工的生产能力,为增加企业人力资产的价值而发生的成本,主要包括上岗前教育成本、岗位培训成本、脱产培训成本。

③ 人力资源使用成本,是指企业在使用员工劳动力的过程中发生的成本,包括维持成本、奖励成本、调剂成本等。

④ 人力资源保障成本,是指保障人力资源在暂时或长期丧失使用价值时的生存权而必须支付的费用,包括劳动事故保障、健康保障、退休养老保障等费用。

⑤ 人力资源的离职成本,是指由于员工离开企业而产生的成本,包括离职补偿成本、离职低效成本、空职成本。

当然,定量分析内容不仅仅包括以上指标,它只是提供了一个思路。数据的细化分析是没有止境的,如在离职上有不同部门的离职率(部门、总部、分部)、不同人群组的离职率(年龄、种族、性别、教育、业绩、岗位)和不同理由的离职率;在到岗时间分析上,可以把它分为用人部门提出报告,人力资源部门作出反应,刊登招聘广告、面试、复试、到岗等各种时间段,然后分析影响到岗的关键点。当然,度量不能随意地创造数据,最终度量的是功效,即如何以最小的投入得到最大的产出。

对企业来说,它需要人力资源部门根据实际工作收集数据和对数据进行分析,以便及早发现问题和提出警告,进行事前控制,指出进一步提高效率的机会。如果没有度量,就无法确切地知道工作是否进步,人力资源管理部门通过提高招聘、劳动报酬和激励、规划、培训等一切活动的效率,来降低企业的成本,提高企业的效率、质量和整体竞争力。

对人力资源管理工作者来说,其必须适应企业管理的发展水平。有了度量,可以让规划、招聘、培训、咨询、薪资管理等工作都有具体的依据;让员工明白组织期望他们做什么,将以什么样的标准评价,使员工能够把精力集中在一些比较重要的任务和目标上,为人力资源管理工作的业绩测度和评价提供相对客观的指标。

3)制定人力资源规划的程序

人力资源规划作为企业人力资源管理的一项基础工作,其核心部分包括人力资源需求预测、人力资源供应预测和人力资源供需综合平衡3项工作。

人力资源规划的过程大致分为以下几个步骤。

① 调查、收集和整理相关信息。影响企业经营管理的因素很多,如产品结构、市场占有率、生产和销售方式、技术装备的先进程度以及企业经营环境,包括社会的政治、经济、法律环境等因素是企业制定规划的硬约束,任何企业的人力资源规划都必须加以考虑。

② 核查组织现有人力资源。核查组织现有人力资源就是通过明确现有人员的数量、质量、结构以及分布情况,为将来制定人力资源规划做准备。它要求组织建立完善的人力资源管理信息系统,即借助现代管理手段和设备,详细了解企业员工各方面的资料,包括员工的自然情况、录用资料、工资、工作执行情况、职务和离职记录、工作态度和绩效表现。只有这样,才能对企业人员情况全面了解,才能准确地进行企业人力资源规划。

③ 预测组织人力资源需求。这项工作可以与人力资源核查同时进行,它主要是根据组织战略规划和组织的内外条件,选择预测技术,然后对人力需求结构和数量进行预测。了解企业对各类人力资源的需求情况,以及可以满足上述需求的内部和外部的人力资源的供给情况,并对其中的缺点进行分析,这是一项技术性较强的工作,其准确程度直接决定了规划的效果和成

败,它是整个人力资源规划中最困难,也是最关键的工作。

④ 制定人员供求平衡规划政策。根据供求关系以及人员净需求量,制定出相应的规划和政策,以确保组织发展在各时间点上人力资源供给和需求的平衡。也就是制定各种具体的规划,保证各时间点上人员供求的一致,主要包括晋升规划、补充规划、培训发展规划、员工职业生涯规划等。人力资源供求达到协调平衡是人力资源规划活动的落脚点和归宿,人力资源供需预测是为这一活动服务的。

⑤ 对人力资源规划工作进行控制和评价。人力资源规划的基础是人力资源预测。但预测与现实毕竟有差异,因此。制定出来的人力资源规划在执行过程中必须加以调整和控制,使之与实际情况相适应。因此,执行反馈是人力资源规划工作的重要环节,也是对整个规划工作的执行控制过程。

⑥ 评估人力资源规划。评估人力资源规划是人力资源规划过程中的最后一步。人力资源规划不是一成不变的,它是一个动态的开放系统,对其过程及结果必须进行监督、评估,并重视信息反馈。不断调整,使其更加切合实际,更好地促进企业目标的实现。

⑦ 人力资源规划的审核和评估工作。应在明确审核必要性的基础上,制定相应的标准。同时,在对人力资源规划进行审核与评估过程中,还要注意组织的保证和选用正确的方法。

4)制定人力资源规划的典型步骤

由于各企业的具体情况不同,所以制定人力资源规划的步骤也不尽相同。制定人力资源规划的典型步骤为:①制定职务编制计划;②制定人员配置计划;③预测人员需求;④确定人员供给计划;⑤制定培训计划;⑥制定人力资源管理政策调整计划;⑦编制人力资源费用预算;⑧关键任务的风险分析及对策。

人力资源规划编制完毕后,应先与各部门负责人沟通,根据沟通的结果进行反馈,再提交给公司决策层审议通过。

3. 园林人力资源管理

21 世纪园林事业、企业迅速发展,人力资源管理呈现崭新的发展趋势,新经济和网络经济极大地冲击着企业的方方面面,而人力资源作为园林企事业的核心资源势必首当其冲。

(1)人力资源管理的含义

人力资源管理是指对人力资源取得、开发、保持和利用等方面所进行的计划、组织、指挥、控制和协调的活动。它是研究并解决组织中人与人关系的调整、人与事的配合,以充分开发人力资源,挖掘人的潜力,调动人的生产劳动积极性,提高工作效率,实现组织目标的理论、方法、工具和技术的总称。人力资源管理囊括了企业人力资源经济活动的全过程,它采用科学的方法,对与一定物力相结合的人力进行合理的培训、组织和调配,使人力物力经常保持合理的比例;同时对企业员工的思想、心理和行为进行适当诱导、控制和协调,充分发挥他们的主观能动性,使人尽其才、事得其人、人事相宜,从而最大限度地实现组织的目标。

人力资源管理最关键的工作是在适当的时间,把适当的人选(最经济的人力)安排在适当的工作岗位上,以人事的协调来提高工作效率。

园林人力资源管理可以分为宏观、微观两个层次。宏观人力资源管理是指对于全社会园林人力资源的管理;微观人力资源的管理是指对于园林企业、园林事业单位的人力资源管理。

(2)人力资源管理的形成与发展历程

人力资源管理是随着企业管理理论的发展而逐步形成的。人力资源管理形成于 20 世纪初，即科学管理在美国兴起时期，迄今已有几十年历史。它是企业员工福利工作的传统做法与泰罗科学管理方法相结合的产物。随后兴起的工业心理学和行为科学对这门学科产生了重大影响，推动了它的发展，并使之走向成熟。

1）科学管理与人事管理

19世纪末20世纪初，管理学才形成一门科学，在这一时期称为科学管理，泰罗是主要代表人物。就人事管理而言，泰罗倡导以下4点基本管理制度。

① 倡导劳资双方"合作"。劳资双方通常为分配而争吵，造成敌对和冲突，只要友好合作，就能提高劳动效率，获得收益，避免为分配而争吵。

② 倡导管理人员和工人合理分摊工作和责任。

③ 使用工作定额原理。先通过工作研究制定标准的操作方法，然后对全体工人进行训练，让他们掌握，再据此制定工作定额。

④ 实行有差别的、有刺激作用的计件工资制度，鼓励工人完成较高的工作定额。

科学管理提出的"劳动定额"、"工时定额"、"工作流程图"、"计件工资制"等一系列的管理制度与方法奠定了人事管理的基础。

2）行为科学与人事管理

行为科学强调从心理学、社会学的角度研究管理问题，重视社会环境和人们之间的相互关系对提高工作效率的影响。行为科学认为，生产不仅受到物理、生理的影响，而且还受到社会因素、心理因素的影响。不能只重视物理、生理因素，而忽视社会、心理因素对生产效率的影响。简单地说，行为科学重视人的因素，重视组织中人与人之间的关系，主张用各种方法调动人的工作积极性。

行为科学学派提出了以下新的人事管理措施。

① 管理人员不能只重视指挥、监督、计划、控制和组织，而更应重视员工之间的关系，培养员工的归属感和整体感。

② 管理人员不应只注重完成生产任务，而应把注意力放在关心人、满足人的需要上。

③ 实行奖励时，提倡集体奖励，而不主张个人奖励。

④ 管理人员的职能之一是进行员工与上级管理者之间的沟通，提倡在不同程度上让员工参与企业决策和管理工作的研究与讨论。

行为科学极大地丰富了现代人事管理的内容，主要表现为人事管理领域的扩大。除了对工作人员的选用、调遣、待遇、考核、退休等进行研究之外，还注意对人的动机、行为目的加以研究，力求了解工作人员的心理，激发他们的工作意愿，充分发挥他们的潜力。

行为科学使人事管理由静态逐渐发展为动态管理，由以往重视制度管理以求人事稳定、规章细密以求面面俱到，逐步发展到既注意规章制度严格，又注意规章制度的伸缩性，以适应管理对象的复杂多样。在企业允许的范围内尽量考虑个人差异，尊重个人自身的意志和愿望，尽量使他们的工作成绩与其追求和利益相一致。通过合理的配置，最大限度地激发工作人员的劳动积极性，提高工作质量和效率。

3）人事管理与人力资源管理

人力资源管理与人事管理代表了关于人的管理的不同历史阶段。人事部门的正式出现大致在20世纪20年代。其背景是产业革命促成了工厂系统，不仅提供了众多的就业机会，也为工厂主提供了选择劳动力的机会。这样，就有专门部门来考虑人员组织利用以提高劳动生产率，如何用较少的人干较多的事，如何提高劳动生产率，就成为人事部门所考虑的问题。

在“人—生产力—产品”链条中，管理者以往习惯于通过合理地使用机器来降低成本。后来发现，改革人力资源的管理方式，开发人的潜在能力，充分发挥人的主观能动性更为重要。

从人事管理向人力资源管理的过渡，是一个历史演变过程。二者的差别主要表现在以下4个方面。

① 人力资源管理的视野更宽阔。在我国，传统的劳动人事工作，考虑的是员工的录取、使用、考核、报酬、晋升、调动、退休等；人力资源管理则打破工人、职员的界线，统一考虑对企业所有体力、脑力劳动者的管理。

② 人力资源管理内容更为丰富。传统人事管理部门是招募新人、填补空缺，即所谓“给适当的人找适当的事，为适当的事找适当的人”；人力资源管理不仅具有这种功能，还要担负规划工作流程、协调工作关系的任务。

③ 人力资源管理更加注重开发人的潜能。传统的人事管理以降低成本为宗旨，主要关心如何少雇人、多出活。而人力资源管理则首先把人看作是可以开发的资源，认为通过管理，可以创造出更大的，甚至意想不到的价值；其次非常关心如何从培训、工作设计与工作协调等方面开发人的潜能。因此，这种管理将实现从消极压缩成本到积极开发才能的转化，较人事管理具有更重大的意义。

④ 人力资源管理更具有系统性。传统的人事管理在我国企业中被分割成几部分，如劳资科管企业的工资及员工的调配；人事科管技术人员及科室人员的调配、晋升；教育科管员工的培训；党委组织部负责各级党政干部和党员的管理。人力资源管理将企业现有的全部人员，甚至包括那些有可能利用的企业以外的人员加以规划，制定恰当的选拔、培养、任用、调配、激励等政策，以便更有效地实现企业的目标。

总之，以往的人事管理者处在幕僚地位，只是为领导者提供建议，并不参与决策。随着人力资源管理地位的提高，人力资源管理部门上升为具有决策职能的部门。人力资源管理工作人员的职能，从简单地提供人员，到为人员设计安排合适的工作；从只管人，到管理人与工作的关系、人与人的关系、工作与工作的关系；从咨询到决策。

(3)人力资源管理的目的和意义

人力资源管理的目的，①满足企业任务需要和发展要求；②吸引潜在的合格的应聘者；③留住符合需要的员工；④激励员工更好地工作；⑤保证员工安全和健康；⑥提高员工素质、知识和技能；⑦发掘员工的潜能；⑧使员工得到个人成长空间。

人力资源管理对企业具有重大意义：①提高生产率，即以一定的投入获得更多的产出；②提高工作生活质量，是指员工在工作中产生良好的心理和生理健康感觉，如安全感、归属感、参与感、满意感、成就与发展感等；③提高经济效益，即获得更多的盈利；④符合法律规定，即遵守各项有关法律、法规。

人力资源管理的目标：①取得最大的使用价值；②发挥人的最大的主观能动性，激发人才活力；③培养全面发展的人。

人力资源管理的最终结果（或称底线），必然与企业生存、竞争力、发展、盈利及适应力有关。

(4)人力资源管理的职能与措施

1)获取

获取职能包括工作分析、人力资源规划、招聘、选拔与使用等活动。

①工作分析，是人力资源管理的基础性工作。在这个过程中，要对每一职务的任务、职责、环境及任职资格作出描述，编写出岗位说明书。

② 人力资源规划，是将企业对人员数量和质量的需求与人力资源的有效供给相协调。需求源于组织工作的现状与对未来的预测，供给则涉及内部与外部的有效人力资源。

③ 招聘与挑选，应根据对应聘人员的吸引程度选择最合适的招聘方式，如利用报纸广告、网上招聘、职业介绍所等。挑选有多种方法，如利用求职申请表、面试、测试和评价中心等。

④ 使用，是指对经过上岗培训，给合格的人员安排工作。

2）保持

保持职能包括两个方面的活动：一是保持员工的工作积极性，如公平的报酬、有效的沟通与参与、融洽的劳资关系等；二是保持健康安全的工作环境。

① 报酬，是指制定公平合理的工资制度。

② 沟通与参与，是指公平对待员工，疏通关系，沟通感情，参与管理等。

③ 劳资关系，是指处理劳资关系方面的纠纷和事务，促进劳资关系的改善。

3）发展

发展职能包括员工培训、职业发展管理等。

① 员工培训，是指根据个人、工作、企业的需要制定培训计划，选择培训的方式和方法，对培训效果进行评估。

② 职业发展管理，是指帮助员工制定个人发展计划，使个人的发展与企业的发展相协调，满足个人成长的需要。

4）评价

评价职能包括工作评价、绩效考核、满意度调查等。其中，绩效考核是核心，是奖惩、晋升等人力资源管理及其决策的依据。

5）调整

调整职能包括人员调配系统、晋升系统等。

人力资源管理的各项具体活动是按一定程序展开的，各环节之间是关联的。没有工作分析，也就不可能有人力资源规划；没有人力资源规划，也就难以进行有针对性的招聘；在没有进行人员配置之前，不可能进行培训；不经过培训，难以保证上岗后胜任工作；不胜任工作，绩效评估或考核就没有意义。对于正在运行中的企业，人力资源管理可以从任何一个环节开始。但是，无论从哪个环节开始，都必须形成一个闭环系统，即保证各环节的连贯性。否则，人力资源管理就不可能有效地发挥作用。

(5)影响人力资源管理的环境因素

影响人力资源管理的环境因素分为内部环境因素与外部环境因素两大类。

1）内部环境因素主要有高层管理者的目标与价值观、企业战略、企业文化、企业的技术实力、企业的组织结构、企业的规模等。

2）外部环境因素主要有经济形势、人才市场动态、社会价值观、法律法规、国内和国际的竞争对手等。

(6)人力资源管理的基本方针及主要政策

1）人事思想

全体员工共同建设了企业，是企业之本，企业应坚持以宏大事业感召人，优厚待遇吸引人，优秀文化凝聚人，完善制度规范人，超强压力激发人，公平竞争激励人，创造条件成就人。使员工队伍始终保持努力进取、积极向上的态势。

2)招聘

企业应概括企业发展规划、任务需求招聘员工，诚纳英才。主要通过院校、人才市场、广告媒体、推荐等渠道和方式进行招聘。运用科学的招聘、评价程序，确保人才招聘质量。在满足基本用人要求的前提下，优先录用政府、社会各界和企业同仁推荐的人员，为国家、社会安定承担责任，为企业发展创造良好社会环境。

3)新老融合

新老员工的融合至关重要。企业应要求新老员工之间真诚合作，以企业整体利益和事业发展为重，尽快融为一体，优势互补，形成合力。新员工要承认老员工的贡献，脚踏实地，虚心学习老员工的优点，尽快融入企业，发挥作用；老员工要充分发挥榜样示范作用，以博大的胸怀、热情的态度，关心、支持、帮助和指导新员工，并从新员工身上汲取长处，共同进步。

4)厚待老员工

企业应关心、尊重老员工，充分肯定老员工的历史功绩和作用，并通过薪酬、福利保障、股权分配和授予荣誉等方式使老员工得到物质回报和精神鼓励。企业应为老员工提供学习深造的机会，帮助其提高知识水平和工作能力，跟上事业发展的步伐。

5)用人

企业各级领导都要学会用人，坚持公平、公正的用人原则，用人所长、避人所短，使智者居侧，贤者居上，能者居中，平者居下。

对新加入公司的管理人员实行试用期制，要首先进行基层实践，深入和全面了解公司情况。

干部任职实行见习经理制，根据见习期考核结果确定任职事项。

建立内部竞争上岗机制，激发员工的工作热情，为员工提供均等的发展机会，实现人尽其才、优势互补，给予员工更大的选择余地和成长空间。

企业应认为无功即过，鼓励多出成绩，允许工作中出现失误，但不允许犯重复性错误。各级领导要鼓励员工提出不同意见，善于使用有个性的员工，树立民主作风。

6)队伍建设

企业应致力于建设既能满足现实需要，又能面向未来、面向世界的具有竞争力的干部队伍、科技队伍、营销队伍和产业工人队伍。干部队伍要突出开拓创新、领导协调能力；科技队伍以技术带头人和技术骨干为核心，注重技术创新能力，形成合理的知识结构、能力结构和资历结构；营销队伍突出加强市场策划、市场开拓和营销网络管理能力；产业工人队伍注重提高整体素质和实际操作能力。

7)领导干部

领导干部的主要工作是出思路，定规矩，配班子，带队伍。不鼓励领导事必躬亲，但要对各项工作进行指导、督促、检查，及时解决工作过程中发生的问题，确保工作任务的完成。实现老中青三结合，形成梯队结构。要定期、不定期地进行交流、轮换，至少3～5年进行一次。

对干部要听其言，更要观其行。企业应主要根据德、能、勤、绩任免干部，干部必须富有事业心、责任感，团结合作，勤于学习，善于创新；必须具有充分利用、合理配置各种资源的能力，具备有条件要上、没有条件创造条件也要上的精神；必须既有理论水平，又有实干能力，并能率先垂范;高级干部必须既是理论家,又是实干家。

为领导干部提供优厚待遇,努力实现以丰养廉、以丰保勤、以丰促绩的目标。

8)举贤荐能

各级干部都应做到举贤荐能,积极为下属创造良好的事业发展机会,主动帮助、指导下属的成长,培养和选拔合格的接班人。对举荐、培养、提拔人才者予以奖励,并作为干部晋升的重要依据;对举贤荐能不积极或嫉贤妒能者要予以惩罚,并作为干部降职的重要参考条件。

9)考核

企业应建立合理的考核体系,通过对员工进行工作态度、能力和业绩考核,作为人员调配、干部任免、奖金分配、晋职晋级、奖惩和培训的基本依据。通过考核,寻找员工与其工作要求之间的偏差,经过动态调整,使二者相一致;同时,发现员工之间的差距,以激励先进、鞭策后进,推动员工共同进步。

10)潜能开发

企业应通过脱产学习、岗位培训、自学等方式有计划、有步骤地开发各类员工的潜能。鼓励员工依据企业发展需要、岗位工作要求制定职业生涯计划,并在组织上、经费上支持员工实施职业生涯计划。员工应当适应企业发展进程,紧跟时代步伐,通过学习更新知识,提高技能,重塑自我。员工每年至少脱产培训一周以上;科技人员和管理干部一般每5年更新一次知识,主要通过在国内外脱产培训、进修、攻读学位的方式进行。

11)激励

企业应始终关注员工的安全、富裕和自身价值的实现,想方设法寻找员工最迫切的需要,并在完成企业目标的前提下,尽可能给予满足。主要利用工资、晋职晋级、福利与保障、奖惩、股权分配和企业文化等手段,不断改善员工的生活、工作条件,提高员工的生活、工作质量,满足员工不同层次的要求。

12)工资

企业应根据地方的消费水平、物价水平决定员工底薪,根据劳动力市场供求状况决定各类员工工资水平,根据地区、行业工资水平、企业业绩与企业支付能力决定企业总体工资水平和工资增长幅度。

13)晋职晋级

企业应建立既科学又富有挑战性的晋职晋级机制,以适应企业发展的需要,实现员工自身价值。各级领导要准确把握晋职晋级原则,根据员工的实际表现,对其能力和特长作出准确评价,使员工得到合理晋升。

企业应对员工实行定期和不定期的晋职晋级制度。一般操作人员和职员随着工作年限的增加和业务水平的提高,定期晋级;表现优异、有培养前途的,可以晋升到管理岗位;具有突出专业技能的可以晋升到相应的专业岗位。专业人员根据相应的专业晋级制度进行晋升,业绩突出的可以破格使用;具有管理能力的,可以提拔到管理岗位;管理人员根据德、能、勤、绩,晋职晋级;有特殊贡献的,给予破格晋升。

晋职晋级制度是企业激励机制的重要组成部分,企业鼓励积极进取,拼搏向上,反对平庸和碌碌无为。

14)奖惩

企业应坚持有功必赏、有过必罚的方针,建立健全奖惩制度。奖励要坚持准确、快速、有效的原则;惩罚要慎重、适度,坚持惩前毖后、治病救人的原则;要坚持奖励为主、惩罚为辅;奖罚要具备一定力度,以起到激励和惩戒作用。

15)福利

企业应关心员工生活,想方设法为员工谋取福利;依据员工工作态度、资历、能力、业绩、岗位责任等免费分给员工住房或优惠售给员工住房;依据员工资历、能力、业绩、岗位责任等为员工配置汽车或提供购车担保;每年一次组织全体员工带薪旅游;对表现突出、业绩显著及身处关键岗位的员工给予带薪年假、疗养;免费为员工提供工作服或工作礼服;为远离生活区工作的员工或分公司提供免费午餐;为单身员工开设食堂,提供免费宿舍、浴室;为员工配置运动、娱乐设施,以促进开展员工业余体育活动,丰富员工业余文化生活;为员工提供各种营养保健用品或礼品,以体现企业对员工的关怀。

16)保险

企业应按国家和地方政府的规定,为符合条件的员工办理有关保险,包括养老保险、医疗保险、失业保险等;根据情况办理大病统筹;为工作环境相对较差的员工、户外作业及生产一线操作员工办理人身意外伤害保险;为司机办理车险等。

17)救济与抚恤

企业领导应崇尚扶危济困的传统美德,把企业看作是一个大家庭,不仅对员工负责,而且对员工家庭负责;要根据企业承受能力,热诚援助陷入生活困境或遭遇不幸的员工。

18)股权激励

为增强员工的归属感和主人翁意识,奖励有突出贡献的员工,稳定队伍,避免经营管理者的短期行为,在适当的时候,企业应以员工持股的方式,将员工利益与企业利益连为一体。股权分配重点考虑勤于学习、善于创新、业绩突出的员工和在关键岗位起到关键作用的员工。

19)文化认同

企业应致力于将创业者与员工互动作用后形成的思想观念、经营理念转化为员工的价值观念、行为准则。要注重发挥高级管理人员的模范作用、老员工的示范作用;要加强思想工作,培养员工对企业文化的认同;通过新老员工的互动作用,推动企业文化向纵深方向发展。

20)思想工作

企业应视思想工作为沟通的重要方式,坚持疏通、引导、教育的工作方针,以情动人、以理服人的工作原则,耐心细致、百折不挠的工作方法,及时发现、及时解决的工作作风。通过思想工作,有计划、有目的地将企业文化传递给员工,使其了解企业、关心企业、热爱企业,将其注意力转移到企业的发展目标和工作任务上来;及时了解员工所思所想,及时解决员工的困难与问题,暂时不能解决、不应解决或无法解决的,必须予以耐心解释,得到员工谅解;沟通员工之间的思想情感,化解矛盾、协调立场、理顺关系,使员工认识到根本利益的一致性,求同存异、和谐共处。

坚决反对任何形式的宗派主义,企业内部非正式组织必须具有包容性、开放性,不能具有排他性。通过思想工作,将非正式组织引导到接纳企业文化、实现企业目标的轨道上来,使其为企业所用,发挥良性作用。

21)解聘

为了企业的长期发展,应要求员工勤于工作、乐于学习、奋发向上。为保持员工队伍活力和竞争力,每年必须保持一定的淘汰率。对骄傲自满、不思进取、碌碌无为的员工应予劝退;对不能胜任本职工作的员工应予解雇；对违法乱纪的员工应予开除。企业不要因为暂时的困难而大量解雇员工，应主要通过减薪与员工的共同努力共渡难关。绝不解雇勤勤恳恳、兢兢业业，有品行、有知识、有才华、有作为的员工。

(7)园林项目人力资源管理

对于园林项目而言，人们趋向于把人力资源定义为所有同项目有关的人，一部分为园林项目的生产者，即设计单位、监理单位、承包单位等的员工，包括生产人员、技术人员及各级领导；另一部分为园林项目的消费者，即建设单位的人员和建设单位，他们是订购、购买服务或产品的人。

1)园林项目人力资源管理的内容

园林项目人力资源管理是项目经理的职责。在园林项目运转过程中，项目内部汇集了一批技术、财务、工程等方面的精英。项目经理必须将项目中的这些成员分别组建到一个个有效的团队中去，使组织发挥整体远大于局部之和的效果。为此，开展协调就显得非常重要，项目经理必须解决冲突，弱化矛盾，必须高屋建瓴地策划全局。

园林项目人力资源管理属于微观人力资源管理的范畴，可以理解为针对园林人力资源的取得、培训、保持和利用等方面所进行的计划、组织、指挥和控制活动。

具体而言，园林项目人力资源管理包括以下内容。

① 园林项目人力资源规划。

② 园林项目岗位群分析。

③ 园林项目员工招聘。

④ 园林项目员工培训和开发。

⑤ 建立公平合理的薪酬系统和福利制度。

⑥ 绩效评估。

2)园林项目人力资源的优化配置

① 施工劳动力现状。随着国家用工制度的改革，园林企业逐步形成了多种形式的用工制度，包括固定工、合同工和临时工等形式；形成劳动力弹性供求结构，适应园林工程项目施工中用工弹性和流动性的要求。

② 园林项目劳动力计划的编制。劳动力综合需要计划是确定暂设园林工程规模和组织劳动力市场的依据。编制时首先应根据工种工程量汇总表中列出的各专业工种的工程量，查相应定额得到各主要工种的劳动量，再根据总进度计划表中各单位工程工种的持续时间，求得某单位工程在某段时间里的平均劳动力数。然后用同样方法计算出各主要工种在各个时期的平均工人数，编制劳动力需要量计划表。

③ 园林项目劳动力的优化配置。园林项目所需劳动力以及种类、数量、时间、来源等问题，应就项目的具体状况作出具体的安排。其安排得合理与否将直接影响项目的实现。劳动力的合理安排需要通过对劳动力的优化配置才能实现。

园林项目中，劳动力管理的正确思路是，劳动力的关键在使用，使用的关键在提高效率，提高效率的关键是调动员工的积极性，调动积极性的最好办法是加强思想政治工作和运用科学的观点进行恰当的激励。

园林项目劳动力优化配置的依据主要涉及项目性质、项目进度计划、项目劳动力资源供应环节。需要什么样的劳动力，需要多少，应根据在该时间段所进行的工作活动情况予以确定。同时，还要考虑劳动力的优化配置和进度计划之间的综合平衡问题。

园林项目不同或项目所在地不同,其劳动力资源供应环境也不相同。项目所需劳动力取自何处,应在分析项目劳动力资源供应环境的基础上加以正确选择。

园林项目劳动力优化配置首先应根据项目分解结构,按照充分利用、提高效率、降低成本的原则确定每项工作或活动所需劳动力的种类和数量;其次根据项目的初步进度计划进行劳动力配置的时间安排;然后在考虑劳动力资源的来源基础上进行劳动力资源的平衡和优化;最后形成劳动力优化配置计划。

二、园林物资管理

园林绿化部门工种很多,所需要的物资种类也是很复杂的。一切常用的生产资料、生活资料几乎都有涉及,所需要的物资品种和规格也是繁多的。随着生产的发展,先进技术的运用,社会分工和协作关系日益深化,物资管理工作将更加繁重。

园林企业物资管理是指对园林企业生产经营过程中所需各种物资进行计划、采购、验收、保管、供应及节约使用和综合利用等一系列组织管理工作的总称。园林企业物资管理是园林企业生产经营管理工作的重要内容,也是园林企业生产前的一项复杂的准备工作。从一定意义上说,也是各种物资使用和消耗的过程。

园林工程项目物资管理是指对园林生产过程中的主要物资、辅助物资和其他物资的计划、订购、保管、使用所进行的一系列组织和管理活动。主要物资是指施工过程中被直接加工、能构成工程实体的各种物资,如各种乔、灌、草本植物以及钢材、水泥、沙、石等;辅助物资是在施工过程中有助于产品的形成,但不构成工程实体的物资,如胶粘剂、促凝剂、润滑剂、肥料等;其他物资则是指不构成工程实体,但又是施工中必需的非辅助物资,如燃料、油料、砂纸、棉纱等。

园林工程实行物资管理的目的,一方面是为了保证施工物资适时、适地、按质、按量、成套齐备地供应,以确保园林工程质量和提高劳动生产率;另一方面是为了加速物资的周转,监督和促进物资的合理节约使用,以降低物资成本,改善项目的各项技术经济指标,提高项目未来的经济收益水平。

1. 园林物资管理的基本任务和基本要求

园林物资管理的任务可简单归纳为全面规划、计划进场、严格验收、合理存放、妥善保管、控制发放、监督使用和准确核算。

(1)园林物资管理的基本任务

1)保证供应

在园林绿化事业中,如果物资供应中断、供应不足,或者落后于生产建设事业的需要,就会影响生产业务工作的进行。因此,首先要根据生产建设事业的发展对物资的需要,制订物资供应计划,按质、按量、按品种、按时间、成套齐备地采购和供应生产业务的需要,以保障顺利完成各项生产业务计划。

2)合理地使用和节约物资

园林绿化事业确保合理地使用物资、节约物资,是加强物资管理重要工作之一。物资管理部门要克服“重供轻管”的思想,除了保证供应以外,还要管理物资的使用和节约物资,加强物资消耗的管理;与生产业务部门密切配合,制定物资消耗定额;严格物资的发放制度,促使生产部门精打细算,节约使用物资,降低物资消耗。

3)合理储备物资

为了以较少的资金完成较多的生产建设任务,必须合理控制储备量,物资周转越快,物资的作用发挥就越大，为社会创造的财富就越多。日常工作中经常出现的弊病是仓库过量储备，形成积压浪费。这除了因管理制度的缺陷所引起外，缺乏经济核算，没有相应的责任制度也是很重要的原因。每个单位都应该加强库存决策，制定合理的物资储备定额，加速资金周转。

4）建立和健全物资管理的各项规章制度

在物资采购过程中，要严格贯彻执行国家政策法令、园林企业及园林项目目标，尽量地选用资源丰富、价格低廉、经济适用的物资，降低采购成本和运输费用，以及其他流通费用；执行计划采购，限额用料，加强验收、保管、发料手续，健全原始记录、财务、报表等制度；减少物资损耗，堵塞漏洞，保障财产的安全。

5）严格实行经济责任制

严格实行经济责任制就是要把任务、责任、权利、利益结合起来，充分调动职工群众的积极性和创造性，做到多、快、好、省。

（2）园林物资管理的基本要求

1）加强计划管理

加强物资工作的计划性，必须从生产建设任务的计划阶段开始。在制订生产建设计划的同时，制定物资计划，相应地提出品种、数量、规格和时间的要求，作为物资供应工作的依据。克服物资工作的盲目性，在制订生产建设计划的时候，也要充分考虑物资供应的可能性。

根据计划协调供应、运输、生产之间的关系，用供应计划或合同方式固定下来，各方严格遵守合同。这样有利于供需见面，减少中间环节，降低流通费用，加速资金周转。对于园林专用和小额物资，可以根据就近就地的原则，由基层单位自行采购。

园林事业单位、园林企业对所属单位储存过量或闲置的物资，可以在单位、项目之间相互调剂，以减少积压，克服浪费。

2）制定合理的物资储备定额

物资储备定额是指在一定条件下为保证生产建设顺利进行所必需的、最经济合理的物资储备数量的标准。

物资储备是保证生产、建设事业顺利进行的必要条件，也是核定一个单位流动资金的重要组成部分之一，基层单位在编制物资计划过程中，除了计划各种物资的需要量以外，还必须合理地确定各种物资的储备定额。

一个单位、项目的物资储备通常包括经常储备和保险储备两部分。经常储备是指前后两次进货之间，保证生产业务正常进行所需要的物资储备。库存量不断地减少，不断地补充，经常在最大储备和最小储备之间变动，就形成了经常储备。保险储备是为了生产建设事业的特殊需要而建立的一种特殊储备。保险储备往往受季节、气候等因素的影响而变化，如病、虫害防治必需的药械，防台、防汛专用器材的储备等。

3）制定先进合理的物资消耗定额

物资消耗定额是指在一定的技术条件下，完成单位生产建设任务，所必需消耗物资数量的标准，包括原料、材料、燃料、动力的消耗定额。物资消耗定额的高低，是反映一个单位生产技术水平和管理水平的重要标志。例如，在单位面积内各种不同植物不同肥料的施肥数量等。物资消耗定额应该由技术部门和物资部门共同制定。

制定物资消耗定额的方法，一般有技术计算法、统计分析法和经济估计法 3 种。

① 技术计算法。根据技术需要在科学计算的基础上吸收实际操作经验，确定最经济合理

的物资消耗定额。

② 统计分析法。根据以往生产中物资消耗的统计资料，经过分析研究，并考虑计划期内生产技术条件的变化因素，来制定物资消耗定额。采用这种方法要有完整的统计资料。

③ 经济估计法。由生产工人和技术人员根据生产经验，并参考有关技术文件和生产技术条件等变化因素制定的。这种方法比较简单易行，但科学性较差。

4）做好仓库物资管理

做好仓库管理工作，对保证生产需要，节约使用物资，合理储备，加速资金周转，降低生产成本，保护国家和企业利益都具有重要意义。

根据园林生产建设业务特点，要特别注意做好废旧物资的回收利用工作。例如，旧建筑物改建中拆下的旧砖瓦、门窗、木料等。类似可以回收利用的东西是很多的，这是节约物资充分挖掘物资潜力的一大来源。

开展物资的综合利用。物资的综合利用是依靠科学技术，提高管理水平的重要标志。园林部门可以综合利用的材料很多，如植物的花、果实、种子等。物资管理部门要列为自己的职责任务，主动配合生产业务部门把园林副产品的综合利用搞好。

仓库管理日常工作主要包括物资的验收、保管、发放和清仓盘点几个环节。

① 物资的验收入库是做好仓库管理工作的基础，也是管好物资的先决条件。物资的验收工作一定要把好入库前的数量关、质量关、单据关。要做到 4 个“不收”：凭证不全不收，手续不齐不收，数量不符不收，质量不合格不收。只有当单据、数量和质量验收无误后，才能办理入库、登账、建卡等手续。

② 物资保管工作应当做到物资不短缺、不变质，不同的品种、规格不混号。同时，物资的存放要便于发放、检验、盘点和清仓。物资在保管过程中必须建立和健全账卡档案，及时掌握需、购、供、耗、存的情况，财务部门应经常与仓库部门建立定期的对账制度，真正做到账、卡、物相符。

③ 物资的发放是仓库管理工作的重要环节，必须做到全心全意为生产服务，坚持实行送料制，做好 3 个“面向”（面向生产，面向基层，面向群众），四到现场（供应人员、物资计划、送料、回收到现场）。

④ 定期进行清仓盘点工作。仓库的物资流动性很大。为了及时掌握物资的变化情况，避免物资的短缺丢失，保持账卡物相符，每一个单位都必须进行经常的定期的清仓盘点工作。做好清仓盘点工作是充分挖掘物资潜力，变死物为活物，变无用为有用的重要措施，每一个单位必须重视这项工作，并把它制度化。

（3）园林物资管理工作的要点

1）队、组用料要制订计划，计划要经生产业务部门核定。

2）核定的计划要送到仓库备案。计划内的材料如果仓库没有或者不够，要由仓库及时填制请购单请购。

3）请购单要经负责人批准。采购人员要根据批准的请购单进行采购，不要搞计划（请购单）外的采购。

4）材料购入，不论进仓或者堆在现场，都要验收，都要记入料账。验收要填验收单（或收料单），验收单要有采购员、材料保管员的签名或盖章。并且要登记入账之后，财务才能核付料款。

5）队、组领料要指定专人（如工具保管员）办理，要填领料单。要经过队组长签名或盖章同意，仓库才能凭单发料，并要记入料账。不论从仓库里发料或者从现场料堆里发料，都同样要办理手续。

6）队、组余料要及时退库。退库要填红字领料单，仓库要用红字记入（发出）料账，队、组不要设“小仓库”。

7）材料保管员要对经手保管的器材物资的数量、质量、安全、调度负责，要及时做好记账、算账、报账工作，每到季末、年末要对库存物资进行全面清点。

8）材料保管员每月要根据领料单或料账，按队、组分类汇总，公布领用物资报表，同时要报送财务。

9）财务与料务要密切配合，要根据计划预算和采购、收料、领发单等凭证，随时对账查物，做到账账相符、账卡相符、账表相符。

10）材料保管员要照规定向上级物资部门报送报表，报表要保质、保量及时正确，报表要经财务会核，领导签名或盖章。

2. 园林物资现场管理

物资的现场管理是物资管理的重要环节，直接影响工程的安全、进度、成本控制等内容。

（1）物资现场管理的基本内容

1）物资计划管理

项目开工前，向企业物资部门提出物资需用量计划，作为供应备料依据；在施工中，根据工程变更及调整的施工预算，及时向企业物资部门提供调整供料月计划，作为动态供料的依据；根据施工图纸、施工进度，在加工周期允许时间内提出加工制品计划，作为供应部门组织加工和向现场送货的依据；根据施工平面图对现场设施的设计，按使用期提出施工设施用料计划，报供应部门作为备料的依据；按月对物资计划的执行情况进行检查，不断改进物资供应。

2）物资验收管理

物资进场时必须进行物资的品种、规格、型号、质量、数量、证件等内容的验收，验收的依据是物资的进料计划、送样凭证、质量保证书或产品合格证。验收工作应按质量验收规范和计量检测规定进行，做好验收记录、办理验收手续。

3）材料的存储与保管

进库的物资应验收入库，建立台账。物资的放置要按平面布置图实施，做到位置正确、保管处置得当、堆放符合保管制度，尤其是园林植物等有生命的物资。施工现场的材料必须防火、防盗、防雨、防变质、防损坏并尽量减少二次搬运；材料保管要日清、月结、期盘点、账实相符。

4）物资的领发

凡有定额的工程用料，凭限额领料单领发材料。工程中，限额用料的方式主要有3种，即分项限额用料、分层分段限额用料、部位限额用料。超限额的用料，用料前应办理手续，填写限额领料单，注明超耗原因，经项目部物资管理人员签发批准后实施；物资领发应建立台账，记录领发状况和节约、超支状况。

5）物资的使用监督

现场物资管理责任者应对现场物资的使用进行分工监督。监督的内容包括是否合理用料，是否严格执行配合比，是否认真执行领发料手续，是否做到谁用谁清、随清随用、工完料退场地清，是否按规定进行用料交底和工序交接，是否做到按平面图堆料，是否按要求保护物资等。检查是监督的手段，要做到“四有”，即情况有记录、原因有分析、责任有明确、处理有结果。

6）物资回收

施工剩余物资必须回收，及时办理退料手续，并在限额领料单中登记扣除。剩余物资要造表上报，按供应部门的安排办理调拨或退料。设施用料、包装物及容器，在使用周期结束后应组织回收，并建立回收台账，处理好相应经济关系。

7）周转物资的现场管理

各种周转物资（如模板、脚手架等）均应按规格分别码放。阳面朝上，垛位见方；露天存放的周转物资应夯实场地，垫高30cm，有排水措施，按规定限制高度，垛间应留通道；零配件要装入容器保管，按合同发放；按退库验收标准回收，做好记录；建立维修制度，按周转物资报废规定进行报废处理。

（2）竣工收尾阶段物资管理方法

1）估计未完工程用料，在平衡的基础上，调整原用料计划，控制进场，防止剩余积压，为完工清场创造条件。

2）提前拆除不再使用的临时设施，充分利用可以利用的旧料，节约费用，降低成本。

3）及时清理、利用和处理各种破、碎、旧、残料、料底和建筑垃圾等。

4）及时组织回收退库。对设计变更造成的多余材料，以及不再使用的周转材料，及时作价回收，以利于竣工后迅速转移。

5）做好施工现场物资的收、发、存和定额消耗的业务核算，办理各种物资核销手续，正确核算实际耗料状况，在认真分析的基础上找出经验与教训，在新开工程项目上加以改进。

（3）节约物资成本的主要途径

1）合理确定物资管理重点。一般而言，占成本比重大的物资、使用量大的物资、采购价格高的物资应重点管理，此类物资最具节约潜力。

2）合理选择物资采购和供应方式。物资成本占工程成本的绝大部分，而构成工程项目物资成本的主要成分就是物资采购价格。物资管理部门应拓宽物资供应渠道，优选物资供应厂商，加强采购业务管理，多方降低物资采购成本。

3）合理订购和存储物资。物资订购和存储量过低，容易造成物资供应不足，影响正常施工，同时增加采购工作与采购费用；物资订购和存储量过高，将造成资金积压，增加存储费用，增加仓库和堆场的面积。

4）合理采用节约物资的技术措施和组织措施。施工规划（施工组织设计）要特别重视对物资节约技术、组织措施的设计，并在月度技术、组织措施计划中予以贯彻执行。

5）合理使用物资。既要防止使用不合格物资，也要防止大材小用、优材劣用。可以利用价值工程等现代管理工具，在不降低功能和质量的前提下，寻找成本较低的代用材料。

6）合理提高物资周转率。模板、脚手架等周转物资的成本不仅取决于物资单价，而且与物资的周转次数有关。提高周转率可以减少周转物资的占用，减少周转物资的成本分摊，有效地降低周转物资的成本。

7）合理制定并执行物资领发管理制度。要凭限额领料单领发材料，建立领发料台账，记录领发状况和节约、超支状况，加强物资节约与浪费的考核和奖惩。

8)合理做好物资回收。班组余料必须回收，同时做好废料回收和修旧利废工作。完工后，要及时清理现场，回收残旧材料。

9)大力研究和推广节材新技术、新材料、新工艺。

三、园林产成品管理

1. 产品管理概述

(1)产品的概念

产品是指为注意、获取、使用或消费以满足某种欲望和需要而提供给市场的一切东西。产品的内涵已从有形物品扩大到服务（如美容、咨询）、人员（如体育、影视明星等）、地点（如桂林、维也纳）、组织（如保护消费者协会）和观念（如环保、公德意识）等；产品的外延也从其核心产品（基本功能）向一般产品（产品的基本形式）、期望产品（期望的产品属性和条件）、附加产品（附加利益和服务）和潜在产品（产品的未来发展）拓展，即从核心产品发展到产品五层次。

1)产品最基本的层次是核心产品，即向消费者提供的产品基本效用和利益，也是消费者真正要购买的利益和服务。

2)消费者购买某种产品并非是为了拥有该产品实体，而是为了获得能满足自身某种需要的效用和利益。产品核心功能需依附一定的实体来实现，产品实体称一般产品，即产品的基本形式，主要包括产品的构造外形等。

3)期望产品是消费者购买产品时期望的一整套属性和条件。

4)延伸产品是产品的第四个层次，即产品包含的附加服务和利益，主要包括运送、安装、调试、维修、产品保证、零配件供应、技术人员培训等。附加产品来源于对消费者需求的综合性和多层次性的深入研究。营销人员必须正视消费者的整体消费体系、同时又必须注意因延伸产品的增加而增加的成本，消费者是否愿意承担。

5)产品的第五个层次是潜在产品。潜在产品预示着该产品最终可能的所有增加和改变。

现代企业产品外延的不断拓展缘于消费者需求的复杂化和竞争的白热化。在产品的核心功能趋同的情况下，谁能更快、更多、更好地满足消费者复杂利益整合的需要，谁就能拥有消费者，占有市场，取得竞争优势。不断地拓展产品的外延部分已成为现代企业产品竞争的焦点，消费者对产品的期望价值越来越多地包含了其所能提供的服务、企业人员的素质及企业整体形象的“综合价值”。

(2)产品管理

1)产品管理的职能

产品管理组织形式并不是取代按营销功能划分的组织形式，只是在功能性管理组织中增加一个管理层次，由一名产品主管经理负责产品管理组织。下设几个产品大类经理，大类产品经理下再设各产品经理负责各具体产品的管理。产品管理的主要职责是对一种产品或产品线的营销运作负责，产品经理将管理一个创新的产品组合，与销售、营销和开发的员工协同工作，以确保最大获利能力。产品进入市场的通道拓展和实施有效的商业计划，开发和优化产品组合，常常能把产品引入新的市场。

2)产品管理的优点

① 产品管理为企业每一种产品或品牌的营销提供了强有力的保证。

② 增强了各职能部门围绕产品或品牌运作的协调性。

③ 保持产品或品牌的长期发展和整体形象。

④ 转变企业毛利实现的目标管理过程。

⑤ 产品管理组织还有助于创造一种健康的内部竞争环境。

(3) 产品管理与营销管理

1) 营销管理

美国市场营销协会(AMA)于1985年对营销管理的定义为:营销管理是计划和执行关于商品、服务和主意的观念、定价、促销和分销,以创造能符合个人和组织目标的交换的一种过程。分析、规划、执行和控制构成了营销管理过程。营销管理的对象是现代观念下的产品,包括实物产品、服务、观念、地点、组织、人员;营销管理的基础是交换,目的是满足各方需求;营销管理的实质是需求管理,即为满足消费者当前及潜在需求而努力。

2) 产品管理与营销管理的区别

① 管理职能范围的区别。产品管理是营销管理的一个组成部分。营销管理的主要职能是对企业的全部营销活动进行分析、计划、实施和控制,对企业的全部产品或产品线负责。营销管理的范围包括对在顾客市场从事所有营销活动的管理。产品管理仅仅是产品经理对他所管理的一种产品或产品线的营销活动负责。营销管理的范围是全面的,产品管理的范围是部分的。

② 产品管理与营销管理的联系。从广义的观点来看,产品管理与营销管理的职能是一致的,都是对管理的对象进行营销计划、营销组织、营销实施和营销监督的过程,它们都运用相同的营销理论指导其管理工作。从狭义的观点来看,在同一组织中,产品管理是营销管理的有机组成部分。

(4) 产品管理的3个阶段

产品管理从其过程来看,可以分为3个相对独立又密切相关的阶段,即产品开发阶段、产品销售阶段和产品消费阶段。

2. 园林产成品的特点

园林产成品主要是指园林工程产品,园林工程的产品是建设供人们游览、欣赏的游憩环境,形成优美的环境空间,构成精神文明建设的精品,它包含一定的工程技术和艺术创造,是山水、植物、建筑、道路、广场等造园要素在特定境域的艺术体现。因此,园林工程和其他工程相比有其突出的特点,并体现在园林工程施工管理的全过程之中。

(1) 生物性

植物是园林最基本的要素,特别是现代园林中植物所占比重越来越大,植物造景已成为造园的主要手段。由于园林植物品种繁多、习性差异较大、立地类型多样,园林植物栽培受自然条件的影响较大。为了保证园林植物的成活和生长,达到预期设计效果,栽植施工时就必须遵守一定的操作规程。养护中必须符合其生态要求,并要采取有力的管护措施。这些就使得园林工程具有明显的生物性特征。

(2) 艺术性

园林工程的另一个突出特点是它作为一门艺术工程,具有明显的艺术性。园林艺术是一门综合性艺术,涉及造型艺术、建筑艺术和绘画、雕刻、文学艺术等诸多艺术领域。要使竣工的工程项目符合设计要求,达到预定功能,就要对园林植物讲究配置手法,各种园林设施必须美观舒适,整体上讲究空间协调,即既追求良好的整体景观效果,又讲究空间合理分隔,还要层次组织得错落有序。这就要求采用特殊的艺术处理,所有这些要求都体现在园林工程的艺术性之中。缺乏艺术性的园林工程产品,不能成为合格产品。

(3)广泛性

园林工程的规模日趋大型化,要求协同作业,加之新技术、新材料、新工艺的广泛应用,对施工管理提出了更高的要求。园林工程是综合性强、内容广泛、涉及部门较多的建设工程。

大的、复杂的综合性园林工程项目涉及地貌融合、地形处理、建筑、水景、给排水、园路假山、园林植物栽种、艺术小品点缀、环境保护等诸多方面的内容。

施工中又因不同的工序需要将工作面不断转移,导致劳动资源也跟着转移,这种复杂的施工环节需要有全盘观念统筹管理,有条不紊地进行。

园林景观的多样性导致施工材料也多种多样,如园路工程中可采取不同的面层材料,形成不同的路面变化。

园林工程施工多为露天作业,经常受到自然条件(如刮风、冷冻、下雨、干旱等)的影响,而树木花卉栽植、草坪铺种等又是季节性很强的施工项目,应合理安排,否则成活率就会降低。加之其艺术性也受多方面因素影响,必须综合地、仔细地考虑。

(4)安全性

园林工程中的设施多为人们直接利用,现代园林场所又多是人们活动密集的地段、点,这就要求园林设施应具备足够的安全性。例如,建筑物、驳岸、园桥、假山、石洞、索道等工程。必须严把质量关,保证结构合理、坚固耐用。同时,在绿化施工中也存在安全问题,如大树移植注意地上电线、挖沟挑坑注意地下电缆,这些都表明园林工程施工不仅要注意施工安全,还要确保工程产品的安全耐用。

3. 园林产成品验收的概念、作用和标准

(1)园林工程竣工验收的概念和作用

当园林工程按设计要求完成全部施工任务并可供开放使用时,施工单位就要向建设单位办理移交手续,这种接交工作称为项目的竣工验收。竣工验收既是项目进行移交的必须手续,又是通过竣工验收对建设项目成果的工程质量、经济效益等进行全面考核评估的过程。凡是一个完整的园林建设项目,或一个单位的园林工程建成后达到正常使用条件的,都要及时组织竣工验收。

园林建设项目的竣工验收是园林建设全过程的一个阶段,它是由投资成果转为使用、对公众开放、服务于社会、产生效益的一个标志,因此竣工验收对促进建设项目尽快投入使用、发挥投资效益、对建设与承建双方全面总结建设过程的经验或教训都具有十分重要的意义和作用。

(2)园林工程竣工验收的依据和标准

这部分内容详见本章第三节。

4. 验收准备工作

(1)承接施工单位的准备工作

这部分内容详见本章第四节。

(2)监理工程师的准备工作

园林建设项目实行监理工程的监理工程师,应做好以下竣工验收的准备工作。

1)监理竣工验收的工作计划。监理工程师首先应提交验收计划,计划内容分为竣工验收的准备、竣工验收、交接与收尾3个阶段的工作。每个阶段都应明确其时间、内容及标准的要求。该计划应事先征得建设单位、施工单位及设计等单位的意见,并达到一致。

2）总监理工程师在项目正式验收前，指示其所属的各专业监理工程师，按照原有的分工，对各自负责管理监理监督的项目的技术资料进行一次认真清理。大型的园林工程项目的施工期往往是1～2年或更长的时间，因此必须借助以往收集的资料，为监理工程师在竣工验收中提供有益的数据和情况，其中有些资料将用于对承接施工单位所编的竣工技术资料的复核、确认和办理合同责任，工程结算和工程移交。

3）拟定验收条件、验收依据和验收必备技术资料是监理单位必须要做的又一重要准备工作。监理单位应将上述内容拟定好后发给建设单位、施工单位、设计单位及现场的监理工程师。

4）竣工验收的组织。一般园林建设工程项目多由建设单位邀请设计单位、质量监督及上级主管部门组成验收小组进行验收。工程质量由当地工程质量监督站核定质量等级。

5. 园林产成品验收程序

（1）竣工项目的预验收

竣工项目的预验收，是在施工单位完成自检自验并认为符合正式验收条件，在申报工程验收之后和正式验收之前的这段时间内进行的。委托监理的园林工程项目，总监理工程师应组织其所有各专业监理工程师来完成。竣工预验收要吸收建设单位、设计、质量监督人员参加，而施工单位也必须派人配合竣工验收工作。

由于竣工预验收的时间长，又多是各方面派出的专业技术人员，因此对验收中发现的问题多在此时解决，为正式验收创造条件。

预验收工作大致可分为以下两大部分。

1）竣工验收资料的审查。认真审查好技术资料，不仅是满足正式验收的需要，也是为工程档案资料的审查打下基础。

2）工程竣工的预验收。园林工程的竣工预验收，在某种意义上说，它比正式验收更为重要。因为正式验收时间短促不可能详细、全面地对工程项目一一查看，而主要依靠对工程项目的预验收来完成。因此，所有参加预验收的人员均要以高度的责任感，并在可能的检查范围内，对工程数量、质量进行全面地确认，特别对那些重要部位和易于遗忘的部分都应分别登记造册，作为预验收的成果资料，提供给正式验收中的验收委员会参考和承接施工单位进行整改。

预验收的主要工作如下。

1）组织与准备。参加预验收的监理工程师和其他人员，按专业或区段分组，并指定负责人，由其组织预验收成员熟悉资料、制定方案、明确检查重点，做好必要的准备工作。

2）组织预验收。在检查中，分成若干专业小组进行，划定各自工作范围，以提高效率并可避免相互干扰。

3）园林建设工程的预验收，要全面检查各分项工程。总监理工程师应填写竣工验收申请报告送项目建设单位。

（2）正式竣工验收

正式竣工验收是由国家、地方政府、建设单位以及单位领导和专家参加的最终整体验收。大中型园林建设项目的正式验收，一般由竣工验收委员会（或验收组）的主任（组长）主持，具体的事务性工作可由总监理工程师来组织实施。

正式竣工验收的工作程序如下。

1）准备工作。向各验收委员会单位发出请柬，并书面通知设计、施工及质量监督等有关单位；拟定竣工验收的工作议程，报验收委员会主任审定；选定会议地点；准备好一套完整的竣工和验收的报告及有关技术资料。

2)正式竣工验收实施。由验收委员会主任主持验收委员会会议。会议首先宣布验收委员会名单,介绍验收工作议程及时间安排,简要介绍工程概况,说明此次竣工验收工作的目的、要求及做法。由设计单位汇报设计施工情况及对设计的自检情况;由施工单位汇报施工情况以及自检自验的结果情况;由监理工程师汇报工程监理的工作情况和预验收结果。在实施验收中,验收人员可先后对竣工验收技术资料及工程实物进行验收检查;也可分为两组,分别对竣工验收的技术资料及工程实物进行验收检查。在检查中可吸收监理单位、设计单位、质量监督人员参加。在广泛听取意见、认真讨论的基础上,统一提出竣工验收的结论意见,如无异议,则予以办理竣工验收证书和工程验收鉴定书;验收委员会主任或副主任宣布验收委员会的验收意见。举行竣工验收证书和鉴定书的签字仪式,建设单位代表发言,验收委员会会议结束。

6. 园林产成品的移交

园林产成品的移交,一般主要包含工程移交和技术资料移交两大部分内容。

(1)工程移交

一个园林工程项目虽然通过了竣工验收,并且有的工程还获得验收委员会的高度评价。但实际中往往或多或少地还可能存在一些漏项以及工程质量方面的问题。因此,监理工程师要与承接施工单位协商一个有关工程收尾的工作计划,以便确定正式办理移交。由于工程移交不能占用很长的时间,因而要求施工单位在办理移交工作中力求使建设单位的接管工作简便。在移交清点工作结束后,监理工程师签发工程竣工交接证书。签发的工程交接书一式三份,建设单位、承接施工单位、监理单位各一份。工程交接结束后,承接施工单位即应按照合同规定的时间抓紧完成对临建设施的拆除和施工人员及机械的撤离工作,并做到工完场地清。

(2)技术资料的移交。

园林建设工程的主要技术资料是工程档案的重要部分,因此,在正式验收时就应提供完整的工程技术档案。由于工程技术档案有严格的要求,内容又很多,往往又不只是承接施工单位一家的工作,所以通常只要求承接施工单位提供工程技术档案的核心部分,而整个工程档案的归整、装订则留在竣工验收结束后,由建设单位、承接施工单位和监理工程师共同来完成。在整理工程技术档案时,通常是建设单位与监理工程师将保存的资料交给承接施工单位来完成,最后交给监理工程师校对审阅,确认符合要求后,再由承接施工单位档案部门按要求装订成册,统一验收保存。此外,在整理档案时一定要注意份数备足。

7. 园林产成品的回访、养护及保修保活

园林工程项目交付使用后,在一定期限内施工单位应到建设单位进行回访,对该项工程的相关内容实行养护管理和维修。对由于施工责任造成的使用问题,应由施工单位负责修理,直至达到能正常使用为止。

回访、养护及维修体现了承包者对工程项目负责的态度和优质服务的作风,并在此过程中进一步发现施工中的薄弱环节,以便总结经验、提高施工技术和质量管理水平。

(1)回访的组织与安排

在项目经理领导下,由生产、技术、质量及有关方面人员组成回访小组,必要时,邀请科研人员参加。回访时,由建设单位组织座谈会或听取会,听取各方面的使用意见,认真记录存在的问题;并查看现场,落实情况,写出回访记录或回访纪要。

绿化工程的日常管理养护,是指保修期内对植物材料的浇水、修剪、施肥、打药、除虫、搭建风障、间苗。

(2)保修保活的范围和时间

1)保修、保活范围。一般来讲,凡是园林施工单位的责任或由于施工质量不良而造成的问题都应该实行保修。

2)养护保修保活时间。自竣工验收完毕次日起,绿化工程一般为1年,由于竣工当时不一定能看出所栽植的植物材料是否成活,需要经过一个完整的生长期的考验,因而1年是最短的期限。土建工程和水、电、卫生和通风等工程,一般保修期为1年,采暖工程为一个采暖期。保修期长短也可依据承包合同为准。

(3)经济责任

园林工程一般比较复杂,修理项目往往由多种原因造成,所以,经济责任必须根据修理项目的性质、内容和修理原因诸多因素,由建设单位、施工单位和监理工程师共同协商处理。

(4)养护、保修、保活期阶段的管理

1)实行监理工程的监理工程师在养护、保修期内的监理内容,主要是检查工程状况、鉴定质量责任、督促和监督养护、保修工作。

2)养护保修期内监理工作的依据是有关建设法规、有关合同条款(工程承包合同及承包施工单位提供的养护、保修证书)。如有些非招标施工项目,则可以合同方法与承接单位协商解决。

3)检查的方法。检查的方法有访问调查法、目测观察法、仪器测量法3种,每次检查不论使用什么方法都要详细记录。

4)检查的重点。园林建设工程状况检查的重点应是主要建筑物、构筑物的结构质量,水池、假山等工程是否有不安全因素出现。在检查中要对结构的一些重要部位、构件重点观察检查,对已进行加固的部位更要进行重点观察检查。

5)养护、保修工作主要内容是对质量缺陷的处理,以保证新建园林项目能以最佳状态面向社会,发挥其社会、环保及经济效益。监理工程师的责任是督促完成养护、保修的项目,确认养护、保修质量。各类质量缺陷的处理方案,一般由责任方提出、监理工程师审定执行。如责任方为建设单位时,则由监理工程师代拟,征求实施的单位同意后执行。

6)养护、保修、保活工作的结束。监理单位的养护、保修责任为1年,在结束养护保修期时,监理单位应做好以下工作:①将养护、保修期内发生的质量缺陷的所有技术资料归类整理;②将所有期满的合同书及养护、保修书归整之后交还给建设单位;③协助建设单位办理养护、维修费用的结算工作;④召集建设单位、设计单位、承接施工单位联席会议,宣布养护、保修期结束。

四、园林设备管理

1. 设备管理概述

设备是固定资产的重要组成部分。在国外,设备工程学把设备定义为"有形固定资产的总称",它把一切列入固定资产的劳动资料,如土地、建筑物(厂房、仓库等)、构筑物(水池、码头、围墙、道路等)、机器(工作机械、运输机械等)、装置(容器、蒸馏塔、热交换器等),以及车辆、船舶、工具(工具夹、测试仪器等)等都包含在其中。在我国,只把直接或间接参与改变劳动对象的形态和性质的物质资料才看做设备。

一般认为,设备是人们在生产或生活上所需的机械、装置和设施等可供长期使用,并在使用中基本保持原有实物形态的物质资料。

设备管理是指以设备为研究对象,追求设备综合效率与寿命周期费用的经济性。应用一系列理论、方法,通过一系列技术、经济、组织措施,对设备的物质运动和价值运动进行全过程(从规划、设计、制造、选型、购置、安装、使用、维修、改造、报废直至更新)的科学管理。这是一个宏观的设备管理概念,涉及政府经济管理部门、设备设计研究单位、制造工厂、使用部门和有关的社会经济团体,包括设备全过程中的计划、组织、协调、控制、决策等工作。

园林设备是园林施工过程中所需要的各种器械用品的总称,是园林企业进行生产所必不可少的物质技术基础。加强对园林设备的管理,正确选择机械设备,合理使用、及时维修机械设备,不断提高机械设备的完好率、利用率,提高机械效率,及时地对现有设备进行技术改造和更新,对多快好省地完成施工任务和提高企业的经济效益有着十分重要的意义。

园林工程项目本身所具有的技术经济特点,决定了园林机械设备的一些特点。例如,施工的流动性决定了机械设备的频繁搬迁和拆装,使机械的有效作业时间减少,利用率低;机械设备精度降低,磨损加速,机械设备使用寿命缩短;机械设备的装备配套性差,品种规格庞杂,增加了维护和保修工作的复杂性等。

园林机械设备的使用形式有企业自有、租赁、外包等。

实行机械化生产,是园林现代化的努力方向。运用现代技术,广泛地使用机械操作,才能逐步改变传统的耕作方法,摆脱繁重的体力劳动,降低劳动强度,提高劳动生产率。提高生产质量和服务质量。诸如整地、播种、排灌、植物保护、装卸、运输等笨重体力劳动,应该逐步采用机械作业代替人工操作。

设备管理是企业生产经营管理的基础工作;设备管理是企业产品质量的保证;设备管理是提高企业经济效益的重要途径;设备管理是搞好安全生产和环境保护的前提;设备管理是企业长远发展的重要条件。

园林行业技术装备比较落后,机械化程度不高,是目前比较突出的问题。为了适应园林业的发展,必须采用先进的技术装备,提高机械化、现代化程度,提高劳动生产率。

从具体生产看,在园林行业中,不少工种属于手工艺性质的劳动,不可能用机械代替。这类产品的生产就有必要保持手工操作特色。通过科学的园林设备管理,既达到提高劳动生产率的目的,又有利于提高园林艺术质量。

2. 设备管理的特点

(1)技术性

作为企业的主要生产手段,设备是物化了的科学技术,是现代科技的物质载体。因此,设备管理必然具有很强的技术性。

(2)综合性

设备管理的综合性表现在:①现代设备包含了多种专门技术知识,是多门科学技术的综合应用;②设备管理的内容是工程技术、经济财务、组织管理三者的综合;③为了获得设备的最佳经济效益,必须实行全过程管理,它是对设备使用期内各阶段管理的综合;④设备管理涉及物资准备、设计制造、计划调度、劳动组织、质量控制、经济核算等许多方面的业务,汇集了企业多项专业管理的内容。

(3)随机性

许多设备故障具有随机性,使得设备维修及其管理也带有随机性质。为了减少突发故障给企业生产经营带来的损失和干扰,设备管理必须具备应付突发故障、承担意外突击任务的应变能力。这就要求设备管理部门信息渠道畅通,器材准备充分,组织严密,指挥灵活;人员作风过硬,业务技术精通;能够随时为现场提供服务,为生产排忧解难。

(4)全员性

现代企业管理强调应用行为科学调动广大职工参加管理的积极性,实行以人为中心的管理。设备管理的综合性更加迫切需要全员参与,只有建立从厂长到第一线工人都参加的企业全员设备管理体系,实行专业管理与群众管理相结合,才能真正搞好设备管理工作。

3. 设备管理的基本原则

设备管理要"坚持设计、制造与使用相结合,维护与计划检修相结合,修理、改造与更新相结合,专业管理与群众管理相结合,技术管理与经济管理相结合"的原则。

(1)设计、制造与使用相结合的原则

这一原则是为克服设计、制造与使用脱节的弊端而提出来的,也是应用系统论对设备进行全过程管理的基本要求。

从技术上看,设计制造阶段决定了设备的性能、结构、可靠性与维修性的优劣;从经济上看,设计制造阶段决定了设备寿命周期费用的90%以上,只有从设计、制造阶段抓起,从设备使用期着眼,实行设计、制造与使用相结合,才能达到设备管理的最终目标,在使用阶段充分发挥设备效能,创造良好的经济效益。

贯彻设计、制造与使用相结合的原则,需要设备设计、制造企业与使用企业的共同努力。对于设计制造单位来说,应该充分调查研究,从使用要求出发为用户提供先进、高效、经济、可靠的设备,并帮助用户正确使用、维修,做好设备的售后服务工作。对于使用单位来说,应该充分掌握设备性能,合理使用、维修,及时反馈信息,帮助制造企业改进设计,提高质量。实现设计、制造与使用相结合,主要工作在基层单位。但它涉及不同的企业、行业,因而难度较大,需要政府主管部门与社会力量的支持与推动。至于企业的自制专用设备,只涉及企业内部的有关部门,结合的条件更加有利,理应做得更好。

(2)维护与计划检修相结合

这是贯彻"预防为主"、保持设备良好技术状态的主要手段。加强日常维护,定期进行检查、润滑、调整、防腐,可以有效地保持设备功能。保证设备安全运行,延长使用寿命,减少修理工作量。但是维护只能延缓磨损、减少故障,不能消除磨损、根除故障。因此,还需要合理安排计划检修(预防性修理),这样不仅可以及时恢复设备功能,而且还可为日常维护保养创造良好条件,减少维护工作量。

(3)修理、改造与更新相结合

这是提高企业装备素质的有效途径,也是依靠技术进步方针的体现。

在一定条件下,修理能够恢复设备在使用中局部丧失的功能,补偿设备的有形磨损,它具有时间短、费用省、比较经济合理的优点。但是如果长期原样恢复,将会阻碍设备的技术进步,而且使修理费用大量增加。设备技术改造是采用新技术来提高现有设备的技术水平,设备更新则是用技术先进的新设备替换原有的陈旧设备。通过设备更新和技术改造,能够补偿设备的无形磨损,提高技术装备的素质,推进企业的技术进步。因此,企业设备管理工作不能只搞修理,而应坚持修理、改造与更新相结合。

(4)专业管理与群众管理相结合

专业管理与群众管理相结合是我国设备管理的成功经验,应予继承和发扬。首先,专业管理与群众管理相结合有利于调动企业全体职工当家作主,参与企业设备管理的积极性。只有广大职工都能自觉地爱护设备、关心设备,才能真正把设备管理搞好,充分发挥设备效能,创造更多的财富。其次,设备管理是一项综合工程,涉及的技术复杂、环节多、部门多、人员广。所以,将合理分工的专业管理和有广大职工积极参与的群众管理有机结合,两者互相补充,定会收到良好成效。

(5)技术管理与经济管理相结合

设备存在物质形态与价值形态两种运动。针对这两种形态的运动而进行的技术管理和经济管理是设备管理不可分割的两个侧面,也是提高设备综合效益的重要途径。

技术管理的目的在于保持设备技术状态完好,不断提高它的技术素质,从而获得最好的设备输出(产量、质量、成本、交货期等);经济管理的目的在于追求寿命周期费用的经济性。技术管理与经济管理相结合,就能保证设备取得最佳的综合效益。

4. 设备管理的内容与任务

(1)设备管理的内容

设备管理的内容是对设备运动全过程的管理。它包括设备运动的两种形式:一是物质运动;二是资金运动。设备的物质运动是指设备的计划、设计、制造、购置、安装、调试、验收、使用、维护、修理、更新、改造直至报废的全过程;而资金运动表现为设备的最初投资、维修费用支出、折旧费用计算、改造更新、资金筹措、积累和支出等。

(2)设备管理的任务

企业设备管理的主要任务是对设备进行综合管理,保持设备完好,不断改善和提高企业装备素质,充分发挥设备效能,取得良好的投资效益。综合管理是企业设备管理的指导思想和基本制度,也是完成上述主要任务的基本保证。正确贯彻执行国家的方针政策,制定适合企业实际情况的设备管理的规章制度,以设备的寿命周期作为设备管理的对象,力求设备在一生中消耗的费用最少,设备的综合效率最高。设备的设计和制造应以系统化的观点,力求在使用中达到准确、安全、可靠,在维修中便于检查与修理,使设备达到较高的利用率。按技术先进、经济合理、技术服务好的原则,正确选购设备,为企业提供优良的技术设备,节省管理费用和维修费用,保证设备始终处于良好的技术状态。搞好设备的更新与改造,提高设备的现代化水平。

5. 园林设备的使用与维修

(1)设备的使用

设备寿命长短、效率和精度的高低,一方面取决于设备本身设计结构和各技术参数的先进性、合理性,另一方面取决于设备的使用。正确合理地使用设备,保持其良好的性能和应有的精度,发挥设备应有效率,既可保证正常生产、减少磨损,又可延长其寿命。在实际工作中应注意以下几点。

1)根据企业的生产特点和产品的工艺流程,合理配置各种类型的设备。

2)根据各种设备的性能、结构和技术经济特点,恰当安排加工任务和工作负荷,既使设备充分发挥作用,又不能超过负荷极限。

3)各种设备要配备相应工种、相应熟练程度的操作工人。

4)建立和健全设备使用的责任制及其他规章制度。

5)为设备创造良好的工作环境和工作条件。

(2)设备的维护

设备的维护其目的是减缓设备磨损速度,延长寿命,防止设备非正常损坏,属于日常性工作。按工作量大小,设备的维护可分为日常保养、一级保养、二级保养。

1)日常保养,是由设备操作工人每天进行的例行保养,主要集中在设备外部,工作内容包括清洗、润滑和螺钉的紧固等。

2)一级保养,以操作工人为主,维修工人为辅,按一定间隔时间定期进行的保养。项目比日常保养多,且由设备外部进入设备内部,对内部部件进行清洗、疏通及调节校正。

3)二级保养,是以维修工人为主,设备操作工人参加的定期保养。需对设备主体部分进行解体检查、调整,同时要更换和修复一些受损零部件。

(3)设备的修理

设备的修理是通过修复或更换已严重受损、腐蚀的零部件,而使设备的技术性能和功效得到完全恢复。设备的合理使用与维护可以减缓磨损速度和程度,并不能消除磨损。当达到允许极限时,修理就是不可替代的必需工作。按工作量大小及重要性,设备的修理可分为小修理、中修理和大修理。

1)小修理只是对易损件进行更换或修复,对设备局部进行调整与校正。工作量一般占大修理工作量的20%左右。

2)中修理是对设备主要零部件进行更换或修复,调整和校正进行系统,使其精度、功效和技术参数达到规定标准。工作量占大修理工作量的50%左右。

3)大修理是将设备全部解体,更换和修复全部受损部件,调整和校正整个设备,全面恢复设备原有的技术性能、工作精度和功效。

设备修理应遵循维护和修理并存,重在预防;生产和修理并重,修理先行;以专业修理为主,专群结合等原则。

6. 园林设备的更新与改造

(1)设备的磨损

1)有形磨损

有形磨损又称物质磨损,是指设备在使用或闲置过程中发生的实体磨损。其磨损的形式主要有磨损、疲劳和断裂、腐蚀、老化等。

有形磨损的技术后果是使机械设备的使用价值降低,达到一定程度后,可使设备完全丧失使用价值。设备的这种有形磨损大致可以分为3个阶段。

① 初期磨损阶段,由于相对运动的零件表面微观几何形状,如粗糙度等,在受力情况下迅速磨损,不同形状零件之间的相对运动所发生的磨损。这一阶段磨损速度较快但经历时间较短。

② 正常磨损阶段,磨损速度缓慢,属正常工作时期。经历时间较长,设备处于最佳技术状态,生产效率高,对产品质量最有保证。

③ 剧烈磨损阶段,磨损速度急剧上升,有些性能、精度等技术性能已不能保证,生产效率迅速下降,如不及时修理,就会影响生产,发生设备事故。

2)无形磨损

无形磨损又称精神磨损,是指由于科学技术的进步而不断出现性能更加完善、生产效率更高的设备,致使原有设备价值降低;或者由于工艺改进、操作熟练程度提高、生产规模加大等使相同结构设备的重置价值不断降低而导致原有设备贬值。

无形磨损又可分为技术性无形磨损和经济性无形磨损两种。

① 经济性无形磨损有使设备的价值部分贬值的后果，但设备本身的技术特征和功能不受影响，其使用价值并未发生变化，不会产生提前更换现有设备的问题。

② 技术性无形磨损不仅使原有设备价值相对贬低，而且还造成原有设备使用价值局部或全部丧失。

(2) 设备的更新

设备更新是指以比较先进的和比较经济的设备，来代替物质、技术和经济上不宜继续使用的设备。在对设备进行更新时，既要考虑设备的自然寿命，又要考虑技术寿命和经济寿命。

1) 自然寿命是设备的使用寿命，即从投入生产开始到设备报废为止的全部时间。

2) 技术寿命是设备的有效寿命，即从设备投入生产到被新技术淘汰为止所经历的全部时间。其长短取决于同类设备科学技术进步的速度。

3) 经济寿命是设备的费用寿命，是以维修费用为标准所确定的设备寿命。其长短取决于使用费用的增长速度。使用费用包括设备的维修费用、故障损失、停机损失、资源多耗损失、废品损失等费用。

研究设备更新问题是为了追求技术进步，提高经济效益。其目的是寻找设备的合理使用年限，即经济寿命。

(3) 改造与更新的选择

所谓设备改造，是指应用现代化科学技术成就，根据生产发展的需要，改变原有设备的结构，或对旧设备增添新部件、新装置，改善原有设备的技术性能和使用指标，使局部或全部达到现代化新设备的水平。改造的优点是周期短、费用省、见效快，能够获得比较好的技术经济效益。当设备改造与更新在技术上、资金上、货源保证以及政策上都可行时，还需从维修的角度进一步分析，以便进行比较、选择。一方面，搜集相关资料，包括改造费、大修费、停产损失、新设备购置费、新旧设备生产效率、单位产品成本等；另一方面，计算有关费用的数值，判断改造方案是否可行。

五、园林活物管理

园林活物是园林管理中特殊的物资，主要是指具有生命的物资，如植物、动物、微生物等。

活物管理是园林经营与其他产品或服务的经营所不同的方面，常称为“养护”。“养”与“护”分别涉及技术行为和文化行为两个方面。其中，水、肥、草、虫等管理规程是为了保证植物的生态条件、新陈代谢；对于动物来说，则还有饮食、活动、卫生、医疗等。一般来说，园林中的动物还有繁殖和驯化等技术行为需要由专业人员管理。植物如花卉、树木等可以在花圃苗圃中引种、繁殖，动物却往往难以专设生产单位，只能由经营部门如动物园、森林公园等一并进行。其原因在于，除了猫、狗、金鱼等宠物的经济需求有可能使有关的生产行业相对独立之外，其他的非畜牧业动物，都还只能作为稀有资源饲养并繁殖于动物园中。动物园的数目远远少于其他园林，拥有较多种类动物的动物园至今为止还仅见于较大城市。

园林植物的修剪、改良、更新等既涉及技术行为，又涉及文化行为——审美文化行为。对于技术方面的管理，程序性较强；但对于文化方面的追求，则程序性较弱，并且与不同文化圈相关——欧美往往注重显示人类改造自然的能力，以强度的修剪加工为美；我国往往注重人类与自然的和谐，以不饰雕琢为美。应该指出，这二者不是互斥的，而是可以互补的，管理者应该扩大自身的审美情趣和范围。

"更新"管理方面,合理"存旧"是园林经营中最为特殊的内容。愈是古旧的活物,愈具有揭示时间隐秘的功能。活文物的价值甚至比死文物还要大,有的公园甚至可以仅因其千年古木而名扬天下。因此,园林经营不仅要对古树名木进行特殊养护,而且要运用现代科学技术。采取复壮措施。除此之外,目光远大的经营者还应该有意识地筛选可能长寿的植物加以特护及保存。随着岁月的推移,它们之中就可能产生"传园之宝"。

防止人为损害动植物的管理可分为"疏导"与"阻禁"。用导游图、指路标、斜向穿插小路等疏导措施可有效减少游人"找路"或"抄近路"等"最小耗能"行为造成的活物损害。设置公安机构或巡查人员则是对有意破坏活物者的阻禁,以及对无意破坏者的示警。除了对直接损害活物的行为应该防止之外,还应防止间接损害活物的行为,如破坏环境卫生、排放有害气体及污水、污物等。对人的阻止是有相当对抗性的社会行为,往往需要制定相应法规。

六、园林基础设施管理

一般来说,基础设施(如建筑、道路、椅凳、管道、电力线等)都是比较牢固、经久耐用的园林产品,园林中基础设施的使用频繁程度较大,使用者又是被服务的对象,对有关设施要求较高却并不一定去加以爱惜。因此,往往需要加以适当管理。

保持清洁卫生包括清扫各处杂物垃圾、打扫消毒厕所、清除水面污物等。通常专设班组,并实行分片包干,即定人、定地段、定要求(指标)。必要时经上级统一规定有关"随地吐痰罚款"、"随地大小便罚款"、"禁止吸烟"、"禁止乱扔乱堆杂物"等条款,同时设立"果皮箱"、"吸烟角"等加以疏导。

制止随意刻涂是园林设施管理中十分特殊的内容。园林中不妨专设某些区域及设施,供游人尽其游兴;同时制止游人在其他区域随意刻涂,以保持基础设施的完整和整个园容的整洁。

设施维修应及时进行。无论是道路房屋、碑匾亭台、楼阁池桥、山石湖岸、供水排水、供电供暖还是露天桌椅等,及时维修不仅可以减少无效消耗量,而且可以减少坍塌毁坏,保持园容,也就是保证园林服务的质量。其中,具有文物价值的古旧设施,常需专业化的施工维修队伍进行维修。为了保持原貌,甚至要利用现代新工艺重现古代旧面貌。在维修施工期间,如果仍然向游人开放其他园林设施,那么还需对施工中的材料运输及堆放以及操作现场划定区域,加以隔离,必要时夜间运输。施工准备及调度应仔细筹谋,一旦开工则连续进行,决不拖延工期。

防范违章建筑主要是针对商业性服务站、棚,还包括流动性商业车辆。

七、园林财务管理

1. 财务管理的概念

财务管理是系统地利用价值形式对企业生产经营活动进行的综合管理,是企业管理的一个重要组成部分。财务管理水平的高低,直接影响企业的生存、发展和获利能力。因此,加强企业的财务管理是提高企业经济效益和劳动生产率,保证企业目标实现的重要环节。

财务管理是企业管理的一部分,是有关资金取得和有效运用的管理。财务管理的目标取决于企业的总目标。企业是一个以营利为目标的组织,其出发点和归宿均是营利。为实现这一最终目标,企业首先必须生存下去,其次是在发展中求生存。

为使企业能够长期、稳定地生存下去,要求财务管理能够保持企业有以收抵支和偿还到期债务的能力,减少破产的风险,及时筹集企业发展所需的资金,并且通过合理、有效地使用资金。使企业处于良好的财务状况，获得最大的经济效益，也就是说，企业的目标决定了财务管理的目标——企业价值最大化或股东财富最大化。

财务管理作为企业管理的一个组成部分，其除了具有一般管理职能的共性外，还具有财务管理的自身特征。财务会计具有反映和监督的职能。财务管理是在财务会计的基础上进行的，其具有计划、控制和决策的职能。财务管理的各个职能之间相互依存、相互联系，它们组成了企业财务管理循环。财务管理循环的主要环节如下。

1）制定财务决策，针对企业的各种财务问题和多种解决方案，进行项目决策。

2）制定计划，针对计划期各项生产经营活动，制定预算和标准，确定期间计划。

3）控制，以计划为依据，对财务活动进行指导、监督和限制。

4）反映实际数据，通过会计手段对企业实际资金循环和周转进行记录和反映。

5）对比分析，把企业的实际数据与应达到的标准进行比较，计算出其差额，并对差额进行分析。扣除例外因素影响，发现产生差异的具体原因。

6）采取行动，根据产生问题的原因采取有效措施，使经济活动按既定目标进行。

7）评价与考核，对执行人员的工作业绩进行评价、考核和奖惩。

8）预测，在激励和采取行动之后，经济活动发生变化，要根据新的情况进行重新预测，为下一步决策提供依据。

2. 园林财务管理的内容

(1)资金管理

企业的资金管理包括资金的筹集和运用。

1)资金筹集的管理

① 筹集资金的渠道与方式。

企业资金来源包括所有者权益和负债两大类，具体包括以下几个方面。

a. 资本金。企业开设时，必须有法定的资本金，也就是国家规定的开办企业必须筹集的最低资本数额，其可以是现金、实物（存货、固定资产等）和无形资产等，在价值上与注册资本一致。资本金按照投资主体的不同，分为国家资本金、法人资金、个人资本金和外商资本金等。

b. 资本公积金。资本公积金也是企业外部对企业的资本投入，但不是在核定的资本金之内，其与资本金一起构成企业经营资本的基本部分。资本公积金一般包括资本溢价（即投资者实际缴付的出资额超出其资本金的差额）、法定财产评估增值、接受捐赠的实物资产价值和资本汇率折算差额等。

c. 留存收益。留存收益是指企业从历年实现的利润中提取或形成的留存于企业内部的积累。留存收益一般包括盈余公积（即法定盈余公积金、任意盈余公积金和公益金）和未分配利润。

d. 负债。负债是企业所承担的，能以货币计量、需以资产或劳务偿付的债务。企业负债按偿还期限的长短分为流动负债和长期负债。流动负债是指可以在一年内或超过一年的一个营业周期内偿还的债务，包括短期借款、应付票据、应付账款、其他应付款、应付工资、应付福利费、应交税金和应付利润（股利）等。长期负债是指偿还期限在一年或超过一年的一个营业周期以上的债务，包括长期借款、应付债券、长期应付款、其他长期流动负债等。

② 筹集资金管理的要求。

a. 合理确定筹资数额。企业在进行筹资时，首先应确定筹资数额。筹资过多，会增加筹资费用,影响资金的使用效果;筹资过少,保证不了生产的需要。因此,企业应根据生产规模、工艺特点、生产周期以及销售趋势等具体情况,确定不同时期企业资金的需用量。

b. 正确选择筹资渠道与方式,降低资金成本。不同的筹资渠道与方式往往要求付出不同的代价,即具有不同的资金成本,企业应以最低资金成本来选择筹资对象。

c. 创造良好的投资环境。在筹资过程中,企业既要选择投资者,同时也是投资者选择的对象。因此,企业要不断改善经营管理,努力创造良好环境,取得投资者的信任,吸引更多的资金。

d. 优化资金结构,减少财务风险。资金结构是指企业各种长期资金来源的构成与比例关系。一般情况下,负债资金成本小于权益资金成本,企业适度的负债经营,能够给所有者带来更大的收益。但如果不考虑企业的偿债能力而负债过多,会加大企业因筹资而带来的风险(即财务风险),影响企业的信誉,降低企业的价值,甚至面临破产的威胁。因此,企业不仅要考虑每笔筹资的资金成本,而且要在总体上优化资金结构,使企业的自有资金与借入资金之间保持适当的比例,减少财务风险,提高经济效益。

2)资金运用的管理

企业筹集的资金随着资金的循环与周转,将转化为相应的资产,分布于生产经营的全过程,具体包括流动资产、长期投资、固定资产和无形资产等。

① 流动资产的管理。

流动资产是指可以在一年内或超过一年的一个营业周期内变现或耗用的资产,包括现金及各种存款、短期投资、应收及预付款项与存货等。存货是指企业在生产经营过程中为销售或耗用而储备的各种有形资产,包括各种原材料、燃料、包装物、低值易耗品、委托加工材料、在产品、产成品和商品等。

a. 流动资产管理的要求。流动资产的管理除要做好日常安全性、完整性的管理外,还需要决定流动资产的总额及其结构以及这些流动资产的筹资方式。在作出这些决定时,需要在风险与收益之间进行权衡。在其他条件相同的情况下,易变现资产所占资产的比重越大,现金短缺的风险将越小,但收益将降低。因此,企业流动资产管理要做好以下工作:认真分析,正确预测流动资产的需用量;合理筹集和供应各项资产所需的资金;做好日常管理,减少流动资产占用数量;加速资金周转,提高资金使用效果。

b. 流动资产的预测。流动资产的预测是以历史数据和企业现行实际情况为基础,运用科学的方法,对企业未来一定时期流动资产需求量进行测算。流动资产的预测可以是总量测算,也可以是分项测算后汇总。

流动资产的控制如表 9-1 所示。

表 9-1　流动资产的控制

种　类	说　明
货币资金的控制	企业置存货币资金的主要原因是为了满足交易性、预防性和投机性的需要。而货币资金的流动性最强、收益性较低,决定了企业需在资产的流动性和赢利能力之间进行抉择,以获得最大的长期利润。货币资金的控制包括制度控制、日常收支的控制和最佳持有量的控制。货币资金日常管理与控制的策略为力争现金流量同步,使用现金浮游量,加速收款,推迟应付款的支付

续表

种　　类	说　　明
应收账款的控制	应收账款形成的主要原因是企业为了扩大销售,增强竞争力,对客户采用信用政策所致。因此,应收账款的控制应从信用政策入手,合理确定信用期间、信用标准和现金折扣政策。对于已经发生的应收账款,应积极采取各种措施,尽量争取按期收回款项,减少坏账损失。这些措施包括对应收账款回收情况的监督、对坏账损失的事先准备和制定适当的收账政策
存货的控制	原材料存货的控制主要包括原材料耗用量和采购限额的强制、库存材料的收发、结存的控制、材料管理制度等。在产品存货的控制主要包括合理安排生产计划、严格控制投入、产出的时间和数量、协调生产的均衡性和零部件的成套性,掌握生产进度,缩短生产周期,加速资金周转,节约各项耗费,降低产品生产成本

② 固定资产的管理。

固定资产是指使用期限在一年以上,单位价值在规定标准以上,并在使用过程中保持原有物质形态的资产,包括房屋及建筑物、机器设备、运输设备、工具器具等。在具体确定上,企业用于生产、提供商品或服务、出租或用于企业行政管理目的,预计使用期限在一年以上的房屋、建筑物、机器、设备、工具、器具等资产作为固定资产。不属于生产经营主要设备的物品,单位价值在2000元以上,并且使用期限超过两年的也应作为固定资产。按现行制度规定,企业的固定资产应按其经济用途分为经营性固定资产和非经营性固定资产分别核算和管理。

a. 固定资产的计价。其方式主要有原始价值、重置价值和净值3种方法。原始价值又称原始购置成本或历史成本,是指企业购建某项固定资产达到可使用状态前所发生的一切合理的、必要的支出,包括购置固定资产的价款、运杂费、包装费、安装调试费、应分摊的借款利息等。重置价值又称现时重置成本,是指在当时的生产技术条件下,重新购建同样的固定资产所需要的全部支出。净值又称折余价值,是指固定资产原始价值或重置完全价值减去已提折旧后的净额。

b. 固定资产折旧。企业的固定资产可以长期参加生产经营活动而保持其原有的实物形态,但其价值是随着固定资产的使用而逐渐转移到生产的产品或构成费用,然后通过产品的销售,从收回的货款中得到补偿。固定资产的损耗分为有形损耗和无形损耗两种:有形损耗是指固定资产由于使用和自然力的影响引起的使用价值和价值的损失;无形损耗是指由于科学技术进步等而引起的固定资产价值的损失。固定资产在使用过程中逐渐损耗而消失的那部分价值,称为固定资产折旧。计提折旧的方法可以采用平均年限法、工作量法、年数总和法和双倍余额递减法等。

c. 固定资产投资的管理。固定资产投资的管理主要包括固定资产投资决策分析、固定资产投资预算和固定资产投资控制3个方面。

固定资产的投资决策分析,主要包括确定性投资决策分析、风险投资决策分析和投资方案的敏感性分析。固定资产投资决策使用的指标有:一类是贴现指标,即考虑了资金时间价值因素的指标,主要包括净现值、现值指数、内含报酬率等;另一类是非贴现指标,即没有考虑资金的时间价值因素的指标,主要包括回收期、会计收益率等。

在进行固定资产投资项目可行性研究的基础上,企业应分阶段地进行投资预算。在固定资产建设阶段的投资预算包括固定资产投资和固定资产投资来源与支出预算。固定资产投入使用后，固定资产的预算主要包括在固定资产从投资到寿命期满的期间内，由于该项固定资产的投资所带来的现金流量及时间的估计和预测。

固定资产投资控制是指对固定资产投资全过程进行控制，保证固定资产投资项目和投资预算的合理性、投资预算执行过程的协调性和投资效果的效益性。在此过程中，一是要控制固定资产投资项目和投资预算的确定，进行投资项目必要性、可行性和合理性研究；二是要控制固定资产投资预算的执行过程，力求使投资项目施工、物资供应、资金安排等环节一致；三是控制固定资产投资效果，提高投资项目的经济效益。

d. 固定资产日常管理。企业的固定资产种类较多，价值较高，使用与分布较广，因此加强固定资产的日常管理是固定资产管理的重要内容。首先，企业应建立健全各类固定资产管理岗位责任制，实行归类分组管理；其次，正确进行固定资产的核算，严格监督企业固定资产的增加、转移、清理、报废减值以及折旧等情况，提高固定资产的使用效果；再次，定期进行固定资产的清查，保护固定资产的安全完整；最后，对固定资产的经济效益进行客观的评价和分析。

③ 无形资产的管理。

无形资产是指可供企业生产经营长期使用而没有实物形态的资产，包括专利权、商标权、非专利技术、著作权、土地使用权和商誉等。

a. 无形资产的特征。无形资产不具有实物形态；无形资产用于生产商品或提供劳务、出租给他人或为了行政管理而拥有的资产；无形资产可以在较长时间内为企业提供经济效益；无形资产所提供的未来经济效益具有很大的不确定性。

b. 无形资产入账原则。市场经济条件下，无形资产作为商品同样具有价值。企业确认无形资产入账价值的基本原则是，购入或按法律程序申请取得的各种无形资产，按实际支出入账。其他单位投资转来的无形资产，按合同约定或评估确认的价值入账。由于无形资产价值具有不确定性的特点，为慎重起见，一般只有在能够确定为取得无形资产而发生的支出时，才能作为无形资产的价值入账。商誉只有在企业合并时才可作价入账。

c. 无形资产管理的要求。建立无形资产管理体制和经济责任制；正确评估无形资产的价值；按规定的期限分期摊销已投入使用的无形资产；充分保障与发挥无形资产的效能，并不断提高其使用效益。

(2)成本费用管理

企业在进行生产经营时，必然会耗费一定的人力、物力和财力，即产品的生产过程，也是生产的耗费过程。生产耗费包括生产资料中劳动手段的耗费和劳动对象的耗费以及劳动力方面的耗费。企业在一定时期内为生产经营活动而发生的一切耗费称为生产费用。企业为生产一定种类、一定数量产品而发生的各种生产费用支出总和称为产品成本或产品制造成本。

1)成本费用的特征

费用通常是为了取得某项营业收入而发生的耗费，这些耗费可以表现为资产的减少或负债的增加。费用是对耗费所作的计量，这种耗费并不一定表现为当期直接发生的支出，有些耗费是通过系统的合理的分配而形成的，如固定资产折旧等。费用与产品成本之间既有联系又有区别，费用中的产品生产费用是构成产品成本的基础；费用是按时期归集的，而产品成本是按产品对象归集的。

2)成本费用分类

企业所发生的费用是多种多样，为了正确计算产品成本，加强成本管理，需要对生产费用进行分类。企业所发生的生产费用,在这里主要是指构成产品成本的费用和期间费用。

① 生产费用,按经济内容或经济性质进行分类,分为劳动对象方面的费用、劳动手段方面的费用和活劳动方面的费用三大类。在此基础上,生产费用可进一步分为若干要素费用。一般包括外购材料、外购燃料、外购动力、工资、提取的职工福利费、折旧费、利息支出、税金(应计入管理费用的部分)和其他支出等。这种分类方法能够反映企业在一定时期内发生了哪些费用,数额是多少,用来分析企业各个时期各项费用的比重。

② 生产费用,按其经济用途进行分类,分为应计入产品成本的费用(即产品成本项目)和不应计入产品成本的费用(即期间费用)。成本项目构成产品的制造成本,一般包括直接材料、直接人工、制造费用等。期间费用包括经营费用、管理费用和财务费用。

3)成本核算的要求

① 算管结合,算为管用。

② 正确划分各种费用界限。其具体是指:a. 正确划分收益性支出和资本性支出、营业外支出的界限;b. 正确划分产品生产制造成本与期间费用的界限;c. 正确划分各月份的费用界限;d. 正确划分各种产品的费用界线;e. 正确划分完工产品与在产品的费用界限。划分以上费用界限的原则是受益原则,即谁受益谁负担费用,何时受益何时负担费用,负担费用的大小与受益程度的大小成正比。

③ 正确确定财产物资的计价和价值结转方法。

④ 做好各项基础工作。具体包括:a. 做好定额的制定和修订工作;b. 建立和健全材料物资的计量、收发、领退和盘点制度;c. 建立和健全原始记录工作;d. 做好企业内计划价格的制定和修订工作。

⑤ 适应生产特点和管理要求,采用适当的成本计算方法。成本计算的基本方法有品种法、分批法、分步法;成本计算的辅助方法有:定额法、分类法等。

4)成本费用的管理

降低产品成本的途径有采用新技术、新工艺,提高材料利用率,降低各项材料、能源等物资的消耗;提高劳动生产率,降低单位产品中工资费用;改进生产组织,进行设备技术革新,提高设备利用率;提高产品质量,减少废品;加强管理,控制各项费用支出。

① 产品成本预测与计划。产品成本预测与计划是指企业为达到降低成本的目的。根据企业历史成本水平或现行成本的有关资料,并结合当期影响产品成本水平变动的因素及应采取的措施,采用科学的方法,对在一定的时期内某一产品或某一成本项目或全部产品成本进行预计或推测,并在此基础上,作出对成本控制目标的决策,即成本计划的制定。成本预测包括产品设计过程的成本预测、计划阶段的成本预测和期中成本预测。成本的预测方法一般采用目标利润推算法、比例推算法、历史成本法、因素分析法等。成本计划一般分为生产费用预算、产品成本期间费用计划。成本计划作为生产经营全面预算的一个组成部分,其编制的方式是自下而上的。一般由高层管理部门制定总原则,然后传达给各级管理部门。由较低层的管理部门根据总原则及本部门的实际,编制本部门的计划,而后提交上一级。逐级汇总协调,最后制定出总成本的计划。总计划进行层层分解,形成各基层部门和归口单位的计划,同时落实成本计划完成的措施与责任。

② 成本控制。成本控制的基本原则主要有经济原则、因地制宜原则、领导重视与全员参加原则。经济原则是指因推行成本控制而发生的成本不应超过因缺少控制而丧失的收益。因

此，在成本控制中，应贯彻选择关键因素加以控制。采取实用性、例外管理、重要性、灵活性等具体措施。因地制宜原则是指成本控制系统必须个别设计，适合特定企业、部门、岗位和成本项目的实际情况，不可完全照搬别人的做法。领导重视与全员参加原则是指领导要重视并全力支持成本控制。每个职工都负有成本责任，成本控制是全体员工的共同任务，只有通过全体协调一致的努力，才能达到成本控制的目标。成本控制包括事前、事中和事后控制3个阶段。成本的事前控制包括产品设计过程的控制和成本形成前的控制，主要应制定目标成本、编制成本预算、成本指标分解等。成本的事中控制是由专人对实际发生的各项成本、费用进行反映和监督，及时发现差异并把信息反馈给有关部门。成本的事后控制是根据实际成本核算的有关资料，分析成本差异的原因，找出解决问题的措施，以利于加强成本管理，达到节约成本、提高经济效益的目的。成本控制的方法一般有制度控制法、定额控制法、目标成本控制法、标准成本控制法、预算控制法等。

(3)利润管理

利润是企业在一定期间生产经营活动的最终成果，也是收入与成本费用相抵后的差额。如果收入小于成本费用，称为亏损；反之为利润。企业生产经营活动的主要目的，就是要不断地提高企业的盈利水平，增强企业获利能力。利润水平的高低不仅能够反映企业的盈利水平，而且能够反映企业向整个社会所做的贡献。为此，企业要加强利润的管理，以期最大限度地获得利润，积累扩大再生产所需的资金，不断发展壮大，促进整个社会的发展，满足人们日益增长的物质文化生活水平的需要。

1)利润的形成

① 利润，是企业在一定期间生产经营活动的最终成果。企业营业利润加上投资收益和营业外收支净额，即为企业当期利润总额。当期利润总额扣除所得税，即为当期的税后利润即净利润。其计算公式为

净利润 = 利润总额 - 所得税

利润总额 = 营业利润 - 投资净收益 + 营业外收入 - 营业外支出

② 营业利润，是企业利润的主要来源，营业利润主要由主营业务利润和其他业务利润构成。其计算公式为

营业利润 = 主营业务利润 + 其他业务利润 - 管理费用 - 财务费用

③ 投资净收益，是指企业对外投资分得的利润、股利和债券利息等扣除投资损失后的余额。

④ 营业外收入，是指与企业生产经营活动没有直接关系的各种收入，具体包括固定资产盘盈、处理固定资产收益、罚款收入、确定无法支付而按规定程序经批准后转作营业外收入的应付款等。其计算公式为

主营业务利润 = 主营业务收入 - 主营业务成本 - 主营业务税金及附加

其他业务利润 = 其他业务收入 - 其他业务成本

⑤ 营业外支出，是指不属于企业生产经营费用，与企业生产经营活动没有直接的关系，但按照有关规定应从企业实现的利润总额中扣除的支出。一般包括固定资产盘亏、报废、毁损和

出售的净损失、非常损失、按规定在营业外支出中支付的公益救济性捐款、赔偿金、违约金等。

⑥ 管理费用,是指企业行政管理部门为组织和管理生产经营活动而发生的各种费用。

⑦ 财务费用,是指企业筹集生产经营所需资金而发生的费用。

2)利润分配的顺序

按照《中华人民共和国公司法》的有关规定,企业的利润分配应按下列顺序进行。

① 弥补以前年度亏损。企业利润总额在缴纳所得税前可在不超过税法规定的弥补期限内弥补以前年度亏损,而超过税法规定弥补期限的以前年度亏损,只能由税后净利润弥补。

② 计提法定盈余公积金。企业应当按照税后利润(减弥补亏损后)的10%提取法定盈余公积金。当法定盈余公积金累计金额已达注册资本的50%时,可不再提取。

③ 计提公益金。公益金按税后利润以5%~10%提取,是用于集体福利设施建设的资金。

④ 计提任意盈余公积金。任意盈余公积金是按照公司章程或股东会议决议提取和使用的。

⑤ 向投资者分配利润或股利。企业以前年度未分配的利润,可以并入本年一同向投资者分配。

一般说来,公司在纳税、弥补亏损和提取法定公积金、公益金之前,不得分配利润;公司当年无利润时,也不得分配利润。但股份有限公司用盈余公积金抵补亏损后,为维护其股票信誉经股东大会特别决议,也可用盈余公积金支付股利,不过这样支付股利后留存的法定盈余公积金不得低于注册资本的25%。

3)利润的管理

利润规划是企业为实现目标利润而综合调整其经营活动的规模与水平,即把企业未来的发展以及实现目标利润所需的资金、可能取得的收益以及将要发生的成本费用三者联系起来,确定企业的目标利润。

利润分配决策是指考虑法律因素、投资者因素、公司因素和其他因素对利润(股利)分配的影响,选择决定企业分配给投资者利润多少,又有多少净利润留在企业。分配方案确定的方法主要有剩余股利政策、固定或持续增长股利政策、固定股利支付率政策、低正常股利加额外股利政策。

八、园林信息管理

1. 管理信息

(1)管理信息的基本概念

管理信息是指在企业生产经营活动过程中收集的,经过加工处理后。对企业管理和决策产生影响的各种数据的总称。它通过数字、图表、表格等形式反映企业的生产经营活动状况,为管理者对整个企业实现有效的管理提供决策依据,是用于管理的信息,也是管理信息系统管理的对象。在企业的整个生产经营活动中始终贯穿着3种运动过程:物流——劳动者利用劳动工具作用于劳动对象和加工产品的过程;资金流——伴随着物流过程,资金从货币资金形态依次变换为储备资金、生产资金、成品资金,最后又回到货币资金形态的过程;信息流——各种文件、情报、资料和数据在各生产经营环节之间的传递。信息流反映着物流和资金流的状况,并指挥着物流和资金流的运动。信息流动不畅,就难以进行有效的管理。管理信息是实施有效管理的重要基础,是组织的一种重要资源。

(2)管理信息的特征

1)信息来源的分散性和数量的庞杂性。任何组织的活动都涉及内外各个方面,特别是企业的生产经营过程是一项非常复杂的活动，如产品品种，生产用的材料、工具、资金，企业中的各类人员及其数量、技术、文化水平等。企业的原始数据产生于生产经营的各个环节和方面，所以信息来源面广、数量大，这就决定了数据收集工作的复杂性和繁重性。

2）信息加工处理的多样性。在一个组织中，各部门使用信息的目的不同，对原始信息的加工处理也必须采用多样化的方法。如有的只要按不同的标志对信息进行分类、检索并进行简单运送即可；有的则要应用现代数学方法，求解一些比较复杂的数学模型，如企业生产计划的优化、销售预测、作业排序等。因此，需求不同，方法就不同。

3）信息传递的及时性。信息具有一定的时效性，在管理中只有及时灵敏地传递和使用信息，才能不失时机地对生产经营活动作出反应并制定对策；反之，如果信息传递不及时，延误了时机，企业就抓不住机会，就可能造成损失。这时即使是十分重要的信息，也会变得毫无价值。

（3）管理信息的分类

要对信息进行有效的管理，就要对信息进行科学的分类（见表9-2）。

按组织不同层次的要求，管理信息可分为以下几类。

表9-2　园林项目信息分类

分类标准	类型	内容
按照建设项目管理职能划分	投资控制信息	如各种投资估算指标，类似工程造价，物价指数，概（预）算定额，园林项目投资估算，设计概预算，合同价，工程进度款支付单，竣工结算与决算，原材料价格，机械台班费，人工费，运杂费，投资控制的风险分析等
	质量控制信息	如国家有关的质量政策及质量标准，园林建设标准，质量目标的分解结果，质量控制工作流程，质量控制工作制度，质量控制的风险，质量抽样检查结果等
	进度控制信息	如工期定额，项目总进度计划，进度目标分解结果，进度控制工作流程，进度控制工作制度，进度控制的风险分析，某段时间的施工进度记录等
	合同管理信息	如国家有关法律规定，园林工程招标投标管理办法，园林工程施工合同管理办法，工程建设监理合同，园林工程勘察设计合同，园林工程施工承包合同，园林工程施工合同条件，合同变更协议，园林工程中标通知书、投标书和招标文件等
	行政事务管理信息	如上级主管部门、设计单位、承包商、建设单位的来函文件，有关技术资料等
按照建设项目信息来源划分	工程建设内部信息	内部信息取自园林项目本身，如工程概况，可行性研究报告，设计文件，施工组织设计，施工方案，合同文件，信息资料的编码系统，会议制度，项目管理组织机构，项目管理工作制度，建设监理规划，项目的投资目标，项目的质量目标，项目的进度目标等
	工程建设外部信息	来自园林项目外部环境的信息称为外部信息，如国家有关的政策及法规，国内及国际市场上原材料及设备价格，物价指数，类似工程的造价，类似工程进度，投标单位的实力，投标单位的信誉，毗邻单位的有关情况等
按照建设项目信息稳定程度划分	固定信息	固定信息是指那些具有相对稳定性的信息，或者在一段时间内可以在各项管理工作中重复使用而不发生质的变化的信息，它是建设项目管理工作的重要依据。这类信息有： ① 定额标准信息，这类信息内容很广，主要是指各类定额和标准，如概预算定额，施工定额，原材料消耗定额，投资估算指标，生产作业计划标准，项目管理工作制度等； ② 计划合同信息，指计划指标体系，合同文件等； ③ 查询信息　指国家标准，行业标准，部门标准，设计规范，施工规范，项目管理人员的人事卡片等

续表

分类标准	类型	内容
按照建设项目信息稳定程度划分	流动信息	即作业统计信息,它是反映园林建设项目实际进程和实际状态的信息,它随着工程项目的进展而不断更新。这类信息时间性较强,一般只有一次使用价值。如项目实施阶段的质量、投资及进度统计信息,就是反映在某一时刻建设项目的实际进展及计划完成情况。再如,项目实施阶段的原材料消耗量、机械台班数、人工工日数等。及时收集这类信息,并与计划信息进行对比分析是实施项目目标控制的重要依据,是不失时机地发现、克服薄弱环节的重要手段。在园林项目管理过程中,这类信息的主要表现形式是统计报表
按照建设项目监理活动层次划分	总监理工程师所需信息	如有关工程建设监理的程序和制度,监理目标和范围,监理组织机构的设置状况,承包商提交的施工组织设计和施工技术方案,建设监理委托合同,施工承包合同等
	各专业监理工程师所需信息	如工程建设的计划信息,实际进展信息,实际进展与计划的对比分析结果等。监理工程师通过掌握这些信息可以及时了解工程建设是否达到预期目标并指导其采取必要措施,以实现预定目标
	监理检查员所需信息	主要是工程建设实际进展信息,如工程项目的日进展情况。这类信息较具体、详细,精度较高,使用频率也高
按照建设项目进展阶段划分	设计阶段	如"可行性研究报告"及"设计任务书",工程地质和水文地质勘察报告,地形测量图,气象和地震烈度等自然条件资料,矿藏资料报告,规定的设计标准,国家或地方有关的技术经济指标和定额,国家和地方的有关项目管理法规等
	施工招标阶段	如国家批准的概算,有关施工图纸及技术资料,国家规定的技术经济标准,定额及规范,投标单位的实力,投标单位的信誉,国家和地方颁布的招标管理办法等
	施工阶段	如施工承包合同,施工组织设计、施工技术方案和施工进度计划,工程技术标准,工程建设实际进展情况报告,工程进度款支付申请,施工图纸及技术资料,工程质量检查验收报告,工程建设监理合同,国家和地方的有关项目管理法规等

1)计划信息。这种信息与最高管理层的计划工作任务有关,即与确定组织在一定时期的目标、制定战略和政策、制定规划和合理分配资源有关。这种信息主要来自外部环境,如当前和未来经济形势的分析预测资料、资源的可获量、市场和竞争对手的发展动向,以及政府政策及政治情况的变化等。

2)控制信息。这种信息与中层管理部门的职能工作有关,它帮助职能部门制定组织内部的计划,并使之有可能检查实施效果是否符合计划目标。控制信息主要来自组织的内部。

3)作业信息。这种信息与组织的日常管理活动和业务活动有关,如会计信息、库存信息、生产进度信息、质量和废品率信息、产量信息等。这种信息来自组织的内部,基层主管人员是这种信息的主要使用者。

按信息的稳定性不同,管理信息可分为以下两类。

1)固定信息。它是指具有相对稳定性的信息,在一段时间内,可以供各项管理工作重复使用而不发生质的变化。它是组织或企业一切计划和组织工作的重要依据。以企业为例,固定信息主要由以下3部分组成:定额标准信息,包括产品结构、工艺文件、各类劳动定额、材料消耗定额、工时定额、各种标准报表、各类台账等;计划合同信息,包括计划指标体系和合同文件等;查询信息,包括国际标准、国家标准、专业标准和企业标准、产品和原材料价目表、设备档案、人事档案、固定资产档案等。

2)流动信息,又称为作业统计信息。它是反映生产经营活动实际进程和实际状态的信息,是随着生产经营活动的进展不断更新的。因此,这类信息时间性较强,一般只具有一次性使用价值。但及时收集这类信息,并与计划指标进行比较,是控制和评价企业生产经营活动并不失时机地揭示和克服薄弱环节的重要手段。

一般来说,固定信息约占企业管理系统中周转总信息量的75%,整个企业管理系统的工作质量在很大程度上取决于固定信息的管理。因此,无论是现行管理系统的整顿工作,还是应用现代化手段的计算机管理系统的建立,一般都是从组织和建立固定信息文件开始的。

(4)管理信息对企业管理的作用

1)管理信息是管理活动的基础和核心。管理依赖信息与决策,任何管理活动都以管理信息的获取、加工和转换为基本内容。

2)管理信息是组织和控制生产经营活动的重要手段,是联系企业管理活动的纽带。

3)管理信息是企业效益的保证,是提高竞争力的关键。

2. 管理信息系统

(1)管理信息系统的概念

管理信息系统概念在演变,一直没有形成公认、统一的描述,一般定义为:“它是用系统思想建立起来的,以计算机作为基本信息处理手段,以现代通信设备作为信息传输工具,以资源共享为目标,且能为管理决策提供信息服务的人—机系统。”实际上,管理信息系统这一概念是指管理系统和管理信息的集合。当人们把管理对象作为一个完整的系统进行分析和设计时就构成管理系统。而管理信息就是根据管理功能和管理技术而组成的信息流和信息集。当把管理系统和管理信息集合成一个系统时,就形成管理信息系统。

作为一个管理信息系统,它将在管理信息的产生源与使用者之间起到媒介作用,并以此使管理信息从产生到利用的时间间隔大大缩短,同时保证管理信息处理的准确性和时效性,有利于提高管理信息利用率,更好地满足各种管理工作的需要。

(2)管理信息系统的基本职能

一个较为完善的管理信息系统,必须具备以下4项基本职能。

1)确定信息的需求,即按照管理工作的要求正确确定需要的信息的类型和类别,以及需要的时间和数量。

2)按照信息的需求,进行信息的收集、加工等处理。

3)向管理者提供经济信息的服务。

4)对信息进行系统管理。

这4项基本职能之间有着密切的联系,表现为彼此间的衔接和连续,即后一个职能的发挥都必须以前一个职能工作的完成为基础。

(3)管理信息系统在控制系统中的作用

管理信息系统的目的是向管理者提供用于决策和控制的准确而又适时的信息。而且,管理信息系统作用于组织及其所使用的资源,使得组织在多方面受到影响,使整个控制系统更加完善。

1)管理信息系统可以产生并提供决策和控制的信息。

2）管理信息系统可以提高获得信息的效率。

3）管理信息系统可以提高管理者决策和控制的能力。

4）管理信息系统对组织管理方式的影响。

5）管理信息系统可以优化组织结构。

此外，管理信息系统的建立还会对组织中的个人产生影响，使他们对机器和技术的看法发生改变，使他们的一些工作性质或工作方式发生改变，使人—机关系和人际关系的发展达到一个新的水平等。但管理工作毕竟是一项具有高度创造性的工作，任何一个管理信息系统只能部分代替人的工作，而绝不能代替人的创造性劳动。因此，在利用信息系统时，必须充分考虑人的因素，要采用人—机系统，发挥人的能动作用，使控制的思想变为现实。

（4）管理信息系统模型及发展历程简述

管理信息系统模型经历了近半个世纪的发展历程，是一个不断积累、演进和成熟的过程。20 世纪 60 年代中期以后，物料需求计划（Material Requirements Planning，MRP）系统的成功推出是一个标志性的里程碑。从 MRP 到以物料需求计划为核心，既能适应产品生产计划的改变，又能适应生产现场情况变化的闭环 MRP 系统，再到 20 世纪 70～80 年代的制造资源计划（Manufacturing Resources Planning，MRP Ⅱ），直到 20 世纪 90 年代的企业资源计划（Enterprise Resources Planning，ERP）系统的提出、形成与发展。在 ERP 基础上产生了两个重要分支，即客户关系管理（customer Relationship Management，CRM）和供应链管理（Supply Chain Management，SCM）。

（5）管理信息系统学科基础简述

管理、信息、系统是 3 个不同方面的学科，而管理信息系统是一门较新的交叉型的边缘学科。它以管理科学和系统论等为主要理论基础，综合运用信息技术、计算机及网络技术和数学方法，同时也将其他一些新兴的学科，如心理学、人工智能、决策理论、协同论、耗散论等的研究成果结合进来，融合提炼组成一套新的体系和方法，从而为企业的信息管理、信息系统的开发设计及应用。提供理论上和方法上的指导，但最密切、最重要的是项目管理和软件技术。从事管理信息系统项目开发和管理维护的人员，除具备以上学科基础知识、基本技能外，还应具有踏实的工作作风、努力创新的意识和团队协作精神。

（6）管理信息系统技术基础简述

系统观点、数学方法和计算机应用是管理信息系统的 3 个要素，而数学方法和计算机应用都离不开技术。这里所指的技术主要包括硬件技术、软件技术和网络通信技术，也包括与系统建设相关的数据结构和数据库技术。下面将介绍这些技术的基本概念和基本原理，要深入了解则需要参考相关书籍。

（7）管理信息系统开发方法

1）管理信息系统开发方法概述

管理信息系统从产生到现在已经发展了许多开发方法，其中生命周期法（Life cycle Approach）、结构化方法（Structured Approach）、原型法（Prototyping Approach）和面向对象的开发方法（Object－Oriented Developing Approach）在管理信息系统开发实践中产生了重要影响。

2）生命周期法

生命周期法开发管理信息系统包括 6 个阶段：系统申请阶段、系统规划阶段、系统分析阶段、系统设计阶段、系统实施阶段、系统运行和维护阶段，如图 9-1 所示。

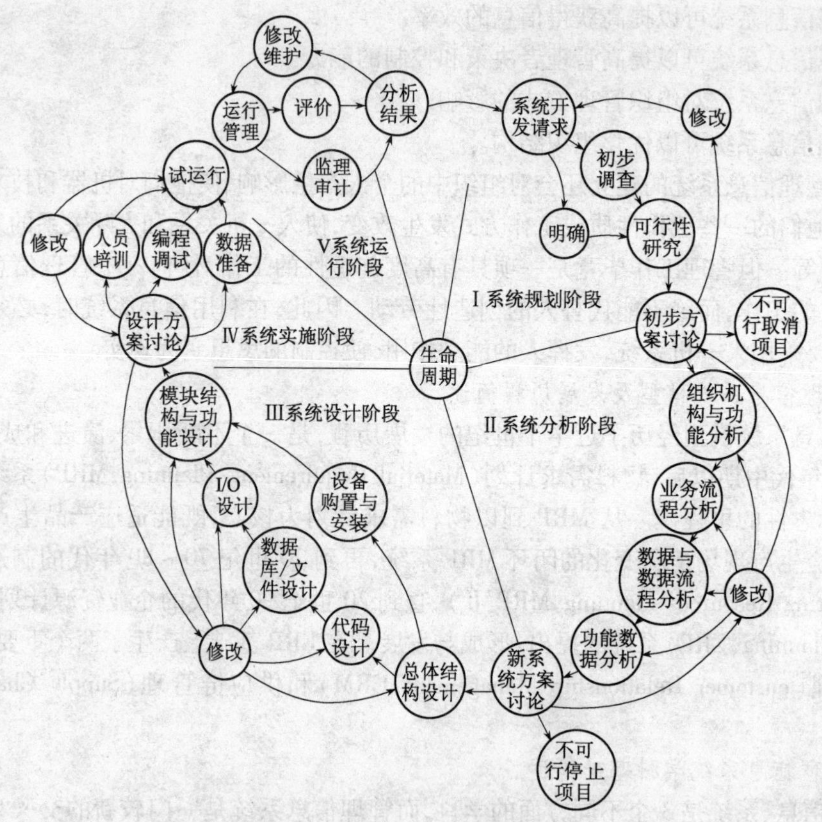

图 9-1　生命周期法开发过程

这 6 个阶段又各自包括若干步骤,这些步骤有的可在局部范围内不分顺序,但大部分都有前因后果的关系,必须严格区分。

① 系统申请阶段,包括问题的提出;系统可行性调查。

② 系统规划阶段,包括现行状态以及可用资源的初步调查;用户需求分析;系统总体规划。

③ 系统分析阶段,包括现行系统组织结构及业务功能分析;业务流程分析;数据流程分析;确定编码体系;确定新系统的逻辑模型;确定新系统资源。

④ 系统设计阶段,包括系统的总体结构设计;代码设计;模块设计;I/O 设计;数据库及数据文件设计;处理过程设计;系统通信及网络设计。

⑤ 系统实施阶段,包括设备的安装调试;系统程序的编制;人员培训;系统的调试与转换。

⑥ 系统的运行和维护,包括系统的运行;系统的维护;系统的效果评价。

3)原型法

原型法是 20 世纪 80 年代,随着计算机软件技术的发展,特别是在关系数据库系统(Relational Data Base System,RDBS)、第四代程序生成语言(4GL)和各种系统开发生成环境产生的基础之上,提出的一种从设计思想、工具、手段都全新的系统开发方法。与结构化方法相比,原型法摒弃那种一步一步周密细致地调查分析。逐渐整理出文字档案,最后才能让用户看到结果的烦琐方法;一开始就根据用户的要求,由开发者与用户共同确定系统的基本要求和主要功能,在强有力的软件开发环境的支持下,短时间内构造出初步满足用户要求的初始模型系统。

然后,开发者与用户一起对模型系统进行反复评价、协商修改,最终扩充形成实际系统。因此原型法(图9-2)一经问世,立即得到广泛的重视,迅速得以推广。

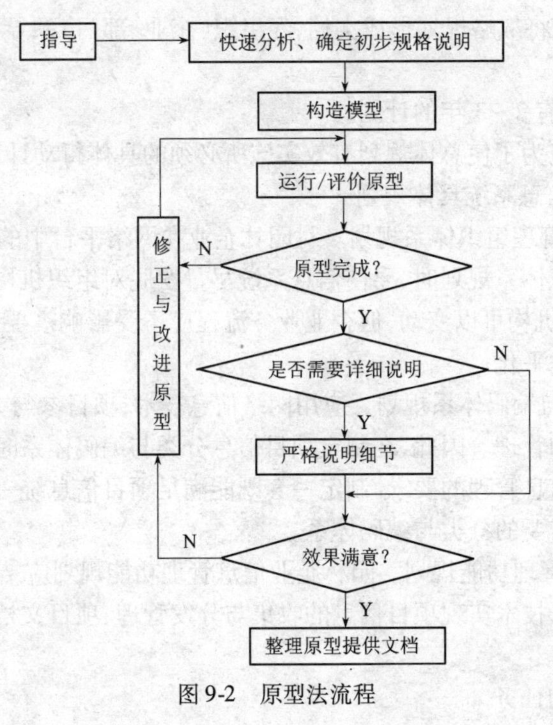

图9-2　原型法流程

3. 园林管理信息系统的建立

利用现代信息技术是企业管理的发展趋势,如何将企业管理要求与信息技术整合在一起,并制定一套有效的信息化方案,是实施企业信息化战略的重要保障。这里主要阐述园林企业管理信息系统建立原则与方法。

(1)园林管理信息系统规划

1)园林企业管理信息系统规划的内容

① 企业战略目标。结合完善企业法人治理机构,提高企业管理水平的目标,明确信息化战略规划的阶段、年限及步骤,明确管理信息系统应具有的功能、服务范围和质量等。

② 收集相关信息。企业现在以及未来几年经营规模及项目的个数、大小等情况;已有通用性软件、应用系统、人员和技术储备、费用分析和设备利用情况。

③ 进行战略分析。对管理信息系统的目标、开发方法、功能结构、计划活动、信息部门的情况、财务情况、风险度和政策等进行分析。

④ 定义约束条件。根据单位(企业、部门)的财务资源、人力及物力等方面的限制,定义管理信息系统的约束条件和政策。

⑤ 分析业务流程的现状、存在的问题和不足,以及流程在新技术条件下的重组,信息系统的目标、约束及总体结构,为实现战略目标所构建的新型组织机构与管理模式,给出管理信息系统的初步框架,包括各子系统的划分等。

⑥ 对国内外园林企业信息化过程中经验与教训的综合考察并结合本企业情况进行分析。

⑦ 选择开发方案,选定优先开发的项目,确定总体开发顺序、开发策略和开发方法。

⑧ 提出实施进度,估计项目成本和人员需求,并列出开发进度表。

⑨ 通过战略规划,将战略规划形成文档,经组织(企业、部门)领导批准后生效。

⑩ 可行性分析。

⑪具体规划,至少有2~3年的计划。

⑫行动计划。制定为了使总体规划有效实施所必须的具体行动计划。

2)园林企业管理信息系统具体规划

① 园林企业信息管理组织体系规划。对园林企业在网络平台中的传递特点进行分析,在园林企业信息管理组织体系规划时,要使信息系统尽量摆脱对组织机构的依从性,以提高信息系统的应变能力,组织机构可以变动,但企业业务流程应不受影响。要以“项目为中心”展开,使项目信息管理组织扁平化。

② 项目信息分类与编码体系规划。应用网络信息技术,项目参与方应能在同一个网络平台上实现对项目信息的管理。因此,在制定项目信息分类与编码体系时,应统一考虑建设方以及其他项目参与方对信息管理的要求,制定一套既能满足项目信息统一管理,又能满足项目参与方各自的信息管理需要的分类与编码体系。

③ 园林企业信息管理功能规划。园林企业信息管理功能规划应结合网络平台运作特点,充分利用现代网络信息技术实现项目信息的收集与分发管理、项目文档管理、工作流管理以及信息交流管理。

3)信息系统规划的任务

① 制定信息系统的发展战略。

② 制定信息系统的总体方案。

③ 制定信息系统的资源分配计划,并进行可行性分析。

(2)园林企业管理信息系统规划的步骤

1)基本规划问题的确定,包括规划的年限、规划的方法,确定集中式还是分散式的规划,以及是进取还是保守的规划。

2)收集初始信息,包括本企业内部各种信息系统委员会、各管理层、类似企业案例。

3)现存状态的评价和识别计划约束,包括目标、系统开发方法、计划活动、现存硬件及其质量、信息部门人员、运行和控制、资金、安全措施、人员经验、手续和标消、中期和长期优先序、外部和内部关系、现存的设备、现存软件及其应用状况。

4)设置目标,由总经理和信息中心来设置,包括服务的质量和范围、政策、组织以及人员等,它不仅包括信息系统的目标,还应包含整个企业的目标。

5)准备规划矩阵,即信息系统规划内容之间相互关系所组成的矩阵。

6)给定项目的优先权和估计项目的成本费用。

7)编制项目的实施进度计划。

8)把战略长期规划书写成文。

9)总经理批准并宣告战略规划任务的完成。

(3)园林企业实施信息化建设的主要内容

企业信息化是指企业利用网络、计算机、通信等现代信息技术,通过对信息资源的深度开发和广泛利用,不断提高生产、经营、管理、决策效率和水平,从而提高企业经济效益和企业核心竞争力的过程。园林企业实施信息化建设，是指建立在计算机网络技术基础上，对施工的全过程以及相关各部门往来数据实施动态管理，以完成企业的计划管理、采购管理、库存管理、生产管理、成本管理等功能，并有效平衡企业各种资源，控制库存资金占用，缩短生产周期，降低工程成本的管理过程。其主要功能模块包括业务（项目）管理、协同办公（行政）管理、财务管理、知识管理等。

逐步建立和完善以工程项目管理信息系统和工程财务管理系统为核心，包括投标报价系统、合同与风险索赔管理系统、企业资源管理系统、物资设备采购系统、人力资源管理系统等在内的企业级项目管理系统，从而实现对企业信息与项目信息的全面控制与管理。

1）企业协同办公系统

系统应充分体现信息管理的全过程受控（PDCA 闭环管理）、程序文件标准化及可持续改进的管理特色，将标准化、程序化管理转化为可调用的静态体系规范文件、动态的成果文件与自定义工作程序。在工作流的导控下，使各项管理工作处于受控状态，包括每项工程的计划（指令）、实施（责任）、核审（检查）、反馈，直至关闭该项工作，并给出管理预警。

系统应使所有项目管理与企业管理的工作均可得到标准体系的有效支持。

① 对内通过局域网实现内部信息的交流。企业（集团）总部通过局域网系统将公告通知、指令任务、计划安排发布给各单位各部门；各部门根据分管的需要，定义本部门网络文件目录的访问、管理权限，从而实现公共信息发布、信息流转等功能；下属各单位以及外地分支机构通过公司局域网或者互联网，以点对点的方式将下面的第一手资料（包括施工现场图片、工程进度、质量、成本、单位汇报、总结等信息）传送回企业（集团）总部，企业（集团）迅速提出指导意见又反馈回去。同时各分支机构之间也可以互相传送信息。

② 对外业务往来电子化。现在许多城市的政府主管部门已经开通网上申报资质、网上资质年检、网上申报项目经理、网上申报职称等网上办公业务，还有网上公文下载，传统的文件交换站被逐步取代，文档管理人员每日上网点击已经是例行工作了。

2）业务（职能部门）管理

企业应通过业务管理与现场项目管理的分离（即管理层与作业层的分离），重新在企业管理与项目现场管理中进行责、权、利划分，重新进行流程设计，如项目的劳务分包、机械设备租赁、商品混凝土使用、大宗主要材料设备采购、物流组织均由企业（集团）提供后方支持，企业（集团）负责对项目总进度计划负责，通过内部合同管理、目标成本考核、进度里程碑、单位工程及分部验收、安全责任制对项目部进行考核。项目经理部则对限额以下的现场支付结算、分项工程质量验收、一般材料机具的采购、劳务管理、机械设备的维护保养、现场安全管理等负责。

企业（集团）管理职能的信息化主要包含以下功能模块。

① 财务子系统。应用财务软件处理账务和报表，各项目经理部（分公司）汇总处理报表，存为 HTML 格式。系统编制对 HTML 格式文件查询的应用软件，接入综合查询系统。

② 合同管理子系统。建立已签定的每份合同基本情况数据库和施工单位工程预结算费用总表数据库，合同基础数据指标。系统主要完成合同数据管理、合同综合查询等功能。

③ 施工生产子系统。建立单位工程施工生产基础数据库、生产经营单位计划统计基础数据库。单位工程施工生产基础数据指标、计划统计基础数据指标、系统主要完成单位工程基础数据管理、计划统计基础数据管理、单位工程计划统计报表、企业（集团）综合报表、信息查询、

合同预算系统和基本单位的调用以及项目经理、质量验评单位、项目进度、指标名称等代码库的维护。

④ 人力资源子系统。根据企业(集团)在职职工情况按人建库,并建立一对多表,每个人都对应一张工作简历表、家庭情况表、培训情况表、工作业绩表。系统主要完成快速注册、数据录入、照片输入、基本信息查询条件设置、查询信息项目选择、排序、统计、打印、详情显示。

⑤ 企业内部资源管理(材料与机械设备)子系统。建立机械设备静态数据库和动态数据库。静态指标分为设备基本状况、主机状况、设备价值状况、折旧年限及比率、大修理费参数、动力状况、附属装置状况7个部分。动态数据库分为企业资源配置系统、电子商务系统、机械设备使用情况、折旧与大修理费提取情况、运转情况、租赁情况、事故情况、维修情况8个部分。

⑥ 招标投标管理(客户关系管理)子系统。园林企业招标投标管理系统,就需要运用网络技术、大型数据库技术。按照企业的施工组织设计格式、分部分项工程逐一分解生成子模块。当开始投标工作时,系统结合工程实际直接生成技术标方案,大大缩短了时间,降低了劳动强度。投标报价计算、排版印刷输出等也能在较短的时间完成。这样,依靠信息化管理的先进性,较好地克服了招标工作的突发性和复杂性,提高了投标的准确性和及时性。

⑦ 供应链管理子系统。建立一套企业的合格供应商筛选系统,组成企业的设备、材料及构配件的供应链管理系统,满足工程项目物质资源的供应需要。

3)工程项目综合管理系统

以××科技项目管理信息系统为例,它包括了以下子系统,如表9-3所示。

表9-3　××科技项目管理信息系统的子系统

子　系　统	说　　明
项目综合规划	建立一个以范围、工作、组织、资源、成本为核心的数据体系,构造出施工项目管理系统的数据体系基础。具体功能包括项目基本信息、工程分解、组织分解、成本分解、项目资源库、项目定额库、统计期间、项目日历
进度计划管理	系统采用分级网络计划技术,可以依据项目实际情况,建立建设项目单位管理—总承包管理—分包管理—实施层管理的完整分级计划体系,实现进度计划的编制、跟踪、检查、调整变更和工程量的填报。具体功能包括工作分解、计划编制与调整、工程量填报、进度统计分析、资源统计分析
质量控制	以ISO 9000质量标准和国家行业的质量规范为基础,建立了一套知识体系作为日常管理中的依据。具体功能包括质量文件、质量目标、质量计划、质量记录、质量事务、质量费用、质量管理一览表
安全控制	以OHSAS 18001职业健康安全管理和国家行业的安全规范为基础,建立了一套知识体系作为日常管理中的依据。具体功能包括安全文件、安全目标、安全计划、安全记录、安全事务、安全费用、安全管理一览表
成本财务管理	围绕着整个项目过程的各个与成本有关的环节,进行预算、计划、核算、支出控制、决算、账务处理、统计、分析。除了对成本目标进行软性计划和管理,系统还能够对成本的发生进行硬性控制,提供一套财务账号的管理功能,直接与成本科目挂钩,实现本系统与财务系统的整合,最终形成一套很独特很具有市场竞争力的成本结构。具体功能包括两算管理、目标成本、计划成本、成本核算分析、成本偏差分析、赢得值分析、成本趋势分析、实际资源统计、工程决算、财务账务处理、成本跟踪一览表
施工现场管理	对施工现场的分布进行记录,对施工现场的事务进行管理,记录施工现场发生的各种与现场、施工、事故、措施有关的各种事务以及对这些事务的跟进处理。具体功能包括现场分布管理、现场事务管理、现场管理一览表

续表

子 系 统	说　　明
环境管理	以 ISO 14001 环境标准和国家行业的环境规范为基础,建立了一套知识体系作为日常管理中的依据。具体功能包括环境知识管理、环境目标管理、环境计划管理、环境事务记录、环保事故管理、环境费用管理、环境管理一览表
合同管理	施工项目以合同为中心,合同是经济效益的根本依据和保证。合同管理就是建立一个合同体系,并围绕着每个合同进行具体执行管理。具体功能包括合同内容管理、合同文档管理、合同费用管理、合同变更管理、合同计量管理、合同支付管理、合同结算管理、分包合同管理、合同统计分析、合同范本管理
信息管理	针对项目构造完整的信息体系,对项目过程中所产生的信息文档进行登记、审批、跟踪检查和档案移交等多项管理,确保项目信息文档的完整性。具体功能包括文件分类管理、文件登记管理、文件审批与跟踪、文件流转发布管理、文件存档管理、文件使用登记管理、档案移交管理、信息检索查询
组织协调	对项目过程中的各种需要组织协调的内容,以各种文件的方式(例如纪要、通知)进行项目管理组织内和组织外的沟通协调,确保项目的正常稳定运作与目标的顺利实现。具体功能包括协调类型、协调信息
竣工管理	对项目的验收、最终考核与总结进行统一的管理。对数据进行有效管理控制,确保按照工程验收标准,全面管理各项验收事项。具体功能包括分项专业工程验收、工程综合验收、竣工移交、缺陷责任期管理
风险与责任管理	建立风险管理的机制,通过风险的规划、识别、分析,制定相应的风险应对计划,并将所识别的风险和责任进行分配,跟进工作的执行,对执行过程和结果进行记录。具体功能包括风险规划、风险识别、风险分析、风险应对计划、风险与责任分配、风险管理执行、风险记录、风险知识库、风险管理一览表
多项目管理中心	对项目和项目部进行统一编码、统一命名、统一授权、统一管理。同时对这些项目进行统一的综合统计、分析、比较和协调,进行均衡统筹。具体功能包括多项目综合统计、多项目综合协调、多项目对比分析、多项目均衡统筹
投标中心	收集各类招标信息,经过内部评估决定参加哪些项目投标,然后对整个投标过程进行管理,包括投标资料和评审过程的管理。具体功能包括投标信息管理、投标过程管理、投标资料管理、投标评审管理
经营管理中心	关注与项目有关的客户信息,并对企业中标后的服务进行跟踪管理,另外,企业也需要对经营效果进行统计分析,具体功能包括客户信息管理、服务跟踪管理、经营综合事务、经营统计分析
资源管理中心	资源管理包括人工、材料、机械台班、分包往来、其他费用等的管理,与实际成本管理模块相对应。具体功能包括人力资源管理、材料管理、机械设备管理、分包往来管理、其他费用管理
技术管理中心	不仅提供施工所需的技术知识,编制施工组织设计和施工方案,而且根据项目的实际情况制定相应的技术措施计划,进行一些科研创新工作,同时也对施工中使用的测量设备进行管理。具体功能包括技术知识管理、施工组织及施工方案、技术措施计划、科研创新管理、测量设备管理、技术文档管理、技术费用管理、技术综合管理
资金管理中心	全面管理资金从筹措、到位、计划、使用到统计分析的完整过程。企业决策层能够及时全面了解资金的流向与动态,为公司决策提供高效的支持。具体功能包括资金账户、资金计划、资金借贷及计息、资金流水账、资金统计分析

续表

子 系 统	说 明
ISO 管理中心	根据 ISO 系列(ISO 9001：2000 质量管理、ISO 14001：1996 环境管理、OHSAS 18001：1 职业健康安全管理)的要求,并结合工程项目质量管理、安全管理等方面的管理规范。系统提供了 ISO 系列的流程化管理功能。具体功能包括 ISO 管理体系、受控表单管理、受控跟踪管理、评审过程管理、不合格品控制、纠正措施、管理评审与改善提高
项目考核中心	项目考核是针对项目全生命周期各个阶段对项目的执行过程以及执行成果进行考核。系统通过建立一系列的考核指标,围绕着从基础的流程执行与工作效率、项目经济效益指标、经营业绩指标到投资与战略指标各个方面对项目、项目组合、组织单元、企业战略等不同层次进行全面的考核和评估。系统还可以根据指标体系利用自动化方式汇总处理各种业务数据产生考核成绩。不仅可以为职能部门提供全面的数据监督企业业务的执行和经营效益,而且提供给企业管理层进行快速的分析与评估。具体功能包括项目分项评分、项目经理考核、综合评分卡、项目间比较分析
知识管理中心	不仅可以建立知识库,提供在线学习,也能够通过综合评审和同行比较分析,让企业决策层和管理层得到很好的学习、帮助以及知识的积累、运用。具体功能包括知识库查询、在线学习、综合评审、同行比较分析
报表中心	从不同的视角全方位反映项目的各类情况,为项目管理与决策人员提供分析决策的第一手资料,其中分析统计的内容和方式都是多种多样的。具体功能包括报表列表、条件设置定制、统计报表、数据分析
个性化定制	系统除了在管理方面提供了丰富的功能,也在个性化方面设计了很人性化的定制功能。具体功能包括数据个性化定制、操作个性化定制、流程个性化定制
移动办公	系统考虑施工企业在项目管理的特殊性,在信息传递方面提供了电子邮件和移动办公功能。具体功能包括电子邮件、移动办公
系统设置	系统设置是对项目管理的基础数据环境进行设置。具体功能包括数据字典、计量单位、货币汇率、公司图标、报表管理
系统管理	系统管理是对系统运行中要求的基础数据环境进行管理。具体功能包括项目清单、组织用户维护、权限维护、密码维护、操作日志

第三节　园林企业质量与技术管理

一、园林设计质量管理

质量是园林企业各项工作的综合反映,是园林企业生死攸关的大问题,因此园林设计质量管理是园林企业全部管理活动的一个方面。园林设计质量管理以设计促质量,以质量开拓、占领市场,已成为园林企业获取市场竞争力的行为准则。

1. 设计质量管理概述

(1)设计质量及其管理

所谓质量,是指产品、过程和服务满足规定要求和特征需要的总和。根据 ISO 的标准定义。质量不仅是产品的质量,而且也包括体系的质量和过程的质量。根据质量的对象划分,一般有产品质量、工程质量、工作质量、设计质量等之分。而设计质量应该是其他质量合格的前提与基础。因为任何产品的出现,往往都是从设计工作开始。

设计质量应包括设计质量指标和设计质量标准两大部分。设计质量指标一般包括外观、色彩、造型、形状、功能和表面装饰等质量品质与特性;而设计质量标准一般是参照国家或国家质量 ISO 标准体系的规定来确定的。但设计质量标准有其独特性,如难以直接定量、定性的一面,又如外观、舒适、操作方便等性能与品质。

设计质量管理是使提出的设计方案能达到预期目标并在生产阶段达到设计要求的质量,是从设计的角度去考虑设计对象的功能、结构、造型、工艺、材料等方面的合理性,以追求设计作品的完美。人们对设计质量管理的重视是一个从认识到逐步深化的过程。

设计过程是产品质量最早的孕育过程,搞好生产前的设计工作是产品质量提高的前提。设计质量"先天"地决定了设计对象的质量,在整个产品质量产生、形成过程中居于首位。

设计质量是以后制造质量必须遵循的标准和依据,而同时又是最后使用质量必须达到的目标。如果由于设计过程的质量管理薄弱、设计不周而铸成错误,那么这种"先天不足"必然带来"后患无穷",它不仅会严重影响产品质量,还会影响投产后的一系列工作,造成恶性循环。因此,设计质量管理是企业全面质量体系中带动其他各个环节的首要环节,是全面质量管理的起点。

(2)设计质量管理的内容及任务

设计项目的不同,决定了设计质量管理的内容不同。就产品设计而言,设计过程是指产品(包括未开发新产品和改进老产品)正式投产前的全部开发研制过程,一般包括调查研究、策划方案、模型制作、试制与鉴定、工艺及材料以及标准化等工作内容。

为保证设计质量,设计管理一般要做好以下几项工作。

1)根据市场调查及信息资料制定设计质量目标。

2)保证产品前期开发阶段的工作质量。其任务是选择设计的最佳方案,编制设计任务书,阐明设计特征、风格、规格及结构等,并作出新产品的开发决策。

3)根据方案论证、验证试验资料,鉴定方案论证质量。

4)审查产品设计质量,包括设计更改审查、性能审查、一般审查、可维修性审查、互换性审查、计算审查等。

5)审查工艺设计质量。

6)检查产品试制鉴定质量,监督产品试制质量。

7)保证产品最后定型质量。

8)保证设计图样、工艺等技术条件的质量等。

以上设计质量管理的内容包含了一些技术设计的管理,管理者必须得到相关技术人员的支持。

设计质量管理的内容主要包括以下两个方面。

1)根据对使用要求的实际调查和科学研究成果等信息,保证和促进设计质量,使研制的新产品或改进的老产品具有更好的使用效果,能满足用户的物质与精神要求。

2)在实现质量目标、满足使用要求的前提下,还要考虑现有的生产技术条件和发展可能。讲究加工的工艺性,要求设计质量易于得到加工过程的保证,并获得较高的生产效率和良好的经济效益。

2. 设计质量标准

评价一项设计的好坏很难有一个统一的标准,因为设计具有理性与感性双重要素,但这并不能说设计就没有好坏之分。好的优良的设计具有一些共同的特点。1989 年在世界工业设计联合会上曾将优良设计的原则定为以下几个方面:创新的;实用的;有美学设想的;易被理解的(会说话的);毫无妨碍的;诚实的;耐久的;关心细部的;符合生态要求的;尽可能少的设计。这 10 条原则比较全面地反映了一项优质设计应遵循的标准。

具体来讲,设计质量标准可分为以下两大类。

(1)资格标准

在设计的不同行业或类型中,国家制定了各类设计师(如平面设计师、室内设计师、建筑设计师等)评定标准,注册风景园林师考试制度也正在酝酿制订中,制定了设计企业的等级评定标准。在设计招标、竞标的过程中为了使设计质量有一定的保障,常对设计师的参与和设计企业的等级都会有相应的资格要求与标准。

(2)设计标准

任何一项设计,建设单位或顾客对设计都会有一些基本的期望或需求,设计师或设计企业为了使自己的设计能脱颖而出并被采纳,必须遵循对方的设计标准进行设计,保证设计质量。设计标准通常有设计优胜标准和设计失败标准之分。设计优胜标准常是指能充分考虑客户选择设计提供者的要素,这些要素尽管会因客户的需求或感受而异,但还是有一些共性因素,如价格、效率、舒适、方便、服务等。设计失败标准是指设计不能被采用或没有达到预期水平的那部分要素,通常包括个性化、可靠性、速度等。

3. 设计质量体系

(1)设计质量体系的要素

设计质量要得以保证,建立一个与本单位相匹配的设计质量体系是完全必要的。完善的设计质量体系是企业设计工作开展的基础,是相关设计文件制订的依据,有利于企业行使设计质量决策,有利于有计划、有步骤地把整个公司的设计质量活动切实加以管理。一般来说,设计质量体系的要素可分为设计质量体系的结构要素和设计质量体系的选择要素两大类。

质量体系的结构要素由职责与权限、组织结构、资源与人员、设计程序和技术状态管理等组成。

1)职责与权限,是质量体系结构中最重要的组成部分,是以明确各级设计人员及管理人员的质量职能为中心任务的。必须确立与设计质量有关的、直接和间接影响质量的活动,并形成设计文件。

2)组织结构,应建立与质量管理体系相适应的组织结构。

3)资源与人员,为达到设计质量的方针与目标,应为设计人员提供良好的设计环境与相关软件,选择合适的人员搭配。

4)设计程序,设计质量管理需要依靠明确的设计程序,并在设计过程的每一阶段进行评价,严格按规范的设计程序与步骤展开设计活动。

5)技术状态管理,对设计技术应加以管理。

设计质量体系除自身具有的结构要素之外,应分析产品生命周期各阶段的质量职能。选择具体的质量体系要素,建立设计质量体系文件,使影响产品质量的全部要素在全过程始终处于受控状态。

一般来说,质量体系的选择要素主要是规范和设计质量。把顾客的需要转化为材料、产品和过程的技术规范,并提出产品设计图样,制作模型测试并进行小批量产品试制。通过设计评估进一步改进产品,力求使价格既能让顾客接受,又能确保设计获得满意的投资收益率,做到技术和设计两方面均达到先进,且使用可靠方便,易于生产、验证和控制。

(2)设计质量体系的建立

建立设计质量体系是成功设计的保证。设计要获得成功,必须使设计对象符合以下要求:满足恰当规定的需要和顾客的期望;符合适用的标准和规范;符合社会要求,包括法律、准则、规章、条例以及其他考虑事项所规定的义务;反映环境要求;反映价格优势。

要获得以上设计质量的目标,企业在建立设计质量体系时,应遵循以下原则。

1)重视设计质量策划,以提高设计质量体系的有效性。

2)在设计过程的各个阶段,无论是质量策划、设计质量文件的编制,还是各质量要素活动的接口与协调等方面均应采用整体优化原则。

3)强调满足顾客对产品质量的要求。

4)管理重心从管理设计结果向管理"设计过程"、"设计要素"转移,强调以预防为主、杜绝隐患的原则。

5)强调设计质量与效益的统一,从顾客和组织两个方面权衡利益、成本和风险诸因素关系。

6)强调持续的设计质量改进原则,以追求设计的完美。

7)强调全面质量管理的原则,将设计质量管理纳入企业全面质量管理体系之中,并突出其作用。

按照质量体系建立的原则,根据 ISO 9001 的标准,通常建立和完善设计质量体系包括 5 个阶段,如图 9-3 所示。

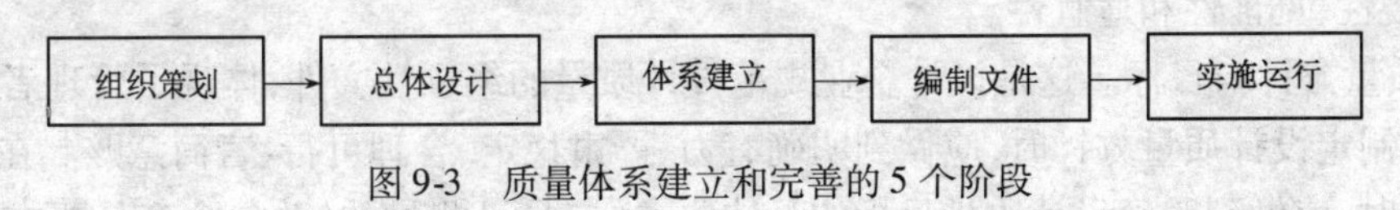

图 9-3　质量体系建立和完善的 5 个阶段

① 组织策划阶段。此阶段的主要任务是了解 ISO 9000 标准,以便领导层形成决策,并建立相应的工作机制,制定工作计划和程序,同时组织设计人员进行相应培训。

② 总体设计阶段。此阶段的主要任务是制定设计质量的方针与目标,对质量体系进行总体设计分析,对现有的质量体系进行调查评估,确定质量体系的要素与结构,选择相应的管理措施与方法。

③ 体系建立阶段。此阶段的主要任务是成立专门的设计机构组织管理设计质量,规定设计质量的职责和权限,并为设计质量的保障与实施提供所需的基本资源。

④ 文件编制阶段。此阶段的主要任务是组织有经验的设计管理者与相关人员编制有关设计质量文件。

⑤ 实施与运行阶段。此阶段的主要任务是组织人员进行培训学习,了解设计质量体系各个环节的注意事项和有关文件规定,以便责权分明,使质量管理措施能够得以落实和有效运行。同时,通过实施与运行,对整个管理体系进行检查、考核,合理审核与评审,对体系中的不足或遗漏之处加以补充和完善,使设计质量管理水平再上一个台阶。

(3)设计质量体系的文件编写

在设计质量体系中，设计组织机构是“硬件”，而体现企业特征、便于有效实施的设计质量体系文件则构成“软件”，这两部分相辅相成，缺一不可。尤其是在设计管理中，制定切实可行并行之有效的质量保证文件，可以规范设计行为，明确设计职责，提高设计效率，保证设计的质量和投产率，是设计得以成功的有效途径。典型的质量体系文件如图 9-4 所示。

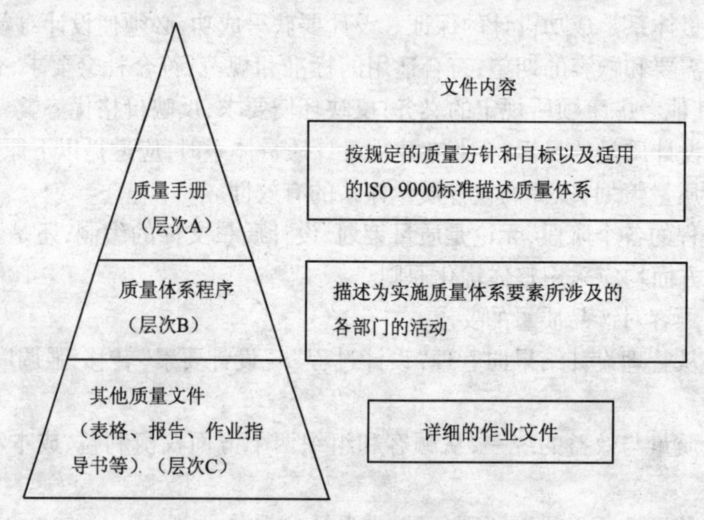

图 9-4　典型的质量体系文件结构

从图 9-4 可以看出，质量体系文件是由多个层次、多种文件所构成的。在设计质量管理中，设计质量体系文件一般包括设计质量的方针与目标、设计质量手册、设计步骤与程序文件、设计指导书、设计质量管理制度、设计质量记录等。在编制这些文件时，应确保这些文件的系统性、法规性、见证性和适宜性。

① 质量方针与目标。这是设计企业规范设计质量的纲领性文件，体现了管理者的目标与意图。在制定设计质量方针时，应做到明确有力、严肃稳定、合理可行、言简意赅。在建立设计质量目标时，应做到明确设计质量目标的具体要求(应是可测量的，并包含产品要求)；确定设计质量目标的设定原则(不断改进，提高质量，使顾客满意)；设计质量目标应融入与其相关的企业职能部门及层次之中。

② 设计质量手册。质量手册是规定组织质量管理体系的文件，设计质量手册应是设计行为的一个范本。它是将设计方针与目标思想以具体的文字(必要时可用图表、图形)加以描述。其内容一般包括以下几个方面

a. 管理的范围。应包括设计机构提供满足客户和适应法律、法规要求的产品的能力所要求的内容。

b. 设计步骤程序文件的主要内容或对其的引用。

c. 设计过程顺序和相互关系的描述。

d. 批准、修改、发放设计质量手册的控制。

③ 设计步骤与程序文件。这是设计质量得以保证的重要环节，其相关的文件规定是设计质量手册的具体化、可操作化。其特点如下

a. 规定是何人何时何地去做什么，为什么这么做，如何做(5W1H)。

b. 阐明涉及设计质量各部门和人员的责权分工及相互关系,并说明实施活动的方式、采用的文件及控制方式。

c. 简明易懂,结构和格式相对固定,便于应用。

④ 设计指导书。设计指导书是程序文件的进一步延伸和具体化,用于细化具体的设计过程与设计要求。设计指导书通常是一些专业性和针对性的文件,用于指导设计人员的具体操作。其编制步骤如下。

a. 编制准备,收集相关资料与文件。

b. 列出设计指导书目录。

c. 落实编写计划和责任人。

d. 编写可参考样本,应注意职责与内容的协调统一。

e. 批准。

编写后的指导书经试用后。对照质量手册文件,加以修改完善,然后由设计主管或单位负责人,批准后交付使用。

(4)设计质量管理战略

1)实施设计质量管理战略的意义与作用

设计质量管理战略是指设计企业在设计事务运营过程中,强调以人为本,以提高设计质量为中心,一切设计活动必须围绕高标准的设计质量目标展开,将质量管理与保证提高到战略高度,并与企业经营理念融合在一起。

在设计企业中,实施设计质量管理战略,可以紧密地结合经营环境的变化和客户的需求变化以及企业的目标市场定位,使设计行为围绕企业经营活动,以设计促质量、促效益,为有效地实现企业经营目标服务。其意义与作用具体体现如下。

① 在管理意识上,可以从强调单纯的设计质量上升塑造一种质量意识和质量道德观念,形成一种企业质量文化,树立企业质量形象。

② 在管理方式上,可以改变传统的偏重于产品的内容质量特征或外部质量特征,而强调质量特性(内在质量)与精神质量(外在质量)的融合统一,注重产品的文化含量和审美质量,使之相得益彰。

③ 在管理对象上,实现从以设计对象为中心向以人为本的经营理念转变,采取有效的管理措施与方法,激励设计人员以正确的工作方法来保证设计质量的改进与提高。

④ 在管理重点上,强调设计质量的经济性、效益性,在保证质量的前提下,注重降低设计成本,提高质量效益。

⑤ 在管理方法上,有利于将设计管理纳入全面质量管理的整体运作之中,强调设计质量持续改进(PDCA 循环)与突破,以提高企业的质量竞争优势。

⑥ 在市场营销和顾客满足上,强调设计的整体性与一致性,改变片面狭隘追求产品外观质量的满足,着眼于品牌、形象等无形资产的建立,以顾客满意为目标,赢得高质量设计的美誉。

2)设计质量管理的具体战略

设计质量管理战略是全方位的、全面的,其主要目标是将设计质量提升为一种设计竞争的核心力量。在实施质量管理战略中,具体有以下一些策略。

① 树立全面、全过程、全员参与的全面质量管理意识,在设计工作中充分考虑制造、生产

服务等各个环节的影响与制约,使设计成为其他工作开展的有效基础,以提高企业的整体质量水平。

② 参照ISO 9000系列标准体系,建立一套完善的、操作性强的设计质量管理体制,撰写并颁布相应的设计质量管理文件,如设计质量手册、设计指导书、设计操作步骤与程序文件等。

③ 建立一套可对设计质量进行合理评估与评价的体系。对设计质量的评价与测量是一项具有挑战性的工作,难以定量评定,因为设计质量的评定包括来自许多心理方面的因素,如客户满意度等。设计企业可以通过标准问卷法与比较法(与同行横向比较和与自身纵向比较)等方法进行测试,以得到一个公正、客观的评价结果。

④ 强调设计质量应不断改进,建设一个充满凝聚力的、高水平的、质量意识强的设计团队,制订一些与设计企业相适应的设计质量改进计划,包括降低设计开发成本,提高设计服务质量、提升设计投产率、加强设计团队建设等方面的规章制度。

⑤ 追求零缺陷,使设计质量管理达到最高水平。在设计中强调一次就把事情做对,设计工作的标准是尽可能不出现失误。这就要求设计者具有较高的设计素质和问题预测能力以及综合系统分析能力。

(5)园林工程项目设计质量控制

1)园林工程项目设计质量控制的内容

① 正确贯彻执行国家园林法律法规和各项技术标准。其内容主要有以下几个方面。

a. 贯彻执行有关园林绿化、城市规划、建设批准用地、环境保护、“三废”治理及建筑工程质量监督等方面的法律、行政法规及各地方政府、专业管理机构发布的法规规定。

b. 贯彻执行有关工程技术标准、设计规范、规程、工程质量检验评定标准、有关工程造价方面的规定文件等。其中,特别注意对国家及地方强制性规范的执行。

c. 经批准的工程项目的可行性研究、立项批准文件及设计纲要等文件。

d. 勘察单位提供的勘察成果文件。

② 保证设计方案的技术经济合理性、先进性和实用性,满足建设单位提出的各项功能要求,控制工程造价,达到项目技术计划的要求。

③ 设计文件应符合国家规定的设计深度要求,并注明工程合理使用年限。设计文件中选用的建筑材料、构配件和设备,应当注明规格、型号、性能等技术指标,其质量必须符合国家规定的标准。

④ 设计图纸必须按规定具有国家批准的出图印章及建筑师、结构工程师的执业印章,并按规定经过有效审图程序。

⑤ 园林工程项目设计质量控制的步骤,主要包括设计策划、设计输入、项目设计数据编制、设计接口、设计评审、设计验证、设计文件审核和设计文件会签等。

a. 设计策划是指针对合同项目建立质量目标,规定质量控制要求,重点是制订开展各项设计活动的计划,明确设计活动内容及其职责分工,配备合格人员和资源。项目的设计策划要形成文件,通常以项目设计计划的形式编制,作为项目设计管理和控制的主要文件。项目设计计划的主要内容包括确定设计工作内容、确定设计原则、设计的主要内容和要求、设计规定、标准和规范、设计材料的采购、设计各专业职责等。

b. 设计输入就是针对设计的要求,在设计质量控制程序中规定设计输入的内容。设计输入应尽可能定量化。设计输入的内容和质量,直接关系到设计文件的质量。因此,应予以高度重视。设计输入内容主要包括项目合同及其附件中的有关数据和资料,用户对设计的要求,计划任务书,项目可行性研究报告中的有关数据和资料,环境调查资料、项目规划设计及所采用的标准、规范和设计规定。

c. 项目设计数据表的编制就是对设计输入资料进行核对、检查和评审,并在此基础上编制项目设计数据表,经用户确认后作为设计的依据,当项目设计数据有遗漏或变更并对设计有较大影响时,应列入用户变更。

d. 设计接口是为了使设计过程中设计部门和其他部门,以及各设计专业之间能做到相互协调,必须明确规定并切实做好设计部门与其他部门、设计内部各专业间以及工业项目各工区、各车间的设计接口。设计接口分组织接口和技术接口,应制订相应的设计接口管理程序,经技术管理部门组织评审后实施。设计过程中应严格按照规定的程序进行设计接口管理。

e. 设计评审是对设计进行综合的、系统的、文件化的检查,以评价设计是否满足了相关质量要求,找出存在的问题,并提出解决的办法。设计评审分别按不同的设计阶段以及设计单位程序文件的有关规定进行。

设计评审过程中,对设计文件的质量,应主要依据其质量特性的功能性、可信性、安全性、可实施性、适应性、经济性和时间性等各个方面是否满足要求来衡量。

对工业项目设计,应进行工艺方案评审。工艺设计方案是决定项目设计技术水平的关键。在工艺设计的初期阶段,必须对工艺方案进行充分的讨论和认真的评审,以确定先进、合理和可靠的工艺方案。成熟技术的工艺方案由工艺设计部门组织评审。重大工艺技术方案及新工艺由项目经理提出申请,由设计单位的技术管理部门协同项目部组织评审。

总体方案的评审。总体方案的评审包括对设计规模、总建筑面积、生产工艺及技术水平、建筑造型等方面的评审。总体方案的评审,主要在初步设计时进行。

专业设计方案评审。专业设计方案评审的重点是设计方案的设计参数、设计标准、设备和结构的选型、功能和使用价值等方面,应做好设计方案的技术经济评价。

施工图设计的评审。施工图设计的评审主要是针对设计是否满足工程设计输入的要求,设计深度是否符合规定,设计采用的标准、规范和设计文件标识是否正确,设计文件是否完整等。

f. 设计验证是确保设计输出满足设计输入的重要环节,是对设计产品的检查,通过检查和提供客观证据,证明设计输出是否满足了设计输入的要求。设计评审是设计验证的主要方法,从事验证工作的人员,应具备一定的资格要求。

g. 设计文件的校审是对设计所作的逐级检查和验证检查,以保证设计满足规定的质量要求。设计校审应按设计过程中规定的每一阶段进行,包括半成品和成品的图纸及文件的校审。

h. 设计文件的会签是保证各专业设计相互配合和正确衔接的必要手段,通过会签可以消除专业设计人员之间的误解、错误或遗漏,是保证设计质量的重要环节。

设计文件的会签包括综合会签和专业会签两部分。综合会签主要是保证各专业在建筑内或装置或厂区内的布置合理,互不碰撞;专业会签主要是保证各专业的设计图纸和设计条件相符。

2)园林工程项目设计质量控制的方法

① 设计单位的选择。

设计单位对设计的质量负责。设计单位的选择对设计质量有根本性的影响,而许多建设单位和项目管理者在项目初期对它没有引起足够的重视,有时为了方便、省钱或其他原因(如关系户),将工程委托给不合格的设计单位甚至业余设计者,结果造成很大的麻烦和经济损失。

设计工作属于高智力型的、技术与艺术相结合的工作,其成果评价比较困难。设计方案以及整个设计工作的合理性、经济性、新颖性等常常不能从设计文件(如图纸、规范、模型)的表面反映出来。

对勘察、设计单位的资质业绩进行审查,优选勘察、设计单位,签订勘察设计合同,并在合同中明确有关设计范围、要求、依据及设计文件深度及有效性要求。

② 设计工作控制。

根据建设单位对设计功能、等级等方面的要求,根据国家有关园林法规、标准的要求及园林项目环境条件等方面的情况,控制设计输入,做好建筑设计、专业设计、总体设计等不同工种的协调,保证设计成果的质量。

控制各阶段的设计深度,并按规定组织设计评审,按法规要求对设计文件进行审批(如对扩初设计、设计概预算、有关专业设计等),保证各阶段设计符合项目策划阶段提出的质量要求,提交的施工图满足施工的要求,工程造价符合投资计划的要求。

对阶段设计成果应审批签章,再进行更深入的设计,否则无效。无论是国内还是国外,设计总是分为几个阶段进行,逐渐由总体到细部。各个阶段设计成果都必须经过一定的权力部门审批。作为继续设计的依据,这是一个重要的控制。

由于设计工作的特殊性,对一些大的、技术复杂的工程,建设单位和项目管理者通常不具备相关的知识和技能,所以必须委托设计监理或聘请有关专家,对设计进度和质量、设计成果进行审查。这是十分有效的控制手段。

由于设计单位对项目的经济性不承担责任,所以他们常常从自身效益的角度出发尽快出方案、出图,不希望也不愿意作多方案的对比分析。往往只是认真作一个方案,并象征性地作一两个方案作陪衬。对此常需作以下考虑。

a. 采用设计招标,在中标前审查方案。而且可以对比多家方案,这样定下一个设计单位就等于选择了一个好的方案,但这对时间和花费要求较高。

b. 采取奖励措施。鼓励设计单位进行设计方案优化,从优化所降低的费用中取一部分作为奖励。

c. 请科研单位专家对方案进行试验或研究,进行全面技术经济分析,最后选择优化的方案。

多方案的论证不仅对项目的质量有很大的影响,而且对项目投资的节约、经济性有很大的影响。

对设计工作质量进行检查。这是一项十分细致的,同时又是技术性很强的工作。在设计阶段发现问题及时纠正,是最方便、最省事、最省钱的,影响也最小。

落实设计变更审核,控制设计变更质量,确保设计变更不导致设计质量的下降。并按规定在工程竣工验收阶段,在对全部变更文件、设计图纸校对及施工质量检查的基础上,出具质量检查报告,确认设计质量及工程质量满足设计要求。

设计工作以及设计文件的完备性,应包括说明工程形象的各种文件,如各种专业图纸、规范、模型,相应的概预算文件,设备清单和工程的各种技术经济指标说明,以及设计依据的说明文件和边界条件的说明等。设计文件应能够为施工单位和各层次的管理人员所理解。

从宏观到微观上分析设计构思、设计工作和设计文件的正确性、全面性及安全性,识别系统的错误和薄弱环节。分析这样的设计若付诸实施,工程建成后能否安全、高效率、稳定、经济地运行,是否美观,能否与环境协调一致。

设计应符合规范的要求,特别是强制性的规范,如防火、安全、环保、抗震的标准,以及一些质量标准、卫生标准。

③ 设计交底和图纸会审。

请施工单位、制造厂商、工程的使用者参加会审。会审的目的如下。

a. 使施工单位熟悉设计图纸,了解工程特点和设计意图,针对关键工程部分的质量要求,也可减少图纸的差错。

b. 检查技术设计中有没有考虑到施工的可能性、便捷性和安全性。

c. 检查设计中有没有考虑到运行中的维修、设备更换、保养的方便。

d. 检查设计中有没有考虑到运营的安全性及交通和运行费用的高低。

e. 组织施工图图纸会审,吸取建设单位、施工单位、监理单位等方面对图纸问题提出的意见,以保证施工顺利进行。

二、园林施工质量管理

根据园林工程的质量特性决定质量标准,目的是保证施工产品的全优性,符合园林的景观及其他功能要求。根据质量标准对全过程进行质量检查监督,采用质量管理图及评价因子进行施工管理;对施工中所供应的物资材料要检查验收,搞好材料保管工作,确保质量。

1. 园林施工现场质量管理

施工现场质量管理一般分为施工前的质量管理、施工过程中的质量管理和工程竣工验收时的质量管理。在整个施工过程中要有全面质量管理的意识,采用其基本方法进行施工管理。搞好工程施工现场管理,是园林作品能否满足设计要求及工程质量的关键环节。园林作品的质量应包括园林作品质量和施工质量两部分,前者以安全程度、景观水平、外观造型、使用年限、功能要求及经济效益为主;施工过程质量以工作质量为主。因此,对上述全过程的质景管理构成了园林工程项目质量全面监控的重点内容。

(1)施工现场质量影响因素的控制

目前,施工现场质量管理常采用“4M1E”控制模式。4M1E 是指施工人员控制(Men)、机械设备控制(Machinery)、材料控制(Material)、施工工艺控制(Means)和环境因素控制(Environment)。

1)施工人员因素的控制。施工过程中要加强对员工的劳动纪律教育和职业责任教育;做好技术培训,完善工作岗位责任;建立公平合理的竞争机制和持证上岗制度;杜绝违章作业。

2)机械设备因素的控制。机械设备是施工中重要的劳动手段,也是保证施工质量的关键因素。因此,要做好机械的选择和维护工作,认真遵守操作规程,实行定机、定人、定岗的“三定”制度。

3)材料因素的控制。要严格材料采购制度,重视材料入库工作,不但要有质量合格证,还要进行材料抽样检测,各种配比明确,植物材料要按国家或地方标准出圃。

4)施工工艺因素的控制。这主要表现在施工方法的选择是否合理,施工顺序是否妥当,即施工组织设计是否符合施工现场条件。

5）环境因素的控制。例如，工程技术环境（地质、水文等）、施工管理环境（质量保证体系、管理制度等）、劳动环境（劳动组合、工作面等）。这些因素影响到施工工序的搭接、劳动力潜力发挥等。

（2）施工前的质量管理

施工前的质量管理要做好以下两个方面的工作。

1）"4M1E"的全面控制。要对施工队伍及人员的技术资质，施工机械设备的性能，原材料、各种配件的规格和质量，施工方案及保证工程质量的技术措施，施工现场、技术、管理、环境的质量进行审核，以保证"4M1E"处于受控状态。

2）建立施工现场质量保证体系。根据工程质量管理目标，结合工程特点和施工现场条件，建立质量管理制度和质量保证体系；编制现场质量管理目标框图，用以监控施工质量。

（3）施工过程中的质量管理

施工过程中的质量控制是整个施工阶段现场施工质量控制的中心环节。因此，要确定每道工序的质量管理体制，并制定保证措施。例如，应做好工序衔接检查，隐蔽工序验收等。

（4）施工现场的质量控制

主要包括施工现场竣工的预验收、竣工正式验收和工程质量评定工作。

1）拟定质量重要管理点。对现场施工的各个工序，特别是那些需要加强控制的环节和关键性工序作为质量管理的重点。园林工程施工中可用以下方法拟定。

① 根据项目确定需要重点管理的工序，然后按要求给出工序管理流程图，在图上标出所要进行重点管理的工序、质量特性、质量标难、检测方法和管理措施。

② 进行工序分析，利用因果图找出影响质量管理点的主导因素，并根据分析的结果编制"工序质量管理对策表"，界定质量监控范围和具体要求。

③ 编制出质量管理点的作业指导书，明确严格的作业标准和操作规程。

2）做好质量检验和评定工作。工程质量的判断方法很多，目前应用于园林工程施工中的质检方法主要有直方图、因果图和控制图等。这些方法均需选取一定的样本，依据质量特性绘制成质量评价图，用以对施工对象作出质量判断。

2. 园林工程质量检验与质量评定

质量检验应包括园林作品质量和施工过程质量两部分。前者应以安全程度、景观水平、外观造型、使用年限、功能要求及经济效益为主；后者则以工作质量为主，包括设计、施工、检查验收等环节。因此，对上述全过程的质量管理构成了园林工程项目质量全面监督的主要内容。

（1）质量检验相关的内容

质量检验是质量管理的重要环节，搞好质量检验能确保工程质量，达到用最经济的手段创造出最佳的园林艺术作品的目的。因此，重视质量检验，树立质量意识，是园林工作者的基本素质条件。要做好这一工作，必须做好以下 8 个方面的工作。

1）对园林工程质量标准的分析和质量保证体系的研究。

2）熟悉工程所需的材料、设备检验资料。

3）施工过程中的工作质量管理。

4）与质量相关的情报系统工作。

5）对所有采用的质量方法和手段的反馈研究。

6）对技术人员、管理人员及工人的质量教育与培训。

7)定期进行质量工作效果和经验分析、总结。

8)及时对质量问题进行处理并采取相关措施。

(2)质量检验和评定的分析

1)准备工作。要搞好质量检验和评定,必须做好以下几方面的准备工作:①根据设计图纸、施工说明书及特殊工序说明事项等资料分析工程的设计质量,再依照设计质量确定相应的重点管理项目最后确定管理对象(施工对象)的质量特性;②按质量特性拟定质量标准,并注意确定质量允许误差范围;③利用质量标准制定严格的作业标准和操作规程,做好技术交底工作;④进行质检质评人员的技术培训。

2)检查与评定方法。工程质量的判断方法很多,目前应用于园林工程施工中的质检方法主要有直方图、因果图、排列图、散布图和控制图5种。这几种方法均需取样本(通常为50~100个样本),依据质量特性,绘制成必要的质量评价图用以对施工对象作出质量判断。

三、园林质量管理标准化

1. 质量管理标准化的意义

标准是规范企业产品生产和服务的量规,也是促进企业科学管理、提高竞争力的重要手段。标准化是实施、执行标准的活动。法规则为实施、执行标准提供保证,可通过法律、行政法规等强制性手段实施、执行标准。

人们对绿化建设标准化的重视程度不够,园林绿化质量水平参差不齐,这正是园林技术标准和管理质量标准的差异引起。人们不难发现一些外资园艺公司种植的花卉的大小、色彩、花期都基本一致;而国内生产的花卉往往大小不一、色彩多样、花期断断续续,很难形成规模化生产。相比较而言。国外在园艺生产和产品质量评价方面都有严格的标准。例如,荷兰对花卉生长过程所需的栽培介质、光照、水肥、农药等都有一套切实可行的操作标准;对花卉产品的颜色、直径、保鲜度、凋谢期等也有等级标准,从而确保了花卉大规模生产的产品质量。而国内虽然也制定了一些标准(如香石竹、唐昌蒲等切花的标准),但在实际生产中往往没有应用,说明标准化的观念还没有深入人们的意识之中。这种缺少标准化生产的现象在试管苗生产和种苗培育上也很普遍,这也是国内苗木往往达不到国外标准,难以出口的重要原因之一。没有标准化的生产和管理,就无法控制整个生产过程的质量。

园林技术标准化和规范化的提高也是打破传统的园艺技艺,实现园林现代化,使园林科技代代相传的有效途径。园林技艺在很长的历史时期内,大都是靠父子相传、师徒相带的,现在仍有这种情况,当一些熟练的技术工人退休后,其技艺也随之消失。如果能把一些传统的经验和现代管理技术结合起来,总结成技术规范,那么这些传统经验就不会失传。

我国园林标准化建设的相对薄弱已引起有关部门的重视,迄今为止,已制定实施了一部分技术标准和规范(规程)。与园林绿化相关的技术标准和规范除了现有的国家标准《城市用地分类与规划建设用地标准》、《城市居住区规划设计规范》、《游艺机和游乐设施安全标准》、《公共信息图形符号》、《公共信息标志用图形符号》和行业标准《公园设计规范》、《风景园林图例图示标准》、《城市道路绿化规划与设计规范》、《城市绿化工程施工及验收规范》之外,值得注意的是2000年11月颁布的国家标准《主要花卉产品等级》,该标准共分7个部分,分别对鲜切花、盆花、盆栽观叶植物、花卉种子、花卉种苗、花卉种球及草坪的质量等级、检测方法等进行了规定,这必将有利于我国花卉产业的专业化生产、集约化经营、规范化管理。国家建设部也指出标准化的工作只能加强,不能削弱。园林技术标准是我国园林科技的"十一五"规划重点。

2. 质量管理体系认证

(1)质量管理体系认证的概念

质量管理体系认证又称质量管理体系注册，是指由公正的第三方体系认证机构，依据正式发布的质量管理体系标准，对组织的质量管理体系实施评定，并颁发体系认证证书和发布注册名录，向公众证明组织的质量管理体系符合质量管理体系标准，有能力按规定的质量要求提供产品，可以相信组织在产品质量方面能够说到做到。

质量管理体系认证的目的是要让公众(消费者、用户、政府管理部门等)相信组织具有一定的质量保证能力。其表现形式是由体系认证机构出具体系认证证书的注册名录，依据的条件是正式发布的质量管理体系标准，取信的关键是体系认证机构本身具有的权威性和信誉。

(2)质量认证的意义

1)提高供方的质量信誉

人们常把产品质量信誉视为企业的生命，有了质量信誉就会赢得市场，有了市场就会获得效益。实行质量认证制度后，市场上便会出现认证产品与非认证产品、认证注册企业与非注册企业的一道无形界线，凡属认证产品或注册企业，都会在质量信誉上取得优势。

2)指导需方选择供方单位

随着科学技术的高度发展，使现代产品的结构越来越复杂。仅靠使用者的有限知识和条件，很难判断产品是否符合标准。实行质量认证制度后，可以帮助需方在纷繁的市场中，从获准注册的企业中寻找供应单位；从认证产品中择优选购商品。

3)促进企业健全质量体系

一个比较完善的产品认证制度，除检验产品外，还得对企业的质量保证能力进行评定。作为独立的质量体系认证，更要对质量体系是否符合特定标准进行审核。这种审核和评定在某种程度上起到了专家咨询的作用。检查中发现的问题，企业必须认真整改，否则不予通过。认证通过后还得随时准备接收监督性抽查，这些外加的压力将会转化为企业不断自我控制和自我完善质量体系的动力。

4)增强国际市场竞争能力

质量认证制度已越来越多地被世界上许多国家和地区接受，成为国际上质量方面接轨的重要手段。国与国之间常常通过签订单边、双边或多边的认证合作协议，取得对方国家认可。如果获得国际上有权威性的认证机构的认证，便会得到世界各国的普遍认可，并按协定享受一定的优惠政策、待遇，如免检、减免税和优价等，这对增强国际市场竞争能力起到重要作用。

5)减少社会重复检查费用

一个供方往往有多种产品，一种产品也往往涉及许多用户，一个供方还面对许多的分供方。在如此众多的供需交易活动中，都免不了要反反复复地作产品检验和质量保证能力的检查。这些检验和检查都要花去一定的人力和物力，从整个社会来计算，费用是非常巨大的。实行质量认证后。可以节约大量重复检查费用。

6)有利于保护消费者利益

认证注册和认证标志能够指导买方、消费者从采购开始就防止误购不符合标准的货品，并且能使他们不会轻易地与未经体系认证的企业建立长期供需关系。这是对买方和消费者的最大保护。特别是涉及人们安全健康的产品实行强制性认证制度后，从法律上保证未经安全性认证的产品一律不得销售或进口，这就从根本上杜绝了不安全产品的生产和流通，极大地保护了消费者的利益。

(3)质量管理体系标准

目前,世界上体系认证通用的质量管理体系标准是ISO 9000系列国际标准。组织的管理结构、人员和技术能力、各项规章制度和技术文件、内部监督机制等是体现其质量管理能力的内容,它们既是体系认证机构要评定的内容,也是质量管理体系标准规定的内容。体系认证中使用的基本标准仅是证明组织有能力按政府法规、用户合同、组织内部规定等技术要求生产和提供产品。

当然,各国在采用ISO 9000系列标准时都需要翻译为本国文字,并作为本国标准发布实施。目前,包括全部工业发达国家在内,已有近70个国家的国家标准化机构,按ISO指南47的规定,将ISO 9000系列国际标准等同转化为本国国家标准。我国等同ISO 9000系列的国家标准是GB/T 19000—ISO 9000系列标准,是ISO承认的ISO 9000系列的中文标准,列入ISO发布的名录。

(4)体系认证的实施步骤

1)申请认证

组织向其自愿选择的某个体系认证机构提出申请,按机构要求提交申请文件,包括组织质量手册等。体系认证机构根据组织提交的申请文件,决定是否受理申请,并通知组织。按惯例,体系认识机构不能无故拒绝组织的申请。

2)体系审核

体系认证机构指派数名国家注册审核人员实施审核工作,包括审查组织的质量手册,到组织现场查证实际执行情况,提交审核报告。

3)审批与注册发证

体系认证机构根据审核报告,经审查决定是否批准认证。对批准认证的组织颁发体系认证证书,并将组织的有关情况注册公布,准予组织以一定方式使用体系认证标志。证书有效期通常为3年。

4)监督

在证书有效期内,体系认证机构每年对组织至少进行一次监督检查,查证组织有关质量管理体系的保持情况,一旦发现组织有违反有关规定的事实证据,对该组织采取措施,暂停或撤销组织的体系认证。

5)质量管理体系认证的作用

质量管理体系认证之所以在世界各国能得到广泛的推行,其原因如下。

① 从用户和消费者角度,能帮助用户和消费者鉴别组织的质量保证能力,确保购买到优质满意的产品。

② 从组织角度,帮助组织提高市场的质量竞争能力;加强内部质量管理,提高产品质量保证能力;避免外部对组织的重复检查与评定。

③ 从政府角度,促进市场的质量竞争,引导组织加强内部质量管理,稳定和提高产品质量;帮助组织提高质量竞争能力;维护用户和消费者的权益;避免因重复检查与评定而给社会造成浪费。

3. 园林质量管理体系认证

ISO质量管理体系是适应市场竞争日趋激烈和满足顾客的要求而产生发展起来的,最早应用于生产制造业，目前在城市建设、建筑等工程领域也得到广泛运用。作为建设工程领域分支的园林绿化行业ISO体系发展相对滞后，虽然很多园林企业早在几年前就已经通过了ISO 9000族质量体系的培训和认证，但是在实际工作中，由于对体系作用的认识不全面、不准确，加上建立的体系与企业的发展不相适应，生搬硬套标准条文，可执行性差，符合性不好，企业普遍存在为认证、宣传而贯标的现象，建立的体系文件不仅成了摆设，有些甚至变成施工效率的障碍。

四、园林技术管理

园林企业的技术管理，就是对企业中各项技术活动过程和技术工作的各种要素进行科学管理的总称。这里所说的"各项技术活动过程"和"技术工作的各种要素"构成了技术管理的对象。"各项技术活动过程"是指图纸会审、编制施工组织设计、技术交底、技术检验等施工技术准备工作；质量技术检查、技术核定、技术措施、技术处理、技术标准和规程的实施等施工过程中的技术工作；科学研究、技术改造、技术革新、技术培训、新技术试验等技术开发工作，它们构成了技术管理的基本工作。"技术工作的各种要素"是指技术工作赖以进行的技术人才、技术装备、技术情报、技术文件、技术资料、技术图案、技术标准规程、技术责任制等，它们多属于技术管理的基础工作。

1. 技术在质量管理中的意义

技术管理的基本任务是正确贯彻执行国家的技术政策和上级有关技术工作的指示与决定，科学地组织各项技术工作，建立良好的技术程序，充分发挥技术人员和技术装备的作用，不断改进原有技术和采用先进技术，保证工程质量，降低工程成本，推动企业技术进步，提高经济效益。

2. 园林技术管理的内容和形式

(1)园林技术管理的内容

园林企业技术管理可分为基础工作和业务工作两大内容。

1)基础工作。为有效地进行技术管理，必须做好技术管理的基础工作。基础工作包括技术责任制、技术标准与规程、技术原始记录、技术档案、技术情报工作等。

2)业务工作。技术管理的业务工作是技术管理中经常开展的各项业务活动。业务工作包括施工技术准备工作(如图纸会审、编制施工组织设计、技术交底、技术检验等)、施工过程中的技术工作(如质量技术检查、技术核定、技术措施、技术处理等)和技术开发工作(如科学研究、技术革新、技术改造、技术培训、新技术试验等)。

(2)技术管理的原则

技术管理必须按科学技术规律办事，要遵循以下3项基本原则。

1)正确贯彻执行国家的技术政策、规范和规程。

2)按科学规律办事，坚持一切经过试验的原则。

3)讲求经济效益。

(3)技术革新

1)技术革新的内容

技术革新是对现有技术的改进、更新和突破。园林企业要提高技术素质，就必须不断地进行技术革新。施工企业的技术革新主要包括改进或改革施工工艺和操作方法；改进施工机械设备和工具；改进原料、材料、燃料的利用方法；改进建筑结构和建筑产品的质量；改革管理工具和管理方法;改革质量检验技术和材料试验技术等。

2)技术革新的组织管理

技术革新是一项群众性的技术工作,因此要加强组织管理,充分发动群众,调动各方面的积极性和创造性。为此,必须加强组织领导和管理,做好以下4项工作。

① 制定技术革新计划。为了使计划作为技术革新的行动纲领,必须密切结合生产和施工的实际需要,发动群众在认真总结以往技术革新经验的基础上,充分挖掘潜力,明确重点,分期分批攻关,坚持一切经过试验的原则,由点到面,逐步推广,既要有长远规划,又要有年度计划。计划要在技术主管的领导下进行编制。

② 开展群众性的合理化建议活动。要充分发动群众积极提建议,找关键,挖潜力,鼓励群众积极完成技术革新任务,推广使用革新成果,总结提高,力求完善,由点到面,不断扩大。要发动群众广泛提合理化建议,搞小革新、小发明。

③ 组织攻关小组解决技术难关。

④ 做好成果的应用推广和鉴定、奖励工作。

技术革新完成后,要经过鉴定和验收,完全成功以后才能投入生产。凡是技术上切实可行、经济上合算的技术革新成果,就应该在生产中推广使用。革新成果采纳后,要根据经济效益的大小,按国家规定给技术革新者一定的奖励,予以鼓励。

(4)技术开发

技术开发是指在科学技术的基础研究和应用研究的基础上进行生产实践的开拓过程。

1)技术开发的途径

① 独创型,是指通过研究获得科技上的发现和发明及具有实用价值的新技术。

② 引进型(转移型),是指从企业外部引进新技术,经过消化、吸收和创新后,具有实用价值的新技术。

③ 综合和延伸型,是指通过对现有技术的综合和延伸,开发和应用的新技术。

④ 总结提高型,是指通过对企业生产经营实践的总结,充实和提高的新技术。

2)园林企业技术开发程序

园林企业技术开发,应对园林技术发展动态、企业现有技术水平、技术薄弱环节等进行深入调查分析,预测园林技术的发展趋势。

从本企业的生产实际出发选择技术开发课题,研究和解决生产技术上的关键问题,这些问题归纳起来包括施工工艺改革问题、节约利用原材料问题、提高工程质量问题、降低能源消耗问题、机械设备改进问题、防止施工公害问题、改善施工条件问题、提高组织管理水平问题等。所选的开发课题既要反映技术发展的方向,又必须经济适用。

课题选定后,就应集中人力、物力、财力,加速研制和试验,按计划拿出成果。

对研制和试验的成果进行分析评价,提出改进意见,为推广应用做准备。

将研究成果在生产实践中加以应用,并对推广应用的效果加以总结,为今后进一步开发积累经验。

3)技术开发的组织管理

① 建立专门的技术开发组织机构,如科研所(室),负责日常工作。

② 进行技术开发规划,明确技术发展方向和水平,确立技术开发项目。

③ 将技术开发和技术革新活动相结合,充分利用企业现有的设备和技术力量,必要时与

科研机构、大专院校协作，共同攻关。

④ 检查落实计划执行情况和组织对成果的鉴定和推广工作。

(5)园林工程施工现场技术管理

1)施工现场技术管理的组成

施工企业的技术管理工作主要由施工技术准备、施工过程技术工作和技术开发工作3方面组成。

2)园林工程施工现场技术管理的特点

① 综合性。园林工程是艺术工程，是工程技术和艺术的有机结合。要保证园林绿地功能的发挥，必须重视各方面的技术工作。因此，施工中技术的运用不是单一的而是综合的。

② 相关性。这在园林工程中具有特殊意义。例如，栽植工程的起苗、运苗、植苗和养护管理；园路工程的基层、结合层与面层；假山工程的基础、底层、中层与收顶；现代塑石的钢模(砖模)骨架、拉浆、抹灰与修饰等环节都是相互依赖、相互制约的。上道工序技术应用得好，保证质量，则为下道工序打好基础，从而确保整个项目的施工质量。

③ 多样性。园林工程中技术的应用主要是绿化施工和建筑施工，但两者所应用的材料是多样的，选择的施工方法是多样的，这就要求有与之相应的工程技术，因此园林工程技术具有多样性。

④ 季节性。园林工程施工受气候因素影响大，季节性较强。特别是土方工程、栽植工程等，应根据季节的不同，采用不同的技术措施。

3)园林工程施工现场技术管理的内容

① 建立技术管理体系，完善技术管理制度。

建立健全技术管理机构，形成内以技术为导向的网络管理体系。要在该体系中强化高级技术人才的核心作用，重视各级技术人员的相互协作，并将技术优势应用到园林工程之中。

园林施工单位还应制定和完善技术管理制度，主要包括图纸会审制度、技术交底制度、计划管理制度、材料检查制度和基层统计管理制度等。

a. 图纸会审制度。熟悉图纸是搞好工程施工的基础工作，通过会审可以发现设计内容与现场实际的矛盾，研究解决的方法，为施工创造条件。

b. 技术交底制度。向基层施工组织交待清楚施工任务、施工工期、技术要求等，避免盲目施工。

c. 计划管理制度。计划、组织、指挥、协调与监督是现代施工管理的五大职能，要建立以施工组织设计为先导的管理制度。

d. 材料检查制度。选派责任心强、懂业务的技术人员负责材料检查工作，坚持验收标准、杜绝不合格产品进场。

e. 基层统计管理制度。基层施工单位直接进行施工生产活动，在施工中必定有许多工作经验，将这些经验记录下来，作为技术档案的重要部分，为今后的技术工作积累素材。

② 建立技术责任制。

a. 落实领导任期技术责任制，明确技术职责范围。领导任期技术责任制是由总工程师、工程师和技术组长构成的以总工程师为核心的三级技术管理制度。其主要职责是：全面负责本单位的技术工作和技术管理工作；组织编制单位的技术发展计划，负责技术创新和科研工作;组织会审各种设计图纸,解决工程中关键技术问题;制定技术操作规程、技术标准和安全措施;组织技术培训,提高职工业务技术水平。

b. 要保持单位内技术人员的相对稳定,避免技术人员频繁调动,以利技术经验的积累。

c. 要重视特殊技术工人的作用。园林工程中的假山置石、盆景花卉、古建雕塑等需要丰富的技术经验,而掌握这些技术的绝大多数是老工人或上年纪的技术人员,要鼓励他们继续发挥技术特长,同时做好传帮带工作,制定以老带新计划,让年轻人继承他们的技艺,更好地为园林艺术服务。

③ 加强技术管理法制工作。

加强技术管理法制工作是指园林工程施工中必须遵照园林有关法律法规及现行的技术规范和技术规程。技术规范是对建设项目质量规格及检查方法所做的技术规定;技术规程是为了贯彻技术规范而对各种技术程序操作方法、机具使用、设备安装、技术安全等诸多方面所做的技术规定。由技术规范、技术规程及法规共同构成工程施工的法律体系,必须认真遵守执行。

第四节　园林企业目标管理

一、目标管理的基本原理

1. 目标管理的概念

目标管理是管理大师彼得·德鲁克首次于1954年在其著作《管理的实践》中提出来的。这一管理模式已逐渐成为组织管理体系中最为重要的内容之一。目标管理被视为一种主动管理方式,是一种追求成果的管理方式。目标管理思想之所以为世人所认同,目标管理模式之所以广为世界各大知名机构所采用,主要在于这一管理模式的简单性和有效性。

目标管理源于注重结果的思想,它是组织最高管理者提出组织在一定时期的总目标,而后由组织内各部门和员工根据对总目标的分解来确定各自的子目标;组织根据实现各子目标的要求予以适当的资源配置和授权,各部门则积极主动为各子目标的实现而努力奋斗,并把组织目标分解落实到每一个人,使组织的总目标得以实现的一种管理模式。

目标管理制度的确立必须有完善的目标体系,才能使组织各部门关系得以协调,发挥整体力量。目标体系的建立包括设定总目标、设定部门目标、设定员工目标和绘制目标体系模式图等内容。

1)设定总目标。公司目标体系的核心是总目标,目标设定应以“公司总目标”为起点,然后各部门、各员工为达成整体的总目标,分别设定自己的“部门目标”和“员工目标”。公司总目标是部门目标和员工目标的前提和基础。

2)设定部门目标。根据公司总目标,各部门应制订具体的部门目标。

3)设定员工目标。总目标是公司目标管理的核心,落实执行却有赖于公司员工的“员工目标”。

4)绘制目标体系模式图。目标体系建立后,可用模式图来表示其层级关系。

总之,建立目标体系可以将公司的目标进行细化、系统化,有利于目标管理的展开。

2. 目标管理的作用

目标管理能够有效地提高员工的绩效和企业的生产率。其作用主要体现为使企业管理明确方向,实现有效管理,充分调动员工的工作积极性,实行较为科学合理的员工绩效评价。

(1)明确方向

目标管理的一个重要作用就是明确组织的努力目标和运作方向。目标管理在生产力和质量等方面设立有具体目标,整个组织有规律地朝着这些目标努力。目标是组织生产运营的唯一动力,组织的所有活动都指向这些目标,当一个组织的全部注意力都集中在了预先设定的目标上,并通过持续努力来实现,才能创造出预期的结果。

(2)有效管理

虽然目标管理与过程管理不能混为一谈,但目标管理在一直强调目标的同时,对过程也十分重视,再好的目标必须通过一定的过程才能导向目标。在实现目标管理的过程中,充满着管理者和员工的智慧与创造性。所以,目标管理并非没有创造性。

(3)调动员工积极性

目标管理强调员工自我控制,可以充分激发员工的积极性。高明的管理者发现,如果给员工一个想要的、又富有挑战性的目标,他们会主动调动自己的潜能来实现这个目标,往往能取得令人吃惊的好业绩。如果把目标变得有层次,且连续升高,员工会在不断实现阶段性目标中获得成就感,从而保持持久的动力。

(4)有利业绩评估

目标管理为业绩的检查反馈和效果评价提供了更为客观的基础。业绩考核是企业管理的重要部分,如何公平、客观地对员工进行考核,是每个企业都必须面对的问题。

3. 目标管理的特点

目标管理指导思想上以麦格雷格的Y理论为基础,即认为只要人们能够正确理解现有状况,就会实现自我管理,专心地投入工作,并取得显著的成效。

(1)重视人的因素

目标管理是一种参与式、民主式的自我控制管理制度,也是一种把个人需求与组织目标结合起来的管理制度。在这一制度下,上级与下级的关系是平等、尊重、依赖、支持,下级在承诺目标和被授权之后是自觉、自主和自治的。

(2)建立目标锁链与目标体系

目标管理通过专门设计的过程,将组织的整体目标逐级分解,转换为各单位、各员工的子目标。从组织目标到经营单位目标,再到部门目标、最后到个人目标。在目标分解过程中,权、责、利三者已经明确,而且相互对称。横向的、纵向的各目标方向一致,环环相扣,相互配合,形成协调统一的目标体系。只有每个员工完成了自己的子目标,整个企业的总目标才有实现的希望。

(3)重视成果评价

目标管理以制定目标为起点,以目标完成情况的考核为终结。工作成果是评定目标完成程度的标准,也是人事考核和奖评的依据,成为评价管理工作绩效的唯一准则。至于完成目标的具体过程、途径和方法,上级并不过多干预。所以,在目标管理制度下,监督的成分很少,而控制目标实现的能力却很强。

二、园林目标管理程序

园林企业目标管理体系内容可以归纳为:一个中心、三个阶段、四个环节和九项主要工作。

1)一个中心:以目标为中心统筹安排工作。

2）三个阶段：计划、执行、检查（含总结）。

3）四个环节：目标制定、目标展开、目标落实和目标考核。

4）九项工作：计划阶段（包括论证决策、协商分解、定责授权），执行阶段（包括咨询指导、调节平衡），检查阶段（包括考评结果、实施奖惩、总结经验）。

1. 园林企业目标制定与展开

园林企业管理目标的制定是一项系统工作，其方法大致可归纳为：首先由决策层宣布企业使命；然后根据使命建立总目标；之后建立整个企业的执行性目标；接着建立各主要部门的长、短期目标；最后由各主要部门的下属机构建立长、短期目标。因此，保证目标顺利进行的关键点就是制定和分解目标。

（1）制定总目标

总目标是推行目标管理的出发点，其制定的周密度和可行度直接影响全局的成败。要想使总目标制定最终得以成功，就必须对园林企业作出正确的分析评估。

1）总目标制定方法

总目标由企业最高层管理人员负责制定，而最高层必须调动一切力量来掌握必要的信息，只有这样才能使制定的总目标切实可行。

目标必须分长期目标（如5年）和短期目标（如1年），这两者都是为完成计划必须努力达到的目标。通常，长期计划以12个月为一个阶段，需经过多个阶段才能最终完成。

2）总目标的内容

通常，园林企业的总目标应以把握宏观方向为主，强调结果，具体的执行过程可不纳入其中。如总利润率目标、成本降低目标、目标实现所需的人员总数等内容可包含于总目标之中。

3）总目标的作用

园林企业的总目标是所有员工的共同奋斗目标，而非特定管理人员的责任。总目标的确定，有助于控制部门目标的方向，同时也使全体员工更清楚地了解企业发展的目标。

（2）总目标展开

总目标确定以后，沿着组织层分解下达到各级管理层，一直到目标管理制度所包括的最低一层建立起目标为止。

总目标和重点确立以后，应充分调动所有管理人员积极参与目标的分解，集思广益，争取建立最有效的目标体系。

1）建立总目标下的第一级子目标

总目标确定以后，每个副总经理再组成小组，分别提出各个部门的子目标，即总目标下的第一级子目标。

副总经理既是从属于总经理小组的成员，又是自己小组的领导。以分管园林工程部副总经理为例，副总经理领导小组的工作就是制定和提出整个工程部的目标，目标往往只起指导作用。实际上，最高工程部小组将决定这个小组在目标阶段所必须完成的工作。经批准后，工程部的目标就成为企业总目标下的第一级子目标。其他小组也采用这种方法分解组织的总目标。这样总目标也就被逐级分解。

2）建立有效的最底级目标

上一级管理人员虽不再明确指定小组去制定此层目标，但最底级管理人员可以从下属中尽量获取信息和建议，这对建立有效的底级目标大有裨益。

为了能有效建立底级目标，首先要保证给予每个小组成员充分的发言权，并鼓励下级管理人员积极参与上级管理。一个精明的管理人员在召开高层会议之前，应利用一切机会，向下属的每一个管理人员收集建议和意见。这样，他在出席高层会议时不仅有自己的想法，还能集所辖下级管理人员的想法和建议之大成。

管理人员制定出目标后，上级管理人员必须评价下级提出的目标，并与自己负责的目标进行仔细权衡。对于审核通过的目标，下级人员有充分的理由将其当作命令，并作为今后某阶段的工作目标。当这一阶段结束时，如果目标完成得不太理想，则上、下级管理人员均应对其承担责任，因为把这个目标纳入计划的主要是上级而非下级管理人员。

目标的展开有必要遵循一定的秩序和步骤，这对有效完成目标管理十分重要。目标分解的步骤如下。

① 建立纵向信息网。信息网的建立主要是为了纵向上获得目标制定信息。下级管理人员若想帮助实现上一级目标，就须了解上级目标的相关情况。上级管理人员应向下级提供必要信息，包括上一级的目标、目标阶段的主要重点、环境因素以及为编写目标和计划的基础和各种假设、编写和提出目标和计划的基本规则。

② 建立横向协作网。协作网是确定企业管理人员之间进行横向协作的人员名单。每个管理人员，不仅需要帮助上级实现目标，同时还必须与企业其他职能部门和管理人员发生联系，了解其他部门的工作要求，以及提出为完成本部门目标而需要其他部门帮助的要求。一般通过取得目标和计划草案副本、召开会议、个人接触或咨询等方式可获得所需要的信息。如果能定期检查和说明协作网的性质，将更加有利于本部门目标的编写。

③ 确定责任。制定或分解目标时，管理人员应清楚自己的责任和分工。明确的责任分工是制定切实可行目标的重要前提，同时可缩小上下级之间在权责理解上的差异，减少不必要的损失。

④ 确定关键目标领域。关键目标领域是指管理人员经过严格选择所确定的领域，有助于资源的有效分配。因此，管理人员在编写部门目标时，只有先确定关键目标领域，才能使资源得到充分利用。

⑤ SWOT 分析。进行 SWOT 分析，有助于在正式编制目标时引导管理人员直接进入主题，同时也能为建立适当水准的目标提供一般性指导。如果优势 + 机会 > 弱势 + 威胁，就表明目标在未来可能取得成功；反之则不然。

⑥ 重大事件假设。此处的假设针对的是园林企业管理人员个体。管理人员可选择对企业今后发展有重大影响的事件进行假设，在保持假设有效性的同时进行概率计算，如人事经理提出有关人力资源利用可行性假设；财务经理提出资金可行性假设等。

⑦ 编写有效目标。有效目标一般具有现实性、管理权限的一致性、经验与能力的一致性和灵活性、发挥能力的空间性、含义的明确性。如工程部经理这样起草目标：“以对企业最有利的方式，尽可能提高工程效率”。这里“尽可能”是一种无法进行量化的指标，应修改为具体的数值，如提高 2% 等。目标编写没有固定的形式，主要包括关键目标领域、与上级目标保持一致等。编写时应注重质的指标，因为它与企业的发展有着更为密切的关系。

⑧ 制定计划。制定计划是推行和分解目标的关键，它能将书面文字转变现实的目标管理手段、测定目标的现实性、提供行动时间表和监督基础、确定所需资源和权限、加强各管理人员

间的联络。在制定目标计划时,应首先对目标进行详细的说明,然后起草多套计划方案。最后进行最终方案的确定和实施。无论是计划的编制还是审批,都应注意分析计划的可达性、目的的明确性、时间的确定性、审核的周密性。

⑨ 预算。预算是一种基本的管理控制机制,在目标和计划形成后进行。它按管理人员的目标对资源进行有计划的分配,激励管理人员去取得最佳结果,同时还可以成为有效的控制和监督手段。

⑩ 协调。这里强调在开始执行目标之前,管理人员应完成与其他管理人员间的最终协调。明智的管理人员会利用一切有价值的资源来完成这一过程。协调的方法很多,如举行小组讨论会、交换目标和计划的副本、与其他相关管理人员个别讨论等,通常将两种或两种以上的方法相结合使用的效果更好。

⑪ 确定权限。权限是使园林企业管理目标更具生命力的重要保障。因此,要提供机会,鼓励下级管理人员主动争取权力,同时上级必须允许下级参与他们权限的制定。当环境发生变化时,权限可以随之进行修订,在特殊情况下,管理人员的权限可超出最初的限定。

⑫ 建立反馈机制。建立反馈机制是园林企业分解目标时所必需的。一个好反馈目标应包括假设、目标、计划、预算和日常工作 5 部分。反馈机制强调纠正,或者对假设、目标、计划等进行必要的修订,使它们始终保持现实性和可行性。

3) 目标分解结果——目标金字塔的形成

目标金字塔是园林企业总目标分解的结果。金字塔的顶端为企业总目标,总目标以下,每一级管理部门建立起各自的目标,逐渐形成目标金字塔(见图 9-5)。其中,每个高层管理人员的目标,由所辖全部管理人员的目标组成。

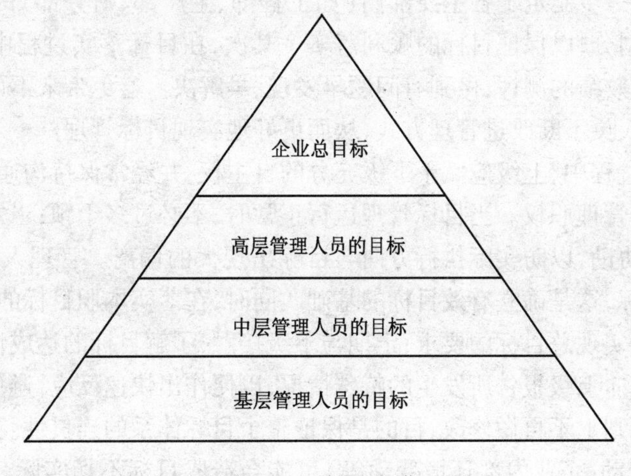

图 9-5　目标金字塔

2. 园林企业目标管理落实与控制

(1) 园林企业目标管理的落实

即使目标管理方案制定得再完美,若不能得到很好的落实和推广,也就是纸上谈兵,形同一纸空文。因此,能否切实落实好目标,将是园林企业目标管理最终实现的关键。

园林企业目标落实的管理层与目标层的关系如图 9-6 所示。

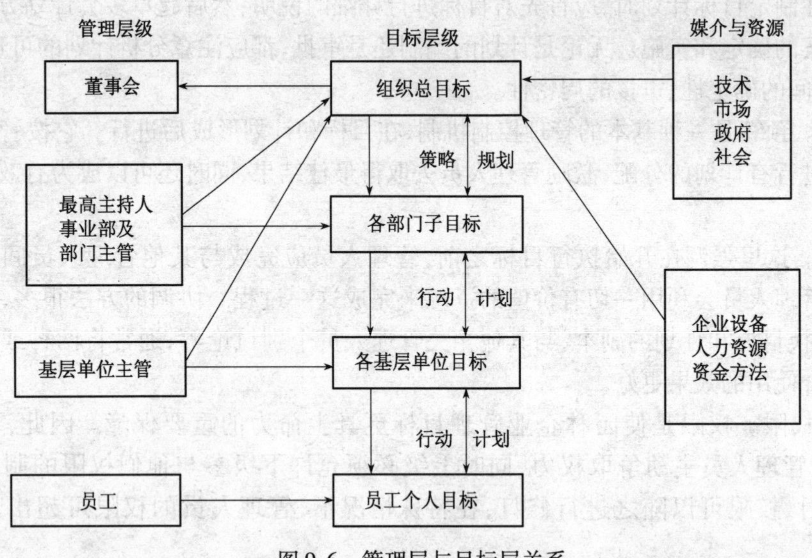

图 9-6 管理层与目标层关系

园林企业在全面推行和落实目标之前，最好先在某一部门进行试验，等到获得经验后，再逐步推广。试验期的长短可依据所选目标的性质来决定，但最好不要超过一年。

通常，目标的最终实现需要经过好几个阶段，而第一阶段的目标应力求简单，太过复杂容易发生混淆。目标管理建立后的第一阶段，实施效果通常不能完全显现，因为它主要的目的是将管理人员的注意力向目标集中。随着目标阶段的推进、经验的增加以后，目标落实的水平也将随之提高。

首先，企业在进一步制定了各主要部门（如工程部、生产部、财务部）的目标后，应召集相关人员进行任务的划分，以保证目标的顺利落实。其次，在目标落实过程中，要启动监督和反馈机制，适当地进行效绩的测评，做到有问题早发现、早解决。避免带来不可挽回的损失，同时刺激各阶层的管理人员不断改进管理方式，从而更好地实现目标管理。

在目标的落实过程中，上级应赋予下级充分的自主权，并经常保持沟通。在目标管理过程中，上级应恰当行使管理职权。当目标管理运行正常时，不必过多干预；当发现问题时，应给予下级适当的指示或协助，以防实际执行方向与目标出现大的偏离。管理人员应明确企业总目标及自己的工作目标，这是确立有效目标的基础。同时，在落实本职目标的过程中应协助其他部门，以利于更好地实现总目标的要求；定期与下级接触，了解目标的达成情况，使整个企业平衡发展；及时掌握并向上级报告所发生的特殊情况，以便作出快速反应，避免不必要的损失。

目标审批后，原则上不再做修改，目的是保证整个目标体系的连贯性。但不断变化的环境（如外部经济情况变动、企业内部环境变动等）可能会造成目标不切实际。因此，在必要时也可对目标做一定的调整和更改。应当注意的是，目标的修改须及时向上级报告，切忌擅自做主。报告和程序是目标落实中十分必要的管理工具，但它并不能成为衡量填写人执行业绩、落实目标的尺度，不能把报告和程序当成上级对下属管理的工具，否则会被报告所误导。

（2）园林企业目标管理控制

园林企业的目标控制主要包括管理控制、反馈控制、计划控制、目标控制和自我控制等几项内容。

1)管理控制

管理控制是指管理人员为保证实际工作与目标相一致而采取的管理活动,一般通过监督和检查,及时发现目标偏差,找出原因,采取措施,保证目标的顺利实现。

要实施有效的管理控制,就必须建立完善的控制系统。控制系统由施控系统和被控系统两个子系统构成。在园林企业目标管理中,可建立由监督、反馈两条线路和分析中心构成的自动控制系统。

管理控制的一般过程应包括3个基本步骤,即制定控制标准、根据控制标准衡量执行情况以及纠正实际执行中偏离标准或计划的误差。

2)反馈控制

反馈原理是指施控系统将输入信息变换成控制信息,控制信息在作用于受控系统后,再把产生的结果运送到原输入端。并对信息的再输出发生影响,从而起到控制作用,达到预定目的。

反馈信息与控制信息的差异如果使系统趋向于不稳定状态就称为正反馈;反之,如果差异倾向于使系统趋于稳定状态,称为负反馈。当系统受到干扰、结果偏离目标时,应用负反馈来调节。值得注意的是,施控系统有时能在干扰信息使输出信息出现偏差前就进行控制,这就是所谓的“前馈”。

反馈系统具有多方面的作用,如检查目标决策的正确性、计划的周密性、目标管理系统的稳定性等。

3)计划控制

计划控制是以计划指标为依据,通过检查监督各项工作的落实情况,在发现问题时,及时采取措施进行调整,以保证受控系统不偏离计划轨道的方式。由于系统运行具有滞后性,所以计划控制一般适用于抗干扰能力较强的系统。

计划控制有开环和闭环之分。

开环计划控制又称硬性控制,在这种计划控制下,施控系统将可控输入信息转化为计划指令作用于受控系统,而受控系统的输出结果不再被返回输入端。它适用于干扰因素影响较小、系统本身抗干扰能力强的控制活动。

闭环计划控制的假设前提是存在未知因素使系统偏离计划轨道。相对于开环计划控制,它增加了反馈环节。通过反馈,把受控系统的状态或执行结果,反馈回施控系统,从而影响计划的调整。整个控制过程形成了一个双向环形的闭合回路,使受控系统可以根据自身和行动结果,影响自身的输入,从而调整未来的行动措施。可以说,闭环控制系统是一种更为完善的系统。

4)目标控制

目标控制又称为跟踪控制。在目标控制中,系统输入的是系统所要达到的目标。其基本控制过程是:第一,施控系统发出任务、目标或计划后,经过上下级之间的协商,将上级指令转化为下级的目标,以目标的形式输入受控系统;第二,受控系统根据输入的目标,自行制定行动方案,建立反馈环节,及时调节行动的偏差;第三,受控系统通过反馈调节,对运行过程中的目标状态与输入的目标状态进行比较,发现偏差时,通过调整行动方案,从而恢复到正常的目标状态上来;第四,在目标计划期内受控系统运行完毕后,将最终的目标结果再反馈到施控系统,完成一次运行。

5）自我控制

目标管理是自我控制取代了统治式的管理方式，通过自我控制更加有助于实现目标管理。它代表着一种更强大的动力，即主动追求更加开阔的视野和更高的目标。

实现自我控制，管理人员不仅要清楚目标，还必须能够根据目标衡量业绩和成就。衡量标准必须简明扼要，能够将注意力引向关键领域。

现代信息技术的发展使人们获取信息的能力不断增强。管理人员应掌握衡量业绩所需的信息，因为只有当管理人员充分掌握了信息，才能根据信息对目标作出正确决策和必要调整。

值得注意的是，在实际推行目标管理活动中，要善于结合多种控制方式，使目标的各个阶段前后衔接，相互协调。

三、园林目标管理成果评价

成果评价是目标管理的最后一个过程，是管理人员在目标项目得出结果后，参照原先确定的目标项目，对目标实现情况和成员的工作状况进行公正、客观衡量，是对实现目标所获得的现实成果的评价，并总结目标管理工作的经验教训，据此对成员按既定标准进行合理的奖惩。

1. 评价原则

（1）坚持目标性原则

根据目标项目完成效率的高低、满意程度、偏差程度等，对目标项目进行评价。评价对象应该为已完成的目标项目。

（2）坚持客观性原则

这里的客观性原则包括两个方面的内容。一是在成果评价过程中，应该注重对个人的工作成果以及能力发挥后所表现出来的业绩进行客观评价，而非对个人的人品、能力进行评价。客观评价每一个下级的目标实现情况，做到一视同仁。二是在对成果进行评价时，要考虑到客观条件对目标项目完成的影响，如不同时间的可比性、货币的时间价值因素等。

（3）坚持激励性原则

从激励的立场来说，称赞要比斥责有效的多，对于达成目标者，尤其对于绩效特别好的部属，要大大称赞，而参与人员由于受到赏识，会越加激起做好工作的干劲来；反之，当工作做的不好时，应该作为反省的教材去检讨。评价的目的不在于回顾过去，而是更好地为下一期做好准备，这需要主管与其员工相互鼓励。

（4）坚持个人考评与上级考评相结合的原则

根据实际情况评估各有关目标项目的完成情况，将个人评价与上级评价结合起来，可以更好地防止目标评价工作的主观片面性，提高目标评价的准确性。

2. 评价方法

园林目标管理的评价主要是针对目标本身作出的评价。目标在实施过程中，应及时对目标的可行性、进度、质量、对策和计划的落实以及管理方法的有效性等情况进行阶段性评价，及时发现问题，解决问题。

根据时间的安排可分别进行日常评价（工作告一段落或进展到某种程度时所举行的评价）、周期性评价（如每周、月终或年终举行的评价）及最终评价（当目标管理最终完成后作出的整体评价）。

具体评价目标管理的方法很多，不同企业常根据自身的生产经营特点，选择比较适用的方法来对目标管理成果进行评价。对那些定量目标较多的营业部门和生产部门，因其目标任务在分解和完成程度上量化程度较高,比较容易实现分数化评价;而在一些间接部门,由于其定性目标任务较多,难以实现定量化评价,可以通过一些方法将定性指标予以转化,使其具备一定的量化条件,而对其数量化的评价。

由于园林的目标管理必须以实现综合效益最大为宗旨,因此对园林项目综合效益(生态、社会和经济效益)进行客观、公正的评价是十分必要的。

园林项目综合效益评价的一条基本方法之一是"对比法则",即运用"项目前后对比"和"有无项目对比"两种比较方法,找出变化差距,为提出问题和分析问题找到重点。

"项目前后对比"是指将项目实施之前与完成之后的情况加以对比,以确定项目效益的一种方法。但实施后的效果有可能含有项目以外多种因素的影响而不仅只是单纯项目的效果和作用,因此简单的前后对比不能实际反映项目的真实效果,必须在此基础上进行"有无项目对比"。

"有无项目对比"是指"有项目"相关指标的实际值与"无项目"的相关指标的预测值对比,用以度量项目真实的效益、作用及影响。这里说的"有"与"无"是指评价的对象,即计划、规划的项目。对比的重点是要分清项目作用的影响与项目以外作用的影响,如城镇化水平的提高、居民收入的增加、宏观经济政策的好转等项目以外的因素。评价是通过项目的实施所付出的资源代价与项目实施后产生的效果进行对比得出的项目的好坏。也就是说,所度量的效果要真正归因于项目。只有使用"有无对比法"才能找到项目在经济和社会发展中单独所起的作用。这种对比用于项目的效益评价和影响评价,是项目评价的一个重要方法。

无论是"前后对比"还是"有无对比",它始终不能系统全面地对项目实施评价,特别是一些定性的方面,对比法也显得无能为力,所以对比法必须与其他方法联合使用,并且必须使用预测技术。预测技术已广泛应用于投资项目的可行性研究和项目实践中,特别是在项目效益评价方面普遍采用了预测学常用的模式。

一般综合效益评价要分析项目前的情况、项目前预测的效果、项目实际实现的效果、无项目时可能实现的效果、无项目的实际效果等。在进行对比时,先要确定评价内容和主要指标,选择可比的对象,通过建立比较指标对比表用科学的方法收集资料。对于一般园林工程项目而言,一般有以下几种评价项目效益的情况。

1)无项目也有效益,有项目后增加效益。园林工程项目是与人们生存的环境有密切联系的项目。例如,城市里的各种绿地对城市的生态环境有着不可或缺的作用,即使没有项目的干扰,也能发挥其作业。但实施城市绿地系统规划后,改善生态环境、维护生态平衡、提高居民生存质量等多方面功能的发挥。

2)项目没有直接增加效益,但无项目效益减少,有项目后减少效益损失。许多园林项目并没有直接增加效益,但是实施项目后能减少环境恶化的负面影响。如在水体污染严重的地方种植适当的园林植物,在种植前,水质并没有发生变化或变化不大,但若不利用可净化水体的植物,那么水质将得不到改善。从项目的"有""无"对比来看,可以明显看到园林植物对水体产生的效益。

3)有项目后既增加效益,又减少损失。例如,在水源丰富且可实施的地方建立人工湿地,可以维持生物多样性,提供丰富的动植物产品,提供水资源,提供矿物资源,开发能源水运,提供观光与旅游的机会,兼有教育与科研价值,还能调蓄洪水,防止自然灾害,降解污染物。这种项目的发生既增加了效益,又减少了损失。

4)无项目无效益,有项目后增加效益。以城市绿地系统规划为例,在对城市生态进行整合分析和绿地现状调查分析的基础上,因地制宜、科学地制定城市绿地的发展指标,合理安排市域大环境绿化的宏观空间布局和各类园林绿地建设,可以达到保护和改善城市生态环境、优化城市品质、促进社会、经济可持续发展的目的,而这些效益在项目实施前是没有的。一般意义上的项目综合效益多指这种情况。

园林项目综合效益评价的内容包括生态效益、社会效益和经济效益。

从生态效益评价看,园林绿化中的园林植物及植物群落的生态功能主要包括释氧、吸收二氧化碳、增湿、滞尘、减菌、涵养水源、防风固堤、保持水土、储存能量等。

从社会效益看,园林在城市中的社会效益,不仅仅是开展各项有益的社会文体活动,以吸引游客为主,更重要的是按照生态园林绿地的观点,把园林办成人们走向自然的第一课堂,以其独特的教育方式,启迪人们与自然共存之道。

从经济效益看,根据经济学规律可知,除大自然直接给予的物质以外,任何能够满足人的某种需要的事物都存在着交换价值,由此可能产生经济效益。按照这个规律,园林绿地的生态效益和社会效益若确实为人们所需要,也可以变成经济效益。

参 考 文 献

[1]宗景文. 园林工程景观设计与施工营建技术方法及质量验收评定标准规范大全[M]. 北京:中国环境科学出版社,2007.
[2]何淼,刘宪国,刘晓东. 园林工程施工与管理[M]. 北京:高等教育出版社,2006.
[3]李永红. 园林工程项目管理[M]. 北京:高等教育出版社,2006.
[4]李立增. 工程项目施工组织与管理[M]. 成都:西南交通大学出版社,2006
[5]卢新海. 园林规划设计[M]. 北京:化学工业出版社,2005.
[6]吴立威. 园林工程招投标与预决算[M]. 北京:高等教育出版社,2005.
[7]黄凯. 园林经济管理(修订版)[M]. 北京:气象出版社,2004.
[8]王浩. 城市生态园林与绿地系统规划[M]. 北京:中国林业出版社,2003.
[9]陈科东. 园林工程施工与管理[M]. 北京:高等教育出版社,2002.
[10]王福银. 园林绿化草坪建植与养护[M]. 北京:中国农业出版社,2001.
[11]徐一骐. 工程建设标准化、计量、质量管理基础理论[M]. 北京:中国建筑工业出版社,2000.